高等职业教育“十四五”规划教材

辽宁省高水平特色专业群建设项目成果教材

蔬菜生产

崔兰舫　张桂凡　主编

中国农业大学出版社

·北京·

内容简介

本教材是园艺技术专业高水平特色专业群建设项目成果教材。我们在编写过程中以"提高学生职业能力和职业素质"为核心目标，经过大量的企业调研，并聘请企业技术人员、管理中层和优秀的就业学生在学院召开"园艺技术专业教学研讨会"，通过研讨论证，确定学生一次就业岗位和未来发展岗位群，针对就业岗位能力和创业能力的需求，确定教材的学习目标。

蔬菜生产是高职园艺专业的主要专业课之一，本教材在编写过程中，充分体现了"以学生为主体"的教学理念。全书划分为蔬菜生产基础理论、蔬菜生产技能、蔬菜生产专题和蔬菜生产项目四个单元。遵循理论联系实际的认知规律，在强化生产实践的同时，补充足够的理论知识，并体现分层教学理念，将蔬菜生产技能划分为蔬菜生产基本技能、蔬菜生产核心技能和蔬菜生产创新技能三个模块。匹配高职任务驱动教学方法需要，设置更加合理的蔬菜生产项目。为适应企业要求学生具备"能吃苦、会管理、懂礼仪"的职业素养的需求，教材中融入了"思政园地"内容。

本教材收集大量新品种、新技术，还可为广大农技人员和菜农提供参考。

图书在版编目(CIP)数据

蔬菜生产/崔兰舫，张桂凡主编.—北京：中国农业大学出版社，2020.12
ISBN 978-7-5655-2504-9

Ⅰ.①蔬…　Ⅱ.①崔…②张…　Ⅲ.①蔬菜园艺-高等职业教育-教材　Ⅳ.①S63

中国版本图书馆 CIP 数据核字(2020)第 271853 号

书　名　蔬菜生产
作　者　崔兰舫　张桂凡　主编

策划编辑　张　玉　张　蕊　　　责任编辑　张　蕊
封面设计　郑　川
出版发行　中国农业大学出版社
社　址　北京市海淀区圆明园西路 2 号　　　邮政编码　100193
电　话　发行部 010-62733489，1190　　　读者服务部 010-62732336
　　　　编辑部 010-62732617，2618　　　出　版　部 010-62733440
网　址　http://www.caupress.cn　　　**E-mail** cbsszs@cau.edu.cn
经　销　新华书店
印　刷　北京时代华都印刷有限公司
版　次　2021 年 3 月第 1 版　2021 年 3 月第 1 次印刷
规　格　787×1 092　16 开本　19.25 印张　480 千字
定　价　57.00 元

辽宁省高水平特色专业群建设项目成果教材

编审委员会

编审人员

主　编　崔兰舫（辽宁职业学院）
　　　　　张桂凡（辽宁职业学院）

副主编　周　巍（辽宁职业学院）
　　　　　曾宪宏（辽宁职业学院）

参　编　王宇博（辽宁职业学院）
　　　　　夏雪梅（辽东学院）
　　　　　于红茹（辽宁农业职业技术学院）
　　　　　白国宏（沈阳爱绿士种业有限公司）
　　　　　崔剑杰（沈阳皇姑种苗有限公司）

主　审　吴会昌（辽宁职业学院）

总　序

《国家职业教育改革实施方案》指出，坚持以习近平新时代中国特色社会主义思想为指导，把职业教育摆在教育改革创新和经济社会发展中更加突出的位置。把发展高等职业教育作为优化高等教育结构和培养大国工匠、能工巧匠的重要方式。以学习者的职业道德、技术技能水平和就业质量，以及产教融合、校企合作水平为核心，建立职业教育质量评价体系。促进产教融合校企"双元"育人，坚持知行合一、工学结合。《职业教育提质培优行动计划（2020—2023年）》进一步指出，努力构建职业教育"三全育人"新格局，将思政教育全面融入人才培养方案和专业课程。大力加强职业教育教材建设，对接主流生产技术，注重吸收行业发展的新知识、新技术、新工艺、新方法，校企合作开发专业课教材。根据职业院校学生特点创新教材形态，推行科学严谨、深入浅出、图文并茂、形式多样的活页式、工作手册式、融媒体教材。引导地方建设国家规划教材领域以外的区域特色教材，在国家和省级规划教材不能满足的情况下，鼓励职业学校编写反映自身特色的校本专业教材。

辽宁职业学院园艺学院在共享国家骨干校建设成果的基础上，突出园艺技术辽宁省职业教育高水平特色专业群项目建设优势，以协同创新、协同育人为引领，深化产教融合，创新实施"双创引领，双线并行，双元共育，德技双馨"人才培养模式，构建了"人文素养与职业素质课程、专业核心课程、专业拓展课程"一体化课程体系；以岗位素质要求为引领，与行业、企业共建共享在线开放课程，培育"名师引领、素质优良、结构合理、专兼结合"特色鲜明的教学团队，从专业、课程、教师、学生不同层面建立完整且相对独立的质量保证机制。通过传统文化树人工程、专业文化育人工程、工匠精神培育工程、创客精英孵化工程，实现立德树人、全员育人、全过程育人、全方位育人。辽宁职业学院园艺学院经过数十年的持续探索和努力，在国家和辽宁省的大力支持下，在高等职业教育发展方面积累了一些经验、培养了一批人才、取得了一批成果。为在新的起点上，进一步深化教育教学改革，为提高人才培养质量奠定更好基础，发挥教材在人才培养和推广教改成果上的基础作用，我们组织开展了辽宁职业学院园艺技术高水平特色专业群建设成果系列教材建设工作。

本套教材以习近平新时代中国特色社会主义思想为指导，以全面推动习近平新时代中国特色社会主义思想进教材进课堂进头脑为宗旨，全面贯彻党的教育方针，落实立德树人根本任务，积极培育和践行社会主义核心价值观，体现中华优秀传统文化和社会主义先进文化，弘扬劳动光荣、技能宝贵、创造伟大的时代风尚。突出职业教育类型特点，全面体现统筹推进"三教"改革和产教融合教育成果。在此基础上，本系列教材还具有以下 4 个方面的特点：

1.强化价值引领。将工匠精神、创新精神、质量意识、环境意识等有机融入具体教学项目，努力体现"课程思政"与专业教学的有机融合，突出人才培养的思想性和价值引领，为乡村振兴、区域经济社会发展蓄积高素质人才资源。

2.校企双元合作。教材建设实行校企双元合作的方式，企业参与人员根据生产实际需求提出人才培养有关具体要求，学校编写人员根据企业提出的具体要求，按照教学规律对技术内容进行转化和合理编排，努力实现人才供需双方在人才培养目标和培养方式上的高度契合。

3.体现学生本位。系统梳理岗位任务，通过任务单元的设计和工作任务的布置强化学生的问题意识、责任意识和质量意识；通过方案的设计与实施强化学生对技术知识的理解和工作过程的体验；通过对工作结果的检查和评价强化学生运用知识分析问题和解决问题的能力，促进学生实现知识和技能的有效迁移，体现以学生为中心的培养理念。

4.创新教材形态。教学资源实现线上线下有机衔接，通过二维码将纸质教材、精品在线课程网站线上线下教学资源有机衔接，有效弥补纸质教材难于承载的内容，实现教学内容的及时更新，助力教学教改，方便学生学习和个性化教学的推进。

系列教材凝聚了校企双方参与编写工作人员的智慧与心血，也体现了出版人的辛勤付出，希望系列教材的出版能够进一步推进辽宁职业学院教育教学改革和发展，促进辽宁职业学院国家骨干校示范引领和辐射作用的发挥，为推动高等职业教育高质量发展做出贡献。

2020年5月

◆◆◆◆◆前　言

本教材根据《国家职业教育改革实施方案》提出的“三教”改革任务，以培养适应行业企业需求的复合型、创新型高素质技术技能人才，提升学生的综合职业能力为目的，从产教融合的角度找准突破口，统筹规划教材编写。

《蔬菜生产》教材以“优质高效蔬菜生产”为主线，在介绍蔬菜生产相关基础理论知识的基础上，将新理念、新技术、新方法、新领域融入教材，围绕“优质高效＋生态环境可持续发展”这一中心任务，将本教材划分四个单元，其中单元一为蔬菜生产基础理论，旨在激发学生学习兴趣，了解蔬菜生产的历史、现状和未来发展趋势。单元二为蔬菜生产技能，提炼出蔬菜生产基本技能、蔬菜生产核心技能和蔬菜生产创新技能三个模块、若干个任务，利于对学生因材施教。单元三为蔬菜生产专题，设置了大量的蔬菜生产案例和各种蔬菜生长发育理论，旨在利用科学理论指导生产实践，少走弯路，达成“知行合一”。单元四为蔬菜生产项目，充分体现了以特色、创新项目为载体，以任务驱动方式为导向的教学思路。

本教材在编写中主要体现了以下特色：

1. 教材秉持绿色发展理念，通过选择新品种、新技术、新设备，增加蔬菜产品的附加值，提高种植的经济效益，同时还要保护好生态环境，实现可持续发展。强化价值引领，突出教学目标的思想性和目的性。

2. 项目任务来源于真实的生产项目，以项目、任务为载体，体现“工学结合”的教学理念，注重解决实际问题，全面提升学生的职业素养。

3. 我们将蔬菜生产相关行业、职业、岗位的标准与要求融入教材内容中，保持教学内容与行业企业的紧密性与同步性。

4. 教材配套数字化教学资源，为学生提供了丰富的学习内容，为学生更好地适应学习方式转变、拓展学习领域，实现学习内容可选择性、便捷性、多样性提供保障。本书动画资源请登录“中农De学堂”http://xy.caupress.cn查看，推荐使用支持flash播放功能的浏览器，如360浏览器。

本教材由辽宁职业学院崔兰舫、张桂凡任主编，辽宁职业学院周巍、曾宪宏任副主编。教材编写分工如下：崔兰舫编写单元二中项目二的任务十至任务十四、单元二的项目三、单元三的项目一；张桂凡编写单元三中项目二和单元四；王宇博编写单元一、单元二项目一中的任务一、任务二，单元三中的项目三、项目五；周巍编写单元二项目一中的任务三至任务五，单元三中的项目四；夏雪梅编写单元二中项目二的任务一至任务五；于红茹编写单元二中项目二的任务六和任务七；曾宪宏编写单元二中项目二的任务八和任务九；全书由主编崔兰舫统稿。在编写过程中沈阳爱绿士种业有限公司白国宏经理和沈阳皇姑种苗有限公司的崔剑杰经理为蔬菜生产项目等提供了品种介绍和生产规程等方面的修改意见。在此一并表示感谢。

由于编者水平有限，加之编写时间仓促，如有错误和遗漏，敬请各位同行和广大读者批评指正，并诚恳欢迎提出宝贵建议。编者 E-mail：619376061@qq.com。

编　者

2020 年 4 月

目　录

单元一
蔬菜生产基础理论

基础理论

蔬菜生产基础理论

蔬菜是人人必需、天天必备的重要食物，是农民增收致富的重要经济作物。蔬菜产业在我国农业和农村经济发展中具有独特的地位。蔬菜种类繁多，生长习性各异，产品器官多种多样。只有充分了解蔬菜的生物学特性，了解蔬菜产品的上市标准，才能灵活地运用栽培技术，创造适宜的条件，使蔬菜按照栽培目的生长发育，以获得高产优质的蔬菜产品。

一、蔬菜的概念和营养价值

（一）蔬菜的概念

蔬菜指一切可供佐餐的植物的总称，包括一、二年生及多年生草本植物，少数木本植物及菌、藻、蕨类等，还有许多野生或半野生的植物，也可以作为蔬菜食用。其中栽培较多的是一、二年生草本植物。蔬菜的食用器官包括植物的根、茎、叶、花、果实、种子和子实体等。

（二）蔬菜的营养价值

蔬菜的营养物质主要包含矿物质、维生素、纤维等，这些物质的含量越高，蔬菜的营养价值也越高。此外，蔬菜中的水分和膳食纤维的含量也是重要的营养品质指标。通常，水分含量高、膳食纤维少的蔬菜鲜嫩度较好，其食用价值也较高。但从保健的角度来看，膳食纤维也是一种必不可少的营养素。蔬菜的营养素不可低估，1990 年国际粮农组织统计人体必需的维生素 C 有 90%、维生素 A 有 60%均来自蔬菜，可见蔬菜对人类健康的贡献之巨大。此外，蔬菜中还有多种植物化学物质是被公认的对人体健康有益的成分，如类胡萝卜素、二丙烯化合物、甲基硫化合物等。许多蔬菜还含有独特的微量元素，对人体具有特殊的保健功效，如番茄中的番茄红素、洋葱中的前列腺素 A 等。

1. 矿物质

人体组织中含有 20 多种矿物质，它们的作用是构成身体组织、调节生理功能和维持人体健康。蔬菜中含有钙、铁、磷、钾、镁等矿物质，是人体矿质元素的主要来源。如菠菜、芹菜、甘蓝、黄花菜含铁较多，绿叶菜含钙较多，海带、紫菜含碘较多，而大蒜、胡萝卜、洋葱含硒较多。

2. 维生素

蔬菜中含有对人体极为重要的各种维生素，如果人体缺乏就会引起各种疾病。大多数维生素在人体内不能自身合成，必须靠食物供给。维生素 C 在蔬菜中普遍存在，含量最高的是辣椒,其次是芹菜、菜花、番茄及各种绿叶菜。有些类胡萝卜素,在体内可转变成维生素 A,它在各种绿叶蔬菜和橙色蔬菜中含量丰富。芫荽、马铃薯、金针菜等蔬菜中含有较多的维生素 B_1,而白菜、菠菜、雪里蕻中含有较多的维生素 B_2。人体每天需要维生素 A 约 3 mg、维生素 C 50～100 mg、维生素 B_1 约 2 mg、维生素 B_2 约 2 mg。

2. 膳食纤维

膳食纤维包括纤维素、半纤维素、木质素和果胶等成分。蔬菜中含有丰富的膳食纤维,如韭菜、蒜苗、蕹菜、黄豆芽、苦瓜等的膳食纤维含量都在 1%以上,金针菜的膳食纤维含量高达 6.7%,海带中膳食纤维含量则高达 9.8%。膳食纤维虽不易被人体消化吸收,但它能增进胃肠蠕动,促进食物的消化和吸收,并加速食物中的致癌物质和有毒物质的移除,防止肠道疾病。同时,摄入膳食纤维还可控制进食,抑制胆固醇上升,有利于减肥和防止心脑血管疾病的发生。因此,膳食纤维被营养学界补充认定为第七类营养素,和传统的六类营养素——蛋白质、脂肪、碳水化合物、维生素、矿物质与水并列。

蔬菜是我们生活中必需的食物,与其他食物相互配合、相互分工,同为人体不可缺少的食物,蔬菜不能被其他食物代替。同时,由于它含热量很少,所以也不能完全代替其他食物。此外,蔬菜的营养还因品种、栽培季节、土壤肥力、栽培技术、采收期、贮藏、加工条件、烹调方法和技术、食用部分的不同而有所变化。我们应创造适宜的条件来提高蔬菜的营养价值。

二、蔬菜生产及发展前景

(一)蔬菜生产及特点

蔬菜生产是指根据蔬菜植物生长发育规律和对环境条件的要求,通过采取各种相应的生产管理措施,创造适合蔬菜生长的优良环境,来获得高产、优质蔬菜产品的过程。它的主要任务是要保证蔬菜产品数量充足、品质优良、种类多样和均衡供应。

蔬菜生产的季节性比较强,特别是露地蔬菜生产,受季节影响大,如在不适宜的季节里生产,就将降低产量和品质;蔬菜受病虫危害多,故生产的风险性大;蔬菜生产的技术性较强,搞好蔬菜生产不仅需要掌握种子处理、育苗、嫁接、变温管理、植株调整、人工授粉、各种病虫害防治等技术,还需要提供相应的设施设备;蔬菜生产的集约化程度高,即在单位土地面积上需投入较多的生产资料和劳动,要求精耕细作,用提高单位面积产量的方法来获取较高的经济效益。

(二)我国蔬菜的发展前景

经过多年的发展,我国的蔬菜生产在新品种选育、育种技术、设施栽培技术、无公害生产技术、应用现代生物技术等方面都得到了迅猛发展,并取得了长足进步。此外,蔬菜病虫害综合防治、无土栽培、节水灌溉等技术也得到了明显提高。科技含量的提升带来了蔬菜产量大幅度增长、品种日益丰富、品质不断提高。蔬菜的市场体系正在逐步完善,总体上呈现良好的发展局面。中国蔬菜产业将呈现以下发展趋势。

1. 品种多元化

随着蔬菜消费市场的多元化发展,不同季节的蔬菜新品种将不断涌现。质优味美型蔬菜、营养保健型蔬菜、天然野味型蔬菜、奇形异彩型蔬菜、绿色安全型蔬菜将会越来越多地进入千家万户。

2. 布局区域化

根据不同生态地区的气候特点和资源优势，形成的不同蔬菜的优势产业区域将进一步扩大。根据产业特点划定的出口蔬菜加工区，冬季蔬菜优势区，高山蔬菜、夏秋延时菜和水生蔬菜优势区有着广阔的发展前景。

3. 技术标准化

国内外都在加强蔬菜质量认证体系的建设，无公害蔬菜将成为我国蔬菜产业的主体，农户在生产中避免使用高毒和剧毒农药的同时，应注意防止蔬菜生产中出现的硝酸盐污染和重金属污染。绿色蔬菜将是未来我国蔬菜发展的方向。

4. 深加工化

蔬菜是不同于粮食的鲜活产品，在加工能力薄弱的情况下，只能使产品以鲜菜形式销售，由于流通和贮藏环节不畅导致蔬菜产品腐烂的状况时有发生，产品附加值难以提高。根据国内外消费习惯的发展变化，预计今后蔬菜贮藏和加工能力将会大幅度提高，蔬菜产业链条会显著拉长，蔬菜产品附加值也会明显增加。

三、蔬菜的起源与演化

(一)蔬菜的起源中心

作为蔬菜食用的植物多种多样，野生状态的植物通过人类长期的栽培选择，而成为现在的栽培状态及优良品种。

关于栽培植物的起源问题，曾有不少学者进行过研究。通过有关学者、科学家的大规模的调查、考察、收集、详细研究、科学论证，对现有栽培植物的起源有了较明确和统一的认知，即有 9 个独立的起源中心和 3 个副中心，共 12 个中心。

在全世界范围内，地理及气候环境相差很大，不同起源地的蔬菜，对于环境条件有不同要求。其生物学特性，都与起源地的自然条件有着相当密切的关系。但由于遗传变异的存在，各种原始类型和栽培类型的蔬菜，经过长期自然选择和人工选择的作用，形成了许多优良的蔬菜品种。

(二)我国蔬菜的来源

我国是世界农业起源中心之一。由于我国复杂的地理、气候条件，悠久的蔬菜栽培历史，长期自然选择和人工选择的作用，形成了一些蔬菜的亚种、变种、生态型以及众多的地方品种。也有不少的种类是由世界其他地区引入的。这些引入的种类，其中不少是经过我国长期栽培和选择的结果，这些品种是适合我国自然环境及食用习惯的品种，和我国原产的蔬菜种类同样重要。

1. 中国原产的蔬菜

中国原产的蔬菜主要有白菜、芥菜、大豆、赤豆、长豇豆、竹笋、山药、萝卜、草石蚕、大头菜、芋、魔芋、荸荠、莲藕、慈姑、茭白、蕹菜、葱、韭菜、荞头、茄子、葫芦、丝瓜、茼蒿、紫苏、落葵等。这些蔬菜不但在中国栽培，而且成了世界性的蔬菜。

2. 从国外引入的蔬菜

由于不同的时期和交通发展的不同，可分为 3 条路线。

(1)从印度和南洋群岛引入的蔬菜：生姜、冬瓜、茄子、丝瓜、苦瓜。

(2)从汉代开始经“丝绸之路”从中亚和近东引入的蔬菜，如菠菜、蚕豆、豌豆、瓠瓜、扁豆、西瓜、甜瓜、黄瓜、胡萝卜、大蒜、大葱、芹菜、芫荽等。

(3)明清时期从海路引进的蔬菜　明清时期中国的海运交通逐渐发达，通过海路引进了不少蔬菜种类。如菜豆、豆薯、南瓜、西葫芦、笋瓜、佛手瓜、辣椒、马铃薯、番茄、菊芋、甘蓝、结球莴苣、朝鲜蓟、根甜菜、洋葱等。

(4)现代从各种途径引进的蔬菜　20世纪70年代末随着改革开放，我国与世界各地的交流日益频繁，将世界各地的蔬菜引了进来，极大地丰富了我国蔬菜的种类与品种。

从国外引进的一些蔬菜，经过驯化和定向选择已培育出适合我国自然环境条件和食用习惯的品种，有的还出现了不同的变种类型、生态型，在我国的蔬菜生产中占有非常重要的地位，如甘蓝、番茄、辣椒、菜豆、马铃薯等。

综上所述，中国栽培蔬菜来源丰富多彩，了解每一种蔬菜的起源及其栽培历史，掌握它们的生长发育规律、生活习性、对环境条件的要求等方面的特性，进而采取合理的栽培技术，以达到蔬菜产品的高产、优质、安全是非常重要的。

(三)蔬菜的演化

栽培蔬菜是由野生植物经长期的驯化栽培演化而来的，与野生种相比，它们发生了许多变化。在栽培蔬菜中仍然存在着某些不良性状如毛刺和生物碱等，但总体而言，在栽培蔬菜中野生性状的消失是很明显的。

1.器官大型化

器官大型化通常是指产品器官变大，但由于多效作用的存在，常会导致其他器官也同时变大。例如，向日葵在人工选择过程中，大花性状是对人类有利的目标性状，但随着花的变大，茎和叶在后代中也变大。

人工选择的目标是使对人类有利的那些产品器官变大，如大的果实、种子、块茎、根状茎等。如甘蓝类蔬菜由于人工长期选择的目标不同，使不同部位的器官大型化，从而形成了不同的变种，结球甘蓝形成了大叶球，花椰菜形成了大花球，而抱子甘蓝则形成了大侧芽。这表明，同一个野生种按不同的目标进行人工选择后，其遗传可塑性是非常大的。在一个杂合群体中不同个体(或不同亚种)间的天然杂交，会产生丰富的遗传重组后代，从而为人工选择奠定了基础。

2.生存竞争的能力下降

与野生种相比，栽培蔬菜的生存竞争能力明显下降，在人工栽培的条件下能够良好地生长，如果将它们放到野生种所处的生态条件中，会明显降低其生存能力。原因是长期的人工选择降低了栽培种的生存竞争能力。

3.形态变异的多样性

在人类利用的植物产品器官中普遍存在着形态变异的多样性。例如，在马铃薯的原产地南美洲，产品器官——块茎的形态变异是极其丰富的，而花和叶片的形态变异相对较小；作为辣椒和番茄产品器官的果实，其形态变异(如大小、形状和颜色等)非常大，而花的变异相对较小；瓜类蔬菜中，果实的形态变异也比其野生种要丰富得多。栽培蔬菜产品器官形态变异的多样性，主要是人工选择的结果。在长期的人工选择过程中，我们的祖先由于“审美选择”，使产品器官丰富的颜色、形状、大小等形态变异得以选留，从而形成了丰富多彩的蔬菜类型和品种。

4. 生理适应性改变

由于栽培蔬菜的环境条件、栽培技术、土壤、气候条件等因素所引起的自然选择的压力使栽培蔬菜的生理适应性发生很大的改变。同时，在驯化过程中，栽培蔬菜还会与其近缘种发生基因交换，使其生理适应性发生改变，这种改变可以发生在二倍体的蔬菜上（如番茄、小扁豆等），也可能发生在多倍体的蔬菜上（如马铃薯等）。中国地域辽阔，气候多样，同一蔬菜在不同地区、不同季节栽培，产生了分别适应于不同地区和不同季节的变种或品种，如早春型、夏秋型、秋型、秋冬型黄瓜。

5. 传播能力下降

几乎所有栽培蔬菜的传播能力均有所下降。野生菜豆的种荚具有一层厚果皮，种子成熟时果皮变干而且扭曲炸裂，使内部种子散落到较远的地方。栽培菜豆的果皮很薄，而且成熟时不炸裂，其种子的传播能力下降。

栽培马铃薯匍匐茎的长度远远短于野生种，使栽培种块茎的传播能力下降。栽培蔬菜传播能力的下降是人工选择的结果，有利于人们采收产品器官并供下一代繁殖使用。考古学证据表明，传播能力下降发生于野生植物驯化栽培的早期阶段。

6. 生存保护机能下降

野生植物具有免受捕食动物危害的机能。野生葫芦科植物的果实具有苦味，哺乳动物不喜欢吃而鸟类爱吃，鸟类取食以后，对其中的种子起到了传播、扩散的作用，有利于物种的繁衍。瓜类蔬菜的果实大多具有甜味，对人类而言是有利性状，但易被其他哺乳动物采食，不利于植物本身的生存保护。野生的山药有两种类型：一种是浅根性的，具有苦味，可避免掘地哺乳动物的捕食，有利于植物本身的生存保护；另一种是深根性的，具有甜味，不易被掘地哺乳动物捕食。在这两类野生山药中，人类在前者中不断选择苦味淡的类型，在后者中不断选择分布较浅的类型，从而形成了栽培山药，但栽培山药的生存保护机能与其野生祖先相比已经大为下降。

7. 无性繁殖蔬菜的种子育性下降或丧失

无性繁殖蔬菜的产品器官（如块茎、球茎等）往往就是繁殖器官，在长期的人工选择过程中产品器官大型化，大量的养分贮藏在产品器官中，有性生殖器官的养分供应减少，育性下降或丧失。无性繁殖蔬菜在进化过程中常会出现多倍体（如马铃薯、芋等），多倍体植物在减数分裂时由于同源染色体配对复杂化，从而造成育性下降，甚至完全不结种子。

8. 生长习性改变

栽培蔬菜与其野生种相比，生长习性发生了较大改变。例如，菜豆和甘薯的野生种主蔓很长，且分枝能力极强，是无限生长类型。栽培菜豆和甘薯的主蔓长度缩短、侧蔓减少、节间缩短、分化为无限生长和有限生长两种类型。栽培番茄和西葫芦中都有矮生的有限生长类型。这种类型有利于人们进行田间栽培管理。同时，生育期也发生改变，有时缩短生育期，而有时又要延长生育期，由一年生变为二年生或多年生。如萝卜的野生种，根部不发达，开花时植株中贮藏的养分直接运输到花器官中；而栽培种，则在生长第一年形成大的肉质根作为产品器官，到第二年，抽薹开花，肉质根中贮藏的养分再转运到花器官中。

9. 种子发芽整齐

一般野生种子具有休眠期和种子发芽不整齐的特点，这对其繁衍后代是有利的。一部分种子在不利于生长的季节进行休眠，等到环境条件适宜时再进行萌发，有利于生存。这种特性从栽培的角度看是不利的。因此，在长期的人工选择过程中，栽培蔬菜的种子发芽整齐，而且休眠期变短或丧失，这样可使产品器官的食用成熟期整齐一致。

10.近亲繁殖机能增强

大部分栽培蔬菜的祖先具有远亲繁殖的机能。但是，在长期的驯化过程中，人们为了追求产品器官的整齐度，常导致野生种的异交特性逐步转变为自交或部分自交，从而使栽培蔬菜的近亲繁殖机能增强。

11.产生多倍体

栽培蔬菜在演化过程中常出现多倍体，特别是在长期无性繁殖的蔬菜中更是如此。例如，马铃薯除二倍体外，还有三倍体、四倍体和五倍体；芋除二倍体外，还有三倍体；甘薯除二倍体外，还有四倍体；山药除二倍体外，还有四倍体和其他多倍体。但是，随着染色体倍性的增加，植株即使产生花器官，通常也是高度不育的。

四、蔬菜的生长发育

(一)生长与发育的概念

1.生长

生长是量的变化，是由于细胞的数目增多或体积增大以及细胞内部内含物的增加而导致植物体体积和重量的增加，这种增加是不可逆的。如蔬菜的根、茎、叶的增大、增多，都是生长现象。

2.发育

发育是质的变化，是细胞分化导致的植物体的构造和机能逐渐复杂化的过程，是形成新组织、新器官的过程。如花、果实、种子的形成都是发育现象。

3.生长与发育的关系

植物生长和发育的基础都是细胞的变化，细胞的分裂和生长引起植物生长，细胞的分化导致植物发育。生长是量变，是基础。发育是质变，是在生长基础上进行的高层次变化，植物只能开始生长后才进行发育，两者处于一个统一体中，相继又重复出现。

(二)蔬菜的生长发育周期

由于蔬菜种类的多样性，其生长发育的速度和特性是多种多样的。根据它们生长周期的长短可将蔬菜植物分成四类：一年生蔬菜，它们在播种当年就开花结实(如黄瓜、茄子、辣椒、菜豆等)；二年生蔬菜，它们在播种的第一年形成贮藏器官，第二年春季开花结实(如大白菜、萝卜等)；多年生蔬菜，即一次播种或栽植后，可多年采收(如石刁柏、金针菜等)；无性繁殖蔬菜，这类蔬菜在生产上是用营养器官，如块茎、块根或鳞茎等进行繁殖的(如马铃薯、生姜等)。就某种蔬菜的一个生长发育周期而言，可以分为种子时期、营养生长时期和生殖生长时期 3 个时期，每个时期又可细分为不同的阶段。

1.种子时期

从母体卵细胞受精形成合子开始到种子发芽为止，经历种子形成期和种子休眠期。

(1)种子形成期　从卵细胞受精到种子成熟。这一过程是在种子的母体上进行的，需要营养物质的合成和积累，受外界环境的影响很大，栽培上这一时期要给母体植株提供良好的环境条件，以提高种子的质量和生活力。

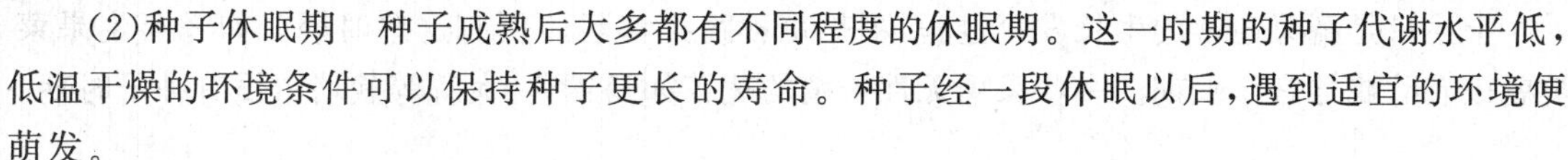

(2)种子休眠期 种子成熟后大多都有不同程度的休眠期。这一时期的种子代谢水平低，低温干燥的环境条件可以保持种子更长的寿命。种子经一段休眠以后，遇到适宜的环境便萌发。

2.营养生长时期

从种子萌动开始至营养生长完成，再至开始花芽分化，一般经历四个时期。

(1)发芽期 从种子萌动到真叶出现。种子发芽时所需要的能量主要靠种子本身的贮藏物质，所以要选择籽粒饱满且发芽力强的种子，并给其提供适宜的环境条件。

(2)幼苗期 从真叶出现开始，结束的标志因蔬菜种类而异。这个阶段植株生长代谢旺盛，光合作用制造的营养物质及根系吸收的养分大部分都用于根、茎、叶的生长需要。此时期植株较小，对环境要求严格。环境不好，就会阻碍植株的生长发育。多数的果菜类蔬菜在这一时期就开始花芽分化，所以环境的好坏会影响果菜类结果质量。由于幼苗对温度的适应性很强，具有一定的可塑性，可以在这个时期对秧苗进行锻炼。

(3)营养生长盛期及养分积累期 幼苗期结束后就进入营养生长盛期，这个时期植株的茎叶和根系旺盛生长，形成强大的吸收和同化体系，为下一阶段的养分积累奠定基础。栽培上，要创造适宜根系和茎叶生长的环境条件。

对于以营养器官为产品的蔬菜，营养生长旺盛期结束后，开始进入养分积累期，即形成产品器官的时期。养分积累期对环境条件的要求比较严格，要把这一时期安排在适宜养分积累的环境条件下。

(4)贮藏器官休眠期 对于二年生或多年生蔬菜，贮藏器官形成之后进入休眠期。蔬菜休眠分为生理休眠和强迫休眠两种。如马铃薯、大蒜、洋葱的休眠是由蔬菜本身的遗传性决定的，不管外界环境能否适宜，必须要经历一段时间的休眠，这样的休眠是生理休眠。大部分蔬菜如大白菜、萝卜等的休眠一旦遇到适宜的生长条件，就可打破休眠，这样的休眠是强迫休眠。休眠中的植物个体内仍进行着缓慢的生理活动，同时消耗着贮存的营养，活动强度与环境密切相关。因此，应注意控制贮存环境条件，尽量减少营养物质消耗，使蔬菜安全度过不适季节，有充足的营养进行再次生长。

3.生殖生长时期

从植株开始花芽分化到新的种子形成为止，一般经历花芽分化期、开花期和结果期三个时期。

(1)花芽分化期 由开始花芽分化到开花前的一段时间。花芽分化是植物由营养生长过渡到生殖生长的形态特征。果菜类蔬菜一般在幼苗期就已开始花芽分化，二年生蔬菜一般在产品器官形成以后，且通过春化阶段后才开始花芽分化。在栽培上，这个时期要提供适宜花芽分化的环境条件。

(2)开花期 从植株现蕾开花到授粉、受精完成，是生殖生长的一个重要时期。开花过程对外界环境条件要求严格，抗逆性差，对光照、温度及水分的反应敏感，如温度过高或过低，光照不足或过于干燥等，都会妨碍授粉、受精的正常进行而引起落花落蕾。生产上此时期尽可能满足植物开花对温度、光照等环境条件的要求，提高授粉、受精质量，减少落花落果。

(3)结果期 授粉、受精后子房开始膨大到果实形成。对于一年生的果菜类蔬菜来说，结果期是形成产量的重要时期，果实膨大的营养来源是叶片的光合作用，植株一边要开花结果，一边还要营养生长，所以栽培上要保证充足的肥水条件。

上述只是蔬菜通常的生长发育过程，不是每种蔬菜都经历所有这些时期。如一年生果菜类就没有贮藏器官休眠期。一些采用无性繁殖的蔬菜如马铃薯、大蒜等栽培中没有种子时期。

五、蔬菜栽培环境

蔬菜的生长发育和产品器官的形成，都需要在一定的环境条件下才能进行。在蔬菜生产过程中，必须根据不同蔬菜及不同时期的要求给其创造适宜的环境条件来控制它们生长发育，达到高产优质的目的。

蔬菜生产的环境条件包括温度、光照、水分、土壤、气体等。所有的环境条件都不是孤立存在的，而是相互联系的。例如，阳光充足，温度就随之升高；温度升高，土壤水分蒸发就加快；土壤水分增多，土壤中空气含量就会减少。因此，在生产上，必须全面考虑各个环境条件总体的作用。

（一）温度

在蔬菜生产的环境条件中，蔬菜对温度条件最为敏感。各种蔬菜生产对于温度都有一定的要求，而且都各自有最低温度、最适温度和最高温度"三个基点"。适宜的温度条件可以使蔬菜的同化作用旺盛，生长良好，获得高产；温度过高或过低就会导致蔬菜的生长发育缓慢或停滞，甚至死亡。根据不同蔬菜适宜生长的温度范围及不同时期对温度条件的需要，可以将它们安排在合适的生产季节。

（1）不同蔬菜种类对温度的要求　根据各种蔬菜对温度条件的不同要求及能忍受的极限温度，可将蔬菜分为以下5类（表1-1）。

表1-1　各类蔬菜对温度的要求　℃

类别	代表蔬菜	最高温度	最低温度	适宜温度	特点
耐寒多年生蔬菜	韭菜、黄花菜、辣根、芦笋等	35	−10	20～30	地上部能耐高温，温度过低时地上部枯死，以地下宿根（茎）越冬
耐寒蔬菜	芫荽、菠菜、大葱、洋葱、大蒜等	30	−5	15～20	较耐低温，耐热能力差
半耐寒蔬菜	大白菜、甘蓝、萝卜、胡萝卜、豌豆、蚕豆等	30	−2	17～20	可以耐霜，但耐寒力稍差，不耐长期的零下温度，产品器官形成期温度不要超过21℃
喜温蔬菜	黄瓜、番茄、菜豆、茄子等	35	10	20～30	不耐低温，15℃以下影响开花结果
耐热蔬菜	冬瓜、南瓜、丝瓜、西瓜、豇豆、苋菜、蕹菜等	40	15	30	喜高温，有较强的耐热能力

（2）不同生育时期对温度的要求　同一蔬菜在不同的生育时期对温度条件的要求不同。在种子发芽期都要求较高的温度，以促进种子的呼吸作用及各种酶的活动，有利于胚芽萌发。一般喜温蔬菜，种子发芽的最适温度为25～30℃，耐寒蔬菜为15～20℃。由于幼苗可塑性强，所以幼苗期的温度条件可以适当放宽，可以比适宜温度稍高或稍低。营养生长盛期如果是产品器官形成期，应尽可能提供适宜的温度条件。休眠期要求低温。

生殖生长期要求较高的温度，特别是果菜类花芽分化期，日温要接近花芽分化最适温度，夜温要高于花芽分化最低温度，且要有一定大小的昼夜温差。开花期对温度的要求很严格，过高或过低都会影响蔬菜的授粉、受精，所以要提供适宜开花的温度条件。结果期和种子形成期需要较高的温度。

(3)温周期对蔬菜生育的影响　各种不同的蔬菜都有其生长的最适温度。但实际在地球上生长作物的地方，温度总是变化的。温度有两个周期性的变化：即季节的变化和昼夜的变化。在一天中，白天的温度高，晚上的温度低。植物的生长发育也适应了这种昼夜有一定温度变化的环境。植物生长发育对日夜温度周期性变化的反应称为“温周期”。据试验(Went，1944)，番茄生长以日温 26.5℃和夜温 17℃最适宜。如果在昼夜温度不变的条件下，即使为 26.5℃的恒温下，其生长速度反而会比变温的低。

温周期对于蔬菜栽培有重要意义，如在确定播种季节时把产品器官的形成时间安排在昼夜温差较大的时期，以利于养分的积累，促进产品器官膨大。又如育苗时通过不同时期日温和夜温的管理，采取促控结合可培育壮苗。在保护地栽培时，常根据天气阴晴，把昼温和夜温分为几段进行调控：如晴天的昼温比阴天的提高 2～5℃，晴天的夜温比阴天的高 1～4℃，下午的温度比上午的温度低 2～5℃，日落后 3～4 h 温度较高，有利养分转化，其后温度继续下降，以抑制其呼吸作用，使呼吸的消耗维持最低限度。

(4)温度与春化现象　二年生蔬菜需要一定时间的低温诱导才能进行花芽分化，这种现象被称作“春化”，根据春化的时期不同，蔬菜可以分为种子春化型和绿体春化型。如白菜、萝卜、菠菜、莴苣等蔬菜从种子萌动开始就可通过春化阶段，即为种子春化型。它们春化所需温度在 0～10℃，低温持续时间一般要 10～30 d。栽培中如果提前遇到低温条件，蔬菜容易在产品器官形成以前或形成过程中就抽薹开花，称为“先期抽薹”或“未熟抽薹”。而有些蔬菜如甘蓝、洋葱、芹菜、大葱等需要植株长到一定大小才能通过春化，称为绿体春化型。不同蔬菜的春化条件也不尽相同。对低温条件要求不太严格，比较容易通过春化阶段的品种称为冬性弱的品种；春化时要求条件比较严格，不太容易抽薹开花的品种称为冬性强的品种。这类蔬菜春季作为商品蔬菜栽培时，宜选用冬性强的品种，安排好适宜的播种期，避免幼苗长到符合春化大小要求时，遭受长期的低温而发生先期抽薹现象。

(5)地温　土壤温度的高低直接影响蔬菜的根系生长及对土壤中的养分吸收。不同蔬菜对地温的要求不同，大多蔬菜根系适宜生长的温度为 24～28℃，最低温度为 6～8℃，最高温度为 34～38℃。生产上可以通过控制浇水、中耕和覆盖地膜来提高地温，如地温偏高，可以采用浇小水、培土和地面覆盖来降温。切忌在蔬菜生长盛期的炙热中午浇水，以防根部温度突然下降，导致植株萎蔫。

(二)光照

光照是蔬菜生长发育必要的环境条件，也是蔬菜植株进行光合作用的必备条件。其主要通过光照强度、光照时间、光质三方面对蔬菜产生影响。

(1)光照强度对蔬菜的影响　不同的蔬菜对光照强度的要求也不一样，一般用某种蔬菜的光饱和点、光补偿点、光合强度来表示其对光照强度的要求。生产中可以通过补光和遮阳等措施来增加或降低光照强度，以保证蔬菜的正常生长。

根据各种蔬菜对光照强度的不同要求可将其分为 3 类：

①强光性蔬菜　包括西瓜、甜瓜等大部分瓜类蔬菜及番茄、茄子、豇豆、刀豆、山药、芋头

等，该类蔬菜喜欢强光，耐弱光能力差。

②中光性蔬菜　包括大部分的白菜类、葱蒜类及菜豆、辣椒、萝卜、胡萝卜等，该类蔬菜在中等光照下生长良好，不耐强光，但有一定的耐弱光能力。

③弱光性蔬菜　包括大部分绿叶菜类蔬菜及生姜等，该类蔬菜在中等光照条件下生长良好，耐弱光能力强。

(2)光照时间对蔬菜的影响　根据各种蔬菜花芽分化需要的光照时间长短将其分为3类：

①长日照蔬菜　包括白菜、萝卜、大葱、菠菜等，这类蔬菜需要12～14 h及以上的光照诱导花芽分化。

②短日照蔬菜　包括豇豆、扁豆、茼蒿、丝瓜等，这类蔬菜需要12～14 h及以下的光照诱导花芽分化。

③中日照蔬菜　包括黄瓜、番茄、茄子、辣椒等，这类蔬菜对光照时间要求不严格，较长或较短日照条件下都能开花。

光照时间除了影响蔬菜的花芽分化之外，与地下贮藏器官的形成也有关系。如马铃薯等块茎在短日照条件下才能形成，葱蒜类的鳞茎形成需要长日照条件。这种需要一定时间光照和一定时间黑暗交替，蔬菜才能花芽分化或形成器官的现象被称为“光周期现象”。

(3)光质对蔬菜的影响　光质即光的组成成分。太阳光中蔬菜吸收较多的为红橙光和蓝紫光。红橙光促进细胞的伸长生长，而蓝紫光抑制细胞的伸长生长，所以在设施内生产蔬菜，由于蓝紫光透过量少，蔬菜容易发生徒长现象。此外，紫光有利于维生素C的合成，所以设施中的蔬菜的维生素C含量往往较露地的低。

(三)水分

水分是蔬菜生长发育所需的必要环境条件之一，蔬菜的需水程度与蔬菜的种类及其所处的生育时期有关。

(1)不同种类蔬菜对水分的要求　根据各种蔬菜对水分的需要程度不同，把蔬菜分为下列五类(表1-2)。

表1-2　不同种类蔬菜对水分的要求

类别	代表蔬菜	形态特征	需水要求及管理	空气水分要求
耐旱性蔬菜	西瓜、甜瓜、南瓜、胡萝卜等	叶片多缺刻、有茸毛或蜡质，根系强大、入土深。	耗水少且吸收力很强，无须多灌水，对土壤的透气性要求严格，耐湿性差。	对空气湿度要求较低，在相对湿度45%～55%的条件下生长良好。
半耐旱性蔬菜	茄果类、豆类、根菜类蔬菜等	叶面积相对较小，叶片质地较硬，多茸毛，根系较发达。	耗水较多，吸收力较强，适宜在半干半湿的地块上生长，不耐高湿，对土壤透气性要求较高。	对空气湿度要求不高，中等湿度有利于蔬菜栽培，一般适宜相对湿度55%～65%，根菜类要求更高一些。
半湿润性蔬菜	葱蒜类蔬菜等	叶面积较小、表面有蜡质，根系不发达，分布范围小，根毛少。	消耗水分少，吸收力弱，不耐干旱、不耐涝，主要生长阶段要求地面湿润。	葱蒜类耐较低空气湿度，在相对湿度45%～55%条件下生长良好。

续表 1-2

类别	代表蔬菜	形态特征	需水要求及管理	空气水分要求
湿润性蔬菜	黄瓜、白菜、甘蓝、多数绿叶菜等	叶面积大，组织柔嫩，根系浅而弱。	消耗水分多，吸收力弱，要求土壤湿度较高，应加强灌水。	空气湿度要求中等以上，一般相对湿度为70%～80%时生长良好，以鲜嫩器官为食的绿叶菜类蔬菜要求更高。
水生蔬菜	藕、茭白等	叶面积大，组织柔嫩，根群不发达，根毛退化。	消耗水分最多，吸收力最弱，需在水中或沼泽地栽培。	要求较高的空气湿度，适宜的相对湿度为85%～90%。

(2)蔬菜的不同生育时期对水分的要求

①种子发芽期　这个时期种子要吸水膨胀，需要充足的水分，但湿度过大容易烂种，适宜的土壤湿度为地面半干半湿至湿润。

②幼苗期　叶面积小，蒸腾量不大，需水量不大，但根系吸收能力弱，要加强水分管理，保持地面半干半湿。

③营养生长盛期　对于以营养器官为产品的蔬菜，这个时期需水量最大。产品器官形成前，不要水分过多，防止徒长；产品器官形成后，要经常浇水，保持地面湿润。

④生殖生长期　开花期对水分要求严格，水分过多过少，都会引起授粉受精不良，影响结果。结果盛期需水量大，是果菜类一生中需水最多的时期，应充足供应。

(四)土壤

土壤是蔬菜生长发育的基础，它不仅对蔬菜的植株有支撑作用，而且为蔬菜生长发育提供所需要的水分、养分，同时蔬菜根部的温度、湿度也受土壤的制约。

(1)土壤质地　蔬菜对土壤的一般要求：土壤肥沃，土层深厚，透气性好，保肥保水能力强。

从土壤结构上说，以壤土、沙壤土和黏壤土最适宜蔬菜生长。壤土松紧适中，保水保肥能力较强，有效养分多，适于大部分蔬菜栽培；沙壤土土质疏松，通气排水好，不易板结，升温快，适宜栽培吸收力强的耐旱性蔬菜，如瓜类和根菜类等；黏壤土土质细密，保水保肥能力强，养分丰富，但排水不好，易板结，适于晚熟栽培及水生蔬菜栽培。

(2)土壤的酸碱度　大多数蔬菜以pH为6～6.8的中性或微酸性土壤为宜。黄瓜、菜豆、韭菜、菠菜、花椰菜等要求中性土壤；番茄、南瓜、萝卜等能在弱酸性土壤中生长；茄子、甘蓝、芹菜等有一定的耐盐碱能力。

(3)土壤营养　蔬菜对土壤营养的需求主要是氮、磷、钾三大元素。蔬菜的种类不同，对养分的需求量也不同。叶菜类蔬菜对氮的需求量比较大，以根、茎及叶球为产品的蔬菜对钾的需求量较大，果菜类蔬菜需磷较多。除了这三大元素，蔬菜对其他土壤营养元素也有不同程度的需求。番茄、大白菜、芹菜等对钙元素有较大的需求量；嫁接的蔬菜如缺镁元素，容易引起叶枯病；菜豆等容易缺硼。

蔬菜的不同生育时期对土壤营养的需求也有差异。一般幼苗期需肥量小，而且以氮肥为主，但果菜类的花芽分化期需要较多的磷。营养生长盛期对各种营养的需求量都不断增加。产品器官形成期是蔬菜一生中需肥量最大的时期，果菜类对磷的需求量增大，根、茎、叶球类蔬菜对钾的需求量也显著增加。

(五)气体

O_2 和 CO_2 是影响蔬菜生长发育的主要气体条件。大气中的 O_2 浓度相对稳定,因此对地上部分的生长影响不大。但往往会由于水涝或土壤板结而使根际缺氧。生产中可通过中耕松土、覆盖地膜等方式来防止土壤板结。此外,设施蔬菜栽培是在封闭或半封闭条件下进行的,设施内外气体交换差,易出现 CO_2 不足或有害气体危害等现象,生产中需加以注意。

六、蔬菜的栽培制度

(一)蔬菜的栽培制度

蔬菜的栽培制度是指在一定时间内,在一定土地面积上,各种蔬菜安排布局的制度。它包括因地制宜扩大复种面积,提高复种指数,采用轮作、间作、混作、套作等技术来安排蔬菜栽培的次序,并配合以合理的施肥、灌溉制度,土壤耕作与休闲制度,即通常所说的"茬口安排"。合理的蔬菜栽培制度充分体现了我国农业精耕细作的优良传统,其优点在于广泛采用间套作,使复种指数增加,能合理利用日光能和土壤肥力,减轻病虫为害,达到全年均衡供应多样化的新鲜产品。

1. 连作和轮作

(1)连作　又称"重茬",指在同一块土地上,不同茬次或不同年份连续栽培同一种蔬菜。同类蔬菜连续种植,可造成土壤中某一种或某几种养分吸收过多或过少,使土壤中养分不平衡;同类蔬菜根系深浅相同,使土壤各层次养分利用不合理;同类蔬菜有共同的病虫害,连续种植发病严重;某些蔬菜的根系能分泌出有机酸和某种有毒物质,改变土壤结构和性质,可导致土壤酸碱度的变化。

(2)轮作　指在同一块土地上,按照一定年限轮换种植几种性质不同的蔬菜。轮作又称"换茬"或"倒茬"。轮作可有效地避免连作的危害,是合理利用土壤肥力、减轻病虫害的有效措施。在轮作设计时应掌握以下原则:

①吸收土壤营养不同,根系深浅不同的蔬菜互相轮作　叶菜类吸收氮肥较多,根茎类吸收钾肥较多,果菜类吸收磷肥较多,可轮流栽培。深根性的根菜类、茄果类,应与浅根性的叶菜类、葱蒜类轮作。

②互不传染病虫害　同科蔬菜常常感染相同的病虫害,制订轮作计划时,每年调换种植性质不同的蔬菜,使病虫失去寄主或改变生活条件,达到减轻或消灭病虫害的目的。粮菜轮作,水旱轮作对控制土传性病害效果显著。

③改善土壤结构　在轮作制度中适当配合豆科、禾本科蔬菜,可增加有机质,改善土壤结构。

④考虑不同蔬菜对土壤酸碱度的要求　如种植甘蓝、马铃薯后能增加土壤酸度,而种植玉米、南瓜后,能降低土壤酸度,对土壤酸度敏感的洋葱作为玉米、南瓜的后作可获较高产量,作为甘蓝的后作则减产。豆类的根瘤菌给土壤遗留较多的有机酸,连作常导致减产。

⑤考虑前茬作物对杂草的抑制作用　前后作物配置时,注意前作对杂草的抑制作用,为后作创造有利的生产条件。胡萝卜、芹菜等生长缓慢,抑制杂草能力较弱,葱蒜类、根菜类也易遭杂草为害,南瓜、冬瓜、甘蓝、马铃薯等抑制杂草能力较强。

由于蔬菜的种类很多，可将白菜类、根菜类、葱蒜类、茄果类、瓜类、豆类、薯芋类等各种蔬菜轮换栽培。同类蔬菜对于营养的需求大致相同，发生的病虫害大致相同，在轮作中可作为一种作物处理。不同类而同科的蔬菜不宜互相轮作。多数绿叶菜类蔬菜生长期短，应配合在其他作物的轮作区中栽培，一般不独自占一个轮作区。

(3)蔬菜作物轮作年限　蔬菜作物轮作年限，主要依据蔬菜种类、病虫害种类及为害程度、环境条件等不同而异。白菜、芹菜、甘蓝、花椰菜、葱蒜类等在没有严重发病的地块上可以连作几茬，但需增施有机肥；需 2～3 年轮作的有黄瓜、辣椒、马铃薯、山药、生姜等；需 3～4 年轮作的有大白菜、番茄、茄子、甜瓜、豌豆、芋、茭白等；需 6～7 年以上轮作的有西瓜等。总体来说，禾本科蔬菜耐连作；十字花科、百合科、伞形花科蔬菜也较耐连作，但以轮作为佳；茄科、葫芦科(南瓜除外)、豆科、菊科蔬菜不耐连作。

2. 间混套作

将两种或两种以上蔬菜隔畦、隔行或隔株同时有规律地栽培在同一块地上称间作。将两种或两种以上蔬菜同时不规则地混合种植的方式，称混作。利用某种蔬菜在田间生长的前期或后期，于畦(行)间种植另一种蔬菜的方式，称为套作。

合理的间混套作，就是将两种或两种以上的蔬菜，根据不同的栽培习性，组成一个复合群体，通过合理的群体结构，使单位面积内植株总数增加，并能有效地利用光能与地力、时间与空间，造成“相互有利”的环境，可减轻病虫杂草为害。间混套作是我国蔬菜栽培制度的一个显著特点，它能够增加复种指数，提高蔬菜单位面积产量和总产量，是实行排开播种，增加花色品种和淡季蔬菜供应的一个重要措施。实施间混套作，应掌握以下原则：

①合理搭配蔬菜种类和品种　在选择蔬菜种类与品种时，应注意高秆作物与矮秆作物结合，叶片直立型与水平型种类结合，深根性蔬菜与浅根性蔬菜结合，早熟品种与晚熟品种结合，喜强光蔬菜和耐弱光蔬菜搭配种植。保证两种蔬菜生长期间互不抑制，对养分的吸收要互补。

②安排合理的田间群体结构　主副作物的配置比例合理，在保证主作蔬菜密度与产量的条件下，适当提高副作蔬菜密度与产量。田间种植时加宽行距，缩小株距，在保证主作蔬菜密度和产量的前提下改善通风透光条件。实行套作时使前茬的后期和后茬的苗期共生，互不影响生长，尽量缩短两者的共生期。

③采取相应技术措施　间套作要求较多的劳力、较高土壤肥力和技术条件，同时从种到收，要随时采取相应农业技术措施，降低主副作物之间相互影响。

3. 多次作和重复作

在同一块土地上一年内连续栽培多种蔬菜，可收获多次的，称多次作，或称复种制度。重复作是指在一年的整个生长季节或一部分季节内连续多次栽培同一种作物。多用于绿叶菜或其他生长期短的作物，如小白菜、小萝卜等。我国各地多次作(复种)制度从北到南基本上可归纳为两年三熟、一年两熟、两年五熟、一年三熟、一年多熟等类型。

(二)栽培季节与茬口安排

1. 露地蔬菜栽培季节与茬口安排

(1)露地蔬菜栽培季节确定的基本原则　露地蔬菜生产是以高产优质为主要目的，因此确定栽培季节时，应将所种植蔬菜的整个栽培期安排在其能适应的温度季节里，而将产品器官形成期安排在温度条件最适宜的月份。

(2)露地蔬菜栽培茬口

①早春茬　利用风障等保护设施,在早春播种小白菜、小萝卜、菠菜、茼蒿等耐寒性较强的速生性菜类,供应早春淡季市场,其生长期短,经济效益较好。

②春茬　一般于早春播种或冬季育苗,春季定植,春末或夏初开始收获,是全年露地生产的主要茬口,是夏季市场蔬菜的主要来源。适合春茬种植的蔬菜种类比较多。耐寒或半耐寒性蔬菜一般于早春土壤解冻后在露地直播,喜温性蔬菜一般于冬季或早春在设施内育苗,终霜后定植于露地,入夏后大量收获上市。

③夏茬　一般于春末至夏初播种或定植,以解决8—9月份淡季供应,主要的种类有黄瓜、豇豆、菜豆、冬瓜、茄子、辣椒等,选用的大多是耐热性较强的种类和品种。

④秋茬　一般于夏末秋初播种或定植,中秋后开始收获,秋末冬初收获完毕,栽培面积较大,主要供应秋冬季蔬菜市场。主要种类有大白菜、甘蓝、花椰菜、萝卜、胡萝卜、芥菜、芹菜、菠菜、莴笋等。

⑤越冬茬　在晚秋或上冻前播种,以种子或一定大小幼苗越冬,翌年早春返青,供应市场,主要种类有菠菜、葱、韭菜等。这一茬投入较少,成本较低,经济效益较好,但要根据当地的气候条件等选择适宜的种类和品种,确定适宜播种期。

2.设施蔬菜栽培季节确定的基本原则及茬口安排

(1)设施栽培季节确定的基本原则　设施蔬菜生产,成本高,栽培难度大。应以高效益为主要目的来安排栽培季节,即将所种植蔬菜的整个栽培期安排在能适应的温度季节里,而将产品器官形成期安排在该种蔬菜露地生产淡季或产品供应淡季。

(2)设施蔬菜栽培茬口

①冬春茬　是日光温室栽培难度最大,经济效益最高的茬口。一般于10月1日前后播种或定植,入冬后开始收获,翌年春天结束生产。主要栽培喜温性果菜类,对于一些保温条件较差的温室,也可进行韭菜、芹菜等耐寒性较强的蔬菜栽培。

②春早熟栽培　是日光温室和塑料大棚的主要茬口,以栽培喜温性果菜类为主。东北地区利用温室育苗,保温性能较好的日光温室可于2—3月定植,塑料大棚可于3月下旬至4月定植,产品始收期可比露地提早30～60 d。

③越夏栽培　利用温室大棚骨架覆盖遮阳网或防虫网,栽培一些夏季露地栽培难度较大的果菜类或喜冷凉的叶菜类蔬菜(白菜、菠菜等),于春末夏初播种或定植,7—8月收获上市。

④秋延后栽培　是塑料大棚主要茬口。一般于7—8月播种或定植,生产番茄、黄瓜、菜豆等喜温性果菜类蔬菜,供应早霜后的市场,也用于一部分叶菜类的延后生产。

⑤秋冬茬　是日光温室主要茬口,一般于8月前后播种或育苗,9月定植,10月开始收获直到春节前后。以栽培喜温性果菜类为主,前期高温强光,植株易旺长,后期低温寡照,植株易早衰,栽培难度较大。

自我检测

1.什么是蔬菜生产?蔬菜生产有何特点?

2.蔬菜有几个起源中心?起源于我国的有哪些主要蔬菜?研究蔬菜起源中心对蔬菜栽培有何意义?

3. 概述蔬菜营养生长和生殖生长几个分期的主要特点，并说明它们从营养生长过渡到生殖生长所需要的条件。

4. 从蔬菜对水分要求上分类可以分成哪些不同类型？蔬菜在不同生长时期对水分的要求怎样？

5. 什么是蔬菜的栽培制度？

6. 什么是连作、轮作和间作？

7. 露地蔬菜栽培季节确定的基本原则是什么？

单元二

蔬菜生产技能

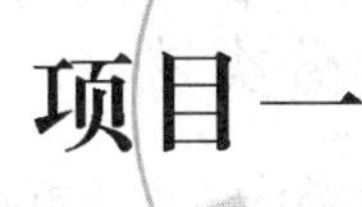

项目一

蔬菜生产基本技能

任务一　蔬菜识别与分类

知识目标

掌握常见蔬菜形态特征，熟悉常见蔬菜种子外形特征，并会分级。掌握蔬菜植物学分类法、食用器官分类法和农业生物学分类法。

技能目标

识别常见蔬菜；认识蔬菜产品器官；识别常见蔬菜种子；学习蔬菜植物学分类法、食用器官分类法和农业生物学分类法，掌握常见蔬菜在3种分类法中的分类地位。

素质目标

培养学生合作意识、组织能力、协调能力、交流能力、观察能力、总结能力、自学能力等。

任务描述

蔬菜作物种类繁多，据统计，我国栽培的蔬菜有200多种，其中普遍栽培的有50～60种，在同一种类中，还有许多变种。为了便于学习和研究，需要把这些蔬菜进行分类。常用分类方法有3种，即植物学分类法、食用器官分类法和农业生物学分类法。

子任务1　蔬菜识别与植物学分类法分类

植物学分类法

植物学分类法是依照植物自然进化系统，按照科、属、种和变种进行分类的方法。采用植物学分类可以明确科、属、种间在形态上、生理上的关系，以及遗传学、系统进化上的亲缘关系，对于蔬菜的轮作倒茬、病虫害防治、种子繁育及生产管理等有较好的指导作用。常见蔬菜按科分类如下。

(一)双子叶植物

(1)十字花科　萝卜、芜菁、芜菁甘蓝、芥蓝、结球甘蓝、抱子甘蓝、羽衣甘蓝、花椰菜、青花菜、球茎甘蓝、小白菜、结球白菜、乌塌菜、叶用芥菜、茎用芥菜、芽用芥菜、根用芥菜、辣根、豆瓣菜、荠菜。

(2)葫芦科　黄瓜、甜瓜、南瓜(中国南瓜)、笋瓜(印度南瓜)、西葫芦(美洲南瓜)、西瓜、冬瓜、瓠瓜(葫芦)、丝瓜、苦瓜、佛手瓜、蛇瓜等。

(3)茄科　番茄、茄子、辣椒、马铃薯、酸浆。

(4)豆科　菜豆、豌豆、蚕豆、豇豆、毛豆、扁豆、刀豆、矮刀豆、苜蓿、豆薯、四棱豆。

(5)伞形科　芹菜、香芹、水芹、大叶芹、芫荽(香菜)、胡萝卜、茴香、美国防风。

(6)菊科　莴苣(莴笋、长叶莴苣、皱叶莴苣、结球莴苣)、茼蒿、菊芋、苦苣、紫背天葵、牛蒡、朝鲜蓟、蒲公英。

(7)藜科　根用甜菜、叶用甜菜、菠菜。

(8)落葵科　红花落葵、白花落葵。

(9)苋科　苋菜。

(10)番杏科　番杏。

(11)旋花科　蕹菜。

(12)唇形科　薄荷、草石蚕。

(13)锦葵科　红秋葵、绿秋葵、黄秋葵、冬寒菜。

(14)楝科　香椿。

(15)睡莲科　莲藕。

(二)单子叶植物

(1)百合科　黄花菜、芦笋、卷丹百合、洋葱、韭葱、大蒜、大葱、分葱、韭菜、薤。

(2)姜科　生姜。

(3)天南星科　芋、魔芋。

(4)薯芋科　普通山药、甘薯(大薯)。

(5)禾本科　毛竹笋、麻竹、甜玉米、茭白。

实施任务

☞ 制定学习方案

任务　蔬菜识别与植物学分类法分类

时间：________　地点：____________________　小组：________

方法	植物学分类法分类	代表蔬菜名称	典型形态特征
查阅资料；观看幻灯片；标本园蔬菜识别	茄科蔬菜		
	十字花科蔬菜		
	葫芦科蔬菜		
	伞形科蔬菜		
	菊科蔬菜		
	豆科蔬菜		
	百合科蔬菜		
	其他科蔬菜		
总结学习内容			
学习效果记录			
小组汇报	由教师随机指定汇报人		

☞ 归纳总结

通过本次教学活动，学习成果如下：

(1)了解蔬菜植物学分类法的目的、方法。

(2)明确常见蔬菜在植物学分类法中的分类地位。

(3)掌握常见蔬菜典型形态特征。

(4)激发对蔬菜的学习兴趣。

自我检测

请列出 30 种以上常见蔬菜植物学分类法，并描述其典型形态特征。

蔬菜名称	植物学分类法	典型形态特征
举例：大白菜	十字花科	叶球肥大，直筒形，茎短缩

子任务2　蔬菜种子识别与食用器官分类法分类

一、食用器官分类法

食用器官分类法的特点是把食用器官相同的归为一类蔬菜，其栽培方法及生物学特性也大体相同。例如，根菜类中的萝卜和胡萝卜，虽然它们分别属于十字花科及伞形科，但它们对于外界环境及土壤的要求都很相似，因此采取的栽培技术措施也较为一致，所以这种分类方法对掌握蔬菜生产关键技术有一定的意义。但也有食用器官相同，生育特性及栽培方法却有很大差异的，例如，花菜类中的花椰菜和黄花菜，它们的栽培方法相差很远。还有一些蔬菜，在栽培方法上虽然很相似，但食用部分大不相同，例如，球茎甘蓝、结球甘蓝、花椰菜，三者要求的外界环境相似，但分属于茎菜类、叶菜类、花菜类。根据这种分类方法将蔬菜分为下列5类。

(一)根菜类

(1)肉质根类　以肥大的肉质直根为产品，如萝卜、芜菁、胡萝卜、根用甜菜、根用芥菜等。

(2)块根类　以肥大的不定根或侧根为产品，如豆薯、甘薯等。

(二)茎菜类

(1)肉质茎类(肥茎类)以肥大的地上茎为产品，如莴笋、茭白、茎用芥菜(榨菜)、球茎甘蓝等。

(2)嫩茎类　以萌发的嫩茎为产品，如芦笋、竹笋等。

(3)块茎类　以肥大的地下块状茎为产品，如马铃薯、菊芋等。

(4)根茎类　以肥大的地下根状茎为产品，如生姜、莲藕等。

(5)球茎类　以地下的球状茎为产品，如慈姑、芋等。

(6)鳞茎类　以肥大的假茎或侧芽为产品，如洋葱、大蒜、食用百合、薤等。

(三)叶菜类

(1)普通叶菜类　以鲜嫩的叶或叶丛为产品，如小白菜、乌塌菜、茼蒿、菠菜、苦苣等。

(2)结球叶菜类　以肥大的叶球为产品，如大白菜、结球甘蓝、结球莴苣、抱子甘蓝等。

(3)香辛叶菜类　具有香辛味的叶菜，如大葱、分葱、韭菜、芹菜、芫荽、茴香等。

(四)花菜类

(1)花器类　如黄花菜、朝鲜蓟等。

(2)花枝类　如花椰菜、青花菜、菜薹等。

(五)果菜类

(1)瓠果类　以下位子房和花托发育而成的果实为产品，如黄瓜、南瓜、西瓜、甜瓜等。

(2)浆果类　以胎座发达而充满汁液的果实为产品，如茄子、番茄、辣椒。

(3)荚果类　以脆嫩荚果或其豆粒为产品的豆类蔬菜，如菜豆、豇豆、豌豆等。

(4)杂果类　主要指甜玉米、菱角等上述3种以外的果菜类蔬菜。

二、蔬菜植物器官观察识别

蔬菜的器官包括根、茎、叶、花、果实、种子。蔬菜植物种类不同，各器官形态也不同，了解蔬菜各器官的形态特点，对于我们更好地认识蔬菜，根据蔬菜特点安排蔬菜生产，进行蔬菜生产管理有重要意义。

(一)蔬菜的根

根据发生的部位不同，根可分为主根、侧根、不定根，这些根的总体称为根系，根系分为直根系和须根系两种基本类型。蔬菜大部分是直根系，如瓜类、豆类、茄果类等，它们主根发达，与侧根差别明显；有少部分蔬菜为须根系，如大葱、韭菜、圆葱等，它们主根不发达或早期停止生长，在茎基部生长许多须根；另外，大萝卜、胡萝卜等是根的变态。

(二)茎

茎是植物地上部分，着生有叶和芽，是以疏导和支持为主要功能的一种营养器官。蔬菜的茎多数近圆柱形，也有棱形的，如黄瓜、蚕豆等。根据其生长习性可分为直立茎，如茄子、辣椒等；缠绕茎，如多数的豆类等；攀缘茎，如多数的瓜类等；马铃薯、姜、球茎甘蓝、莴笋等是茎的变态。

(三)叶

叶的主要功能是进行光合作用，同时能进行蒸腾作用和气体交换，此外有些叶有贮藏营养物质和繁殖的功能。叶片大小和形状是识别蔬菜的重要依据，它因蔬菜种类不同差异很大。蔬菜的叶片从大小上看，从几厘米到几十厘米不等；从叶缘上看，有全缘、锯齿缘、波状缘，有深裂、浅裂、全裂；有单叶、复叶；叶片的着生方式有互生、对生等。

(四)花

花是蔬菜植物的生殖器官，又是蔬菜重要的食用器官，如花椰菜、金针菜。蔬菜的花有完全花、雌花、雄花；有雌雄同株异花如黄瓜，雌雄异株异花如石刁柏；还有各种花序类型。

(五)果实

果实是蔬菜的主要产品器官，如茄科、葫芦科、豆科等都是食用果实的蔬菜，它们大多是通过授粉受精后发育而来。只有少数蔬菜不通过授粉受精也能形成果实，称为单性结实，例如，水黄瓜类型。

(六)种子

(1)种子的含义　广义的蔬菜种子，泛指一切用来播种进行繁殖的植物器官或组织。包括以下 4 类：

①植物学上的种子　由胚珠受精后形成的，如茄科、葫芦科、豆科和十字花科等蔬菜的种子。

②果实　由胚珠和子房共同发育而成，如菊科(瘦果)、伞形科(双悬果)、藜科(聚合果)等蔬菜的果实。

③营养器官　有些蔬菜用鳞茎(如大蒜、百合)、球茎(芋头、荸荠)、根茎(生姜、莲藕)、块茎(马铃薯、山药)作为播种材料。

④菌丝体　真菌的菌丝体，如蘑菇、木耳等。

(2)种子的形态　种子形态指种子的外形、大小、颜色、表面光洁度、种子表面特征等，如沟、棱、毛刺、网纹、蜡质、突起物等，常见蔬菜种子形态如图 2-1。种子形态是识别不同蔬菜种类或品种的重要依据，也是判断种子质量的重要感官标志。一般来说，成熟度好的新种子色泽较深，种皮上具有蜡质或有鲜亮的光泽，饱满且较大，有的具有香味。而陈种子或生长发育不好的种子，色泽灰暗，具霉味，皱瘪等。种子的大小、成熟度与播种量、种子播前处理和幼苗生长有着密切的关系。

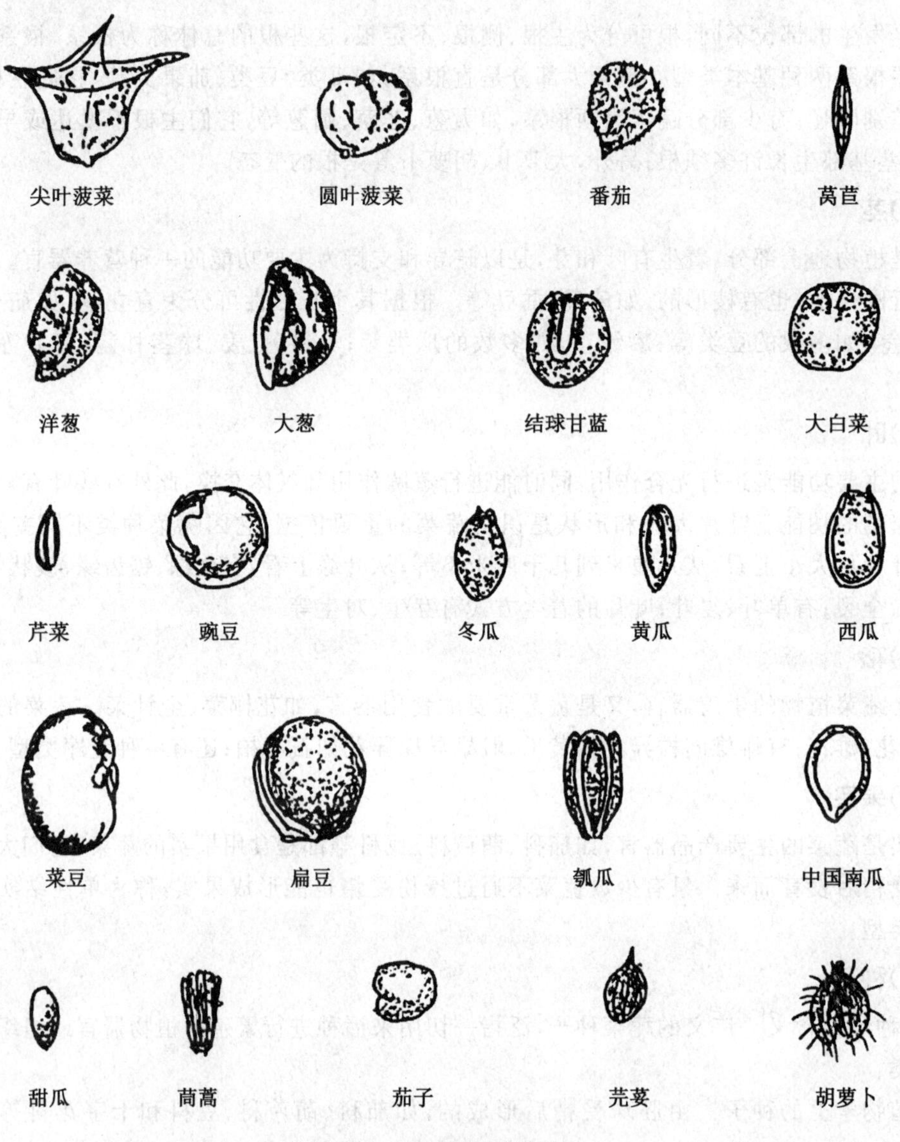

图 2-1　常见蔬菜种子形态

蔬菜种子的大小差别很大，小粒种子的千粒重只有 1 g 左右，大粒种子千粒重却高达 1 000 g 以上。一般葫芦科、豆科蔬菜种子较大。十字花科、伞形科蔬菜种子相对较小，如荠菜、芹菜、苋菜种子等。种子的大小与营养物质的含量有关，对胚的发育有重要作用，也关系到出苗的难易程度及秧苗的生长发育速度。种子越小，播种技术要求越高，苗期生长越慢。

(3)种子的寿命和使用年限　种子的寿命是指种子保持发芽能力的年限，发芽年限保持的长短取决于各种蔬菜的遗传性和收获后的贮藏条件，也受繁种条件和种子成熟度的影响。在一般贮藏条件下，绝大多数贮存的蔬菜种子寿命有 1～5 年，使用年限只有 1～3 年(表 2-1)。

表 2-1　常见蔬菜种子的寿命与使用年限　　年

蔬菜名称	寿命	使用年限	蔬菜名称	寿命	使用年限
番茄	4	2～3	大白菜	4～5	1～2
辣椒	4	2～3	甘蓝	5	1～2
茄子	5	2～3	球茎甘蓝	5	1～2
黄瓜	5	2～3	花椰菜	5	1～2
南瓜	4～5	2～3	芥菜	4～5	2
冬瓜	4	1～2	萝卜	5	1～2
甜瓜	5	2～3	芜菁	3～4	1～2
瓠瓜	2	1～2	根用芥菜	4	1～2
丝瓜	5	2～3	胡萝卜	5～6	2～3
西瓜	5	2～3	韭菜	2	1
扁豆	3	2	大葱	1～2	1
菜豆	3	1～2	洋葱	2	1
豇豆	5	1～2	菠菜	5～6	1～2
豌豆	3	1～2	芹菜	6	2～3
蚕豆	3	2	莴苣	5	2～3

实施任务

☞ 制定学习方案

任务　蔬菜器官识别与食用器官分类法分类

时间：________　地点：____________________　小组：________

方法	内容	蔬菜名称	食用器官分类法	种子特征（形状、大小、颜色、表面附属物等）
查阅资料；实验室观察；记录蔬菜种子标本特征	根菜类蔬菜			
	茎菜类蔬菜			
	叶菜类蔬菜			
	花菜类蔬菜			
	果菜类蔬菜（案例）	番茄	浆果类	扁圆形，较小，银灰色，表面有银灰色绒毛

续表

方法	内容	蔬菜名称	食用器官分类法	种子特征(形状、大小、颜色、表面附属物等)
总结汇报学习内容				
学习效果记录				
小组汇报	由教师随机指定汇报人			

注：种子大小可分5级，大粒(如菜豆种子)、较大(如黄瓜种子)、中等(如香菜种子)、较小(如茄子种子)、小粒(如芹菜种子)。

☞ 归纳总结

通过本次教学活动，学习成果如下：

(1)了解蔬菜食用器官分类法目的、方法。

(2)明确常见蔬菜在食用器官分类法中的分类地位。

(3)进一步掌握常见蔬菜典型形态特征。

(4)认识常见蔬菜种子。

(5)激发对蔬菜的学习兴趣。

自我检测

(1)新陈种子的区别

类型	颜色	含水量	气味	表面附属物
新种子				
陈种子				

(2)3种南瓜种子间的区别

种类	种子形态	种喙形状	种子边缘特征	平均千粒重/g
中国南瓜				
印度南瓜				
美洲南瓜				

(3)大葱、韭菜、洋葱种子间的区别

种类	种子形态	颜色	种皮皱纹	种脐特征	平均千粒重/g
大葱					
韭菜					
洋葱					

(4)根据观察结果描述除(2)(3)以外的20种以上蔬菜种子的外部形态、食用器官，填写下表并绘出种子形态图。

种类	食用器官	种子形状	种子颜色	种子大小	种子表面特征	种子形态图

子任务3　蔬菜农业生物学分类法分类

农业生物学分类法

此种分类方法是从农业生产的要求出发，将生物学特性和生产技术基本相似的蔬菜归为一类，比较符合农业生产特点。具体分为以下几类。

(1)根菜类　主要以膨大的肉质直根为产品的蔬菜，包括萝卜、胡萝卜、根用芥菜、芜菁甘蓝、芜菁、牛蒡、根用甜菜等。这类蔬菜适宜冷凉的气候，一般在生长的第一年形成肉质根，贮藏大量养分，到第二年开花结实。在低温下通过春化，再经过长日照条件才能开花结实。均用种子繁殖。生产上需要疏松的土壤，充足的钾肥。

(2)白菜类　此类蔬菜柔嫩的叶丛、叶球、花球、肉质茎可供食用，包括大白菜、花椰菜和结球甘蓝等。均用种子繁殖，适宜冷凉湿润的气候。植株生长迅速，根系较浅，要求保肥保水的土壤，对氮肥要求较高。大多为二年生，第一年形成产品器官，第二年抽薹开花，在生产上，要防止先期抽薹。

(3)茄果类　主要包括茄子、番茄及辣椒。这3种蔬菜在生物学特性及生产技术上很相似，均以果实为产品。要求肥沃的土壤和较高的温度，不耐寒冷，只能在无霜期生长。在生产上，需要注意调节营养生长与生殖生长的平衡关系。

(4)瓜类　包括南瓜、黄瓜、西瓜、甜瓜、瓠瓜、冬瓜、丝瓜、苦瓜、蛇瓜等。为一年生蔬菜，茎为蔓性，多雌雄同株异花授粉，要求较高的温度和充足的阳光，尤其是西瓜和甜瓜，适于昼热夜凉的大陆性气候及排水良好的土壤。在生产上，可利用摘心、整枝等来控制营养生长与开花结实的关系。

(5)豆类　包括菜豆、豇豆、扁豆、毛豆、豌豆及蚕豆等，均为豆科植物。除豌豆和蚕豆要求冷凉的气候外，其他均要求温暖的环境。具有根瘤，可固定空气中的氮素。

(6)绿叶菜类　以幼嫩的绿叶或嫩茎为食用器官的蔬菜，主要包括莴苣、芹菜、菠菜、茼蒿、小白菜、苋菜、蕹菜等。这类蔬菜中苋菜、蕹菜耐热，其他多喜冷凉。大多数为二年生，种子繁殖。生长迅速，植株矮小，生长期短适宜间套作。生产中要求充足的肥水，特别是速效氮肥。

(7)葱蒜类　包括洋葱、大蒜、大葱、韭菜等。单子叶，须根系。要求土壤湿润肥沃，气候温和，能耐寒，除了韭菜、四季葱以外，到了炎热的夏天地上部都会枯萎。洋葱、大蒜在长日照条件下形成鳞茎。大葱、洋葱幼苗达到一定标准后会感受低温春化而抽薹开花。可用种子繁殖(洋葱、大葱、韭菜)，也可用营养繁殖(大蒜、分葱、韭菜等)。

(8)薯芋类　以地下块根或块茎为食用器官的蔬菜，包括马铃薯、山药、芋、姜等。富含淀粉，耐贮藏。均用营养繁殖。除马铃薯生长期短，且不耐炎热外，其他薯芋类蔬菜都较耐热，生长期亦较长。

(9)水生蔬菜　包括藕、茭白、慈姑、荸荠、菱和水芹等生长在沼泽地的蔬菜。此类蔬菜要求在池塘和沼泽浅水区栽培，除菱和芡实外，都采用营养繁殖。生长期间要求炎热的气候和肥沃的土壤。

(10)多年生蔬菜　多年生蔬菜包括竹笋、黄花菜、芦笋、香椿、百合等，一次繁殖以后，可以连续采收数年。

(11)芽苗蔬菜　利用作物种子或其他器官(如根、枝条等)生长出可供食用的嫩芽或嫩苗。用种子生产的叫种芽菜，如黄豆芽、绿豆芽、香椿芽、豌豆芽、萝卜芽、荞麦芽、苜蓿芽苗。用营养体(根、枝条等)生产的叫体芽菜，如蒲公英芽、苣荬菜芽、菊苣芽球、刺龙芽等。

(12)野生蔬菜　未经栽培驯化而生长在自然条件下的可提供食用的野生植物，其营养成分大多高于栽培的蔬菜。包括马齿苋、蕨菜、刺五加、大叶芹、苋菜、蒲公英、苦菜等。

实施任务

1.蔬菜农业生物学分类法分类

时间：________　地点：________________　小组：________

方法	农业生物学分类法分类	蔬菜名称	主要生物学特性
查阅资料 观看幻灯片	根菜类		
	瓜类		
	白菜类		
	茄果类		
	薯芋类		
	豆类		
	葱蒜类		
	绿叶菜类		
	其他		
总结汇报 学习内容			
学习效果记录			
小组汇报	由教师随机 指定汇报人		

2. 制作蔬菜标签

要求：完成 10 种蔬菜标签，独立或分组完成。

案例：

黄瓜

葫芦科，一年生草本植物，茎蔓性。

雌雄同株异花授粉蔬菜。

种子黄白色，椭圆形，千粒重 25 g 左右。

喜温，喜湿。

适合露地、大棚和日光温室内各个茬口生产。

☞ 归纳总结

通过本次教学活动，学习成果如下：

(1)了解蔬菜农业生物学分类法目的、方法。

(2)明确常见蔬菜在农业生物学分类法中的分类地位。

(3)了解常见蔬菜主要生物学特性。

(4)加深对常见蔬菜的认识。

(5)进一步激发对蔬菜的学习兴趣。

思政园地

植物有分类，人也有分类。古语说："物以类聚，人以群分"，人与人之间总是因兴趣、爱好、性格等方面相似而成为朋友。有的以友情为重结为朋友，有的以事业为重结为朋友。《弟子规》说："同是人，类不齐，流俗众，仁者希。"意思是同样在世为人，品行高低各不相同；品行一般的俗人多，品行高尚的仁者少。"近朱者赤，近墨者黑"，告诉我们交友一定要有智慧，要看他是不是高尚之人，是不是仁德之人，千万不能交德行不好的人。

自我检测

请填写下表，按农业生物学分类法列出 20 种以上常见蔬菜，并简述其生物学特性。

蔬菜名称	农业生物学分类法	主要生物学特性

课外拓展

特　菜

一、特菜的含义

“特菜”,又名“稀特菜”“特种菜”,指当地没有栽培或栽培较少的蔬菜。特菜所包含的内容随着地域、时间的改变而变化。如菜心是广东的特产蔬菜,在广东栽培很普通,引种到东北,就成了特菜;而我国的特产蔬菜莲藕、茭白、山药等,到了欧美,就成了那里的特菜。20世纪80年代中期,我国刚引种绿菜花、西芹时,人们觉得很新奇,将之作为特菜种植。而今天,它们已为我国人民所熟悉和接受,正逐步退出特菜行列,回归为普通蔬菜。因此“特菜”是一个动态概念。

二、特菜的种类

近20年以来,北方地区引进了上百种特菜,根据其原产地和种植方式的不同,可划分为以下几大类。

(1)西洋蔬菜　指那些原产于国外,我国无栽培历史和消费习惯的蔬菜。如抱子甘蓝、菊苣、朝鲜蓟、番杏、根芹等。

(2)南方蔬菜　指那些我国南方广泛种植,北方很少栽培和食用的蔬菜,如苦瓜、蛇瓜、菜心、芥蓝、空心菜、木耳菜、佛手瓜等。

(3)野生蔬菜　指那些我国传统采集食用,无栽培历史的山野菜,如蒲公英、荠菜、苣荬菜、龙牙楤木、大叶芹等。

(4)芽苗蔬菜　这是一类既传统又新兴的蔬菜。经过我国农业科技工作者对芽苗蔬菜深入而广泛地研究,芽苗蔬菜的种类正不断增加。

三、特菜的特点

1.形状奇特

有些特菜品种与普通蔬菜本是同科同属,只是由于形状奇特而身价倍增。例如,小型番茄,不但果实小巧,而且形状各异,有樱桃形、洋梨形、长椭圆形,目前多作为水果鲜食,已成为北方冬季居民果盘中不可缺少的水果之一。又如来自荷兰、以色列的迷你黄瓜,其果形短小玲珑,表皮光滑无刺,口味清香脆嫩,多作水果鲜食,故而又称水果型黄瓜。再如飞碟瓜,外形酷似带花边的碟子,既可食用又可观赏,十分惹人喜爱。还有意大利的球茎茴香,苗期犹如我国传统食用的小茴香,生长中后期,叶鞘基部膨大成球状,采收时叶片被剪掉,而以球茎作为食用器官。

2.色彩鲜艳

现代人对蔬菜的需求不仅要“好吃”,而且要“好看”,为此,彩色蔬菜纷至沓来。花番茄,一改普通番茄大红或粉红的果色,表皮红、绿、黄花道相间,如小孩玩耍的花皮球;彩色甜椒,有红、橙、黄、紫、绿、乳白、褐等颜色,五彩缤纷,鲜艳夺目。状如香蕉的金皮西葫芦,能削成玫瑰花的红菜头(根用甜菜),适于作沙拉生食的紫叶莴苣、羽衣甘蓝,还有黄皮菜豆、白梗芹菜、红皮豇豆、紫黑色番茄等,都以其新奇鲜艳的色彩而在众多蔬菜中脱颖而出。

3.风味独特

大部分特菜都因其具有特殊的口感或风味而与众不同。如大叶芹、龙牙楤木,其独特的山野清香，绝非普通蔬菜所能比拟。而番杏、朝鲜蓟、抱子甘蓝、香艳茄等，则以其浓厚的异域风味来吸引消费者。现在，苦瓜的苦、菜心的嫩、毛节瓜的凉、菊苣的脆、黄秋葵的滑已逐渐为广大北方群众所接受和喜爱。

4. 营养保健

许多稀特蔬菜都有较强的营养保健功能，长期食用，有益健康。如苦瓜具有明目清心、消暑解毒的功效，其果肉中还含有类胰岛素物质，能够降低血糖，是糖尿病病人最理想的食疗蔬菜。芦笋的嫩茎中含有天门冬酰胺、天门冬氨酸、多种甾体皂苷物质、芦丁、甘露聚糖及胆碱等，对癌症和多种疾病有一定的治疗和预防作用，是一种极好的抗癌蔬菜。紫背天葵是原产于我国南方的一种半野生蔬菜，其茎叶中含有黄酮苷成分，长期食用可治疗咳血、血崩、血气亏虚、缺铁性贫血等病，我国南方一些地区常把紫背天葵作为产妇补血的良药。再如黄秋葵中含有一种特有的胶状物质(果胶、半乳聚糖、阿拉伯树胶等混合物)，能帮助消化，并具有保护肠胃、肝脏和皮肤黏膜的作用，对胃炎、胃溃疡有一定疗效，在国外作为运动员的首选蔬菜，也是老年人的保健食品。

5. 农药污染少

特菜中的野生蔬菜，抗逆性极强，栽培中几乎无病虫害发生；而苦瓜、蛇瓜、紫背天葵、菊苣等特菜，或由于本身有特殊气味，或由于生长环境改变，栽培中也极少有病虫害发生，这就大大减少了农药的污染。由此可见，很多特菜适合进行无公害蔬菜生产。

任务二　蔬菜播种前准备及播种

知识目标

了解蔬菜育苗土的配制与消毒方法；了解种子发芽条件，掌握蔬菜种子播前处理(一般浸种、温汤浸种、热水烫种、药剂浸种和催芽)目的及方法；掌握露地蔬菜的撒播、条播和穴播方法。

技能目标

掌握蔬菜育苗土的配制与消毒技能；掌握蔬菜播种前的种子处理技能；掌握露地蔬菜播种技能。

素质目标

培养学生认真负责的工作态度和吃苦耐劳的职业精神。

子任务1　蔬菜育苗土的配制与消毒

任务描述

育苗用的土壤，通常称作“营养土”。蔬菜种子播种到土壤里面，出土是否顺利，幼苗能否茁壮生长，与营养土好坏有密切关系。

一、营养土的要求

营养土是供给秧苗生长发育所需要的水分、营养和气体的基础，秧苗生长发育好坏与床土的质量有着很密切的关系。幼苗在苗床中密度大，生长速度快，在单位时间内，单位面积吸收的水肥总量大，因此，苗床土壤必须肥沃且保水肥能力强。营养土主要是由大田土、用有益生物菌沤制的有机肥、疏松物质（可选用草炭、细河沙、细炉渣、炭化稻壳等）、化学肥料等按一定比例配制而成的。优质营养土应具有如下条件：

①含有丰富的有机质，有机质含量不少于 30%，营养成分齐全，具有氮、磷、钾、钙等主要元素及必要的微量元素。

②结构良好，疏松透气，保水保肥性能强，不板结，总孔隙度在 60%左右。

③不带病菌和虫卵（最好是 4～5 年内没有种过茄科、葫芦科、十字花科蔬菜作物的土壤）。

④微酸性或中性，pH 以 6.5～7 为宜。

二、营养土的种类

根据用途不同，营养土可分为播种床土和分苗床土。

（1）播种床土　要求特别疏松、通透，以利于幼苗出土且分苗起苗时不伤根。配制体积比为：田土 6 份，腐熟有机肥 4 份。土壤偏黏时，应掺入适量的细沙或炉渣，加磷酸二铵或氮磷钾复合肥 0.5～1.0 kg/m^3。床土厚度约 10 cm。

（2）分苗床土　也叫移植床土。为保证幼苗期有充足的营养和定植时不散坨，分苗床土应具有一定的黏性，分苗营养土应加大田土和优质粪肥，配制体积比为：田土或园土 7 份，腐熟有机肥 3 份，加磷酸二铵或氮磷钾复合肥 1.0～1.5 kg/m^3。床土厚度为 12～15 cm。

营养土使用的材料及配方如下：①育黄瓜苗　肥田土 50%，腐熟马粪 20%～30%，腐熟鸡粪 10%～20%，陈炉灰 10%。②育番茄、芹菜苗　肥田土 50%，腐熟马粪 10%～20%，腐熟鸡粪 10%～20%，陈炉灰 10%～20%。③育茄子、青椒、西葫芦、甘蓝苗　肥田土 40%，腐熟马粪 20%～30%，腐熟鸡粪 10%～20%，陈炉灰 10%～20%。④育豆苗类　肥田土 40%，腐熟马粪 30%～40%，腐熟鸡粪 10%～20%，陈炉灰 10%。此外，每立方米营养土中还应加硫酸铵 250 g、磷酸二铵 500～600 g、硫酸钾 250 g，或只加复合肥 1～1.2 kg；加 65%代森锌粉剂 50～60 g 或 50%多菌灵粉 30～40 g。

三、营养土消毒

为防止营养土带菌，引发苗期病害，可采用下列方法消毒。

（1）药土消毒　将药剂先与少量土壤充分混匀后再与所计划的土量进一步拌匀成药土。播种时，2/3 药土铺底，1/3 药土覆盖，使种子四周都有药土，可以有效地控制苗期病害。常用药剂有多菌灵和甲基托布津，用量 100～150 g/m^3。

（2）熏蒸消毒　用量为每立方米园土用 40%福尔马林 400 mL 兑水 50 kg，均匀喷于土上，拌匀后堆起来，用塑料薄膜覆盖，闷 2～3 d，然后揭开薄膜，经 7～14 d，土壤中的药气散尽后使用。

（3）药液消毒　用代森锰锌或多菌灵 200～400 倍液消毒，每平方米床用 10 g 原药，配成 2～4 kg 药液喷浇即可。

四、育苗基质

随着工厂化育苗的迅速发展，基质育苗被广泛应用。使用较多的基质材料有泥炭、岩棉、蛭石、珍珠岩、蔗渣、菇渣、沙砾和陶粒等。目前岩棉和泥炭在全球应用广泛，是世界上公认的较理想的栽培基质。但随着逐年大量使用，其给社会和生态环境带来的负面效应也日趋明显，一方面由于岩棉不可降解，大量使用给环境带来二次污染；另一方面，泥炭是不可再生的资源，过量的开采有耗竭的危险。

(一)育苗基质的要求

育苗基质的功能应与土壤相似，这样植株才能更好地适应环境，快速生长。在选配育苗基质时，应遵从以下几个标准：

(1)从生态环境角度考虑　要求育苗基质基本上不含活的病菌、虫卵，不含有害物质，以防其随苗进入生长田后污染环境与食物链。为了符合这个标准，育苗基质应经发酵剂快速发酵，达到杀菌消毒、去除虫卵的目的。

(2)育苗基质应有与土壤相似的功能　从营养条件和生长环境方面来讲，基质比土壤更有利于植株生长。但它仍然需要有土壤的其他功能，如利于根系缠绕(以便起坨)和较好的保水性等。

(3)育苗基质以配制有机、无机复合基质为好　在配制育苗基质时，应注意把有机基质和无机基质科学合理组配，更好地调节育苗基质的通气、水分和营养状况。

(4)选择使用当地资源丰富、价格低廉的轻基质　根据各地实际情况，选用炭化稻壳、棉籽壳、锯末、蛭石、珍珠岩等价格低廉的基质作穴盘育苗基质。

(二)育苗基质的原料

(1)草炭　采自东北大型草炭矿，该原料矿层深厚，腐殖酸含量高，无毒无菌无虫害。此基质养分含量更均匀，缓释时间更长。

(2)蛭石　蛭石是硅酸盐材料经高温加热后形成的云母状物质。其在加热过程中会迅速失去水分，并膨胀，膨胀后的体积相当于原来体积的 8～20 倍，从而使该物质增加了通气孔隙和保水能力。

蛭石容重为 130～180 kg/m^3，呈中性至碱性(pH 7～9)。每立方米蛭石能吸收 500～650 L 的水。经蒸汽消毒后能释放出适量的钾、钙、镁。

蛭石其主要作用是增加土壤(介质)的通气性和保水性。因其易碎，随着使用时间的延长，容易使介质致密而失去通气性和保水性，所以粗的蛭石比细的使用时间长，且效果好。因此，园艺用蛭石应选择较粗的薄片状蛭石，即使是细小种子的播种介质和作为播种的覆盖物，都是以较粗的为好。

(3)珍珠岩　与蛭石相媲美的便是珍珠岩。珍珠岩是一种火山喷发的酸性熔岩，经急剧冷却而成的玻璃质岩石，因其具有珍珠裂隙结构而得名。一些较大颗粒珍珠岩逐渐被用于蔬菜育苗中，作为育苗土的必备成分，以增加营养基质的透气性和吸水性。

由于育苗基质的原材料里面大部分有草炭，所以普通的育苗基质会出现长草的情况，现在已经找到了很多比较好的原材料，比如木薯渣、醋糟、椰子壳等，育苗基质里面还添加了有益于植物生长的微生物菌等，大大提高了植物的出苗率及成活率。

目前，市场上已经出现了很多专用的育苗基质，一些厂家根据不同植物的特性生产了对应的育苗基质，比如：西瓜育苗基质、辣椒育苗基质等。

（三）基质配方

蔬菜育苗常用的基质：草木灰、蛭石、炉灰、腐叶土以及碎稻草或麦秸。生产上常采用草木灰、蛭石各半，并在每立方米基质中加入腐熟鸡粪 3 kg，磷酸二铵 0.3 kg，与基质掺均匀后待用。

穴盘育苗主要采用轻型基质，如草炭、蛭石、珍珠岩等。对育苗基质的基本要求是无菌、无虫卵、无杂质，有良好的保水性和透气性。

一般夏季配比为草炭∶蛭石∶珍珠岩＝6∶2∶2；冬季配比为草炭∶蛭石∶珍珠岩＝6∶1∶3。

进口草炭没有特别说明不需添加任何肥料，只需按比例混合均匀后喷水至其含水量达到60％即可。国产草炭随水喷洒 1 000 倍多菌灵，使其含水量达到 60％，用薄膜覆盖 3～4 d 后使用。

草炭、蛭石、炉渣、珍珠岩按照 20∶20∶50∶10 的比例混合，适于番茄、甜椒育苗；按照 40∶30∶10∶20 的比例混合，适于西瓜育苗；而把草炭和炉渣，按照 1∶1 的比例混合，非常适于黄瓜育苗。

实施任务

1. 案例·营养土的配制方案

时间：________ 地点：________ 小组：________

序号	内容	材料用具	操作要点
1	配方		(1)大田土∶有机肥＝6∶4　加入磷酸二铵或氮磷钾复合肥（0.5～1.0 kg/ m^3），适合作播种床土。 (2)大田土∶有机肥＝7∶3　加入磷酸二铵或氮磷钾复合肥（1.0～1.5 kg/ m^3），适合作分苗床土。 (3)大田土∶山皮土＝6∶4　加入磷酸二铵或氮磷钾复合肥（0.5～1.0 kg/ m^3），适合作播种床土。 (4)大田土∶山皮土＝6∶3　加入磷酸二铵或氮磷钾复合肥（1.0～1.5 kg/ m^3）和育苗母剂（1 000～1 500 钵/ 袋），适合作夏季番茄分苗床土，防止徒长。
2	大田土准备	大田土、筛子、铁锹	大田土应选用葱蒜茬的土壤或近一二年未种过茄果类和瓜类地块的土壤，最好是用充分熟化的土壤，不可用生土，因为生土中的微生物群落不好，理化性质差。
3	粪肥准备	充分腐熟的有机肥、草炭	有机肥可选用充分腐熟的鸡粪、兔粪、猪粪等优良肥料，并应捣细过筛；草炭也需经过一段时间的腐熟，在黏土上应用草炭可增加其松散性，效果良好。
4	混匀	药剂、化肥、塑料薄膜	(1)取 25 kg 过筛大田土与计算用量的化肥、杀菌剂、杀虫剂或者育苗母剂充分混合均匀，配制成“原始药土”。 (2)将过筛后的大田土、有机肥、刚配制的“原始药土”混合均匀，翻倒 2～3 遍。 (3)盖上塑料薄膜，密封 5～7 d 后应用。

2. 方案设计与练习技能

结合实习基地营养土的配制工作，参照上面案例，设计营养土的配制方案，练习营养土的配制技能。

☞ 归纳总结

通过本次教学活动，学习成果如下：

(1)掌握营养土的种类、成分和一般要求。

(2)掌握营养土简单配方和配制方法。

(3)掌握营养土配制技能。

(4)掌握蔬菜常用的基质种类的配比。

自我检测

1. 选择题

(1)玉米地里的土壤含有大量的(　　)，用来配制营养土会对黄瓜幼苗产生药害。

A. 除草剂　　B. 病菌　　C. 化肥　　D. 微量元素

(2)为了增加分苗营养土营养，应加入适量的优质粪肥和(　　)。

A. 杀菌剂　　B. 杀虫剂　　C. 化肥　　D. 微生物肥料

(3)用大田土和(　　)配制的营养土，有利于根系发育，但是比例过大，定植时易散坨伤根。

A. 化肥　　B. 复合肥　　C. 山皮土　　D. 鸡粪

(4)营养土中加入(　　)可以防止番茄幼苗徒长。

A. 乙烯利　　B. 增瓜灵　　C. 育苗母剂　　D. 尿素

2. 填空题

(1)蔬菜育苗常用的基质有________、________、________等。

(2)穴盘育苗主要采用轻型基质，如________、________、________等。

(3)________床土要求有一定的黏性。

思政园地

育苗时，用塑料钵、穴盘等容器可以护根育苗，像茄子、瓜类蔬菜，如果根系受损，苗也长不好；根养得好，枝、叶、果才能生长发育得好。

我们的家庭也有根，这个根就是家中的长辈。

以三代人家庭为例，爷爷、奶奶是根，爸爸、妈妈是枝干，孩子是花果。像田间管理时把水浇在根上而不是浇在花果上一样，人应该多尽孝道。不但要孝身，让老人丰衣足食，还要孝心，让老人高兴，有好心情。为人父母都盼望自己的孩子能有出息，用自己的德行、能力奉献社会，赢得人们的赞誉，所以为人子、为人女要好好成长，实现父母的心愿。

◈ 课外拓展

泥炭块育苗

压缩型泥炭育苗营养块是一种以草木泥炭、木质素为主要原料，添加适量营养元素、保水剂、固化成型剂、微生物等，经科学配方、压缩成型的新型营养体。采用压缩型泥炭育苗营养块育苗有六大特点：①原料天然、预防病害；②操作简便、省工省力；③苗全苗齐、节约用种；④养分均衡、苗好苗壮；⑤带基定植、无须缓苗；⑥打好基础、丰产高效。目前，泥炭育苗营养块是替代塑料钵育苗的最佳选择。

子任务2　蔬菜种子播前处理

◈ 任务描述

在环境条件不适或者种子带菌时，如何保证苗齐、苗壮，减少苗期病虫害发生？蔬菜生产上经常采用种子播前处理方法。

一、蔬菜种子质量的室内检验

蔬菜种子质量的优劣，最终表现为播种后的出苗速度、整齐度、秧苗纯度和健壮程度等。这些种子的质量标准，应在播种前掌握，以便做到播种、育苗计划实施准确可靠。种子质量室内检验的内容包括种子净度、纯度、千粒重、发芽势和发芽率等。

(1)种子净度　指供检样品中净种子的质量所占百分率。其他植物种子、泥沙、花器残体、果皮、严重破碎种子等都属于杂质。

(2)纯度　指品种在特征、特性方面典型一致的程度，是鉴定品种一致性程度高低的指标。用本品种的种子数占供检样品种子数的百分率表示。

(3)千粒重　是度量蔬菜种子饱满度的指标，用自然干燥状态的1 000粒种子的质量(g)表示。同一品种的蔬菜种子，千粒重越大，种子越饱满充实，播种质量越高。

(4)发芽势　指种子发芽初期(规定日期内)正常发芽种子粒数占供试种子粒数的百分率。种子发芽势高，则表示种子活力强、发芽整齐、出苗一致，增产潜力大。种子发芽势的计算公式：

$$\text{种子发芽势}=\frac{\text{发芽试验初期(规定日期内)正常发芽种子粒数}}{\text{供试种子粒数}}\times 100\%$$

(5)发芽率　指在发芽试验终期(规定日期内)全部正常发芽种子数占供试种子数的百分率。种子发芽率的计算公式：

$$\text{种子发芽率}=\frac{\text{发芽试验终期(规定日期内)全部正常发芽种子粒数}}{\text{供试种子粒数}}\times 100\%$$

统计发芽种子数时，凡是没有幼根、幼根畸形、有根无芽及种子腐烂者都不算作发芽种子。部分蔬菜种子发芽势和发芽率的测定条件及规定天数见表2-2。

表 2-2　部分蔬菜种子的发芽技术规定

种名	发芽床	温度/℃	初次计数天数/d	末次计数天数/d	附加说明,包括破除休眠的建议
洋葱	TP;BP;S	20;15	6	12	预先冷冻
葱	TP;BP;S	20;15	6	12	预先冷冻
韭菜	TP	20～30;20	6	14	预先冷冻
芹菜	TP	15～25;20;15	7	10	预先冷冻;KNO_3
冬瓜	TP;BP	21～30;30	7	14	
结球甘蓝	TP	15～25;20	5	10	预先冷冻:KNO_3
花椰菜	TP	15～25;20	5	10	预先冷冻:KNO_3
青花菜	TP	15～25;20	5	10	预先冷冻:KNO_3
结球白菜	TP	15～25;20	5	7	预先冷冻
辣椒	TP;BP;S	20～30;30	7	14	KNO_3
甜椒	TP;BP;S	20～30;30	7	14	KNO_3
芫荽	TP;BP	20～30;20	7	21	
甜瓜	BP;S	20～30;25	4	8	
黄瓜	TP;BP;S	20～30;25	4	8	
笋瓜	BP;S	20～30;25	4	8	
南瓜	BP;S	20～30;25	4	8	
西葫芦	BP;S	20～30;25	4	8	
胡萝卜	TP;BP	20～30;20	7	14	
瓠瓜	BP;S	20～30	4	14	
普通丝瓜	BP;S	20～30;30	4	14	
番茄	TP;BP;S	20～30;25	5	14	KNO_3
苦瓜	BP;S	20～30;30	4	14	
菜豆	BP;S	20～30;25;20	5	9	
豌豆	BP;S	20	5	8	
萝卜	TP;BP;S	20～30;20	4	10	预先冷冻
茄子	TP;BP;S	20～30;30	7	14	
菠菜	TP;BP	15～10	7	21	预先冷冻
蚕豆	BP;S	20	4	14	预先冷冻
豇豆	BP;S	20～30;25	5	8	

注:①表中符号 TP 为纸上,BP 为纸间,S 为沙。

②表中数据来源于 GB/T 3543.4—1995。

二、种子萌发的环境条件

种子通过或完成休眠以后，在适宜的环境条件下，即可发芽。种子发芽的主要环境条件，包括温度、水分及氧气，有些种子还需要光。

(1)温度　各种蔬菜种子的发芽，对温度都有一定要求。喜温蔬菜，如茄果类、瓜类、豆类，最适宜的发芽温度为25～30℃；较耐寒蔬菜，如白菜类、根菜类最适宜的发芽温度为15～25℃。有的蔬菜种子发芽则要求低温，如莴苣种子在5～10℃低温下处理1～2 d，然后播种，可迅速发芽，而在25℃以上时，反而不易发芽。芹菜在15℃恒温或10～25℃的变温下，发芽好。

(2)水分　蔬菜种子在一定温度条件下吸收足量的水分才能发芽。当温度不适宜时虽也能吸水膨胀，却不能发芽而导致烂种。生产上在播种前进行浸种催芽，主要是满足种子发芽时对水分的需求。

(3)气体　一般来说，在供氧条件充足时，种子的呼吸作用旺盛，生理进程迅速，发芽较快，二氧化碳浓度高时则抑制发芽。在催芽时每天淘洗种子1～2次，才能补充种子在发芽时对氧气的需求。

(4)光照　种子发芽过程中有的需光，有的嫌光，有的对光照反应不敏感。十字花科芸薹属中的蔬菜，菊科的莴苣、牛蒡、茼蒿，伞形科的胡萝卜、芹菜等种子发芽是需光的。而萝卜、叶用甜菜、茄果类、瓜类蔬菜等种子对光照反应不敏感。

三、种子的播前处理

种子播前处理能促进种子播后出苗整齐、迅速，消灭种子内外附着的病原菌，增强种子的幼胚及新生幼苗的抗逆性。包括晒种、浸种、催芽、药剂消毒、机械处理等。

(一)晒种

蔬菜种子播种前将种子放在太阳光下曝晒3～5 d，利用太阳光杀死病菌，可提高种子活力和发芽率。

(二)浸种

浸种是将种子浸泡在一定温度的水中，使其在短时间充分吸水，达到萌芽所需的基本水量。

浸种前应将种子充分投洗干净，除去果肉物质和种皮上的黏液，以利于种子迅速充分吸水。浸种水量以种子量的5～6倍为宜，浸种过程中要保持水质新鲜，可在中间换1次水。主要蔬菜的适宜浸种水温与时间见表2-3。

表2-3　主要蔬菜浸种催芽的适宜温度与时间

蔬菜种类	浸种		催芽	
	水温/℃	时间/h	温度/℃	时间/d
黄瓜	25～30	6～8	25～30	1～1.5
西葫芦	25～30	8～12	25～30	2
番茄	25～30	10～12	25～28	2～3

续表 2-3

蔬菜种类	浸种		催芽	
	水温/℃	时间/h	温度/℃	时间/d
辣椒	25～30	10～12	25～30	4～5
茄子	30	20～24	25～30	6～7
甘蓝	20	3～4	18～20	1.5
花椰菜	20	3～4	18～20	1.5
芹菜	20	24	20～22	2～3
菠菜	20	24	15～20	2～3
冬瓜	25～30	12＋12*	28～30	3～4

* 浸种 12 h 后，将种子捞出晾 10～12 h，再浸 12 h。

根据浸种目的和水温要求不同，经常使用的几种浸种方法如下。

(1)一般浸种　指用温度与种子发芽适温(20～30℃)相同的水浸泡种子。一般浸种法对种子只起供水作用，无灭菌效果。

(2)温汤浸种　浸种水温 55～60℃，时间 15 min。由于 50℃是大多数病原菌的致死温度，10 min 是在致死温度下的致死时间，因此，温汤浸种对种子具有灭菌作用，适用于黄瓜、番茄等种皮较薄，吸水较快的种子。

(3)热水烫种　将充分干燥的种子投入 75～85℃的热水中，时间 3～5 s，然后迅速降温，转入一般浸种。热水烫种有利于提高种皮透性，加速种子吸水，并起到灭菌消毒的作用。适用于一些种皮坚硬、革质或附有蜡质、吸水困难的种子，如西瓜、丝瓜、苦瓜、蛇瓜等种子。种皮薄的种子不宜采用此法，以免烫伤种胚。

(三)催芽

催芽是将浸泡过的种子，放在黑暗或弱光环境里，并给予适宜的温度、湿度和氧气条件，促进发芽。

催芽过程中，采用低温处理和变温处理有利于提高种子的发芽整齐度和幼苗的抗寒性。一般茄子催芽采用变温处理方法，每天给予 12～18 h 的高温(28～30℃)和 12～6 h 的低温(16～18℃)交替处理。

(四)种子药剂消毒处理

(1)药剂拌种法　用颗粒较细的药粉拌种，用药量为种子重量的 0.3%～0.4%。把干种子与药粉混合后，装入罐子或瓶子内，充分摇动 5 min 以上，让药粉均匀粘在种子上。常用药剂有敌克松、福美双、多菌灵等。拌过药粉的种子不宜浸种催芽，应直接播种，也可贮藏起来，待条件适宜时再播种。

(2)药剂浸种法　将按上述浸种方法处理过的种子，捞出沥干后，再用一定浓度的药剂浸泡种子进行种子消毒。常用药剂有 800 倍的 50%多菌灵溶液、800 倍的甲基托布津溶液、100 倍的福尔马林溶液、0.1%的高锰酸钾溶液、10%的磷酸三钠溶液、1%的硫酸铜溶液等。消毒后，用清水将种子上的残留药液清洗干净再催芽。

实施任务

1. 案例·制定蔬菜种子播前处理方案

时间：________ 地点：__________________ 小组：________

序号	内容	材料用具	操作要点
1	晒种	蔬菜种子	浸种前将种子放在太阳光下曝晒 1～2 d。
2	一般浸种	芹菜种子、温度计、烧杯	将芹菜种子投入 20～30℃的温水中浸泡 12～24 h,然后用清水投洗干净,捞出控干后直播或放入 15～20℃恒温箱内催芽。
3	温汤浸种	黄瓜和番茄种子、温度计、烧杯、热水、玻璃棒	向烧杯中倒入 55～60℃热水,水量约为种子量的 5 倍,将黄瓜、番茄或辣椒种子投入烧杯中,不断搅拌。随时用温度计监控温度,如温度下降,可加入少量热水,使温度保持在 55～60℃,浸种 10～15 min。待水冷却,转入常温浸种,黄瓜 6～8 h,番茄 10～12 h,辣椒 10～12 h。
4	热水烫种	西瓜种子、开水、温度计	将西瓜或黑籽南瓜等充分干燥的种子投入 75～85℃的热水中 3～5 s,水量不超过种子量的 5 倍,来回倾倒,最初几次倾倒的动作要快,使热气散发,一直倾倒,水温降到室温,转入一般浸种。西瓜种子常温浸泡 8～12 h,茄子种子常温浸泡 20～24 h。
5	药剂浸种	浸种后的种子、杀菌剂	将按上述浸种方法处理过的种子,捞出沥干后,再用 800 倍的 50%多菌灵溶液,或 800 倍的甲基托布津溶液,或 100 倍的福尔马林溶液,或 0.1%的高锰酸钾溶液,或 10%的磷酸三钠溶液,或 1%的硫酸铜溶液等浸泡消毒后,用清水将种子上的残留药液清洗干净再催芽。
6	催芽	恒温箱、培养皿、滤纸、纱布	将浸种完毕的茄果类、瓜类蔬菜的种子投洗干净,捞出后,沥干水,用湿纱布包成松散的种子包,外面用湿毛巾包好保湿。种子包放入恒温箱中,将温度调至 25～30℃。每天投洗、翻动种子包 1 次,除去黏液、呼吸热,补充水分和氧气。当大部分种子露白时(如黄瓜籽大约 24 h)即可播种。若遇恶劣天气不能及时播种时,应将种子放在 5～10℃低温环境下,保湿待播。

2. 测定发芽势和发芽率

随机抽取 100 粒种子,做发芽实验。发芽期间每天捡出发芽种子,记录发芽种子粒数,观察记载填入下表,并计算发芽势和发芽率。

蔬菜种类	第 1 天	第 2 天	第 3 天	第 4 天	第 5 天	第 6 天	第 7 天	第 8 天	第 9 天	第 10 天

3. 方案设计与练习技能

结合实习基地蔬菜种子播前处理工作,参照上面案例,设计蔬菜种子播前处理方案,练习蔬菜种子播前处理技能。

☞ 归纳总结

通过本次教学活动，学习成果如下：

(1)掌握蔬菜播种前处理的浸种方法，包括一般浸种、温汤浸种、热水烫种、药剂浸种等。

(2)掌握蔬菜播种前的催芽方法，有恒温催芽和变温催芽。

(3)提高蔬菜种子播前的处理技能。

思政园地

育苗前的种子处理，多采用有消毒效果的温汤浸种或药剂拌种、药剂浸泡等，这些技术措施都是要解决种子污染问题。我们的成长过程中会接触很多对心灵“有污染”的东西，我们只有能防“污染”，阻止“污染”，才能健康、幸福、平安地生活。

这里借用神秀的话：“身是菩提树，心如明镜台，时时勤拂拭，勿使惹尘埃。”我们不能生活在真空里，“尘埃”总是有的，但我们能做到“时时勤拂拭”，我们就能保持不被“污染”了。

如何“时时勤拂拭”？那就是要坚持学习正确的思想，用正确的思想武装自己的头脑，提高警惕，不被错误思想侵蚀。

自我检测

1. 填空题

(1)种子发芽的主要环境条件包括________、________及________，有些种子还需要光。

(2)喜温蔬菜，如茄果类、瓜类，最适宜的发芽温度为________℃。

(3)用颗粒较细的药粉拌种，用药量为种子质量的________%。

2. 简答题

(1)简述温汤浸种方法。

(2)简述热水烫种方法。

✪ 课外拓展

蔬菜种子包衣

蔬菜种子包衣是一项种子处理新技术，即在蔬菜种子外表均匀地包上一层膜，这种膜称为种衣剂或包衣剂。种衣剂以蔬菜种子为载体，借助于成膜剂将有效成分(如农药、微肥、植物生长调节剂等)黏着在种子上，迅速固化成均匀的一层膜。播种后，这层膜成为种子的保护屏障，吸水膨胀并缓慢释放有效成分。

根据蔬菜种子包衣方式，将其分为3种类型：①浸种型，蔬菜种子在种衣剂溶液中浸泡一段时间，捞起后用水冲洗1次，晾干后贮存或播种。②被膜型，在蔬菜种子表面包上一层明显的膜，里面包裹着各种有效成分。③丸衣型，从医药业制造药丸技术基础上发展起来的剂型，种衣剂的成分是在被膜型药剂的基础上加上一定数量的填充物料，经机械丸化而成，使小粒种子大粒化。

子任务3　露地蔬菜种子直播

◈ 任务描述

假如给你一粒西瓜种子，要想收获甜蜜多汁的西瓜，首先要考虑如何播种。

结合生产实际，选择有代表性的适合撒播、条播和穴播的蔬菜种子，练习露地蔬菜种子直播技术，学会露地蔬菜种子直播方法。

一、播种期的确定

播种期正确与否关系到产量的高低、品质的优劣和病虫害的轻重，在蔬菜一年多季作地区还关系到前后茬口的安排。例如，东北地区二伏前播种大白菜，病害较重，影响产量；江淮流域，秋马铃薯播种过早，天气炎热，不利于块茎的形成。要使蔬菜健壮生长，获得高产、稳产和优质农产品，必须安排合理的播种期，使蔬菜在环境条件较适宜的时期生长。蔬菜播种时期受很多因素制约，最重要的是气候条件，即温度、霜冻、日照、雨量等，还有蔬菜的生物学特性，包括生长期的长短，对温度及光照条件的要求，特别是产品器官的形成对温、光的要求，以及对霜冻、高温、旱、涝的忍受能力等。确定露地播种期的总原则：根据不同蔬菜对气候条件的要求，把蔬菜的旺盛生长期和产品器官主要形成期安排在气候（主要指温度）最适宜季节，以充分发挥作物的生产潜力。根据这一原则，对于喜温蔬菜春播，可在终霜前后 7～8 d，使蔬菜正好在终霜时或其后安全出苗。对于不耐高温的西葫芦、菜豆、番茄等，应考虑避开炎夏；对不耐涝的西瓜、甜瓜应考虑躲开雨季；二年生半耐寒蔬菜（大白菜、萝卜）在秋季播种，大葱、菠菜也可在晚秋播种，速生蔬菜可分期连续播种。

二、播种方式

（一）播种方式

蔬菜播种的方式分为撒播、条播和穴播 3 种。

(1)撒播　一般用于蔬菜育苗及生长期短、营养面积小的速生蔬菜。这种方式可经济利用土地面积，但不利于机械化的耕作管理。同时，对土壤质地、畦面整理、撒籽技术、覆土厚度等要求比较严格。

(2)条播　一般用于生长期较长和营养面积较大的蔬菜，以及需要中耕培土的蔬菜。速生绿叶菜通过缩小株距和宽幅多行也可进行条播。这种方式便于机械化的耕作管理，灌溉用水少，土壤透气性较好。

(3)穴播　又称点播，一般用于生长期较长的大型蔬菜，以及需要丛植的蔬菜如大白菜、豆类等。穴播的优点在于能够创造局部适于种子发芽所需的水分、温度、气体条件，有利于在不良条件下播种而保证苗全苗壮。穴播不但节省用种量，也便于机械化的耕作管理。

（二）播种方法

根据播种前是否浇水可分为干播和湿播两种。

(1)干播　一般用于湿润地区或干旱地区的湿润季节，趁雨后土壤墒情合适，能满足发芽期对水分的需要时播种。

(2)湿播　经浸种催芽的种子必须湿播，播前应先浇底水，待水渗透后播种。

三、播种量

播种前首先应确定播种量。根据种子的纯度和发芽率，按下式先求出种子的使用价值。

$$种子使用价值=种子净度\times品种纯度\times种子发芽率$$

播种量应根据蔬菜的种植密度、单位重量的种子粒数、种子的使用价值及播种方式、播种季节来确定。点播种子理论播种量计算公式如下：

$$单位面积理论播种量(\mathrm{g})=\frac{种植穴数\times每穴种子粒数}{每克种子粒数\times种子使用价值}$$

单位面积实际播种量与理论播种量往往不一致，为保证种子充足，宜适当多准备些种子，多备的种子至少是理论用种量的20%。

撒播法和条播法的播种量可参考点播法进行确定，但精确性不如点播法高。主要蔬菜种子的参考播种量见表2-4。

表2-4 主要蔬菜种子的参考播种量

蔬菜种类	种子千粒重/g	用种量/(g/亩)
大白菜	0.8～3.2	125～250(直播)
小白菜(油菜)	1.5～1.8	250(育苗)
小白菜(油菜)	1.5～1.8	1 500(直播)
结球甘蓝	3.0～4.3	25～50(育苗)
花椰菜	2.5～3.3	25～50(育苗)
球茎甘蓝	2.5～3.3	25～50(育苗)
大萝卜	7～8	200～250(直播)
小萝卜	8～10	150～250(直播)
胡萝卜	1～1.1	1 500～2 000(直播)
芹菜	0.5～0.6	150～250(育苗)
芫荽	6.85	2 500～3 000(直播)
菠菜	8～11	3 000～5 000(直播)
茼蒿	2.1	1 500～2 000(直播)
莴苣	0.8～1.2	20～25(育苗)
结球莴苣	0.8～1.0	20～25(育苗)
大葱	3～3.5	300(育苗)
洋葱	2.8～3.7	250～350(育苗)
韭菜	2.8～3.9	3 000(育苗)
茄子	4～5	20～35(育苗)
辣椒	5～6	80～100(育苗)

续表 2-4

蔬菜种类	种子千粒重/g	用种量/(g/亩)
番茄	2.8～3.3	25～30(育苗)
黄瓜	25～31	125～150(育苗)
冬瓜	42～59	150(育苗)
南瓜	140～350	250～400(育苗)
西葫芦	140～200	250～450(育苗)
西瓜	60～140	100～160(育苗)
甜瓜	30～55	100(育苗)
菜豆(矮)	500	6 000～8 000(直播)
菜豆(蔓)	180	4 000～6 000(直播)
豇豆	81～122	1 000～1 500(直播)

四、播种深度

播种深度(覆土厚度)主要根据种子大小、土壤质地、土壤温度、土壤湿度及气候条件而定。种子小,贮藏物质少,发芽后顶土能力弱,宜浅播;反之,大粒种子宜深播。种子播种深度以种子直径的 2～6 倍为宜,小粒种子覆土 0.5～1 cm,中粒种子覆土 1～1.5 cm,大粒种子覆土 3 cm 左右。另外,沙质土壤,播种宜深;黏重土壤,地下水位高者宜浅播。高温干燥时宜深播,天气阴湿时宜浅播。芹菜种子喜光宜浅播。

实施任务

1. 案例·制定露地蔬菜种子直播方案

时间:________ 地点:____________________ 小组:________

序号	内容	材料用具	操作要点
1	越冬菠菜和白露葱播种	大葱和越冬菠菜种子、镐、耙子	采用沟播方式,9 月上旬播种。做平畦,然后在畦面内开沟,小行距 15 cm,深 2 cm。 土壤墒情好时,采用干播方法。即将种子撒在沟内,轻轻踩一踩,搂平畦面覆土,再轻轻踩实。播种后高温干旱时再顺沟浇水。 土壤墒情不好时,采用湿播方法。即向沟内先浇水,水渗透后播种,然后用耙子覆土 2 cm 厚。 每亩大葱用种量为 2～3 kg,越冬菠菜用种量为 4～5 kg。
2	春菜豆播种	菜豆种子、镐	采用穴播方式,5 月上旬播种。做垄,按照 40 cm 株距刨穴,每穴播种 2～4 粒,覆盖 3 cm 厚湿润细土,轻轻踩实即可。
3	莴苣播种	莴苣种子、镐、耙子	采用撒播方式,分期播种。 做平畦,向畦面喷透水,水渗透后播种,然后覆盖 1 cm 厚细土。 每亩莴苣用种量为 0.5～1 kg 左右。

续表

序号	内容	材料用具	操作要点
4	秋露地大白菜播种	大白菜种子、锄头	采用穴播方式,7月中下旬播种。 土壤墒情好时,采用干播方法。即用锄头在垄背上按照50~53 cm株距刨一浅穴,每穴播种10~15粒,覆盖1 cm厚湿润细土,轻轻踩实。 若遇到高温干旱年份,采用湿播(坐水播种)方法。即刨埯,浇足底水,水渗透后播种,用耙子覆盖细土1 cm。 每亩用种量0.25 kg左右。
5	大蒜播种	大蒜鳞芽、镐	4月中旬左右播种。选择无病斑、无机械损伤的大蒜瓣。 干播法　先在畦面上按照行距18~20 cm开深3 cm左右的浅沟,然后按照株距14 cm在沟内按蒜瓣。播种后覆土3~4 cm厚,再用耙子搂平,浇明水。 湿播法　先在畦面内浇透水,待水渗透后,按照上述株行距,直接将蒜瓣按入土中,然后在上面撒上一层3~4 cm厚细土。 每亩用种量150 kg左右。

2.方案设计与练习技能

结合实习基地露地蔬菜种子直播工作,参照上面案例,设计露地蔬菜种子直播方案,练习露地蔬菜种子直播技能。

视频:白露葱播种

☞ 归纳总结

通过本次教学活动,掌握以下知识和技能:

(1)确定露地播种期的总原则是根据不同蔬菜对气候条件的要求,把蔬菜的旺盛生长期和产品器官主要形成期安排在气候(主要指温度)最适宜季节,以充分发挥作物的生产潜力。

(2)露地蔬菜种子直播方式有撒播、条播和穴播。播种方法可分为干播和湿播。

(3)提高露地蔬菜种子直播技能。

思政园地

播种就是希望。学生求学,就是播种人生的希望,播种家族的希望,也是播种国家的希望。“少年智则国智,少年富则国富,少年强则国强。”“青年兴则国家兴,青年强则国家强。青年一代有理想、有本领、有担当,国家就有前途,民族就有希望。中国梦是历史的、现实的,也是未来的;是我们这一代的,更是青年一代的。”

自我检测

1.填空题

(1)越冬菠菜一般在________旬播种,秋露地大白菜一般在________旬播种。

(2)经过浸种催芽的种子必须________。

(3)高温干燥时宜________播,天气阴湿时宜________播。________种子喜光宜浅播。

2.简答题

简述蔬菜播种期的确定方法。

任务三　蔬菜定植前准备及定植

知识目标

了解整地、施基肥、做畦的方式方法;掌握蔬菜的定植方法。

技能目标

掌握整地、施基肥、做畦技能及蔬菜的定植技能。

素质目标

培养学生环保理念和踏实肯干、任劳任怨的工作态度。

子任务1　整地、施基肥

任务描述

整地、施基肥等工作目的是为蔬菜播种或定植做准备,合理耕翻、施足基肥,为蔬菜生长发育创造优良的环境条件,是生产高产、优质蔬菜的基础。

结合生产实际,练习整地、施基肥技术,学会整地、施基肥的方法。

一、整地

整地是指作物播种或移栽前进行的一系列土壤耕作措施的总称,整地的主要作业包括耕翻、耙地、镇压、平地、做畦、起垄等。

整地的目的是创造良好的土壤耕层构造和表面状态,协调水分、养分、空气、热量等因素,提高土壤肥力,为播种和作物生长、田间管理提供良好条件。

(1)耕翻　耕翻是指在耕层范围内土壤在上下空间上易位的耕作过程。耕翻按时间来划分,有春耕和秋耕。秋耕一般在秋季蔬菜收获后,土壤尚未结冻前进行。秋耕可以使土壤经过冻垡后,质地疏松,增加吸水保水能力,消灭土壤中的越冬害虫,并可提高翌年春的土温。因此春季早熟栽培多采用秋耕。春耕是指对已秋耕过的菜田进行耙磨、镇压、保墒等作业,或对未秋翻的地块进行翻耕。春耕的目的在于为春季播种或定植做好准备，一般在土壤化冻 16～18 cm 时进行。

(2)耙地　耙地是翻耕后用各种耙平整土地的作业。耙深 4～10 cm。用圆盘耙、钉齿耙等耙地，有破碎土块、疏松表土、保水、提高地温、平整地面、掩埋肥料和根茬、灭草等作用。

(3)镇压　镇压是在翻耕、耙地之后用镇压器的重力作用适当压实土壤表层的作业。

(4)平地　平地是用平土器进行平整土地表面的作业。平整地面，利于播种和田间管理。

(5)起垄　起垄是在田间筑成高于地面的狭窄土垄。能加厚耕层、提高地温、改善通气和光照状况、便于排灌。

(6)做畦　畦是用土埂、沟或走道分隔成的作物种植小区。做畦有利于灌溉和排水。分为平畦、高畦、低畦。用做畦机、犁、锹、铲等进行做畦。

二、施基肥

基肥是蔬菜播种或定植前结合整地施入的肥料。其特点是施用量大、肥效长，不但能为整个生育期提供养分，还能为蔬菜创造良好土壤条件。基肥一般以有机肥为主，根据需要配合一定量的化肥，迟效肥与速效肥兼用。基肥的施用方法主要有：

(1)撒施　将肥料均匀地铺撒在畦面，结合整地翻入土中，并使肥料与土壤充分混匀。

(2)沟施　栽培畦(垄)下开沟，将肥料均匀撒入沟内，集中施肥，有利于提高肥效。

(3)穴施　先按株行距开好定植穴，在穴内施入适量的肥料，穴施既能节约肥料，又能提高肥效。

采用后两种方法时，应在肥料上覆一层土，防止种子或幼苗根系与肥料直接接触而烧种或烧根。

三、粪肥的发酵

(一)粪肥腐化材料

1.碳源材料

碳源材料主要包括谷壳、花生壳、秸秆、绿肥作物、落叶等。主要碳源材料是堆肥的主体。

2.氮源材料

鸡粪、猪粪、牛粪、羊粪、米糠及动物骨头等是主要的氮源，这些材料有利于微生物降解。

鸡粪是粪和尿的混合物，它含有很多的氮、磷和钙，所以有机物的分解比较快。它的利用率是 70%。

牛粪的营养成分含量低，纤维素和木质素含量高，不经堆肥也可大量施用。牛粪里有很多难以分解的有机物，对改良土壤有很好的效果。

猪粪有机物含量比牛粪少，且分解也快。肥料中氮和磷的含量高，猪粪的营养成分利用率是 70%，是很有价值的有机肥。

羊粪含有机质 24%～27%，氮(N)0.7%～0.8%，磷(P_2O_5)0.45%～0.6%，钾(K_2O)0.4%～0.5%。羊粪含有机质比其他畜粪多，粪质较细，肥分浓厚。羊粪发热介于马粪与牛粪之间，亦属热性肥料，可以提高地温，增强作物抗冻性。

(二)堆肥材料配制方法

1.碳氮比

(1)堆肥发酵时有机物由微生物分解，而微生物新陈代谢所需的原料由堆肥材料中的氮源材料提供，新陈代谢所需的能源来自肥料中的碳源材料。

(2)最适合微生物增殖活动的碳氮比为 25∶1。粪源种类不同，其碳氮比也不同。一般牛粪的碳氮比值为 20～35，猪粪为 10～15，鸡粪为 8 左右。所以堆肥化处理，对牛粪可不必调整，而对猪粪、鸡粪应适当调整；调整材料以秸秆、谷壳居多。各种有机肥肥料营养指标见表 2-5。

表 2-5 各种有机肥肥料营养指标

堆肥材料	氮含量/%	碳氮比值	氮磷比值	氮钾比值
鸡粪	4.1	8.3	2.3	1.8
猪粪	3.6	12.1	1.9	4.0
牛粪	2.2	20.4	3.1	7.1
谷壳	0.6	76.7	10.0	0.8
花生壳	1.7	48.2	18.9	2.8
动物骨	12.4	3.3	2.5	20.7
秸秆	—	70	—	—

2.配制方法

(1)调节含水量　堆肥时最重要的是含水量的调节。含水量低于 30%时，微生物的增殖即被抑制。含水量高于 75%以上，则空气不足，微生物的增殖也被抑制。粗糙的碳元素材料如稻草、麦草、山野草等含水量以 70%～75%为宜，细腻的碳源材料如米糠、稻壳、锯末等含水量以 60%～65%为宜。

注意：在堆肥之前应先将碳源材料充分浸湿，不能一边堆积一边浇水。

含水量测试方法：手紧抓一把物料，指缝见水印但不滴水，落地能散开为宜。

(2)配制菌糠

材料：微生物菌剂 1 kg，红糖 100 g，米糠 30 kg，水 10 L。

菌液的配制：将微生物菌剂放入 30～32℃的温水里，并沿一个方向搅拌 10 min。

菌糠的配制：将 30 kg 米糠放入配制好的菌液中，然后用手搅拌。把菌糠放在温暖的地方发酵 10～20 h。

(3)堆积发酵堆肥　在地面覆盖约 30 cm 干燥的碳源材料之后撒一层菌糠，再覆盖 30 cm 充分浸湿的碳源材料和畜粪混合物。菌糠和混合物交替撒，堆积到高 2 m，宽度 2 m 为宜。

注意：不能对堆肥进行踩踏，避免受压影响通气。

(三)鉴别品质方法

(1)观察颜色和味道　腐熟的堆肥，外观颜色为深黑色或黑褐色，质地蓬松，吸水能力强，味道为泥土味至芳香味。而发酵不良、品质不好的堆肥，通常颜色为黄色或黄褐色，且有酸败臭味或浓烈的氨气味。

(2)塑料袋气体检验　新鲜堆肥材料含有许多易被分解的有机质,经微生物作用后会产生大量气体,塑料袋因而膨大如气球。堆肥材料越接近腐熟,则气体产生的速度越慢,量越少。

四、秸秆还田

秸秆还田是把不宜直接作饲料的秸秆(麦秸、玉米秸和水稻秸秆等)直接或堆积腐熟后施入土壤中的一种方法,是当今世界上一项重要的培肥地力的增产措施,在杜绝了秸秆焚烧所造成的大气污染的同时还有增肥增产作用。

农业生产的过程是一个能量转换的过程。作物在生长过程中要不断消耗能量,也需要不断补充能量,不断调节土壤中水、肥、气、热的含量。秸秆中含有大量的新鲜有机物料,在归还农田后,经过一段时间的腐解作用,就可以转化成有机质和速效养分。既能增加土壤有机质,改良土壤结构,使土壤疏松,孔隙度增加,容量减轻,促进微生物活力和作物根系的发育,还可促进农业节水、节约成本、增产、增效。秸秆还田增肥增产作用显著,一般可增产5%～10%,但若方法不当,也会导致土壤病菌增加,作物病害加重及缺苗(僵苗)等不良现象。因此采取合理的秸秆还田措施,才能起到良好的还田效果。

(一)技术要求

(1)一般作基肥用　因为其养分释放慢,施肥晚了当季作物无法吸收利用。

(2)数量要适中　一般秸秆还田量每亩用干草150～250 kg,在数量较多时应配合相应耕作措施并增施适量氮肥。

(3)施用要均匀　如果不匀,则厚处很难耕翻入土,使田面高低不平,易造成作物生长不齐、出苗不匀等现象。

(4)施氮肥调节碳氮比　一般禾本科作物秸秆含纤维素较高,达30%～40%,还田后土壤中碳素物质会陡增,一般要增加1倍左右。因为微生物的增长是以碳素为能源、以氮素为营养的,而有机物对微生物的分解适宜的碳氮比为25∶1,多数秸秆的碳氮比高达75∶1,这样秸秆腐解时由于碳多氮少失衡,微生物就必须从土壤中吸取氮素以补不足,也就造成了与作物共同争氮的现象,因而秸秆还田时需要适量深施速效氮肥,它可以起到加速秸秆快速腐解及保证作物苗期生长旺盛的双重功效。

(二)分类

秸秆还田有多种形式:秸秆粉碎翻压还田、秸秆覆盖还田、堆沤还田、过腹还田。

1. 秸秆粉碎翻压还田

秸秆粉碎翻压还田技术,又称机械化秸秆粉碎直接还田技术,就是用秸秆粉碎机将摘穗后的玉米、高粱及小麦等农作物秸秆就地粉碎,均匀地抛撒在地表,随即翻耕入土,使之腐烂分解。这样能把秸秆的营养物质完全地保留在土壤里,不但增加了土壤有机质含量,培肥了地力,而且改良了土壤结构,从而减少了病虫危害。

技术要求:①要提高粉碎质量。秸秆粉碎的长度应小于10 cm,并且要撒匀。②作物秸秆被翻入土壤中后,在分解为有机质的过程中要消耗一部分氮肥,所以配合施足速效氮肥。③注意浇足蹋墒水。为夯实土壤,加速秸秆腐化,在整好地后一定要浇好蹋墒水。

2. 秸秆覆盖还田

这种方式是用粉碎后秸秆直接覆盖地表。这样可以减少土壤水分的蒸发,达到保墒的目的，腐烂后增加土壤有机质。但是这样会给灌溉带来不便，造成水资源的浪费，严重影响播种。

3. 堆沤还田

堆沤还田是将作物秸秆制成堆肥、沤肥等，作物秸秆发酵后施入土壤。其形式有厌氧发酵和好氧发酵两种。厌氧发酵是把秸秆堆后、封闭不通风；好氧发酵是把秸秆堆后，在堆底或堆内设有通风沟。经发酵的秸秆可加速腐殖质分解制成质量较好的有机肥，作为基肥还田。

作物秸秆要用粉碎机粉碎或用铡草机切碎，一般长度以 1～3 cm 为宜，粉碎后的秸秆湿透水，秸秆的含水量在 70%左右，然后混入适量的已腐熟的有机肥，拌均匀后堆成堆，上面用泥浆或塑料布盖严密封即可。过 15 d 左右，堆沤过程即可结束。秸秆的腐熟标志为秸秆变成褐色或黑褐色，湿时用手握之柔软有弹性，干时很脆容易破碎。腐熟堆肥料可直接施入田块。

4. 过腹还田

过腹还田是利用秸秆饲喂牛、马、猪、羊等牲畜后，秸秆先作饲料，经禽畜消化吸收后变成粪、尿，以畜粪尿施入土壤还田。秸秆过腹还田，不仅可以增加禽畜产品，还可为农业增加大量的有机肥，降低农业成本，促进农业生态良性循环。

这种形式就是把秸秆作为饲料，在动物腹中消化吸收一部分营养，像糖类、蛋白质、纤维素等营养物质，其余变成粪便，施入土壤，培肥地力。而秸秆被动物吸收的营养部分有效地转化为肉、奶等，供人们食用，提高了秸秆利用率，这种方式科学合理，具有生态性，应该提倡并推广，但目前过腹还田推广的深度、广度是远远不够的。

（三）秸秆还田注意事项

（1）各类秸秆收割后最好立即耕翻入土，以避免水分损失而不易腐解。

（2）应使用无病健壮的植物秸秆还田，防止传播病菌，加重下茬作物病害。

（3）要用足够马力的机械将秸秆切碎，长度不超过 10 cm，耕翻入土深度在 15 cm 以下，覆土要盖严、镇压保墒，既可加速秸秆分解，又不影响播种出苗。

（4）配合施用氮、磷肥。新鲜的秸秆碳、氮比大，施入田地时，会出现微生物与作物争肥现象。秸秆在腐熟的过程中，会消耗土壤中的氮素等速效养分。在秸秆还田的同时，要配合施用碳酸氢铵、过磷酸钙等肥料，补充土壤中的速效养分。

（5）在水分管理上，对墒情差的土壤，耕翻后应立即灌水；而墒情好的则应镇压保墒，促使土壤变得密实，以利于秸秆吸水分解。

实施任务

1. 案例 · 制定整地、施基肥方案

时间：________ 地点：________________ 小组：________

内容	材料用具	操作要点
整地、施基肥	有机肥、化肥、铁锹、镐	撒施：采用有益生物菌沤制的有机肥，每亩均匀撒施 4 000～5 000 kg，然后深翻 30～40 cm，使土壤与粪肥混合均匀。
		沟施：在栽培畦内开深度为 30～40 cm 的施肥沟，沟内每亩集中施入有机肥 4 000～5 000 kg、三元复合肥 25 kg。

2. 方案设计与练习技能

结合实习基地整地、施基肥工作，参照上面案例，设计整地、施基肥方案，练习整地、施基肥技能。

☞ **归纳总结**

通过本次教学活动，掌握以下知识和技能：

(1)基肥一般以有机肥为主，根据需要配合一定量的化肥。基肥的施用方法主要有撒施、沟施、穴施等。

(2)秸秆还田的方式有秸秆粉碎翻压还田、秸秆覆盖还田、堆沤还田、过腹还田。

(3)提高整地、施基肥、粪肥发酵、秸秆还田技能。

自我检测

1. 填空题

(1)秋耕可以使土壤经过冻垡后，质地________，增加吸水保水能力，消灭土壤中的越冬害虫，并可提高翌年春天的________。

(2)________是蔬菜播种或定植前结合整地施入的肥料。

(3)最适合微生物增殖活动的碳氮比为________。

(4)一般秸秆还田量每亩需干草________ kg 为宜。

(5)秸秆还田的形式有________、________、________、________。

子任务 2　做畦与地膜覆盖

任务描述

整地之后，要进行作畦。作畦的目的主要是便于灌溉和排水，同时对土壤温度和空气条件也有一定的调节作用。做畦与地膜覆盖是同时进行的。地膜覆盖是指用厚度 0.005～0.015 mm 的聚乙烯薄膜紧贴地面进行覆盖的一种简易设施栽培形式。实践证明，利用地膜覆盖栽培，能够节约水资源，提高肥料利用率，改善蔬菜田间生态环境，促进蔬菜早熟、增产、增收。我国 1979 年由日本引进这项技术，现在全国范围内广泛推广应用。

结合生产实际，练习做畦和地膜覆盖技术，学会做畦和地膜覆盖的方法。

一、畦的方向

畦的方向不同，蔬菜接受的光照强度和风力不同，受其影响的温度和水分条件也不同。这与高秆和搭架的蔓性蔬菜关系较大，与植株较矮的蔬菜关系较小。畦的方向与风向平行有利于行间通风及减少台风的吹袭，在倾斜地，做畦的方向可影响雨水对土壤的冲刷和水分的保持。在冬季宜做东西延长的畦，使蔬菜受到较多的阳光和较少的冷风；在夏季以南北延长做畦，可使植株受到较多的日光，并利于通风。

二、畦的形式

根据当地的气候条件、土壤条件和作物种类的不同，菜畦可做成平畦、高畦、低畦和垄。

(1)平畦　畦面与田间通道相平的栽培畦形式。当地面平整后,不筑成畦沟和畦面。平畦的土地利用率较高,适宜于排水良好,雨量均匀,不需要经常灌溉的地区应用。当雨水多或地下水位高时,除地面有一定倾斜的地块外,不宜采用平畦。

(2)低畦　畦面低于地面,即畦间走道比畦面高的栽培畦形式。这种畦有利于蓄水和灌溉,适用于地下水位低、排水良好、气候干燥的地区。

(3)高畦　为了排水方便,在平畦基础上,挖一定大小的排水沟,使畦面凸起的栽培畦形式。适合于降水量大且集中的地区。

(4)垄　垄是一种较窄的高畦。有利于提高地温、加厚土层,且排水方便,北方地区栽培茄果类、白菜类、瓜类、豆类、根菜类、薯芋类等蔬菜,大多采用垄作。

三、地膜种类

(一)无色透明膜

生产上最广泛应用的一种聚乙烯膜,幅宽 45～140 cm。无色透明膜透光率高,土壤扣膜后增温效果好,早春可使耕层土壤增温 2～10℃。

(二)黑色膜

在聚乙烯树脂中,加入 2%～3%的炭黑。黑色膜透光率低,具有除草功能,但增温效果较差,可使土壤增温 1～3℃。

(三)黑、透明条相间膜

黑、透明条相间膜综合无色透明膜、黑色膜的优点,在定植沟穴处采用透明膜,以利增加透光率,提高土温,在行间采用黑色膜,以利消灭杂草。

(四)银灰色反光膜

将铝粉粘接在聚乙烯膜的两面,制成夹层膜,或者在聚乙烯树脂中掺入 2%～3%的铝粉,制成含铝膜。银灰色反光膜的反光率≥35%,能增加植株下部叶片的光照强度,同时具有避蚜作用,可以减少蚜虫的危害和减轻病毒病的发生。银灰色反光膜的透光率≤5%,土壤增温效果较差。

(五)有孔地膜

使用孔径 2～3 mm,孔数为 800～1 000 孔/m^2 黑色有孔地膜,具有改善土壤的通透性,减缓植株早衰的作用。

此外,还有除草地膜、无滴地膜、红外膜和光解地膜等。一些科研院所正在研究开发新型地膜以解决旧地膜回收问题,防止地膜污染环境。

四、地膜覆盖方式

(一)平盖畦面

在栽培畦表面覆盖一层地膜。育苗床播种后覆盖地膜,能起到增温保湿的作用。多为临时覆盖,幼苗出土后及时揭掉地膜,防止高温烤伤幼苗。

(二)高畦覆盖

分为窄畦与宽畦两种。窄畦宽度为 60～100 cm,宽畦为 120～165 cm,畦高 10～15 cm。在北方畦过宽不便灌水,果菜类蔬菜栽培多以两个窄畦合盖一幅地膜,中间留一浅沟,便于膜下暗灌。

(三)高垄覆盖

与高畦相同,菜地经施肥平整后,进行起垄。垄宽 40～60 cm,垄高 10 cm 左右,每两垄合盖一幅地膜。

(四)沟畦覆盖

俗称天膜,即把栽培畦做成沟,在沟内栽苗,然后覆盖地膜。当幼苗长高顶到地膜时,把地膜割成十字孔将苗引出。使沟上地膜落到沟内地面上,又称作“先盖天,后盖地”。北方地区早春地膜沟畦覆盖西瓜、甜瓜栽培,幼苗在沟内避霜避风可比高畦覆盖提早定植 5～10 d,早熟 1 周左右,同时也便于向沟内追肥灌水(图 2-2)。

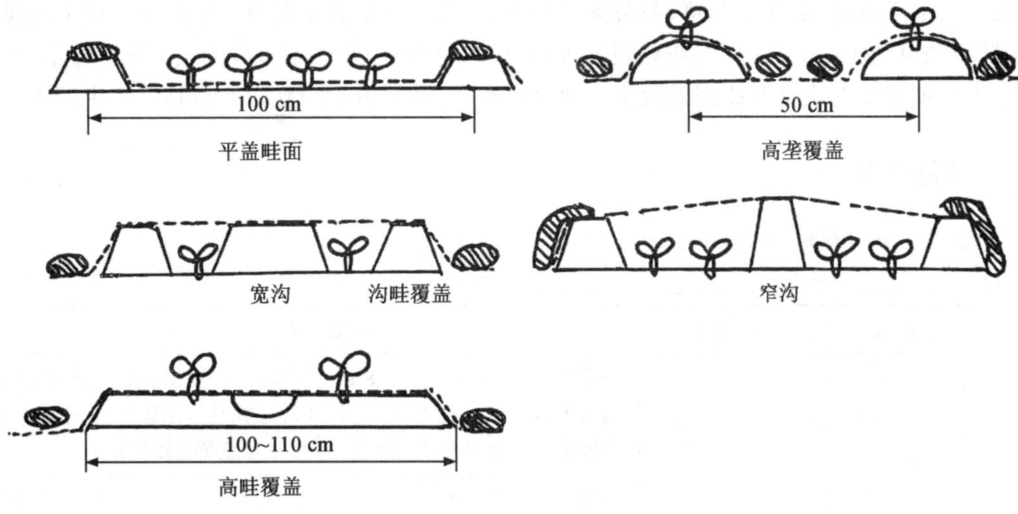

图 2-2　地膜覆盖方式

地膜覆盖的方式较多,应根据蔬菜的种类、栽培时期与方式的不同,来确定菜畦的类型和覆盖方式。设施内还要考虑有利于灌水施肥,有利于降低空气湿度,有利于农事操作,增加复种指数等因素,充分发挥地膜覆盖的优点。

五、地膜覆盖的效应

(一)提高地温

由于透明地膜透光性能好,覆盖后太阳光透过薄膜使土层积蓄辐射热,土温升高,并不断向下传导而使下层土壤增温。加之地膜的气密性强,可以减少土壤水分蒸发时的热损耗,又起到较好的保温作用。春季低温期,地膜覆盖后在 1～10 cm 的土层中可增温 2～6℃,最高可达 10℃。

(二)保墒除湿

地膜覆盖阻止土壤水分蒸发,使土壤含水量的变化趋于平缓。设施蔬菜栽培,采用膜下暗灌技术,减少了地面水分蒸发和浇水次数,使设施内空气湿度降低,对控制蔬菜病害的发生与传播有利。

(三)改善土壤性状,提高肥力

地膜覆盖后能避免因降雨和灌水的冲刷而造成的土壤板结现象,增加土壤的总孔隙度1%～10%,增加土壤水稳性团粒。另外,因为增温、保湿的作用,覆盖后有利于微生物的增殖,加速腐殖质的分解,从而提高土壤肥力。

(四)增加近地面光照

覆盖薄膜后,晴天可使植株中下部叶片多得12%～14%的反射光。可比露地增加3～4倍的光量,有利于蔬菜光合作用。

由于地膜覆盖,改善了蔬菜的生长发育环境,在春季露地蔬菜早熟栽培和冬春茬设施蔬菜栽培中被广泛应用,取得了明显的增产效果。但是,地膜覆盖也存在不足之处,如采用普通地膜,覆膜质量不好时,易丛生杂草,与蔬菜争夺养分,人工除草费工费力。生产上可以采用黑色地膜防止杂草危害。另外,高温期地表温度可达50～60℃,影响根系发育,致使植株早衰,因此,生育后期遇高温应揭开或划破地膜。蔬菜收获后,及时清除旧膜,运出田外,集中销毁。

实施任务

1. 案例·制订做畦、地膜覆盖方案

时间:________ 地点:____________________ 小组:________

序号	内容	材料用具	操作要点
1	做畦	镐、铁锹、耙子	做低畦:畦宽1 m,长5～8 m。先做畦埂,按做畦的规格,从畦内侧用锹取土做成宽15 cm,高10 cm的畦埂,用脚踩实,畦面用耙子搂平。要求畦埂坚硬顺直,畦面平整细碎,无土块。
			起垄:垄距60～70 cm,高15 cm。用镐开沟培土成垄台,要求垄直顶平。
			做高畦:在温室内按底宽100 cm,顶宽70 cm,畦高10～15 cm做小高畦。从畦沟取土放在畦内,畦沟宽30 cm,沟底水平,便于农事操作。畦面用耙子搂平,要求畦面平整细碎,无土块,畦侧面用锹拍实。
2	蔬菜定植前覆盖地膜	无色透明地膜幅宽80～110 cm、蔬菜畦、铁锹、卷尺、打孔器	早春为了提前烤地,提高定植时土温,提早定植,促进缓苗,宜采用此种方法。 ①整地做畦　施充分腐熟的有机肥和长效化肥作底肥,防止植株生长后期肥料供应不足造成早衰。精细整地,深耕细耙,并造足底墒后做畦。畦面要求疏松平整,无大土块、杂草及作物残枝,以防扎破塑料薄膜。一般以畦高10～15 cm为宜。如采用膜下沟灌技术,应适当缩窄畦面,灌水沟宜浅,沟底要平整,才能保证灌水和冲施化肥均匀,并且容易到达蔬菜根际。如果采用膜下软管滴灌时,可适当加宽加高畦面。

续表

序号	内容	材料用具	操作要点
2	蔬菜定植前覆盖地膜	无色透明地膜幅宽 80～110 cm、蔬菜畦、铁锹、卷尺、打孔器	②覆膜　露地覆膜宜选择无风天气进行。人工覆膜需 3 人合作，1 人放膜，2 人取土两侧压膜。先在畦一端的外侧挖沟，将膜的起端埋在沟内并踩实，然后向另一端放膜。放膜时要求拉紧、抻平紧贴畦面，同时在畦肩的下部挖沟，把地膜的两边压入沟内。畦面上间隔压土，防止风害。地膜放到畦的另一端时划断，并在畦外挖沟，将膜端埋入沟内踩实。 ③定植　定植前用打孔器在地膜上按一定株行距打孔(孔深 10～12 cm，孔的直径 10 cm 左右)，作为定植穴。向定植穴内浇水，不等水渗透时，立即将带土坨的秧苗坐入定植穴内，3 d 后取细土封掩。
3	蔬菜定植后覆盖地膜	黑色地膜幅宽 80～110 cm、蔬菜畦、铁锹、卷尺、刀片	①整地做畦　根据蔬菜生长发育的需要，施足底肥，精细整地，搂平做畦。 ②定植　按照一定的株行距，在畦面上开沟，摆坨定植。然后沿沟浇透水，水渗透后合垄。在两行蔬菜中间，开一浅沟，要求深浅宽窄一致，以利于膜下灌水。将定植行培成小垄，再用小木板把垄台、垄帮刮平。 ③覆膜　选用宽幅地膜，两行蔬菜同盖一幅地膜。在温室内覆膜，宜在畦北端将地膜架起，由 2 人从畦的两侧把地膜同时拉向温室的前底脚，并把一端浅埋到畦的南端土中，返回畦北端，把地膜割断、抻平。在每株秧苗处开纵口，把秧苗引出膜外，将膜落于畦面铺平，用细土封严定植口，最后将在畦两侧和北端的地膜边缘浅埋在土中。

二、方案设计与练习技能

结合实习做畦、覆盖地膜工作；参照上面案例，设计做畦、覆盖地膜方案；练习做畦、覆盖地膜技能。

视频：地膜覆盖

☞ 归纳总结

通过本次教学活动，掌握以下知识和技能：

(1)蔬菜畦的种类有平畦、高畦、低畦和垄等。

(2)地膜覆盖方式有平盖畦面、高畦覆盖、高垄覆盖、沟畦覆盖等。

(3)采用适宜的地膜覆盖方法，蔬菜定植前覆盖地膜或蔬菜定植后覆盖地膜。

(4)提高做畦和地膜覆盖技能。

思政园地

整地做畦时要求平整，否则灌水时水分不均匀，高的地方水少，低的地方水多。

至高的品性像水那样，泽万物而不争名利，所谓“水往低处流”，它总是自甘于卑下的位置。我们要学习水的谦卑，你高我便退去，你低我便涌来。

自我检测

1. 填空题

(1)低畦的畦面________于地面，即畦间走道比畦面高的栽培畦形式。

(2)垄有利于提高地温、加厚土层，且________。

(3)________地膜透光率高，________效果好，早春扣膜可使耕层土壤增温 2～10℃。

(4)黑色地膜透光率低，具有________功能，但增温效果较差，可使土壤增温 1～3℃。

(5)早春西瓜采用沟畦覆盖方式可比高畦覆盖提早________ d，早熟 1 周左右。

(6)露地覆膜宜选择________天气进行。

2. 简答题

(1)试比较定植前覆膜和定植后覆膜两种方法的优缺点。

(2)简述地膜覆盖的效应。

子任务 3　蔬菜定植

任务描述

蔬菜秧苗达到标准以后，从苗床移栽到田间，称为定植。秧苗定植成活的关键是健壮的秧苗、良好的土壤环境和精细的操作。

结合生产实际，练习蔬菜定植技术，学会蔬菜定植方法。

一、定植前的准备

(一)土壤准备

应及早做好整地、施基肥和做畦等定植前的准备工作。地膜覆盖栽培，更需提高整地质量。定植前，穴施少量用有益生物菌沤制的有机肥，与土拌和均匀，这样集中施肥，肥料的利用率高，易于被根系吸收，能弥补基肥的不足。同时在早春能提高土温、防止板结、促进缓苗，对植株生长发育和提高产量都有良好的影响。

(二)秧苗准备

健壮秧苗是定植成活的重要条件之一。由于壮苗抗逆性强，栽后易缓苗，发棵快，有提高产量和质量的效果。因此，定植前要做好秧苗锻炼、蹲苗、保护根系及喷洒药物等措施。应根据事前计划的栽植密度，确定秧苗数量，同时还需准备部分预备苗，以备补苗。另外，在定植前应选苗，剔除病苗、劣苗，并按秧苗大小分级，这样日后植株生长整齐，成熟期一致，有利于管理和集中收获上市。在起苗、运苗时尽量不要捏伤秧苗茎叶，也不能以手捏根，要轻拿轻放，以免散坨伤根。

二、定植时期和方法

（一）定植时期

露地确定秧苗定植时期要考虑当地的气候条件、蔬菜种类和栽培目的等。对于一些耐寒和半耐寒的蔬菜，北方地区多在春季土壤化冻后，10 cm 土温在 5～10℃时定植。对于喜温蔬菜，一般要求日最低气温稳定在 5℃以上，10 cm 土温稳定在 10℃以上。果菜类抢早定植，安全定植指标是 10 cm 土温不低于 10℃，并且不受晚霜的危害。在安全的前提下，提早定植是争取早熟高产的重要措施。定植时的气候条件对秧苗的成活率和缓苗快慢有重要影响。北方早春定植时，应选无风的晴天上午进行，最好定植后有 2～3 个晴天。在高温干旱季节定植，应在傍晚或阴天进行，避免烈日高温的影响。

确定定植时期，主要考虑设施内土壤温度条件、前茬作物收获情况、秧苗大小、产品上市时间要求和设施性能等。如北方日光温室春茬黄瓜一般在 2 月中下旬定植，北方塑料大棚春茬香瓜一般在 4 月中旬定植。

（二）定植方法

1. 明水定植法

按预先计划好的行株距划线、定点、挖穴或开沟，按一定的株距将秧苗逐一栽入穴或沟中，然后覆土轻压，再逐畦放明水。优点是定植速度快、省工。缺点是易降低地温、表土易板结。一般用于夏秋高温季节，选择傍晚或阴天定植为宜，如秋茬芹菜定植。

2. 暗水定植法

先在畦内按行距开沟或挖穴，随即按沟（穴）灌水，不等水渗下时将苗坨按株距栽入沟（穴）内，3 d 后覆土。这种栽苗方法用水量少，地温下降幅度小，根系损伤小，苗根与土壤密接的程度好，覆土后表土不板结，土壤透气性好，有利于缓苗。

采用地膜覆盖栽培时，多采用先铺膜后定植。在垄面中央按行距打好定植穴，直径和深度分别大于育苗营养钵的直径和高度。每穴灌水后，立即放苗，待水渗透苗坨后，3d 后用细土填实孔穴，封严地膜口。

定植的深度，以土坨上部略低于畦面为宜。但栽苗深浅还要考虑到作物根系的深浅、强弱、植株形态、需要氧气情况、土质、栽培季节和方式等。定植深度以达到子叶下端 2 cm 为宜。不同种类蔬菜不尽相同。例如，黄瓜根系浅、需氧量高，定植宜浅；茄子根系较深、较耐低氧，定植宜深。对于番茄的徒长苗可适当深栽，以促进茎上不定根的发生。大白菜根系浅、茎短缩，深栽易烂心。北方春季定植不宜过深，因为早春地温低，深栽不易发根，夏季深栽可以减轻夏秋土温高的伤害。日光温室早春番茄定植宜选择高畦浅栽，增加土温，防止发生根腐病。地势低洼，地下水位高的地块宜浅栽，否则栽深了在早春土温低时，易导致烂根。土质过于疏松，地下水位偏低的地方，则应适当深栽，以有利于吸收深层土壤水分。

三、定植密度

合理的定植密度是指单位面积上有一个合理的群体结构，使个体发育良好，同时能充分发挥群体的增产作用，达到充分利用光能、地力和空间，从而获得高产。定植密度因蔬菜种类和栽培方式而异，例如，爬地生长的蔓性蔬菜定植密度宜小，直立生长或支架栽培的蔬菜密度可适当增大；对一次性采收肉质根或叶球的蔬菜，为提高个体产量和品质，定植密度宜小，而以幼小植株为产品的绿叶菜类为提高群体产量定植密度宜大；对于多次采收的茄果类及瓜类蔬菜早熟品种或土壤肥力较低的地块密度宜大，晚熟品种或土壤肥力较高的地块定植密度宜小。

实施任务

1. 案例·制定蔬菜定植方案

时间：________ 地点：____________________ 小组：________

序号	内容	材料工具	田间操作要点	备注
1	日光温室春茬黄瓜定植	打孔器、化肥、小铲、黄瓜幼苗（3～5 片真叶）	2 月中下旬定植，用打孔器在覆盖好地膜的畦面上打两行孔，行距 60～70 cm，株距 20 cm 左右，孔深 10 cm 左右。向打好的孔内施入化肥，每亩施磷酸二铵、硫酸钾各 5 kg。之后向孔内浇满水，不要等水渗下去即“坐水稳苗”。定植以土坨与畦面持平即可，3 d 后在行间过道内取细土，封严定植穴，嫁接结合部位不能埋土。每亩日光温室，定植黄瓜 3 000～3 500 株。	采用高畦，暗水定植法
2	日光温室春茬番茄定植	打孔器、化肥、小铲、番茄幼苗（7～8 片真叶）	2 月上中旬定植，采用“坐水稳苗”方法。先用打孔器在覆盖好地膜的畦面上打孔两行，行距 60 cm，株距 33 cm 左右，孔深 10 cm 左右。向打好的孔内施入化肥，每亩磷酸二铵 5 kg、硫酸钾 5 kg。向孔内浇满水，紧接着，不要等水渗下去即脱钵栽苗。3d 后在行间过道内取细土，封严实定植穴，保温保湿。大果型番茄如东胜 1 号，每亩日光温室，定植番茄 3 500 株左右。	采用高畦，暗水定植法
3	日光温室秋茬番茄定植	镐、番茄幼苗（4～5 片真叶）	6～7 月当幼苗长到 4～5 片真叶时即可以定植，首先向定植沟内摆苗，然后沿沟内灌透水。水渗透后起垄高约 10 cm。高架栽培密度以 2 000 株/亩为宜，可以按株行距（40～45）cm×（80～90）cm 定植。普通栽培的可按密度 2 700～2 800 株/亩定植，株行距（25～30）cm×（70～80）cm 定植。	采用垄作，暗水定植法
4	露地茄子定植	打孔器、化肥、小铲、茄子幼苗（7～8 片真叶）	茄子定植期一般是在当地晚霜过后，日平均气温达到 15℃左右，地温稳定在 12℃以上为宜。株距 35～40 cm，每亩定植 2 500～3 000 株。定植时栽植的深度以茄苗土坨上部略低于畦面为宜。	采用高畦或垄作，暗水定植法

续表

序号	内容	材料工具	田间操作要点	备注
5	秋露地芹菜	小铲、芹菜幼苗(6～8 片真叶)	一般在 7 月下旬,本芹苗龄 50 d 左右,西芹的苗龄为 60～70 d,幼苗长至 10～12 cm 时,即可定植。定植前一天将苗床浇透水。连根起苗,主根留 4 cm 铲断,以促发侧根。大小苗分区定植,随起苗随栽随浇水,小水稳苗,全畦栽后浇大水渗透畦土。栽时要深浅适宜,以“浅不露根,深不淤心”为度。栽苗时,本芹按 10 cm×10 cm 开沟或挖穴,每穴栽 1～2 株苗。西芹株行距以 30 cm 见方为宜,多为单株栽植。	采用平畦,明水定植法

2.设计方案与练习技能

结合实习基地蔬菜定植工作,参照上面案例,设计蔬菜定植方案,练习蔬菜定植技能。

☞ 归纳总结

通过本次教学活动,掌握以下知识和技能:

(1)蔬菜定植方法有明水定植法和暗水定植法两种。

(2)合理确定蔬菜定植时期、密度、深度等。

(3)提高蔬菜定植技能。

思政园地

定植时对秧苗要选择。优胜劣汰,是自然法则。这一法则也适用于人。要想不被淘汰,就得长本领。2013 年 3 月 1 日,习近平总书记在中央党校建校 80 周年庆祝大会暨 2013 年春季学期开学典礼上指出:“全党同志特别是各级领导干部,都要有本领不够的危机感,都要努力增强本领,都要一刻不停地增强本领。只有全党本领不断增强了,‘两个一百年’的奋斗目标才能实现,中华民族伟大复兴的‘中国梦’才能梦想成真。

自我检测

1.填空题

(1)春露地喜温蔬菜,一般要求日最低气温稳定在________以上,________稳定在 10℃以上定植。

(2)蔬菜定植方法主要有________、________两种。

(3)日光温室春茬番茄定植不宜过________,以防止发生根腐病。

2.简答题

蔬菜明水定植和暗水定植有何优缺点?

 任务四　设施果菜枝蔓引导与化控技术 

知识目标

了解蔬菜生长发育习性;了解果菜化控原理。

技能目标

掌握蔬菜枝蔓引导技能;掌握果菜化控技能。

素质目标

培养学生认真探索自然规律和绿色环保品质。

子任务1　设施蔬菜吊蔓、引蔓、落蔓

任务描述

为减少设施内的架竿遮阳现象,多采用吊蔓栽培,即将尼龙绳一端固定在种植行上方的棚架或铁丝上,另一端直接固定在植株根部,随着植株的生长,随时将茎蔓缠绕在尼龙绳上,使其保持直立生长。黄瓜、番茄、菜豆等无限生长型蔬菜的生育期比较长,茎蔓长度可达 3 m 以上,为保证茎蔓有充分的空间生长和便于管理,可根据果实采收情况随时将茎蔓下落,盘绕于畦面上,使植株生长点始终保持适当的高度。

一、吊蔓

当果菜类(如黄瓜、西瓜、甜瓜、番茄等)株高约 30 cm 时开始吊蔓。吊绳选择尼龙绳,主要成分是聚丙烯,轻巧、结实且耐老化。

设施蔬菜生产常进行吊蔓,在定植行的上端,南北拉一道铁丝,把尼龙绳上端固定在铁丝上,下端系竹竿插入土中或直接固定于植株茎基部。如果采用将尼龙绳拴在植株基部的方式,注意不要绑得太紧,系活扣,留出茎增粗后生长的空间,以免随着茎秆变粗,出现吊绳"勒"进茎秆内,影响养分及水分的正常运输,甚至勒断茎蔓的现象,不利于植株的正常发育。

为了避免茎蔓"勒伤",可以在对应已拉设好的吊绳钢丝下方,距地面 20 cm 处,顺种植行再拉一根钢丝,将吊绳上端固定在吊绳钢丝上,下端呈 45°～60°斜向拉紧固定在下面的钢丝上,然后把茎蔓直接盘绕在吊绳上。

二、引蔓

引蔓是指设施栽培下对一些蔓性、半蔓性蔬菜进行攀缘引导的方法。

(1)番茄引蔓　番茄的生长是一种右旋的态型,右旋就是说伸出右手,竖起大拇指的时候,植株旋转的方向和剩余四根手指蜷缩的方向是一致的。所以在给番茄搭蔓的时候,应该将绳子向番茄的右边缠绕,这样缠绕以后,番茄在生长的过程中就会一直向着绳子的方向缠绕。如

果把番茄向左边缠绕，番茄在生长的过程中就会逐渐离开绳子，因为番茄是右旋植物，违反了番茄自然生长的习性就会增加番茄缠蔓的次数。

(2)黄瓜引蔓　将瓜蔓缠绕在尼龙绳上，每节缠绕一次，注意在叶柄对面走线，防止叶、花、瓜纽损伤或被缠绕。

(3)茄子引蔓　将绳的一端系到茄子栽培行上方的铁丝上，下端用宽松活口系到侧枝的基部，每条侧枝一根绳，用绳将侧枝轻轻缠绕住，让侧枝按要求的方向生长。绑蔓时动作要轻，吊绳的长短要适宜，以枝干能够轻轻摇摆为宜。

三、落蔓

保护设施栽培的黄瓜、番茄等蔬菜，生育期可长达八九个月，甚至更长，茎蔓长度可达 6～7 m，甚至 10 m 以上。为保证茎蔓有充分的生长空间，需于生长期内进行多次落蔓。

当茎蔓生长到架顶时开始落蔓。落蔓前先摘除下部老叶、黄叶、病叶，以减少营养消耗和病害传播。落蔓时将功能叶保持在日光温室的最佳空间位置，以利光合作用。落蔓过程中要小心，不要折断茎蔓，落下的蔓盘卧在地膜上，注意避免与土壤接触。具体的方法：一是将茎蔓从尼龙绳上取下，使基部茎蔓在地上盘绕，或按同一方向折叠，使生长点置于适当高度后，重新绑蔓固定；二是把系在铁丝上尼龙绳解开，使黄瓜龙头下落至一定的高度，再重新拴住，把落下的蔓一圈圈盘卧在地膜上。引蔓、落蔓、盘蔓宜在晴天午后比较合适，一是瓜蔓比较柔软，防止折断茎蔓；二是下午光合作用比上午弱些。

实施任务

1. 案例·制定设施蔬菜吊蔓、引蔓、落蔓方案

时间：________　地点：____________________　小组：________

序号	内容	材料工具	田间操作要点	备注
1	吊蔓	细尼龙绳	设施蔬菜生产常进行吊蔓，在定植行的上端，南北拉一道铁丝，把尼龙绳上端固定在铁丝上，下端系竹棍插入土中或直接固定于植株茎基部。	
2	引蔓		将茎蔓轻轻缠绕在吊绳上，使其直立生长。缠蔓时把个别长得高的植株弯曲缠绕；温室蔬菜生长迅速，一般每 3～4 d 缠 1 次；固定在上端铁丝上的吊绳可留长一些，以备落蔓时使用。	
3	黄瓜落蔓	剪子或小刀	可把拴在铁丝上尼龙吊蔓绳解开，使龙头下落至一定的高度，再重新拴住，把落下的茎蔓一圈圈盘卧在地膜上。春茬温室黄瓜中后部植株一般落蔓 2～3 次，前部植株落蔓 3～4 次；落蔓前采摘较大的商品瓜及病残叶片，注意每株至少保留 15～16 片功能叶。	

2. 设计方案与练习技能

调查记录实习基地目前设施蔬菜吊蔓、引蔓、落蔓工作，参照上面案例，设计设施蔬菜吊蔓、引蔓、落蔓方案，练习设施蔬菜吊蔓、引蔓、落蔓技能。

☞ 归纳总结

通过本次教学活动，掌握如下知识和技能：

(1)了解设施蔬菜吊蔓、引蔓、落蔓等知识。

(2)掌握设施蔬菜吊蔓、引蔓、落蔓操作要点。

(3)提高设施蔬菜吊蔓、引蔓、落蔓技能。

思政园地

青年学生不要像缠绕茎、攀缘茎、匍匐茎类蔬菜一样，自己立不起来；要学习直立类植物，学到一技之长，走向社会能独立生存。“天行健，君子以自强不息。”意思是天(即自然)的运动刚劲强健，相应地，君子处世，也应自我力求进步，刚毅坚卓，发愤图强，永不停息。

自我检测

1. 填空题

(1)温室黄瓜落蔓前摘除底叶时，要注意每株至少保留________片功能叶。

(2)当果菜类(如黄瓜、西瓜、甜瓜、番茄等)株高约________ cm 时开始吊蔓。

(3)保护设施栽培的黄瓜等蔬菜，生育期可长达八九个月，甚至更长，茎蔓长度可达 6～7 m，甚至 10 m 以上。为保证茎蔓有充分的生长空间，需于生长期内进行多次________。

2. 简答题

(1)简述黄瓜吊蔓、引蔓的流程。

(2)简述茄子吊蔓、引蔓的方法。

子任务 2　瓜类蔬菜增瓜技术

◈ 任务描述

瓜类蔬菜为同株异花植物，在生产栽培中不但要有充足的花量，还要有足够的雌花数，这样才能获得早产高产及高效。幼瓜形成后会出现黄萎、脱落的现象，不能继续生长成商品瓜，即通常说的化瓜。一般发生不多时，化瓜属于正常现象，只是植株的一种自我调节结果，但若出现大量的化瓜，就会影响产量。本次任务即学习瓜类蔬菜的增花促雌技术，分析化瓜的原因和防治方法，结合生产实际完成相应工作。

一、增花促雌技术

(一)培育壮苗

瓜类的花芽分化较早，苗期即可分化，如黄瓜在 4～5 片真叶期，西瓜在 1～3 片真叶期，甜瓜在 1～5 片真叶期。在栽培中育苗的好坏，不但直接关系到瓜类花芽分化的早晚，还关系到花芽的质量和数量。所以，高产的关键首先是培育好茎粗、根多、叶质绿厚、健壮无病害的瓜苗。

(二)施好磷硼肥

在瓜类栽培中,1～5 片真叶期是花芽分化的时期,而 3～4 片真叶期是瓜类对磷硼吸收利用的最敏感时期。磷硼元素对瓜类的花芽形成作用很大,一般 2～3 片真叶时缺磷少硼,不但降低花芽的质量,还会减少花芽的数量。缺硼还会导致瓜类"花而不实"的现象,磷硼元素充足有利于花芽分化发育旺盛,易形成大型花锥柱,同时还能促进雌花的形成。无论营养钵育苗还是普通苗床育苗,或大田移栽,都需要施好充足的磷硼肥。硼肥还可在苗期、现蕾期、开花期叶面喷施,喷施浓度以 0.3%为宜。

(三)温光差处理

瓜类幼苗处于高温长日照条件下花芽分化推迟或花分化数目减少,雌花形成率低,苗期低温短日照有利于瓜类花芽的分化和分化数量多,能多促进雌花的分化形成。例如,黄瓜、西葫芦、南瓜、冬瓜等在日照 8～10 h 内可促大量雌花的形成,性别决定之后则需要 10～12 h 的长日照,这样坐瓜早、节位低、瓜码密、产量高。所以,在生产栽培中利用日光温室早春(2—3 月)低温短日照育苗处理,加大昼夜温差,白天棚温 20～25℃,夜间 10～18℃,不但有利于花芽的早期分化,同样还能促使雌花的数量和质量,有利于早熟、高产、高效。

(四)释放二氧化碳

二氧化碳是绿色植物光合作用的主原料,产品的干物质 40%来源于碳,在瓜类的设施栽培中一般利用晴天上午 9～10 时封棚增放 2 h 的二氧化碳,使大棚的二氧化碳体积分数由 0.01% 提高到 1%以上,可使瓜类雌花数目比自然条件下加倍,雌花节位降低,叶面积增大,叶绿素提高,开花时间可提早 3～4 d,收获期提早 6～8 d。一般施用 30～40 d,可使黄瓜等增产 35%左右。增施二氧化碳的方法有:①施入固体二氧化碳颗粒肥。②施用固体二氧化碳(干冰)或液态二氧化碳。③使用二氧化碳发生器。④燃烧碳酸燃料。

(五)激素处理

乙烯利不但能抑制植物的生长和细胞的伸长,还能促进花芽的形成,控制雌雄花性的转化,有利于雌花原基的形成。如黄瓜、西葫芦、瓠瓜、南瓜等在 3～4 片真叶期喷施 150 mg/kg 乙烯利可增大雌花量,可使瓜类增产 20%～30%,此外,采用 2,4-D 点花可起到保花保果的作用。

(六)摘心除顶

瓠瓜、南瓜、甜瓜等在主蔓发生的雌位花较晚,而侧蔓 1～2 节就可以连续性发生雌花,甜瓜孙蔓发生的雌花更快。所以,在瓜类有 6 片真叶时进行摘心除顶是增加雌花数和促进早熟高产的一条重要措施。例如,甜瓜主要是孙蔓结瓜,在 5～6 片真叶时进行摘心除顶,促进子蔓萌发生长,各子蔓具有 5～8 片真叶时进第二次摘心,任孙蔓自由生长结瓜,这种方法可使甜瓜坐果快而稳,坐果期短而又集中,有利于集中收获,产量高,效益好。

二、化瓜的防治

化瓜即刚坐住的瓜纽和正在发育中的瓜条,生长停滞,由瓜尖至全瓜逐渐变黄、干瘪、最后干枯。化瓜是瓜类蔬菜生产中普遍存在的问题，直接影响产量和效益。设施栽培，如果管理不当，化瓜率可高达30%～60%。

(一)化瓜的原因

化瓜产生的原因是多方面的，总的来说是因为小瓜在生长过程中没有得到足够的营养物质供应而停止发育。

(1)温度不适宜　棚室内白天温度高于32℃，夜间温度低于18℃，就会导致光合作用受阻，同化产物减少，呼吸消耗增加，养分累积少，从而导致营养不良而化瓜。

瓜类蔬菜在生长期间遇低温冷害，尤其是地温过低，导致根系发育不良，吸收能力降低，使瓜条营养供应不足而化瓜。

(2)二氧化碳浓度低　瓜类蔬菜一般对二氧化碳气体浓度变化非常敏感，如果棚室内二氧化碳浓度过低，就容易化瓜。

(3)栽培密度过大，肥水供应不合理　栽培密度过大，连阴寡照，通风不良，架形不合理，造成郁闭，不利于光合作用，同化产物少，容易造成化瓜。缺水缺肥或因施肥不当造成微量元素缺乏，也容易造成化瓜。

(4)单性结实　日光温室育苗和生育前期昼夜温差大，形成雌花多、雄花少，此时昆虫尚未活动缺少授粉媒介，又不进行人工授粉，则主要为单性结实，单性结实弱的品种就容易化瓜。

(5)茎叶生长过盛　由于氮多水足、夜温偏高、根瓜坐住之前浇水追肥、临时空秧、株上无瓜仍照常充足供应水肥等因素，使茎粗节长，叶片薄大，长势过旺，而瓜条生长缓慢，雌花和幼瓜得不到同化产物而化掉。

(6)花果生长过盛　植株上的雌花、幼瓜过多，有限的同化产物只能向大瓜或部分雌花和幼瓜分配，就会造成大部分雌花和幼瓜化掉。植株生长和结瓜盛期，如果下面的瓜不及时采收，也容易造成上部的瓜化掉。

(7)病虫危害严重　霜霉病、细菌性角斑病、炭疽病、白粉病、黑星病等，都会直接危害叶片，造成叶片坏死，严重者造成全叶或整株叶片干枯，无法进行光合作用而化瓜。

蚜虫、茶黄螨、白粉虱等害虫通过吸取瓜类蔬菜叶片汁液和污染叶片，破坏光合作用，造成营养不良而化瓜。

(8)药害　选择药剂不合理、喷药浓度过高或喷药过勤，使瓜类蔬菜遭受药害而老化干枯，叶片光合能力下降甚至丧失。

(9)机械损伤　管理时机械损伤也可能对幼瓜造成损害。

(二)黄瓜化瓜预防措施

(1)温度调节　白天温度不要超过32℃，夜间温度不要高于18℃。一方面，使用日光温室，并要根据温度的变化，及时调节通风口大小和通风时间；另一方面，在定植时，在行间埋入或铺上玉米秸秆。

(2)增加光照　阴天时，在中午前后短时间揭帘；增加红外灯补光增温。

(3)施肥管理　增施有机肥、调节盐分、稳氮、控磷、补钾、补微，配施生物肥，适当减少化肥比例；叶面追肥可选用0.3%磷酸二氢钾+0.4%葡萄糖+0.4%尿素。

(4)植株调整　根瓜及早采收，畸形瓜摘除，除掉过密的瓜，摘除已经不能坐住的瓜，以免感染其他病害(如灰霉病、绵腐病等)。

(5)使用生长调节剂 用植物生长调节剂来喷花或浸蘸瓜胎,可以减少化瓜的产生。如在黄瓜雌花开后1～2 d,使用植物生长调节剂[如5～10 mg/L的苯脲型细胞分裂素,0.01 mg/L的芸薹素内酯,100 mg/L的PCPA(对氯苯氧乙酸)]喷花或浸蘸瓜胎,可以加速瓜条的生长,防止低温化瓜;在黄瓜长到7～8片叶的时候喷0.2%硼酸水溶液也起到保瓜的作用。

(6)其他方法 及时巡查瓜田,当看到有化瓜时,及时摘除;叶面喷施保花保果的叶面肥(如复硝酚钠、海藻硼等),可以和预防灰霉病、褐腐病、软腐病的防治药剂一起喷;根部追肥也可以施用一些保花保果的有机肥或生物菌肥。

(三)西葫芦化瓜预防措施

1.选择优良品种

品种不同,化瓜的数量和程度会有所不同,一般对温度和光照敏感性不高,有一定单性结实能力,苗期内源激素产生多的品种,化瓜的数量少。生产中可选择一些抗逆性强的具有单性结实能力的品种,以降低化瓜率。

2.保持适宜的温湿度

西葫芦开花坐果期最适温度为22～25℃。一般温室白天应保持在25～30℃,超过30℃,应适当放风。夜间保持在15～20℃,温度过低,可通过加盖草苫子、挖防寒沟或炉火取暖等方法加温。为了防止二氧化硫的危害,大棚加温时,烟道必须严密,不漏气,加温火源应设在栽培室外间,地下有机肥应腐熟后再用。湿度可通过适当地放风,减少结瓜前灌水次数来控制。进入结瓜盛期需水量大,可采用沟灌或地下灌溉方式,避免土壤含水量过高。

3.合理调节光照

一是保持适宜的栽培密度;二是棚内张挂反光幕;三是及时揭盖不透明覆盖物,尽量延长光照时数;四是定期清洁棚膜,以去掉棚膜上的灰尘和水滴,增加大棚的透光率;同时可采用防尘、防老化的聚氯乙烯无滴膜。

4.使用植物生长激素

利用植物生长激素,可促进西葫芦分化雌花、保花和保果,提高产量。一般在西葫芦开花后2～3 d,用100 mg/kg赤霉素或100 mg/kg的防落素喷洒,均能促进瓜苗提早开花结果,使小瓜长得快,不易化瓜。

5.合理施肥

生产上要增施充分腐熟的有机肥,防止氮肥施用过量或磷、钾肥不足,通常氮肥施用过量很容易造成植株徒长,坐果不齐,增加化瓜;随着植株的不断生长,应逐渐增加氮肥施用量,到开花结果盛期应平衡施肥。

6.人工(养蜂)授粉

实行人工辅助授粉,是促进西葫芦正常结瓜的重要措施。授粉时,应选择在晴天上午9—10时进行。首先收集当天盛开的雄花花粉,即用剪刀把正在开放的雄蕊剪下,集中放在干燥的小碟或玻璃器皿内,然后用毛笔将混合好的花粉轻轻涂抹在正在盛开的雌花柱头上;或直接用手采摘雄花,撕去花瓣,把整个雄蕊对放在雌花上,让花粉自然落到雌花柱头上。对于规模种植、大棚温室条件好的可以通过养蜂进行昆虫授粉。

7. 及时通风换气

适当放风不但可保持温室棚内适宜的温湿度，而且能调节二氧化碳、二氧化硫和氨气的浓度，控制其徒长，防止病虫害的发生，减少化瓜的形成。在严寒冬季一般不放风，但当棚内温度超过30℃，可在大棚立柱处开小缝放风，当棚内温度降低至26～28℃时，即停止放风。

8. 综合防治病害

对由病毒引起的落花落果可用病毒A 500～700倍液，每5 d喷1次，连喷3～4次，或用高锰酸钾1 000倍液加磷酸二氢钾300倍液、尿素300倍液和红糖200倍液的混合液，每7～10 d喷施1次，连用2～3次；对灰霉病引起的化瓜可利用2,4-D蘸花时加入50%的速克灵可湿性粉剂1 000～2 000倍液喷雾进行防治。

实施任务

1. 案例·制定瓜类蔬菜的增花促雌方案

时间：________ 地点：____________________ 小组：________

序号	内容	材料工具	田间操作要点	备注
1	促进花芽分化	喷壶、硼肥	2～3片真叶时，喷施浓度为0.3%硼肥。 加大昼夜温差，白天棚温20～25℃，夜间10～18℃。	
2	释放二氧化碳	二氧化碳颗粒肥、镐	在垄沟底部开一小的条沟，将二氧化碳颗粒肥施入后覆土，或施入地膜下面。二氧化碳颗粒肥的施用量为每亩施入40 kg。施入后要保持土壤湿润，根据室内温度可正常通风换气。	
3	激素处理	乙烯利、小喷壶	在3～4片真叶期喷施150 mg/kg乙烯利。	
4	摘心除顶	甜瓜植株	甜瓜主要是孙蔓结瓜，在5～6片真叶时进行摘心除顶，促进子蔓萌发生长，各子蔓具有5～8片真叶时进行第二次摘心，孙蔓生长结瓜。	

2. 设计方案与练习技能

调查记录实习基地目前瓜类蔬菜的增花促雌工作，参照上面案例，设计增花促雌方案，练习增花促雌技能。

☞ 归纳总结

通过本次教学活动，掌握以下知识和技能：

(1)了解瓜类蔬菜的增花促雌方法(苗期施肥、调节昼夜温差、释放二氧化碳、激素处理、摘心除顶)等。

(2)掌握化瓜的发生原因和解决方法。

(3)提高瓜类蔬菜增花促雌技能。

(4)进一步掌握防治化瓜的方法。

自我检测

1.填空题

(1)在瓜类栽培中,________片真叶期是花芽分化的时期,而________片真叶期是瓜类对磷硼吸收利用最敏感时期。

(2)________元素充足有利于花芽分化发育旺盛,易形成大型花锥柱,同时还能促进雌花的形成。

(3)瓜类幼苗处于________条件下花芽分化推迟或花分化数目减少,雌花形成率低,苗期________有利于瓜类花芽的分化和分化数量多,能多促进雌花的分化形成。

(4)________不但能抑制植物的生长和细胞的伸长,还能促进花芽的形成,控制雌雄花性的转化,有利于雌花原基的形成。采用________点花可取到保花保果的作用。

2.简答题

(1)设施蔬菜增施二氧化碳的方法有哪些?

(2)产生化瓜的原因是什么?

(3)防治化瓜的方法有哪些?

课外拓展

瓜类蔬菜经常用的增瓜灵具体使用方法

种植黄瓜、苦瓜,在高温、长日照条件下,植株容易徒长,而且会产生大量雄花,或者植株没有花朵,这就是大家经常说的“空秧”现象。为了改善植株的生殖生长,促进花芽分化,经常用到一种商品名称为“增瓜灵”产品。该类产品一般使用的证件是农肥准字,主要体现的指标是氮磷钾以及微量元素的含量,实际上这类产品都含有乙烯利等激素成分。所以大家在使用过程中,一定要注意使用时间和使用浓度,否则,要么会效果不佳,要么会出现副作用,主要以黄瓜和苦瓜为例讲解说明。

一、产品性能

可使作物减少雄花,增加雌花,提高坐瓜率。促使植株提前结瓜,瓜节缩短,并且可以起到控制茎蔓徒长的作用。

二、使用方法

(一)使用时间

黄瓜、苦瓜在3～5片叶时,按照包装说明浓度向叶面喷施,喷到叶面湿润为止,不能多喷或者少喷。喷后注意观察,感觉坐瓜率不高时,可在8～10片叶时补喷1次。一定要注意合理的使用时间,如果超过10片叶,喷施效果不佳。

(二)注意事项

增瓜灵是一种植物调节剂,主要成分为三十烷醇和乙烯利,它能促进黄瓜由营养生长向生殖生长转化,促进提早开花结瓜。黄瓜上喷施增瓜灵,有两个方面需要注意:

一是注意喷施增瓜灵的时间,谨防时机不对造成畸形瓜。一般来讲,黄瓜增瓜灵使用两次即可:从黄瓜2片真叶时开始使用,使用浓度为3 000倍左右,间隔7 d后再用同样浓度喷施第二次。喷施了增瓜灵产生药害的情况，可以喷施 30 mg/kg 的赤霉素混加 600 倍的云大 120（芸薹素内酯）加以缓解，赤霉素的使用次数视植株受害和恢复情况而定，一般情况下 1～2 次即可。

二是注意喷施增瓜灵后要合理留瓜。增瓜灵喷施后，合理留瓜也很重要，留瓜多易坠蔓，留瓜少则影响产量。先蘸第 10 片叶处的雌花，第 2 天再接着蘸第 11 片叶腋的雌花，即同时留“双瓜”。隔 3～4 片叶（注意将该处的雌花疏除掉），再连续蘸下茬相连的两个瓜。到了第 17 片叶，就不会出现节节有雌花的情况，可根据雌花的着生部位，隔 3～4 片叶留一个瓜。喷施增瓜灵后，选择连续留两个瓜，不仅可起到以瓜坠棵，防止旺长的作用，而且能明显提高前期产量。蘸两个瓜后，要待瓜条长至食指粗时，及时追肥，补充营养，促蔓膨瓜。

子任务 3　瓜类蔬菜化控坐果技术

任务描述

瓜类蔬菜多为单性花，即雌雄异花，虽然有些可单性结实，但大多数需要通过媒介进行授粉结瓜。在设施内种植瓜类蔬菜，由于受设施内温度、湿度、光照等环境条件以及土壤肥力状况的影响，自然坐瓜率较低。学会分析瓜类蔬菜落花落果的原因，掌握提高坐果率的措施。

一、瓜类蔬菜落花落果的原因

(1)施肥不合理　过量施用氮肥、磷钾肥施用不足，且微量元素供应不足，会造成落花。

(2)浇水过勤过大　浇水量过大，浇水次数过多，土壤积水严重，使根系所需的水分不协调，导致营养生长过盛，生殖生长弱，花芽分化不良造成落花。

(3)昼夜温差小　晴天时气温升高过快，通风不及时，导致棚内温度过高。如果夜间温度偏高，昼夜温差小，植株呼吸消耗大，光合产物积累少，碳水化合物供应不足，花芽分化不良，易出现落花落果。

(4)光照不足　光照不足，导致光合效率降低，产物积累少，引起落花落果。由于棚膜透光性差，当遇到冷暖气流交替、阴天多、光照不足、风大尘土飞扬的情况时，再加之草帘早盖晚揭，导致蔬菜制造的光合产物少，有机物供应不足，花芽分化不良，出现落花落果。

(5)激素中毒　气温升高时，点花所用的激素浓度要适当降低，不能再按低温时配制的浓度使用，否则会出现激素中毒，使花器不能正常发育出现落花。

(6)病害、虫害、药害、肥害　若棚内湿度大可引起许多病害，特别是花期侵染花器（如灰霉病），如果防治不及时就会造成落花；混用农药或药液浓度过大造成植物药害，影响光合作用引起落花；一次施肥量过大，土壤溶液浓度升高，渗透压增加，使植物根系受伤，植株衰弱引起落花。

二、预防措施

(1)栽培措施　如控制苗龄、及时定植、合理密植，加强通风透光和病虫害防治，及时整枝、理蔓、搭架、采收、追肥等。

(2)增施磷、钾肥和微肥　根据蔬菜不同品种和长势合理配方施肥，平衡供应营养，达到蔬菜营养生长和生殖生长的平衡。对茎叶生长过旺的蔬菜，可适当减少追肥量，特别控制氮肥用量。

(3)合理浇水　根据墒情浇水，切忌大水漫灌。浇水要看天、看地、看蔬菜长势。浇水要选择在晴天上午，不能在阴天、寒流前浇水。看土壤的湿度，湿度在70%以上时不浇水，利于根系生长和吸收。看蔬菜长势，在大量开花前后不浇水，待花谢后坐住幼果视墒情浇水，浇水后及时通风，以降低棚内湿度，预防病害发生。

(4)适量通风透光　大棚要根据气候尽量早揭晚盖棚帘，延长光照时间，阴天也要揭帘，经常打扫和擦拭棚膜，保证良好的透光性，以提高光合效率。根据不同蔬菜品种对温度的要求及时通风。增大昼夜温差，利于碳水化合物的积累，保证生殖生长的营养供应，提高开花坐果率。

(5)利用植物生长调节剂　在黄瓜、西葫芦、甜瓜等瓜类蔬菜上可采用防落素等。用赤霉酸＋磷酸二氢钾700～800倍喷雾，防治达到70%左右；用芸薹素＋胺鲜酯＋钼粉＋硼肥700～800倍，均匀喷雾，防治达到80%左右。

(6)采用人工辅助授粉　在南瓜、冬瓜、西瓜等瓜类蔬菜上常采用人工辅助授粉的方法，即将当天开放的雄花去除花瓣后，在当天开放的雌花柱头上轻轻碰一下完成授粉。

(7)控制坐果部位及单株结果数量　坐果部位和坐果数量必须根据品种特性、植株生长状况、当时的气候条件等综合考虑，应以植株能正常生长发育为前提，例如，在植株生长势较旺的情况下，必须早坐果、多坐果，在植株生长势较弱的情况下，植株应少坐果；小果型品种可比大果型品种多坐果。

三、西瓜保花保果措施

西瓜在开花坐果期和果实发育期对温度、湿度、光照等条件的要求较为严格，如果在这段时间内无法满足西瓜生长所需，就会容易引起西瓜落花落果，严重影响产量和栽培效益。

(1)合理密植　不同品种每亩的适宜栽植株数分别为：早熟品种800～1 000株，中晚熟品种500～800株，嫁接苗200～500株。

(2)协调营养生长与生殖生长的关系　开花结果期适当控制肥水，及时整枝打杈，若出现疯秧，应及时采用重压蔓、扭伤茎蔓顶端等方法抑制茎叶生长。植株生长较弱的，进行根部追肥，增强长势，促进开花坐果。

(3)创造适宜的环境条件　西瓜开花坐果期适宜温度为25℃左右，温度最低不能低于18℃。在保护地覆盖栽培中，尽可能将棚膜掀开或减少其他覆盖物，采用无滴膜或清除棚膜雾滴。

(4)辅助授粉　在西瓜雄、雌花都正在开放时，摘下雄花，轻轻将花粉涂于雌花的柱头上，每朵雄花可涂3～4朵雌花。授粉时间宜早，一般应在雌花开放后2～3 h授粉结束。

(5)合理整枝，精细管理　西瓜以留2～3条蔓为宜；农事操作时尽量避免对植株的机械损伤。

(6)利用植物生长调节剂　开花坐果期，使用质量浓度为20 mg/L的防落素或α-萘乙酸，提高坐果率，促进果实生长。

西瓜长到核桃般大小时，用20～30 mg/L的赤霉素喷施或用毛笔蘸涂幼瓜，保瓜增重。

四、南瓜保花保果措施

(1)及时调节营养生长与生殖生长关系　可在植株生长阶段喷施促花王3号抑制主梢旺长，促进花芽分化；合理施肥、灌溉，严格控制氮肥用量。

(2)雌花过多易引起落花落果,在南瓜生长期可适量疏掉一些花和果;在花蕾期、幼果期、膨大期喷施壮瓜蒂灵增粗果蒂,加大营养输送量,提高南瓜产量;并在南瓜授粉期人工辅助授粉,提高南瓜坐果率。

(3)合理密植　早熟品种宜密,晚熟品种宜稀,利于通风透光,提高坐果率,同时还可防治疫病发生。

五、甜瓜保花保果措施

(1)改善生态环境　一要排除种植地四周的渍水,促进发根;二是抢晴揭开塑料薄膜,早揭晚盖,既补光又保温;三要在雨天揭开塑料大棚两头或者大棚基部薄膜补充散射光源。

(2)调节瓜蔓生长　在甜瓜已经徒长的大田,采用多效唑喷施,每亩用 40 g 可湿性粉剂兑水 50 L,或每亩用助壮素 10 mL,兑水 40～50 L 喷施,能显著抑制瓜蔓生长,促进子房肥大健壮,有利果实膨大。

(3)诱导雌花坐瓜　可采用坐瓜灵或坐果灵等处理雌花,能使坐果率提高到 90%以上,即在雌花开花头一天下午或开放的当天,用坐瓜灵可湿性粉剂 200～400 倍液蘸瓜胎,或用 10～20 倍坐瓜灵溶液涂抹在果柄上。

(4)人工辅助授粉　由于甜瓜是雌雄花同株生长,雌花又是两性花,即可采用两种方法人工授粉,一是采摘雄花将其花粉授于雌花的柱头上,每朵雄花可授 2～3 朵雌花;二是用干毛笔在雌花柱头上轻轻搅拌一下,授粉时间在每天上午 7—9 时进行。

实施任务

1. 案例·制定瓜类蔬菜化控坐果方案

时间:________　地点:____________________　小组:________

序号	内容	材料用具	操作要点
1	黄瓜化控坐果	赤霉酸、磷酸二氢钾、芸薹素、胺鲜酯、钼粉、硼肥	(1)用赤霉酸＋磷酸二氢钾 700～800 倍喷雾,防治达到 70%左右; (2)用芸薹素＋胺鲜酯＋钼粉＋硼肥 700～800 倍,均匀喷雾,防治达到 80%左右。
2	西瓜化控坐果	防落素、α-萘乙酸、赤霉素	(1)开花坐果期,使用 20 mg/L 的防落素或 α-萘乙酸,提高坐果率,促进果实生长。 (2)西瓜核桃般大小时,用 20～30 mg/L 的赤霉素喷施或用毛笔蘸涂幼瓜,保瓜增重。

2. 方案设计与练习技能

结合实习基地瓜类蔬菜生产工作,参照上面案例,设计瓜类蔬菜化控坐果方案,练习瓜类蔬菜化控坐果技能。

☞ 归纳总结

通过本次教学活动,掌握以下知识和技能:

(1)了解瓜类蔬菜落花落果的原因。

(2)掌握瓜类蔬菜保花保果的措施。

(3)掌握化瓜的原因和预防措施。

思政园地

在园艺作物上使用生长调节剂、肥料、农药等，要严格按照产品说明书要求的浓度和用量去应用，否则很容易产生药害、肥害。使用者在应用时，往往担心效果不好，就擅自加大浓度，而发生药害、肥害，这在生产中经常会发生。

我们说话做事也要把握分寸，适可而止，否则可能伤人，做错事，事与愿违。“处世戒多言，言多必失”“话说多，不如少”，都是告诉我们：说话要有度，话说多了，不一定哪句话说错了伤了人。

自我检测

1. 填空题

(1)可采用坐瓜灵或坐果灵等处理甜瓜雌花，在雌花开花前一天下午或开放的当天，用坐瓜灵可湿性粉剂________倍液喷洒瓜胎，或用________倍坐瓜灵溶液涂抹在果柄上。

(2)利用植物生长激素，可促进西葫芦分化雌花、保花和保果，提高产量。一般在西葫芦开花后 2～3 d，用 100 mg/kg ________或 100 mg/kg 的________喷洒，均能促进瓜苗提早开花结果，使小瓜长得快，不易化瓜。

2. 简答题

(1)简述甜瓜保花保果措施。

(2)简述黄瓜化瓜的预防措施。

课外拓展

瓜类化控技术

瓜类蔬菜的化控技术是近年来应用较多的技术，它对于促进早熟增产作用较大。采用化控技术，早期产量可以提高 20%～30%，经济效益较显著。

一、用多效唑、矮壮素、比久控制株形

黄瓜等瓜类在春季育苗时，阴雨天气较多，往往引起秧苗徒长，其抗病能力降低。为了防止这种现象的发生，每平方米苗床用 250 mg/L 矮壮素 1.5 kg 溶液喷洒后再播种；或在出苗后用 1 000 mg/L 的比久溶液喷洒秧苗；也可在秧苗 4 叶期喷洒 100 mg/L 多效唑溶液。

二、用吲哚乙酸、乙酸促进生根

瓜类的扦插，对于扩大繁殖系数和减轻病害都有一定的作用。

黄瓜在温室扦插时，可选用有 2～3 节长的插蔓。在扦插前将插蔓放在 2 000 mg/L 的萘乙酸溶液中快速蘸一下，插到培养基中，10 d 后开始发根，成活率可达 95%左右。

黄瓜在露地扦插时，每插蔓为 3 节，将其在 2 000 mg/L 的吲哚丁酸或萘乙酸溶液中快速

浸沾再扦插,成活率可达85%。

三、用乙烯利、赤霉素控制性别

在黄瓜4片真叶时,用150 mg/L乙烯利溶液喷洒叶面能明显地增加雌花数。由于雌花增加,早期产量和总产量分别增加10%以上。

在南瓜3~4片真叶时,用150 mg/L的乙烯利溶液喷洒植株。每10~15 d喷一次,共喷3次,可以增加雌花数,提早成熟7~10 d,增产15%。用乙烯利处理瓠瓜,其浓度因品种而异。早、中、晚熟品种的浓度分别为100 mg/L、200 mg/L和300 mg/L。处理的时间一般在瓠瓜有5~6片真叶时为宜。土壤肥力高、管理精细的田块,在10~11叶时可再处理1次。

与乙烯利的作用相反赤霉素可使上述瓜类多产生雄花。赤霉素的使用浓度为50 mg/L,使用时间是2~3叶期。

四、用对氯苯氧乙酸、2,4-D、萘乙酸等提高成瓜率

瓜类的幼瓜在在形成的过程中,由于授粉不良或气候不宜等原因,有时会中途死亡,这对于早期的产量影响极大。应用植物生长调节剂处理瓜类,对于提高成瓜率有一定的作用。

在黄瓜开花后1 d,用50 mg/L的萘乙酸、25 mg/L的2,4-D和80 mg/L的对氯苯氧乙酸喷洒幼瓜,对于提高成瓜率效果显著。

五、用乙烯利催熟

在西瓜和甜瓜开始进入成熟期时(外形已基本长足,但尚未成熟时),对西瓜和甜瓜的表皮分别喷洒300 mg/L和700 mg/L的乙烯利溶液,有促进早熟的作用。使用的时间一般在上午9点前或下午4点后,不能喷在叶片上,喷后2~3 d要及时采收。

子任务4　茄果类蔬菜化控坐果技术

◈ 任务描述

茄果类蔬菜为雌雄同花、自花授粉植物,但在大棚种植中,由于受棚内温度、湿度、光照等环境条件以及棚内土壤肥力状况的影响,自然坐果率较低。学会分析茄果类蔬菜坐果差的原因,掌握保花保果的方法。

一、番茄保花保果

(一)番茄落花落果的原因

1.营养生长过盛

植株茂盛,叶片较大,拔节较长,茎秆有粗有细,这可能是由于气温过高或营养不协调而造成的番茄生长过旺,从而出现番茄营养生长过旺而生殖生长不足的情况,进而影响植株开花坐果。其形成原因如下:

(1)温度过高　大棚内的温度高尤其是夜温较高时,番茄生长迅速,茎秆拔节快、拔节长,不容易坐果。棚室内的温度达到35℃,并持续2 h以上时,就会导致番茄花芽分化受阻,夜间温度超过20℃,会出现茎秆徒长的情况,易出现落花。

(2)养分供应不当　番茄施用肥料尤其是含氮的肥料过多,会使植株吸收的养分过多,容易出现植株生长过旺的情况。植株留果过多,营养大多被下部果实吸收,影响了番茄上部果穗的开花坐果。在开花结果期施肥不合理,也会造成花果所需要的养分供应不足。

(3)激素作用　速效性的叶面肥中可能会含有促进生长的激素,使用的次数过多,会使番茄的长势过快,从而造成营养不均衡,植株出现徒长。

2.高温影响花芽分化

番茄在花芽分化期遇到高温会影响花芽正常分化,出现花序败育及果实坐不住或不能完成正常的授粉、果实发育不正常的情况。

(二)提高番茄坐果率的措施

(1)温度管理　棚内的温度不宜过高,白天不超过30℃,夜间一般是12～18℃。选择晴天的中午遮阴,每隔1～2 d喷洒一次清水,降低大棚内的温度,随着温度的降低,将会逐渐坐住花。

(2)喷洒生长调节剂　可用助壮素进行叶面喷洒,或用矮丰灵进行穴施,可以控制番茄的长势,使番茄的茎秆变粗壮。要注意用量不宜过大,如用量过大,则番茄植株会在很长时间内生长缓慢。选晴天的下午进行喷雾,效果好且不易出现药害。

植株发生徒长后可用15%多效唑1 500倍或矮壮素500倍叶面喷施,抑制营养生长。同时控制棚室内温度,增大昼夜温差,避免植株徒长。

当每穗具有2～4朵小花开放时,用浓度25～50 mg/L的防落素喷花托处理。番茄坐住果之后可以喷施促花膨果素,起到保花保果,膨大果实,增产提质等作用。

(3)摘除叶片　可摘除部分生长旺盛的叶片来调整番茄的长势。

(4)补充硼钙叶面肥　在植株生长过快或温度过高而导致水分蒸发过快的情况下,会导致作物对硼钙吸收不足,叶面喷施含有硼钙等中微量元素的叶面肥,在一定程度上可起到保花保果的效果。

(5)留果方法　一般采取先少后多的方法,比如第一穗果留3个、第二穗果留3～4个、第三穗果留4个、向上果穗可留果4～5个。若植株长势很弱,第一穗果不宜留,应及时追肥养根、保花、攻果。

(三)采用植物生长调节剂保花保果

在番茄栽培中多采用植物生长调节剂处理以保花保果。目前用于番茄蘸花的生长调节剂主要有两种:一个是防落素(对氯苯氧乙酸);另一个是2,4-D(2,4-二氯苯氧乙酸)。所有的保花激素都离不开这两种,只不过添加了赤霉酸、萘乙酸、细胞分裂素等。防落素与2,4-D虽然都能使番茄坐果,但是两者的坐果率有差异。2,4-D提高坐果率,但是它对番茄的嫩芽及嫩叶有药害,只能用于浸花或涂花柄,费工。防落素对番茄的嫩芽及嫩叶的药害较轻,使用较安全,可以喷花,省时省工。

1.如何选择植物生长调节剂

选择哪种蘸花药要根据番茄植株的长势来确定。番茄植株的长势不同选择不同的植物生长调节剂,可以有效地减少番茄落花落果,提高坐果率。长势过强或长势过弱的番茄植株都要选2,4-D来蘸花,只有长势中等的番茄植株才能使用防落素。沈阳农业大学研制的番茄丰产剂2号、鞍山园艺所研制的保丰灵坐果胶囊综合了番茄灵和2,4-D的优点,克服了二者的缺点,保花保果效果更显著。

2.应用植物生长调节剂的注意事项

(1)严格控制生长调节剂的使用浓度　2,4-D在番茄上的使用浓度范围通常为10～20 mg/L,需根据季节温度变化,确定合适的浓度。在温度较高的情况下,可适当降低浓度,即同样的药可适当增加水量,可促进开花坐果。温度较低时需提高2,4-D的浓度,严冬用18～20 mg/L,早春用14～16 mg/L,以后随着温度升高降为10～12 mg/L,浓度过低保花效果不明显,浓度过高易导致僵果和畸形果。

(2)在开花当天使用为佳　开花前使用,易抑制生长,形成僵果;开花后使用,会使植株幼叶畸形,降低保花效果,致使果易开裂。使用方法有涂抹法和浸蘸法。涂抹法是在上午8—10时,用毛笔蘸药液涂到花柄上。浸蘸法是把基本开放的花序弯入盛有药液的容器中,浸没花序后立即取出,并将留在花上的多余药液轻轻震掉。浸花的浓度应比涂花的浓度稍低些。涂抹法比浸蘸法效果好,但较费工,在生产上两种方式都有采用。

(3)不要让药液滴到茎叶上　即使是较低浓度(12 mg/L以下)的药液也会引起幼芽和嫩叶卷缩,产生药害,所以尽量不要让药液滴到茎叶上。每朵花只可处理1次,重复处理易造成僵果或畸形果。为避免出现重复或遗漏,通常在配制药液时加入少量红色颜料做标记。

(4)配合补充营养　由于使用药剂之后果实肥大速度加快,需要大量的营养。因此必须科学合理地加强肥水管理。第一穗果使用药剂后,其他各穗果都应使用,否则,下面的果大量吸收养分,上面的果穗得不到必要的养分,导致严重的落花落果。

(5)及时疏花疏果　使用药剂处理花之前,若每穗花的数量太多,应将畸形花和特小花摘除,每穗保留5～6个即可。药剂处理后,若坐果太多,往往会造成果实大小不一,单果重量下降,影响果实品质。因此,应尽早疏果,一般每穗留4个左右。

(6)番茄蘸花不可取　在番茄栽培中多使用植物生长调节剂进行药剂处理以保花保果。在实际生产中,点花、喷花是番茄保花保果最常用的方法。蘸花的方法弊大于利,不可取。

番茄蘸花,整个花穗的用药量,与点花、喷花相比过大,会使得植株营养往该处大量运输,如此多次,会造成番茄长势衰弱,叶片发黄,体内脱落酸增加,果实果柄(花柄)处易形成离层,引起落花、落果。而且蘸花药具有强内吸性,易通过维管束系统向上运输,若蘸花药液量过大,在植株体内积累到一定量时,番茄心叶易出现硬、脆、小、卷等现象,发生激素中毒。

番茄蘸花,对花朵的危害重。番茄为总状花序,上下的花朵开花时间差别较大,在第二、三朵花开放时蘸花,每穗只有2～3朵花处于蘸花的较佳时间。蘸花时间对番茄果实的发育影响很大,"早僵晚裂"就是在茄果类蘸花中总结出的经验。统一蘸花,对尚未开放和开过的花朵发育不利,表现为易畸形、空洞果、大小果多、精品果少。

番茄蘸花后,花穗上的药液易滴落到其下部的叶片上,造成药害,影响叶片生长。因此,相对于点花、喷花,番茄蘸花的弊大于利。

3.提高番茄挂果质量

(1)摘除每穗花的第一朵花　每穗花的第一朵花一般要比后面的花早开2 d左右,若点花时,点住此花,容易使营养集中供应此花和果实,会使后面的花因得不到充足的营养而导致果实大小不一致,降低番茄的精品果率。后面的花开放时间基本一致,摘除第一朵花则可减少营养消耗，以积累充足的营养供应后面的花和果实，这样就可使后面的果实大小一致，利于精品果的生产。

(2)多点花、少留果、留好果　一般情况下，每穗花都能开7～8朵花，在点花时，根据植株的长势应尽可能地多点花，以备疏果、留果。当幼果坐住后根据需要选留4～5个大小一致、果形相近且无病虫害的果实，然后将其余的果实摘掉。

喷花喷在花的背面，也就是花柄、萼片、花瓣上就行了，不要喷在柱头上。

二、辣椒保花保果

辣椒落花落果是种植辣椒时普遍发生的一种现象，一般落花率可达40%～50%、落果率可达10%～20%，严重影响了辣椒种植的经济效益。

(一)辣椒落花落果原因

(1)营养不良　植株营养状况的好坏直接影响到花柱的长短和果实的发育。正常情况下多为花柱高出花药的长柱花，在营养不良的情况时短柱花增多，短柱花授粉不良，落花率高；在营养不良时果实的生长受到抑制，往往形成小果、“僵果”，严重时出现落果。

(2)栽培管理时措施不利　如春季大棚栽植辣椒密度过大导致通风不良，光照不充足，光合作用减弱，较易造成植株徒长，雄蕊发育不良，使1～2层的花容易脱落；又如氮肥施用过多，各种养分供应不协调，营养生长和生殖生长失去平衡，会使花果因养分不足或营养紊乱而落花落果。

(3)不利的气候条件

①土壤水分　辣椒喜空气干燥而土壤湿润的环境，土壤干旱，水分不足，空气蒸发量大，会抑制植株对肥水的需求，引起落花落果。而水分过多，通透性差，使根系呼吸和生长发育受阻，甚至沤根，也会引起落花落果。

②温度及光照　如气温偏高(春末夏初，大棚内经常出现35℃以上的高温)，既影响授粉、受精，又易引起植株徒长，使植株同化功能减弱，呼吸消耗增加，引起子房枯萎，花丝干缩，致使落花落果，或使辣椒花器发育不全或柱头干枯，不能授粉而落花。春季栽植时遇到较长时间的阴雨天，光照不足，温度下降(低于15℃)，也会影响授粉及花粉管的伸长，导致落花，即使授粉，果实也发育不良，易脱落。

(4)病虫危害　辣椒如发生病毒病、炭疽病、疫病等，也易引起落花落果。春季辣椒虫害以蚜虫为主，蚜虫是病毒病传播的主要途径，感染病毒病后，常出现死顶现象，造成落花落果。

(二)辣椒保花保果

(1)实行轮作，选用抗耐病品种　实行水旱轮作，或选择2年内未种植茄科植物的田块；同时应选择适应性、抗逆性和抗病性都强的品种。栽植无病虫的健壮苗，不栽伤根断叶苗，合理密植，改善通风条件，调节好田间小气候，使植株有良好的生长环境。

(2)加强温湿度管理　在开花结果阶段应加大通风量，白天棚温20～27℃、夜间温度不低于15℃时可昼夜通风，只有通风良好，植株才能生长旺盛，坐果率才高。辣椒开花结果阶段一般要求空气湿度在55%～65%，土壤湿度15%左右，如高于18%则会影响根系发育和植株生长，但进入盛果期宜保持土壤湿润。

(3)严格控制肥水,合理施肥　施用肥料要养分全面,要氮、磷、钾配合施用。在施足基肥的情况下,未坐果前可不浇水追肥,从而控制营养生长,促进生殖生长。追肥时应增施磷、钾、肥,减少氮肥用量。进入盛花期、坐果期,果实迅速膨大,则需要大量的氮、磷、钾肥料。除了追肥以外,还要每 7 d 左右喷 1 次叶面肥。

(4)整枝与引枝　辣椒栽培一般不整枝,从田间调查来看,不整枝主干的结果率可达 80%,而侧枝的结果率仅为 45%。因此,可实行四干栽培和双干栽培,对于主干上的侧枝都是在一节时摘心。这样做,主干、侧枝的结果率都比较高。从开花数和花质量来看,以四干栽培的为好;但结果的膨大速度又以双干栽培的为好。在密植情况下,为了提高单位面积产量,一般采用双干栽培。

(5)激素处理　用 2 mg/kg 的 2,4-D 或用 2.5～3 mg/kg 的防落素喷花、浸花,均可起到防止落花的作用。

(6)病虫害防治　蚜虫会引起的病毒病,应彻底及早防治,把其消灭在点片阶段,可用吡虫啉防治蚜虫;蛹虫可用杀蛾剂或石硫合剂防治。病毒病可喷洒病毒 A、植病灵等。其他病害可选用扑海因、百菌灵、多菌灵、甲基托布津等防治。

三、茄子保花保果

(一)茄子落花落果的原因

1. 营养不良

由于土壤营养及水分不足,根系发育不良,定植时伤根过重,土温过低,光照不足,整枝打杈不及时,在高夜温影响下营养物质消耗过多等原因引起落花。植株茎叶徒长,或各穗果实生长不平衡,造成营养物质供应的不平衡,也会导致落花。

2. 生殖发育障碍

在花芽分化过程中,遇到不良环境条件是造成落花落果的重要原因。如温度偏低或偏高,夜间温度低于 15℃,花粉管不伸长或伸长缓慢;白天温度高于 34℃,夜间高于 20℃,或白天温度达到 40℃的高温持续 4 h,则花柱伸长明显高于花药筒,子房萎缩,授粉不正常而导致落花。光照不足,光合作用减弱,碳水化合物合成或供应不足;或缺肥、缺水使雌蕊萎缩;或花粉生活力低而造成落花落果。多雨,空气湿度过高,也会影响花粉的发芽率及花粉管的伸长。不良环境还会引发植株产生畸形花,畸形花生长不良就会发生落花。

(二)茄子保花保果

1. 环境调控

早春栽培时,育苗期白天保持 25℃,夜温 15℃,防止徒长或形成老化苗,苗龄以 70～80 d 为宜。定植后注意保温,提高地温和气温,防止温度过低造成伤害。在结果盛期,外界温度回升,要加大通风量,防止高温危害,在光照充足的情况,保持白天棚室内气温 25～26℃,夜间气温 15～17℃,昼夜地温在 23℃左右,空气相对湿度 45%～55%,对盛果期的大棚番茄生长发育最适宜。

2. 加强水肥管理

浇水要小水勤浇,避免大水漫灌或田间积水,防止土壤干旱或湿度过大。采用配方施肥技术,保证充足的营养供应,避免偏施氮肥。

3.激素处理

用生长调节剂蘸花或喷花，刺激果实发育，防止落花落果。

(1)1.25%复合型2,4-D 20～30 mg/L稀释液，在开花前后1～2 d，用毛笔涂抹花梗或将花蕾在稀释后的药液中浸2～3 s后取出，不能喷花。为了防止重复处理，配制药液时可加入红色颜料做标记。不能将药液弄到叶片上，因为2,4-D对幼龄叶和植株生长点都有伤害作用。2,4-D的使用浓度与温室内的气温有关，当气温高于15℃时，使用浓度为20 mg/L；当气温低于15℃时，使用浓度为30 mg/L。

(2)2.5%坐果灵20～50 mg/L稀释液，在开花后的第二天下午4时前后，用手持式小喷雾器将稀释液对准花和幼果喷雾，不要喷到植株的生长点和嫩叶上，每隔5～7 d喷1次。使用浓度也与温室内气温有关，当气温高于25℃时，浓度采用20 mg/L；当气温低于25℃而高于15℃时，浓度为30 mg/L；当气温低于15℃时，浓度为50 mg/L。

(3)1%防落素(番茄灵)20～30 mg/L稀释液，喷花喷果，每隔10～15 d喷1次。使用浓度也与气温高低有关，当气温高于15℃时，使用浓度为20 mg/L；当气温低于15℃时，使用浓度为30 mg/L。

(4)保丰灵1 500～2 500倍液，在开花前1 d至开花当天至开花后1 d，用手持式喷雾器喷花和幼果。使用浓度也与温度有关，当气温低于15℃时，用1 500倍液，即装0.4 g药粉(一胶囊药粉)，兑水0.6 kg；当气温高于25℃时，用2 500倍液，即0.4 g药粉兑水1 kg；当气温在20℃左右时，使用浓度以2 000倍液为宜，即0.4 g药粉兑水0.8 kg。

使用上述4种生长调节剂处理茄子蕾、花、幼果时应注意：一是除2,4-D外，药剂要当天配制当天使用，使用时间宜在上午10时之前和下午3时之后，严禁中午烈日下抹花、蘸花或喷花。

4.其他措施

培育适龄壮苗。适期定植，以避免过早受冻。定植时要带土，避免伤根，利于缓苗。及时进行植株调整。对于落果，用磷酸二氢钾500倍＋易溶硼1 000倍混合喷施，连喷2次。

实施任务

1.案例·茄果类蔬菜保花保果方案

时间:________　地点:____________________　小组:________

序号	内容	材料用具	操作要点
1	番茄保花保果	生长调节剂、叶面肥	(1)温度管理　棚内的温度不宜过高，白天不超过30℃，夜间一般是12～18℃。 (2)喷洒生长调节剂　植株发生徒长后可用15%多效唑1 500倍或矮壮素500倍叶面喷施，抑制营养生长。 番茄坐住果之后可以喷施促花膨果素，起到保花保果，膨大果实，增产提质等作用。 (3)摘除叶片　摘除部分生长旺盛的叶片来调整番茄的长势。 (4)补充硼钙叶面肥　叶面喷洒含有硼钙等中微量元素的叶面肥。 (5)留果方法　一般采取先少后多的方法，比如第一穗果留3个、第二穗果留3～4个、第三穗果留4个、向上果穗可留果4～5个。若植株长势很弱，第一穗果不宜留，及时追肥养根、保花、攻果。

续表

序号	内容	材料用具	操作要点
2	辣椒保花保果		(1)实行轮作,选用抗耐病品种。 (2)加强温湿度管理　在开花结果阶段应加大通风量,白天棚温 20～27℃、夜间温度不低于 15℃时可昼夜通风。空气湿度在 55%～65%,土壤湿度 15%左右。 (3)严格控制肥水,合理施肥　在施足基肥的情况下,未坐果前可不浇水追肥。追肥时应增施磷钾肥,减少氮肥用量。进入盛花期、坐果期,果实迅速膨大,则需要大量的氮、磷、钾肥料。除了追肥以外,还要每 7 d 左右喷 1 次叶面肥。 (4)整枝与引枝　实行四枝栽培和二枝栽培,对于主枝上的侧枝都是在一节时摘心。 (5)激素处理　用 2 mg/kg 的 2,4-D 或用 2.5～3 mg/kg 的防落素喷花、浸花。

2. 方案设计与练习技能

结合实习基地茄果类管理工作,参照上面案例,设计茄果类蔬菜保花保果方案,练习茄果类蔬菜保花保果技能。

☞ 归纳总结

通过本次教学活动,掌握如下知识和技能:

(1)掌握番茄坐果差的原因。

(2)掌握辣椒和茄子落花落果的原因。

(3)掌握提高番茄坐果率的方法。

(4)掌握辣椒和番茄保花保果的方法。

自我检测

1. 填空题

2,4-D 在番茄上的使用浓度范围为________,需根据季节温度变化,确定合适的浓度。在温度较高的情况下,可适当________蘸花药的浓度,即同样的药可适当________水量,可促进开花坐果。

2. 简答题

(1)简述番茄坐果差的原因。

(2)番茄蘸花的注意事项有哪些?

(3)茄子保花保果措施有哪些?

课外拓展

什么是化控技术?

化控技术就是在蔬菜的栽培环境不利的条件下,采用植物生长调节剂来调节蔬菜的正常生长发育,使其按着预定的目标生长。所谓化控就是应用植物生长调节剂促进或抑制作物的生长过程以满足人们的需要。试验数据显示，瓜类蔬菜采用化控栽培技术后早期产量能增加20%～40%。

当前蔬菜生产中应用的化控技术很多，现将几种常见蔬菜化控栽培技术介绍如下。

一、打破休眠促萌发

芹菜、菠菜等耐寒性蔬菜种子需在15～20℃条件下方可萌发，夏播时用0.1%的硫脲或5～20 mg/kg的赤霉素浸种2～4 h，即可代替冷凉条件促进种子萌发。对马铃薯进行催芽可用0.5%～1%的硫脲或赤霉素液浸10～15 min。

二、促进生长提产量

赤霉素可促进生长，增加株高，具有明显的增产作用。芹菜长至15 cm左右时用10～20 mg/kg的赤霉素喷洒可增产25%左右，番茄等果菜类蔬菜于结果盛期叶面喷5～10 mg/kg赤霉素加0.3%磷酸二氢钾液，可明显提高产量。

茄果类蔬菜育苗时，幼苗期喷10～20 mg/kg的多效唑可使苗茎增粗，叶片发厚，增强植株抗旱、抗寒力，并能促进花芽分化。黄瓜、南瓜2叶1心时叶面喷施100～200 mg/kg的乙烯利，可抑制株高，促进雌花早分化，降低根瓜节位，提高雌花率。

三、喷施激素保果

番茄、茄子用10～20 mg/kg的2,4-D蘸花，或15～30 mg/kg防落素喷花能促进坐果，防止落花落果。辣椒用50 mg/kg的萘乙酸喷蕾喷花能降低落花落蕾，显著提高坐果率。

黄瓜雌花开后1～2 d用100 mg/kg的赤霉素喷花与子房，或用50 mg/kg的细胞分裂素喷花，能显著加快黄瓜生长，提高产量30%以上。西葫芦雌花开后，于上午8时左右用20～30 mg/kg的防落素涂抹花梗，能减少化瓜，提高坐果率。

任务五　农用棚膜认识、设施结构参数设计与环境监测

知识目标

了解农用棚膜的性能；了解蔬菜设施的种类与性能。

技能目标

掌握农用棚膜使用与维护技能；掌握蔬菜设施选择与维护技能。

素质目标

培养学生养成因地制宜、开拓创新思维和绿色环保理念。

子任务 1　农用薄膜的认识与应用

◈ 任务描述

农用覆盖材料在设施园艺中占有很重要的地位，对设施园艺的发展起着非常重要的作用。20 世纪 80 年代以来，塑料薄膜、遮阳网、防虫网等现代农用覆盖材料，在我国设施园艺生产上的应用越来越广泛。农用塑料覆盖材料的功能化研究发展趋于系统化、专用化。因此，了解和认识农用覆盖材料的种类、性能、国内外的应用情况有着积极意义。

一、设施农用覆盖材料的种类与性能

(一)覆盖材料的类型

农用覆盖材料的种类很多，一般可按原料材质、原料成分、覆盖方式以及功能特性等分类。

①按原料材质分有玻璃、薄膜、硬质塑料板、软质塑料片、防虫网等。

②按原料成分分有 PVC、PE、EVA、PO 系膜、氟素膜、PC、MMA 等。

③按覆盖方式分有固定式覆盖和可移动式覆盖。

④按农膜的功能及特性分有保温采光材料、内覆盖材料和外覆盖材料，透明膜，黑色膜，保温膜及与生产密切相关的耐老化膜，降解膜等。

(二)设施农用覆盖材料的主要种类和应用

国际上采用的农用覆盖材料有塑料薄膜、玻璃及 PC 板等几种。还有一部分设施选用玻璃纤维树脂板(FRA 或 FRP)作为覆盖材料。我国设施应用的覆盖材料以普通棚膜应用最早、分布最广、用量最大，其次是长寿无滴棚膜，近年来也有了较快的发展。塑料温室的覆盖材料大多是农用薄膜，主要品种有聚乙烯(PE)、聚氯乙烯(PVC)和醋酸乙烯(EVA)3 种。

(1)玻璃　在大多数气候寒冷的国家，玻璃仍然是常用的覆盖材料。大块玻璃的生产供给使得结构整体遮阴率降低，同时也减少了安装费用。主要有平板玻璃、钢化玻璃和有机玻璃 3 种类型。

(2)棚膜类　我国的棚膜覆盖栽培技术是从 20 世纪 50 年代后期开始应用的，起初是塑料小拱棚，1969 年出现塑料大棚，20 世纪 80 年代棚膜开始大面积取代玻璃用作温室透明覆盖材料，目前已成为我国主要的覆盖材料。主要应用在日光温室、塑料大中小拱棚上。

①聚乙烯(PE)薄膜　质地柔软、易造型、透光性好、无毒，是我国目前主要的农膜品种。其缺点是耐候性和保温性差，不易粘接等。最先进的 PE 膜采用 3 层处理方式，即其最上层含 UVA(防紫外线)添加剂，中间一层为 IR(透光)吸收剂，最下一层有 AF(流滴、隔长波辐射，即保温)添加剂。在 PE 膜开始发展的阶段，其寿命很短，仅能维持 7～9 个月。现在的 PE 膜已完全改变，其性能已大大改进。目前生产的 PE 膜用在屋顶上预计寿命可达 4 年。

主要类型：a. 普通 PE 棚膜，不添加耐老化等助剂直接用原料吹塑生产的白膜，使用期仅 4～6 个月，生产上逐步被淘汰。b. PE 防老化棚膜，在 PE 树脂中加入防老化助剂经塑成膜，这种棚膜不仅使用期长、成本降低、节能，而且产量与产值大幅度增加，是目前设施栽培中重点推广的农膜品种。c. PE 无滴防老化膜，具有流滴性、耐候性、透光性和保温性好等多重优点。防雾滴效果可保持 2～4 个月，耐老化寿命可达 12～18 个月，是目前性能较全，使用广泛的农膜品种。d. PE 保温棚膜，这种覆盖材料能阻止红外线向大气中辐射，可提高大棚保温效果 1～

2℃，在寒冷地区应用效果较好。e. PE 功能复合膜，是多功能棚膜，这种膜具有无滴、保温、长寿等多种功能，有漫反射农膜、转光膜、L-蓝光膜、镜面反射膜、调光膜等。

②多层编织的聚乙烯膜　这种覆盖材料是由聚乙烯经拉丝并像地毯一样编织而成的新产品，其表面有一层很薄的保护层。该材料很结实，强度几乎要比普通膜高出 20 倍。该 PE 膜具有 IR 和 AF 两者相加的全部效果，其透光率为 80%左右。

③聚氯乙烯(PVC)薄膜　这种棚膜保温性、透光性好，柔软易造型，适合作为温室、大棚及中小棚的外覆盖材料。缺点：密度大，成本较高；耐候性差，低温下变硬脆化，高温下易软化松弛；膜面吸尘，影响透光；残膜不可降解和燃烧处理。

主要类型：a. 普通 PVC 棚膜，制膜过程不加入耐老化助剂，使用期为 4～6 个月，目前正逐步被淘汰。b. PVC 防老化膜，原料中加入耐老化助剂经压延成膜，有效使用期 8～10 个月，有良好的透光性、保温性和耐候性。c. PVC 无滴防老化膜，同时具有防老化和流滴特性、透光性和保温性好，无滴性可保持 4～6 个月，安全使用寿命达 12～18 个月，应用较为广泛，是目前高效节能型日光温室首选覆盖材料。d. PVC 耐候无滴防尘膜，除具有耐候、流滴特性外，增塑剂析出量少，防尘性好，提高了透光率，对日光温室冬春栽培更为有利。e. PVC 树脂，可作地膜，加入一定量的色母料可以生产各种不同颜色的棚膜。

④增强型聚氯乙烯薄膜　普通清洁的 PVC 膜就膨胀和施工安装性能而言，性能较差。新的增强型 PVC 膜实际上是由聚酯材料织成网，网两侧再覆盖上普通 PVC 而成。增强型 PVC 膜具有 UVA 和 AF 两者叠加的性能，这大大改进了 PVC 性能。

目前市场上出售有红色膜和透明膜 2 种，其透光率红色膜为 80%，透明膜为 85%。该膜的厚度为 0.325 mm，非常重。因此，在尺寸较大时就难于处理。其价格是 PE 膜的 7～8 倍。

⑤乙烯-醋酸乙烯共聚物(EVA)树脂棚膜　该膜是近年来用于农业的新型农膜原料，该农膜的透光性、保温性及耐候性都强于 PVC 或 PE 农膜，用 EVA 农膜覆盖可较其他农膜覆盖增产 10%左右。如果连续使用 2～3 年，老化前不变形，用后可方便回收，不易造成土壤或环境污染。目前欧美国家或地区及日本多使用 EVA 树脂生产农膜、地膜。EVA 树脂棚膜是今后重点发展的农用功能膜。

由于在 EVA 中引入醋酸乙烯单体，使 EVA 具有独特的特性：a. 其对红外线的阻隔性介于 PVC 和 PE 之间，保温性 PVC＞EVA＞PE。b. EVA 有弱极性，可与多种耐候剂、保温剂、防雾剂混合吹制薄膜，相容性好，色容性强，可延长无滴与防雾期。c. EVA 的耐候性、耐冲击性、耐应力开裂性、粘接性、焊接性、透光性、爽滑性等都明显强于 PE。

⑥PV(聚烯烃)薄膜　该膜是聚乙烯(PE)和醋酸乙烯(EVA)经多层复合而成的新型温室覆盖薄膜，综合了 PE 和 EVA 的优点，强度高，抗老化性能好，透光率高且焚烧处理时也不会散发有害气体。

⑦硬质塑料覆盖　玻璃纤维增强塑料(FRP)板已经使用多年了，有的使用寿命甚至可达 20 年，但价格也非常高。新的 FRP 板透光率和玻璃很接近。但使用几年以后，纤维开始脱离聚酯，透光率下降，板也开始变黄。玻璃纤维板在常有冰雹危害的地区使用较多，尤其在美国市场上，有各种不同的产品和不同的使用年限保证。

⑧聚碳酸酯板(PC)　具有强度大、透光率高、弹性大、自重轻、透明，温度适应范围宽等各种性能相结合的特点。PC 板是目前塑料应用中最先进的聚合物之一，非常适合应用在温室领域，现在制约 PC 板温室发展的主要因素是一次性投入较高。

(3)遮阳网和无纺布类

①遮阳网　也称寒冷纱,用聚烯烃加入耐老化助剂拉伸后编织而成,它是由维尼龙、聚酯、丙烯等纤维织成的,有白色和黑色2种,特点是强度好、重量轻、使用方便等,可代替传统芦苇帘。有遮阳降温、防雨、防虫等功效,是蔬菜栽培和育苗中不可缺少的覆盖材料,可作临时性保温防寒材料。用作遮光时,黑色的遮阳网还可以用来作短日照处理。主要用于南方的蔬菜、花卉、茶叶、果树栽培和育苗。近年来,遮阳网在北方蔬菜、花卉生产上的使用量明显增加。

②不织布(无纺布)　由聚乙烯、聚丙烯、维尼龙等纤维材料不经纺织,而是通过热压而成的一种轻型覆盖材料,多用于设施内双层保温帘或浮面覆盖栽培。

(4)防虫网　一种轻量化、高强度、耐老化的新型农用覆盖材料。在发达国家和地区的夏秋蔬菜生产中早已被广泛应用。近年来,在我国南方开始采用防虫网全封闭栽培速生叶菜,能够有效地防止虫害的发生和蔓延,实现基本不用农药生产,深受广大消费者喜爱。防虫网的网眼密度一般以22目为好,颜色以白色、黑色和银灰色为好。

(5)其他外覆盖材料类　包括草帘、草苫、纸被、棉被、保温毯和化纤保温被等。

(6)地膜种类　主要有普通透明地膜、有色和配色地膜、反光地膜、有孔地膜等。

①无色透明膜　生产上最广泛应用的一种聚乙烯膜,幅宽45～140 cm。无色透明膜透光率高,土壤扣膜后增温效果好,早春可使耕层土壤增温2～10℃。

②黑色膜　在聚乙烯树脂中,加入2%～3%的炭黑。黑色膜透光率低,具有除草功能,但增温效果较差,可使土壤增温1～3℃。

③黑、透明条相间膜　黑、透明条相间膜综合无色透明膜、黑色膜的优点,在定植沟穴处采用透明膜,以利增加透光率,提高土温,在行间采用黑色膜,以利消灭杂草。

④银灰色反光膜　将铝粉粘接在聚乙烯膜的两面,制成夹层膜,或者在聚乙烯树脂中掺入2%～3%的铝粉,制成含铝膜。银灰色反光膜的反光率≥35%,能增加植株下部叶片的光照强度,同时具有避蚜作用,可以减少蚜虫的危害和减轻病毒病的发生。银灰色反光膜的透光率≤15%,土壤增温效果较差。

⑤有孔地膜　使用孔径2～3 mm,孔数为800～1 000孔/m^2黑色有孔地膜,具有改善土壤的通透性,减缓植株早衰的作用。

此外,还有除草地膜、无滴地膜、红外膜和光解地膜等。一些科研院所正在研究开发新型地膜以解决旧地膜回收麻烦,防止地膜污染环境等问题。

⑥易回收地膜　目前,国外普遍认为,超薄型地膜是白色污染的主要源头,因此,地膜厚度一般在0.02～0.06 mm,在易回收地膜中耐老化地膜占有高比例。目前,易回收地膜厚度大,具有一定的耐老化性,便于回收,是有效降低回收成本方式之一,避免了类似我国0.01 mm以下的普通地膜不易回收的弊病。

(三)覆盖材料的性能或所要求的特征特性

评价现代保温采光材料的优劣主要有保温性、采光性、流滴性、使用寿命、强度和低成本等6大标准,其中保温性为首要指标,关系到温室温光效应和生产效益。

不同材质对温度有不同的反应,EVA膜及PVC农膜不适于高温炎热的夏天应用,用PE/EVA/PE或用PE/EVA+PE/EVA等三层共挤才可于夏季应用。日本用PE与EVA生产了三层共挤PO系特殊农膜,韩国、法国、荷兰等也用同样方法生产复合膜用于生产。

另外,聚氯乙烯膜与聚乙烯膜初始透光率均可达到90%。但随时间推移,因聚氯乙烯膜增塑剂析出大量黏尘，影响了透光，使透光率很快下降，而聚乙烯膜透光率下降速度较为缓慢。

二、当前几种新型覆盖材料

(一)GRP 温室覆盖膜

GRP(玻璃纤维增强塑料)膜具有良好的温热性与透光性，在弱光条件下，透光率增强，因而提高了室内温度，而在强光照条件下，透光率减小，抑制了室内高温的出现。另外，新材料具有良好的防雾、防滴性能。

(二)光质调控薄膜

光质调控薄膜的基本构成和普通薄膜一样，为聚乙烯或醋酸乙烯聚合物，只是在合成过程中加入特定的化学色素。这种色素能选择性地吸收某一波长范围的光线，从而改变其覆盖环境下的光质。

常见的光质调控薄膜：①红外光吸收膜，该薄膜主要用于防止幼苗徒长，培育健壮幼苗。②红光吸收膜，它主要用于增加植株高度或侧枝长度，如鲜切花生产等特殊目的栽培。③热线吸收膜，多用于夏季栽培，也有控制植株高度的效用。

(三)LDPE 纳米复合材料

LDPE/SiO_2 纳米复合棚膜综合力学性能、红外阻隔性能、紫外阻隔性能及可见光透过性能的数据，纳米 SiO_2 的最佳添加量为 1%。用超声波进行粉体的分散，并用硅烷偶联剂进行表面改性处理可得到平均分散粒径小于 10 nm 的 LDPF 纳米复合材料。从目前国内外报道来看，聚烯烃/纳米 SiO_2 复合材料的研究集中在基础研究和应用基础研究阶段。随着研究工作的深入和性能价格比的调整优化，该体系的高性能化，特别是高功能化将会产生重要的社会效益和经济效益。

(四)PO 系特殊农膜

PO 系特殊农膜，是以 PE、EVA 优良树脂为基础原料，加入保温强化剂、防雾剂、光稳定剂、抗老化剂、爽滑剂等系列高质量适宜助剂，通过二、三层共挤工艺路线生产的多层复合功能膜。使用寿命 3～5 年。

(五)氟素农膜

氟素农膜是由乙烯与氟素乙烯聚合物为基质制成的新型覆盖材料。与聚乙烯膜相比具有超耐候、超透光、超防尘、不变色，使用期可达 10 年以上的特点。氟素膜种类：自然光透过性氟素膜、紫外光阻隔型氟素膜、散射光型氟素膜及管架棚专用氟素膜。产品有透明膜、梨纹麻面膜、紫外光阻隔性膜及防滴性处理膜等不同厚度、特性的氟素农膜。

(六)浮膜(浮动)覆盖材料

浮膜覆盖栽培是直接盖在田间生长中的作物上，随作物生长而顶起的一种特殊覆盖方式。材料及比例各国或地区不一样，一般由长纤维不织布、短纤维不织布和遮阳网等组成。日本的浮膜覆盖材料组成是：长纤维不织布占 40%，短纤维不织布占 25%，遮阳网占 12%，其他网制品占 16%。浮膜覆盖栽培能防止和减轻低温、冷害和霜冻的不良影响。防风、防虫、防鸟害，防土壤板结、水土流失和防旱保湿，能有效地促进作物生长，起到保持产品洁净卫生、鲜嫩等作用。

实施任务

1. 案例·制定农用薄膜的应用方案

时间:________ 地点:____________________ 小组:________

序号	内容	材料用具	操作要点
1	日光温室换膜	聚乙烯多功能复合膜、尼龙绳、压膜线	(1)选择棚膜　聚乙烯多功能复合膜。 (2)覆盖方式　顶端通风,大扇铺设在温室的下端(下扇),小扇铺设在温室的顶端(上扇),小扇压在大扇上层,重叠 30 cm 左右。 (3)棚膜边缘埋绳　在两扇棚膜重叠的边缘需要事先埋入尼龙绳,便于固定和通风时拉拽。 (4)选择正反面,将防止出现雾滴的一面铺设在棚室内侧。 (5)覆盖　一般在 9 月下旬,选择无风天气,多人合作覆盖棚膜。 (6)四周固定　覆盖时,最好从一侧山墙开始固定,向另外一侧展开棚膜。 (7)通风口固定　通风口处大扇上端一般固定在棚架上,小扇重叠 30 cm 左右压在大扇上层。 (8)压膜线固定　覆盖棚膜时,一边展开,一边用压膜线固定,防止突然刮风受害。最后覆盖结束时,所有压膜线压紧实,棚膜平整,无褶皱。
2	地膜覆盖	地膜、铁锹	(1)露地覆膜宜选择无风天气进行。 (2)人工覆膜需 3 人合作,一人放膜,两人取土两侧压膜。 (3)先在畦一端的外侧挖沟,将膜的起端埋在沟内并踩实,然后向另一端放膜。 (4)放膜时要求拉紧、抻平紧贴畦面,同时在畦肩的下部挖沟,把地膜的两边压入沟内。 (5)畦面上间隔压土,防止风害。 (6)地膜放到畦的另一端时划断,并在畦外挖沟,将膜端埋入沟内踩实。

2. 方案设计与练习技能

结合实习基地设施换膜工作,参照上面案例,设计农用薄膜的应用方案,练习换棚膜技能。

☞ 归纳总结

通过本次教学活动,掌握以下知识和技能:

(1)了解新型覆盖材料。

(2)掌握设施农用覆盖材料的种类与性能。

(3)练习换棚膜的方法。

自我检测

1. 填空题

(1)按原料材质分有________、________、硬质塑料板、软质塑料片、________等。

(2)按原料成分分有________、________、EVA、PO 系膜、氟素膜、PC、MMA 等。

(3)按覆盖方式分有________覆盖和________覆盖。

(4)按农膜的功能及特性分有________材料、________材料和________材料,有透明膜、黑色膜、保温膜及与生产密切相关的耐老化膜、降解膜等。

2.简答题

(1)简述设施农用覆盖材料的主要种类。

(2)简述地膜的种类。

课外拓展

全生物降解农用地面覆盖薄膜

地膜是当今促进农业增效、农民增收的重要技术设备,尤其在干旱缺水地区,地膜结合滴灌技术更是成为农业转型升级的支柱技术。但是地膜在推广过程中,因为对地膜的危害认识不够,一些质量差、难回收的地膜被部分地区的农民大量使用,致使地膜回收困难,农田残留地膜现象严重,也就是我们常说的白色污染。地膜污染土地,关系食品安全、环境安全和农业的可持续发展。

我国发布的《全生物降解农用地面覆盖薄膜》国家标准,即将于 2018 年 7 月 1 日正式实施。该标准规定了农业中使用的全生物降解地面覆盖薄膜的要求、试验方法、检验规则、标志、包装、运输和贮存等。标准规定的全生物降解地面覆盖薄膜,是指以生物降解材料为主要原料制备的,用于农作物种植时土壤表面覆盖的、具有生物降解性能的薄膜。标准规定了全生物降解农用地膜一些重要性能技术要求,包括规格与规格尺寸偏差、外观、力学性能、水蒸气透过量、重金属含量、生物降解性能、人工气候老化性能。

和传统地膜标准相比,两个标准规定的地膜的原材料是完全不同的,标准中规定的产品的力学强度指标基本一致,但增加了按照有效使用寿命的分类及其相应的老化检测指标与检验方法、增加了水蒸气透过量指标(主要考核保温保墒的功能)、重金属含量是依据可堆肥塑料中对可生物降解塑料的要求制定的、生物降解率的要求是国际等同标准要求(和欧盟刚发布的生物降解地膜的指标也是一致的)。

全生物降解地面覆盖薄膜能够有效地解决农用地膜残留带来的土壤肥力退化和地膜“白色污染”问题,对中国农村、农业的可持续发展具有重要意义。该标准的实施应用一方面可以规范生物降解农用地膜的生产;另一方能够促进农用地面覆盖薄膜产业结构的调整与升级,促进相关生物降解材料产业的发展,在发挥地膜保温、保墒、增产作用同时,不对土壤产生污染,具有重大的社会意义及其经济效益。

子任务 2　主要设施结构参数设计

任务描述

蔬菜生产设施承载着农村产业结构调整、现代农业发展和农民致富的希望。在了解塑料薄膜拱棚和日光温室类型、结构的基础上,利用皮尺、钢卷尺和测角仪等观测常见设施的结构,分析结构优点和问题,灵活掌握日光温室优化结构设计理论与技能。

一、塑料薄膜拱棚

我国20世纪60年代初期，随着塑料工业的兴起，开始利用塑料薄膜拱棚进行蔬菜的春提早和秋延晚生产。对延长蔬菜的生育期、采收期，提高产量、堵缺补淡起很大作用。进入90年代后，随着日光温室的发展，塑料薄膜拱棚面积虽然有所减少，但是在露地喜温蔬菜育苗和果菜类早熟生产等方面仍发挥着巨大的作用。塑料薄膜拱棚按照大小可分为：小拱棚、中拱棚和大棚3种类型。

（一）塑料小拱棚

（1）结构　小拱棚高度0.5～1 m，宽度1.5～2.5 m，长度7～10 m。拱架可以用竹片，荆条等弯成拱形，两端插入土中；也可以用ϕ12～14钢筋焊接成小拱架，覆盖上塑料薄膜即可成为塑料小拱棚（图2-3）。

（2）特点及应用　小拱棚具有取材方便，容易建造，成本低等优点。小拱棚内光照均匀，白天增温快，夜间加盖草苫保温，可用于春季蔬菜育苗，种植耐寒性的叶菜类蔬菜，也可进行果菜类蔬菜春提早或秋延晚栽培。

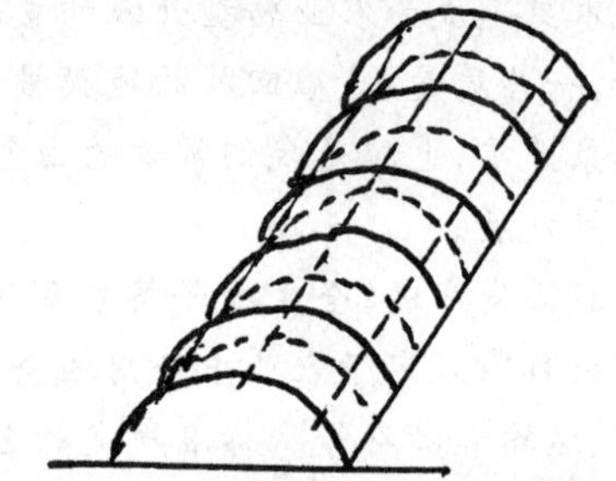
图2-3　拱圆形小拱棚结构示意图

（二）塑料中拱棚

（1）结构　中拱棚拱架高度1.5 m左右，宽度5～6 m，长度10～20 m，中间设立柱，人可以进入棚内蹲着作业。

（2）特点及应用　中拱棚空间比小拱棚大，昼夜温度变化比小拱棚小，但不如大棚稳定。主要用于早春定植果菜类蔬菜，也可用于韭菜、花椰菜和绿叶菜类生产，或用于春季蔬菜育苗等。

（三）塑料大棚

（1）结构　骨架一般高2～3 m，宽度8～15 m，长度30～60 m，占地300 m^2以上。塑料大棚主要由立柱、拱杆、拉杆和压杆等几部分组成。俗称“三杆一柱”。立柱，多为(8～12) cm×(8～12) cm水泥预制柱或6～7 cm粗杂木杆，起支撑拱杆作用，防止拱杆上下浮动和变形。拱杆材料可用竹竿、钢管等，作用是棚面造型和支撑棚膜。拉杆材料可用竹竿、钢管等，起纵向连接立柱的作用，使大棚骨架成为一个稳固的整体。压杆用专用压膜线、尼龙绳或钢线等，位于棚膜之上两根拱架中间，起压平、压实、绷紧棚膜的作用。悬梁吊柱，竹木大棚可以在拉杆上设小立柱支撑拱架，以减少立柱数量。塑料薄膜，可用厚度0.075～0.12 mm的聚乙烯多功能复合膜，透光好，成本低（图2-4）。

（2）类型　按照拱架使用材料可分为竹木结构大棚、钢架无柱大棚、钢管装配式大棚、钢竹混合结构大棚等几种类型。

（3）特点及应用　塑料大棚与日光温室比具有结构简单、造价低、有效栽培面积大、土地利用率高等特点。但塑料大棚的棚体高大，不便于外保温，受外界影响较大，主要用于果菜类蔬菜春提早栽培，采收期可比露地提早30～40 d，增产30%～40%；果菜类蔬菜秋延晚栽培，比露地蔬菜延晚收获30～40 d。

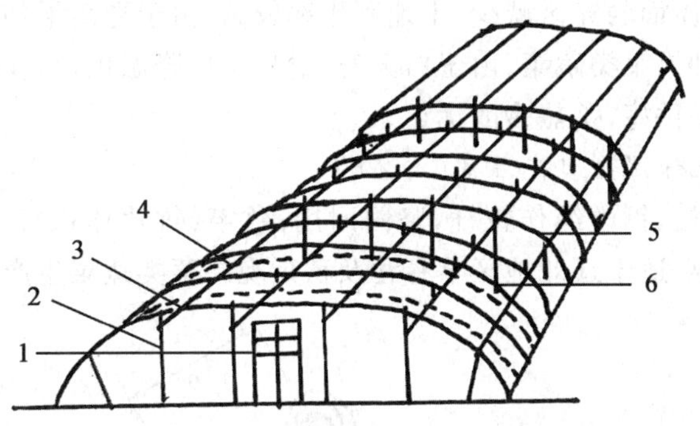

1.门　2.立柱　3.拉杆　4.小吊柱　5.拱杆　6.压杆

图 2-4　竹木大棚骨架结构示意图

二、日光温室

日光温室是比较完善的园艺设施。早在 20 世纪 30 年代以前，北纬 40°的瓦房店市，北纬 41°的海城市感王镇农民，利用日光温室冬季生产韭菜，早春栽培黄瓜，取得显著的经济效益。20 世纪 90 年代初在“三北”（东北、华北、西北）迅猛发展，是我国特有的园艺设施。日光温室具有容易建造，栽培技术易于掌握，投资少，见效快等特点。日光温室蔬菜生产已经成为广大农村调整产业结构、拉动地方经济的支柱产业。

（一）日光温室结构类型

1.海城感王式日光温室

海城感王式日光温室也称长后坡矮后墙日光温室，是在原有的一面坡和一斜一立式玻璃温室的基础上，首先发展起来的半拱圆形塑料日光温室（图 2-5）。

特点：保温性能好；取材容易，成本低；室内空间小，作业不便，不利于高棵作物生长；因后屋面长，晚秋至初春，温室后部地面无直射光照射，“弱光区”面积大，土地利用率低。

2.短后坡高后墙薄膜日光温室

短后坡高后墙薄膜日光温室又称海城改良式日光温室（图 2-5）。

特点：加大了前屋面的投影长度，白天进入室内的光照增多，后屋面投影变短，不仅冬季光

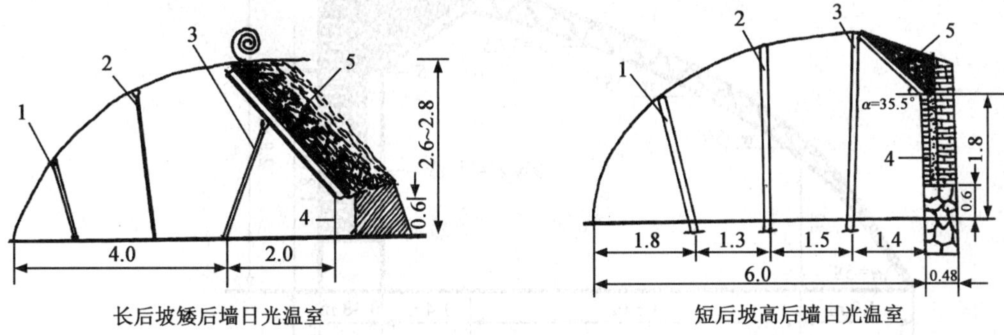

1.前柱　2.腰柱　3.中柱　4.后墙　5.后坡

图 2-5　竹木结构日光温室(单位:m)

照充足，而且春秋季后屋面弱光区减少，土地利用率较高；由于脊高增加，室内空间大，光照好，适宜种植较高大的各种果菜类蔬菜；由于白天升温快，午后降温也快，夜间必须加强保温覆盖，才能发挥其白天光照条件好，蓄热多的优点。

3. 铁岭高纬度强化保温型日光温室（图 2-6）

特点：水泥预制立柱，钢丝绳作拉杆，坚固耐用；竹竿、竹片作拱杆，成本低；夯土后墙、山墙，墙体加宽，培土保温，适于辽北地区早春茬及秋延晚果菜类蔬菜生产。

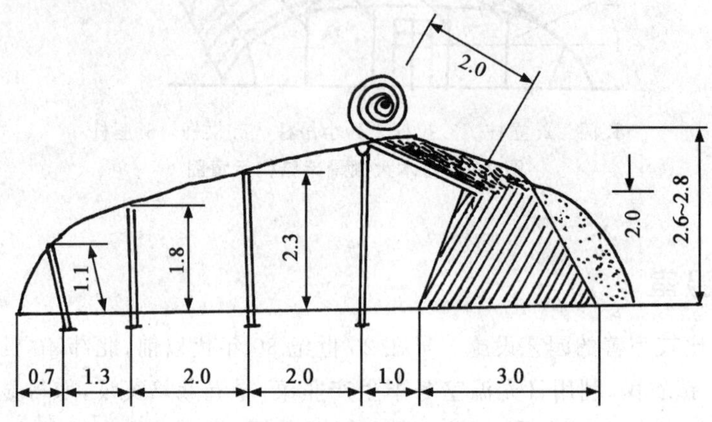

图 2-6 铁岭高纬度强化保温型日光温室(单位:m)

4. 鞍Ⅱ型日光温室（图 2-7）

特点：前屋面为钢架结构，无立柱，后墙为砖与珍珠岩组成的异质复合墙体，后屋面也由复合材料构成。采光、增温、保温性能良好，便于作物生长和人工作业；骨架强度大，使用年限长；成本较高。

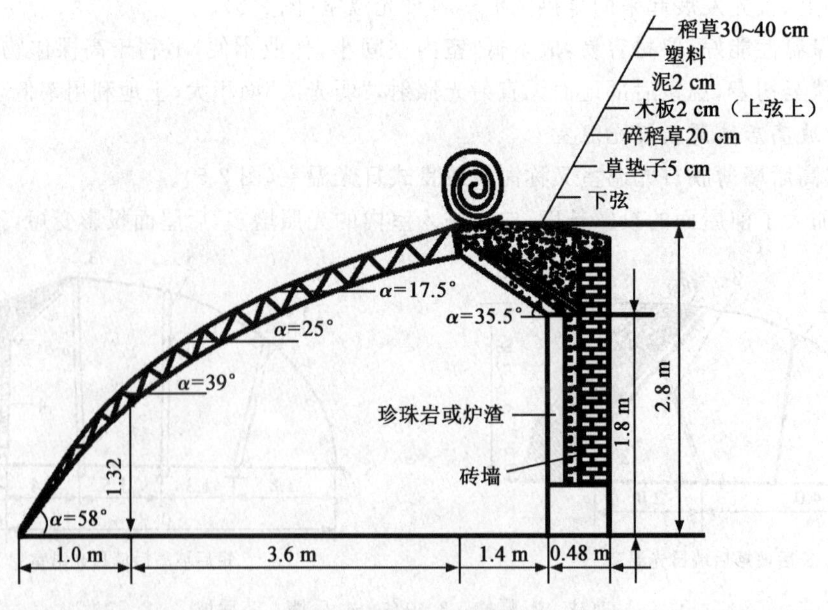

图 2-7 鞍Ⅱ型日光温室

5. 鞍Ⅲ型日光温室(图 2-8)

特点:组装式,无柱、高大、坚固;采光效果好;成本较高。

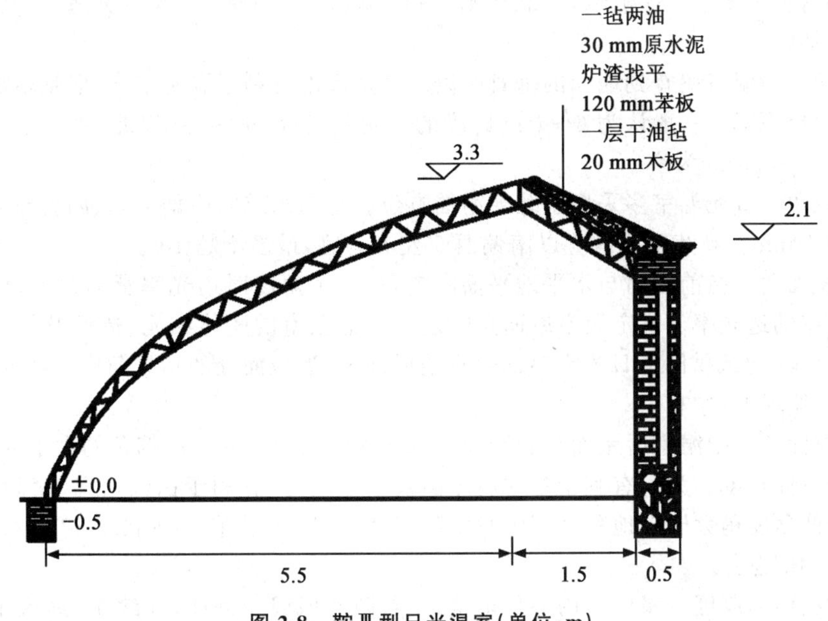

图 2-8　鞍Ⅲ型日光温室(单位:m)

6. 辽沈Ⅰ型日光温室(图 2-9)

特点:前屋面圆拱形,钢筋骨架,无柱,高大;采光效果好;光照充足;成本较高。

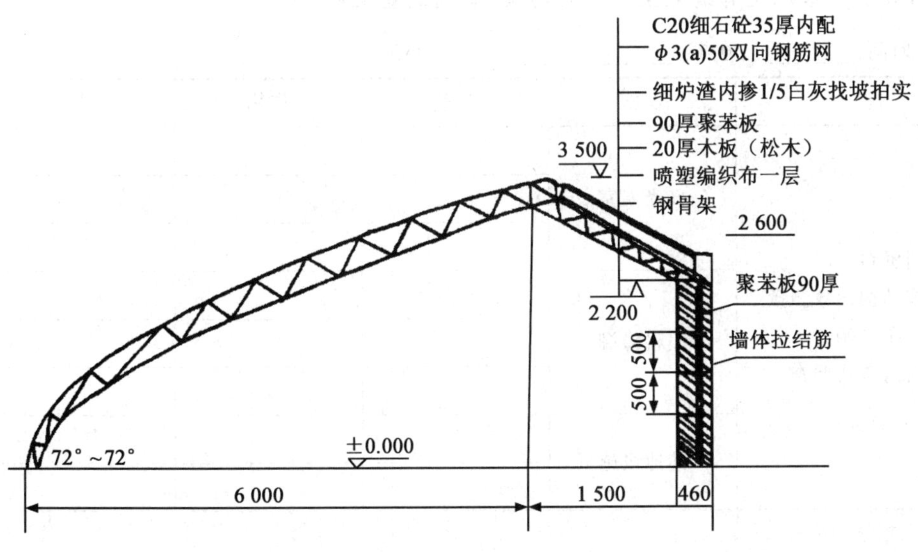

图 2-9　辽沈Ⅰ型日光温室(单位:m)

(二)日光温室的结构参数

(1)长度　一般认为长度 70～100 m 为宜。如果过短,不仅增加单位面积造价,两边山墙遮阴面积也大，影响光合作用；如果过长，室内温度不易控制一致，产品和生产资料运输也不方便。

(2)跨度　指从温室北墙内侧到南透明屋面底脚间的距离。温室跨度大小对采光、保温、农事操作都有很大影响。一般认为，北纬 40°～42°地区采用 6～7 m 跨度为适宜，北纬 40°以南地区可适当加宽。

(3)高度　指温室屋脊到地面的垂直距离。增加高度有利于温室采光，但是增加了建筑成本，抗风能力也下降。一般认为 6～7 m 跨度的日光温室，在北纬 40°以北，生产果菜类蔬菜温室高度以 2.8～3.0 m 为宜。

(4)方位角　日光温室多采用坐北朝南的方位。每向东或向西偏 1°，太阳直射时间出现的早晚相差约 4 min。高纬度地区应以南偏西 5°左右为宜，最多不超 10°。

(5)前屋面角　指前屋面与水平地平面的夹角，这个角度对透光率影响很大，增大前屋面角可增加温室的透光率。确定温室屋面角时还应考虑温室的整体结构、造型及作业空间等是否合理，北纬 42°地区拱圆形日光温室的合理前屋面角：近地面处的切线角度应在 60°～68°，中间 35°～40°，顶端 15°左右。

(6)后坡仰角　指温室后屋面与后墙顶部水平线的夹角。后屋面仰角的大小取决于脊高、后墙高和后屋面长度。为了有利于冬季后屋面及后墙采光，有利于白天增温、夜间保温，日光温室后屋面仰角要稍大于当地冬至正午时太阳高度角 5°～8°为宜。在北纬 32°～43°地区后屋面仰角 30°～40°为宜。

(7)后墙、山墙厚度　墙体作用一是承重，二是防寒保温。例如，北纬 40°地区土墙厚度以 1～1.5 m 为宜，砖墙夹 10 cm 厚苯板，一般厚度为 48～60 cm，基本能满足要求。

实施任务

1. 蔬菜实习基地现有蔬菜生产设施类型、结构调查及评价

时间：______　地点：____________　小组：______

<table>
<tr><th>方法</th><th>设施</th><th>类型</th><th>作物</th><th>设施评价</th></tr>
<tr><td rowspan="8">(1)查阅资料
(2)设施结构参数测量
(3)设施布局调查
(4)设施内作物调查</td><td rowspan="3">日光温室</td><td></td><td></td><td></td></tr>
<tr><td></td><td></td><td></td></tr>
<tr><td></td><td></td><td></td></tr>
<tr><td rowspan="3">塑料拱棚</td><td></td><td></td><td></td></tr>
<tr><td></td><td></td><td></td></tr>
<tr><td></td><td></td><td></td></tr>
<tr><td rowspan="2">其他设施</td><td></td><td></td><td></td></tr>
<tr><td></td><td></td><td></td></tr>
<tr><td>总结汇报学习内容</td><td colspan="4"></td></tr>
<tr><td>学习效果记录</td><td colspan="4"></td></tr>
<tr><td>小组汇报</td><td>由教师随机
指定汇报人</td><td></td><td></td><td></td></tr>
</table>

2.设施结构优化设计

通过对设施结构参数的观察评估，结合生产实际情况，对设施存在的问题进行优化设计。

(1)对设施结构坚固程度存在隐患的进行改进设计。

(2)对设施采光效果进行优化设计。

(3)对设施保温效果进行优化设计。

(4)对设施性价比不理想的进行优化设计。

☞ 归纳总结

通过本次教学活动，掌握以下知识和技能：

(1)塑料薄膜拱棚类型有塑料小拱棚、塑料中拱棚、塑料大棚；掌握塑料大棚类型及合理结构参数。

(2)掌握日光温室类型及合理结构参数。

(3)掌握蔬菜生产设施尺寸的测量方法。

(4)结合生产实际，掌握设施优化设计技能。

思政园地

不同类型的设施都有各自的优势，有各自的用途，无所谓哪个好、哪个差。人也是一样。每个人都有自己的优点、特长，不必和别人比，更不用自惭形秽。

“尺有所短，寸有所长。”李白说：“天生我材必有用”。2017 年习主席在五四前夕考察中国政法大学时指出，广大青年人人都是一块玉，要时常用真善美来雕琢自己。所以要正确认识自己，要有自信。认识自己的优势，发扬光大，不断自我完善，为社会做贡献。

自我检测

1.选择题

(1)一般日光温室长度(　　)为宜。

A.30～50 m　　B.100～200 m　　C.50～70 m　　D.200～300 m

(2)北纬 40°～42°地区日光温室采用(　　)跨度最为适宜。

A.5 m 左右　　B.10 m 左右　　C.6～7 m　　D.12 m 左右

(3)原则上寒冷的高纬度地区日光温室应以(　　)为宜，但不超 10°。

A.南偏东 10°　　B.南偏西 5°左右　　C.南偏东 5°左右　　D.坐北朝南

(4)北京地区日光温室前屋面采用(　　)为好。

A.拱圆形　　B.抛物线形　　C.一斜一立式　　D.琴弦式

(5)(　　)作用一是承重，二是防寒保温。

A.拱架　　B.墙体　　C.草苫　　D.立柱

2.综合题

(1)某蔬菜基地的日光温室顶部棚膜一直压不紧，请分析原因，并提出改进措施。

(2)冬春日光温室前底脚的番茄定植后常常出现滞育现象,而中后部的植株正常,分析发生的原因,并提出改进措施。

课外拓展

现代化温室

一、现代化温室

现代化温室主要指大型的温室(面积一般为1 hm^2 以上),环境基本不受自然气候的影响、可自动化调控、能全天候进行园艺作物生产的连接屋面温室,是园艺设施的最高级类型。

(一)结构类型

现代化温室按屋面形状分为屋脊型连接屋面温室和拱圆形连接屋面温室两类。

屋脊型连接屋面温室主要以玻璃作为透明覆盖材料,这种温室大多分布在欧洲,以荷兰面积最大。骨架一类是柱、梁或拱架均用矩形钢管、槽钢等制成,经过热浸镀锌防锈蚀处理,具有良好的防锈能力;另一类是门窗、屋顶等为铝合金型材,经抗氧化处理,轻便美观、不生锈、密封性好,且推拉开启省力。日本也设计建造一些屋脊型连接屋面温室,但覆盖材料为塑料薄膜或硬质塑料板材。

拱圆形连接屋面温室主要以塑料薄膜为透明覆盖材料,这种温室主要在法国、以色列、美国等国家或地区广泛应用。我国目前自行设计建造的现代化温室也多为拱圆形连接屋面温室。其骨架由热浸镀锌钢管及型钢构成,透明覆盖材料为双层充气塑料薄膜。由于使用了双层充气塑料薄膜,提高了温室保温性能。双层充气薄膜同单层薄膜相比,内层薄膜内外温差较小,在冬季可减小薄膜内表面冷凝水的数量。外层薄膜不与结构件直接接触,内层薄膜又受外层薄膜的保护,可以避免风、雨、光的直接侵蚀,从而可分别提高内外层薄膜的使用寿命。但双层充气膜的透光度较低,在光照弱的地区和季节生产喜光作物时不宜使用。

(二)配置与应用前景

现代化温室的生产系统主要包括自然通风系统、加温系统、湿帘风机降温系统、帘幕系统、灌溉施肥系统、二氧化碳气肥系统、计算机环境测量和控制系统等。计算机环境测量和控制系统,可以随时测量温室内环境条件,及时调节和控制气候目标参数,如温度、湿度、二氧化碳浓度、光照等,为作物的生长发育创造良好的环境条件。

现代化温室主要应用于高附加值的园艺作物生产上,如喜温果菜类蔬菜、切花、盆栽观赏植物、果树、观赏树木的栽培及育苗等。在荷兰约有60%的现代化温室用于花卉生产,约40%用于蔬菜生产,产品行销世界各地,设施园艺已成为荷兰国民经济的支柱产业。我国引进和自行建造的现代化温室绝大多数用于园艺作物的育苗和栽培上,而且以种植花卉、瓜果和蔬菜为主,虽然个别温室已实现了工厂化生产,但由于投资大、运营费用高,现代化温室多用于农业科技园区的示范性栽培。

二、屋顶菜园

利用屋顶或阳台种菜,是近些年产生的新鲜事物。随着城镇化推进,大城市寸土寸金,绿地面积越来越少,于是衍生出在楼房的屋顶或自家阳台种植蔬菜的形式,来满足人们对绿色、新鲜的渴望。炎炎夏日，小憩在瓜棚下，或独处饮茶，或三五个朋友小聚，陶醉于钢筋混凝土中的一抹绿色，悠然于喧嚣城市中的一隅净土。

(1)品种选择　宜选择绿叶菜类蔬菜如小白菜、生菜等；茄果类蔬菜如番茄、辣椒等。棚架一定要固定牢固，达到防风要求。棚架上可种植苦瓜、南瓜、扁豆等。

(2)土壤选择　选择优质腐殖土，厚度在10～15 cm即可。

(3)浇水　夏季要勤浇水，浇水后为了防止蒸发过快，可在土壤表面盖上草苫保墒。

(4)病虫害防治　不提倡喷洒农药，屋顶位置较高，病虫害发生概率较小。及时摘除病叶并销毁，发现害虫可进行人工捕捉。

子任务3　设施气温、地温、空气湿度与土壤湿度观测

任务描述

设施蔬菜栽培特点：在外界环境条件不适时，能够人为地调控设施内的栽培环境，使其满足蔬菜生长发育需要。熟悉设施内的环境特点非常有利于调控设施环境。

本次任务是熟悉设施内环境条件特点，制定观测设施环境条件的实施方案，提高测试设施环境条件的技能。

一、设施环境特点

蔬菜生长发育受环境条件的制约。设施环境包括光照、温度、湿度、气体、土壤和微生物等因子。

(一)光照

光是设施环境中的主要因子。光照条件好坏直接影响光合作用的强弱。光照是设施的主要热源，光照条件好，设施温度才能提高。

(1)光照强度　设施内主要利用自然光照条件，利用率只有外界环境的40%～60%，主要因为建筑覆盖材料反光，骨架材料遮光。另外，受山墙、后坡、防寒覆盖物(草苫子或棉被)、高棵作物和入射光角度的影响，光照强度在空间上分布不均匀，日光温室内形成东西山墙及后墙内侧的弱光区。

(2)光照时数　设施内光照时数随着纬度、季节、天气变化而改变，如果设计方位不合理，或者冬季覆盖草苫保温防寒，都会人为地缩短光照时数。另外，人工补光措施，可以增加光照时数，满足蔬菜对光周期的需要。

(3)光质　即光的组成。设施栽培中，由于透明覆盖材料的光学特性，促使进入设施内的光质发生变化。例如，玻璃能阻隔紫外线透过，利用玻璃温室培育番茄幼苗，易发生徒长现象；紫色薄膜能够透过更多的红外线，较无色棚膜温度增加3℃左右。

(二)温度

温室效应是在没有人工加温的情况下，设施内获得或积累太阳辐射能，从而使设施内的气温高于外界环境气温的一种能力。温室效应是由两个原因引起的：一是塑料薄膜等透明覆盖物能让短波辐射透进设施内，又能阻止设施内长波辐射透出设施而失散于大气之中；二是蔬菜

生产设施为半封闭的空间，设施内外空气交换微弱，从而使蓄积热量不易失散。

（三）湿度

蔬菜生产设施是一个封闭的环境，气流比较稳定，与外界交换量小，因此，相对湿度较高。当空气土壤湿度过高时，还会出现“作物沾湿”。高湿的环境，易引起蔬菜病害的发生和蔓延，所以调控湿度环境也是设施蔬菜生产成功的关键工作。设施内相对湿度的变化与温度变化呈负相关，晴天白天随着温度的升高相对湿度降低，夜间和阴雪天气随着室内温度的降低相对湿度升高。加温或通风换气后，相对湿度下降。灌水后，相对湿度升高。

（四）气体

在半封闭的设施内，蔬菜光合作用不断消耗二氧化碳，同时外界大气中二氧化碳不能及时补充，造成二氧化碳浓度很低，不能满足蔬菜生育需要而减产。设施内施肥不当易产生氨气、二氧化硫等有毒害气体，当有害气体积累到一定程度时，蔬菜就会出现中毒症状。

（五）土壤

（1）盐害。由于设施内大量施肥，造成蔬菜不能吸收的盐类积累，同时，受土壤水分蒸发的影响，盐类随着水分向上移动积累在土壤表层。土壤中盐类浓度过大，对蔬菜生育不利，一般表现为植株矮小，生育不良，叶色浓，有时表面覆盖一层蜡质，严重时从叶缘开始枯干或变褐色向内卷，根变褐以至枯死。

（2）连作障碍。由于设施内多年连作，易造成连作障碍。土壤病原菌增殖迅速，或者对某一种营养过分吸收造成缺乏，容易诱发蔬菜病害。

二、设施对环境的影响

（一）温度条件

（1）气温的变化

①季节变化：在高纬度的北方地区，设施内的气温，受外界气温的影响，存在着明显的四季变化。但是，保温性能好的高效节能设施，室内外的温差可保持在30℃左右，即使在北纬41°地区，也可以四季生产果菜类蔬菜。

②日变化：晴天设施内的温度，明显高于外界。通常在早春晚秋及冬季的日光温室中，晴天最低气温出现在早晨揭草苫后0.5 h左右。此后温度则开始上升，每小时平均升温5～6℃，到13～14时，温度达到最高值。以后温度开始下降，14～16时，平均每小时降温4～5℃，盖草苫后气温下降缓慢，从16时到翌日8时前，降温5～7℃。阴天室内昼夜温差很小，一般只有3～5℃。

（2）地温的变化　设施内地温也存在明显的日变化和季节变化，但比较稳定。日变化：与气温日变化表现为“互利关系”。即气温升高时，土壤从空气中吸收热量地温升高，当气温下降时土壤则向空气中放热保持气温。低温期提高地温，能够弥补气温偏低的不足。一般地温升高1℃对蔬菜生长的促进作用，相当于提高2～3℃气温的效果。季节变化：最低地温的月份是在12月的上中旬，直到2月的下旬，地温上升缓慢，3月上旬地温迅速升高，到5月下旬地表温度可升高到25℃左右。

(3)温度的分布　气温的分布:气温的分布不均匀。日光温室白天,上部温度高于下部温度,中部温度高于四周,夜间北侧的温度高于南侧。在寒冷季节,无外面保温覆盖时,靠近透明覆盖物内表层的温度较低。设施面积越小,低温区域所占的比例越大,温度分布越不均匀。地温的分布:温室四周的地温低于中部的地温,地表面的温度变化大,随着土壤深度的增加,地温的变化越来越小。

(二)光照条件

新的塑料薄膜透光率可达80%~90%,但在使用期间由于灰尘污染、吸附水滴、薄膜老化等原因,使透光率减少10%~30%。大棚内的光照条件受季节、天气状况、覆盖方式(棚形结构、方位、规模大小等)、薄膜种类及使用新旧程度情况的不同等,产生很大差异。大棚越高大,棚内垂直方向的辐射照度差异越大,棚内上层及地面的辐照度相差达20%~30%。在冬春季节以东西延长的大棚光照条件较好,它比南北延长的大棚光照条件要好,局部光照条件所差无几。但东西延长的大棚南北两侧辐照度可差达10%~20%。不同棚型结构对棚内受光的影响很大,双层薄膜覆盖虽然保温性能较好,但受光条件可比单层薄膜盖的棚减少一半左右。此外,连栋大棚及采用不同的建棚材料等对受光也产生很大的影响。单栋钢材及硬塑结构的大棚受光较好,比露地减少透光率28%;连栋棚受光条件较差,因此,建棚采用的材料在能承受一定的荷载时,应尽量选用轻型材料并简化结构,既不能影响受光,又要保持坚固,经济实用。薄膜在覆盖期间由于灰尘污染而会大大降低透光率,新薄膜使用2 d后,灰尘污染可使透光率降低14.5%。10 d后降低25%,15 d后降低28%以下。一般情况下,因尘染可使透光率降低10%~20%。严重污染时,棚内受光量只有7%,而导致不能使用。一般薄膜易吸附水蒸气,在薄膜上凝聚成水滴,使薄膜的透光率减少10%~30%。因此,防止薄膜污染,防止凝聚水滴是重要的措施。再者薄膜在使用期间,由于高温、低温和受太阳光紫外线的影响,使薄膜"老化"。薄膜老化后透光率降低20%~40%,甚至失去使用价值。因此,大棚覆盖的薄膜,应选用耐温防老化、除尘无滴的长寿膜,以增强棚内受光、增温,并延长使用期。

(三)湿度条件

薄膜的气密性较强,因此,在覆盖后棚内土壤水分蒸发和作物蒸腾造成棚内温度升高,如不进行通风,棚内相对湿度也会很高。在不通风的情况下,棚内白天相对湿度可达60%~80%,夜间经常在90%左右,最高达100%。棚内适宜的空气相对湿度因作物种类不同而异,一般白天要求维持在50%~60%,夜间在80%~90%。为了减轻病害的危害,夜间的湿度宜控制在80%左右。棚内相对湿度达到饱和时,提高棚温可以降低湿度,如湿度在5℃时,每提高1℃气温,约降低5%的湿度,当温度在10℃时,每提高1℃气温,湿度则降低3%~4%。在不增加棚内空气中的水汽含量时,棚温到15℃时,相对湿度约为70%;提高到20℃时,相对湿度约为50%。由于棚内空气湿度大,土壤的蒸发量小,因此,在冬春寒季要减少灌水量。但是,大棚内温度升高,或温度过高时需要通风,又会造成湿度下降,加速作物的蒸腾,致使植物体内缺水蒸腾速度下降,或造成生理失调。因此,棚内必须按作物的要求,保持适宜的湿度。

(四)气体条件

由于薄膜覆盖,棚内空气流动和交换受到限制,在蔬菜植株高大、枝叶茂盛的情况下,棚内空气中的二氧化碳浓度变化很剧烈。日出之前由于作物呼吸和土壤释放，棚内二氧化碳浓度比棚外浓度高 2～3 倍；8—9 时以后，随着叶片光合作用的增强，可降至 100 ppm(1 ppm＝1 mg/L)以下。因此，日出后就要酌情进行通风换气，及时补充棚内二氧化碳。另外，可进行人工二氧化碳施肥，浓度为 800～1 000 ppm，在日出后至通风换气前使用。人工施用二氧化碳，在冬春季光照弱、温度低的情况下，增产效果十分显著。

在低温季节，大棚经常密闭保温，很容易积累有毒气体，如氨气、二氧化氮、二氧化硫、乙烯等。当大棚内氨气达 5 ppm 时，植株叶片先端会产生水浸状斑点，继而变黑枯死；当二氧化氮达 2.5～3 ppm 时，叶片发生不规则的绿白色斑点，严重时除叶脉外，全叶都被漂白。氨气和二氧化氮的产生，主要是由于氮肥使用不当所致。一氧化碳和二氧化硫产生，主要是用煤火加温，燃烧不完全，或煤的质量差造成的。由于薄膜老化(塑料管)可释放出乙烯，引起植株早衰。为了防止棚内有害气体的积累，不能使用新鲜厩肥作基肥，也不能用尚未腐熟的粪肥作追肥；严禁使用碳酸铵作追肥，用尿素或硫酸铵作追肥时要掺水浇施或穴施后及时覆土；肥料用量要适当，不能施用过量；低温季节也要适当通风，以便排除有害气体。另外，用煤质量要好，要充分燃烧。有条件的要用热风或热水管加温，把燃后的废气排出棚外。

(五)土壤湿度和盐分

大棚土壤湿度分布不均匀。靠近棚架两侧的土壤，由于棚外水分渗透较多，加上棚膜上水滴的流淌湿度较大，棚中部则比较干燥。春季大棚种植的黄瓜、茄子特别是地膜栽培的，常因土壤水分不足而严重影响质量。最好能铺设软管滴灌带，根据实际需要随时浇水施肥，是一项有效的增产措施。

由于大棚长期覆盖，缺少雨水淋洗，盐分随地下水由下向上移动，容易引起耕层土壤盐分过量积累，造成盐渍化。因此，要注意适当深耕，施用有机肥，避免长期施用含氯离子或硫酸根离子的肥料。追肥宜轻，最好进行测土施肥。每年要有一定时间不盖膜，或在夏天只盖遮阳网进行遮阳栽培，使土壤得到雨水的淋溶。土壤盐渍化严重时，可采用淹水压盐，效果很好。另外，采用无土栽培技术是防止土壤盐渍化的一项有利措施。

三、设施环境观测

(一)温度、湿度的观测

(1)温度、湿度的分布　在设施中部选取一垂直剖面，从南向北树立数根标杆，第一杆距南侧(大棚内东西两侧标杆距棚边)0.5 m，其他各杆相距 1 m。每杆垂直方向上每 0.5 m 设一测点(图 2-10)。

在设施内距地面 1 m 高处，选取一水平断面，按东、中、西和南、中、北设置 9 个测点，根据需要还可以增加测点数目(图 2-11)。

每次观测，注意读数准确，每一测点的温度要取两次读数的平均值，以消除读数时间上的误差。两次读数的先后次序相反，第一次从南到北，由上到下；第二次由北到南，由下到上。水平断面按同理进行。观测时间分别为 8 时和 13 时。

(2)温度、湿度日变化观测　观测设施中与露地对照区 1 m 高处的温度、湿度变化情况，记载 2 时、6 时、8 时、10 时、12 时、16 时、18 时、22 时的温度、湿度。

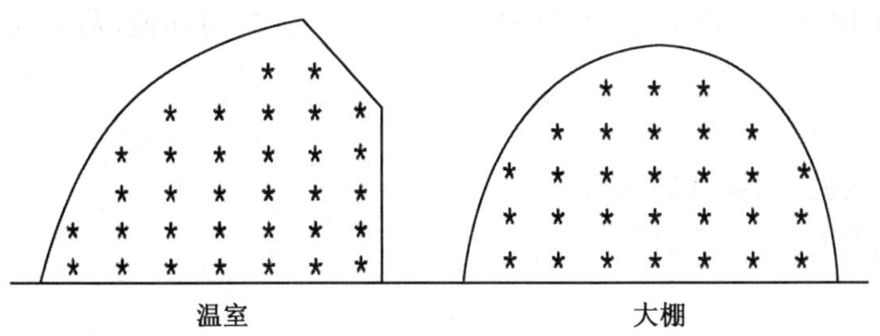

图 2-10　温室大棚垂直剖面测点分布图

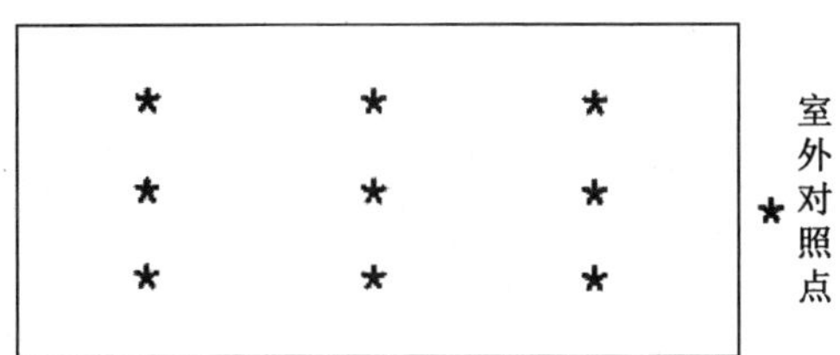

图 2-11　设施内水平剖面测点分布图

(二)光照的观测

光照分布的观测点,测定顺序和观测的时间均与温、湿度分布观测一样,观测时间取当地正午时间。

(三)地温观测

在设施内水平面上,于东西和南北向中线,从外向里,每 0.5～1 m 设一观测点,测定 10 cm 地温分布情况。并在中部一点和对照区观测 0 cm、10 cm、20 cm 地温的日变化。观测时间同温度、湿度日变化观测。

☞ 归纳总结

通过本次教学活动,学习成果如下:

(1)掌握影响设施内蔬菜生长发育的环境因子。

(2)掌握设施环境特点。

(3)掌握设施环境的观测方法。

自我检测

1. 填空题

(1)玻璃能阻隔紫外线透过,利用玻璃温室培育番茄幼苗,易发生________现象。

(2)晴天到________时,温室内温度达到最高值。

(3)设施内主要利用自然光照条件,利用率只有外界环境的________。

(4) 当空气土壤湿度过高时,还会出现“________”,高湿的环境,易引起蔬菜________的发生和蔓延。

2.简答题

(1)简述设施内温度、湿度的观测方法。

(2)简述设施内的气温变化特点。

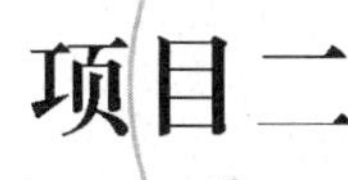

项目二

蔬菜生产核心技能

知识目标

结合完成蔬菜生产技术管理任务，学习蔬菜生产的理论依据。

技能目标

能够结合蔬菜生产实际，练习并掌握蔬菜育苗、蔬菜植株调整、设施环境调控和蔬菜病虫害防治等方面的核心技能。

素质目标

培养学生树立学农、爱农、务农的情怀；强化绿色和可持续发展理念。

任务一　蔬菜苗期管理

任务描述

苗期管理是培育壮苗的最重要环节，其根本目的是创造适宜幼苗生长发育的环境条件，并通过控制各种条件协调幼苗的生长发育。

培育壮苗是使蔬菜早熟、丰产、优质的关键技术。怎样才能培育出符合标准的菜苗？需要加强苗期管理，掌握蔬菜苗期管理技术，学会蔬菜苗期管理方法。

一、籽苗期和小苗期

（一）籽苗期

幼苗出土到真叶显露为籽苗期，这一阶段生长的突出特点是下胚轴（子叶以下的幼茎）最易徒长，形成“高脚苗”，因此，出苗后应适当降低温度，限制胚轴徒长，促进子叶肥大，这个时期对喜温的茄子、辣椒等蔬菜，温度可控制在白天 20～25℃，夜间 12～15℃；对喜温而易徒长的黄瓜、番茄等蔬菜，应降低些，白天 20～23℃，夜间 10～12℃；对于甘蓝、芹菜、洋葱等喜冷凉的蔬菜，白天 15～20℃，夜间 6～7℃。

这阶段也是最易发生猝倒病的时期，管理上除温度外，对湿度也要调节。营养土育苗方式的，出苗后可进行“片土”管理，即在幼苗根际撒上一层细碎的药土。此法既可保墒、保地温，又能降低空气湿度，有利于防止病害的发生，同时尽量提高光照强度和延长光照时间，促进秧苗健壮生长。

(二)小苗期

真叶显露到2～3片真叶为幼苗期，这一阶段生长的特点是地上部生长量不大，但根系生长快，应创造促进根系生长的条件。地温与气温都要比籽苗期高2～3℃。如果播种时底水充足，移植前一般不浇水，必要时，只可在晴天上午时浇小水，随即提高温度，次日覆盖细土，即浇水后“片土”。以防床内湿度大、温度低引起病害发生，并尽量延长光照时间。

二、分苗(移植)及管理

分苗就是将小苗从播种床内起出，按一定距离移栽到分苗床或营养钵中。苗床的播种密度较大，随着幼苗的生长，营养面积越来越不足，必须通过分苗来扩大营养面积，这是分苗的主要目的。另外，分苗也有促进侧根发生和使根群集中的作用。

分苗的几点原则：

(1)掌握适宜的分苗时机　分苗必须在花芽分化前进行，避免因为分苗造成花芽分化时间推移、花数减少、花芽质量下降。一般番茄2～3片真叶，辣椒、茄子3～4片真叶，黄瓜等瓜类蔬菜子叶平展时分苗。

(2)分苗时适量浇水　必须保证分苗后根系恢复的良好条件。分苗前1 d应浇水，防止起苗时伤根；低温期分苗后水不要太大，防止土温急剧下降而不利缓苗；高温期分苗时注意充足供水，防止干燥。

(3)控制环境促进缓苗　分苗前应降温控水，进行秧苗锻炼；分苗后有3～5 d的缓苗期，应适当提高床温；中午温度高要遮阳，防止苗萎蔫；开始发新根后如床土较干，及时适当喷水缓苗。

三、成苗期的管理

成苗阶段生长量逐渐增大，根系发育旺盛，果菜类花芽及侧枝陆续分化，叶菜类蔬菜继续分化叶原基，这一阶段在温度管理上要比缓苗期稍有降低，特别是番茄和黄瓜夜间应低温管理(10～15℃)，有利于培育壮苗，提高花芽质量。甘蓝在成苗培育期不能有5～9℃以下的长期低温，防止低温引起花芽分化，导致未熟抽薹。

此时外界气温升高，秧苗生长量大，应保证供给充足的水分，即控温不控水，不要用干旱办法蹲苗，以免造成秧苗老化，也不要小水勤浇致使表土板结，影响根系发育。要灌透水，灌后放风，并在土壤宜耕时疏松表土，这样既能保墒，又能保持土壤疏松透气，促进秧苗健壮生长。同时尽量改善光照条件。

四、定植前的秧苗锻炼

秧苗锻炼应贯穿整个育苗期，但定植前锻炼最为重要，一般用通风降温和降低土壤湿度的措施来进行。通过锻炼可以抑制地上部的生长，促进根系发育，使秧苗能适应定植后的环境条件，缩短缓苗时间。

定植前锻炼主要通过加大通风量，加大温差，使气候与定植后的环境条件相似。通过锻炼可使秧苗的适应性增强，叶色转深，苗茎粗壮，根系发育良好，定植时秧苗刚好达到适龄壮苗标准。

五、灾害性天气的苗床管理

北方育苗期间易受寒潮袭击，做好寒潮及连续雨雪天气的苗床管理，是育苗的关键。连续阴天气温下降时，一方面要加强防寒保温，防止冻害发生；另一方面要加强白天的光照管理，使秧苗有一定的见光时间，不可几天不揭草苫使秧苗处在黑暗之中，致使秧苗体内营养物质消耗大，叶绿素消失，叶色变黄，秧苗软弱。待晴天突然揭草苫，秧苗会萎蔫死亡，苗床温度应比晴天低 3～4℃，以防造成秧苗徒长。冷床内育苗无加温设备，要增加覆盖物，当连续阴雪天气又骤然转晴时，应采取渐进见光办法，缓慢升温，转入正常管理。雨天要揭开草苫，以防草苫被淋湿，注意不使雨水淋入苗床内。

实施任务

1. 案例·蔬菜苗期管理方案

任务　蔬菜苗期管理

时间：________　地点：____________________　小组：________

序号	内容	材料用具	操作要点
1	冬春茬日光温室番茄苗期管理	番茄幼苗、营养钵、营养土、农药、喷壶	(1)幼苗期管理　白天 20～23℃，夜间 10～12℃；片土。 (2)分苗　番茄播种后 30 d 左右，2～3 片真叶大小时，将幼苗移栽到 10 cm×10 cm 营养钵内。 (3)成苗期管理 ①温度　白天 20～25℃，夜间 10～15℃。 ②浇水　以控制温度为主，适当控制浇水。 ③倒苗　一是增加光照，二是断根，防止徒长。 (4)苗期病虫害防治　预防猝倒病、立枯病、病毒病、斑潜蝇及连续低温寡照天气引起的生理病害。首先，做好种子消毒、营养土消毒工作；其次，做好温室保温工作，每隔 7 d 左右喷药 1 次防虫防病。 (5)定植前炼苗　降温、控制浇水，并加强通风。 (6)苗龄要求　番茄苗龄 60～70 d，具有 7～8 片真叶，并且现大蕾。
2	早春茬塑料大棚香瓜苗期管理	香瓜幼苗、化肥、农药、苗盘、喷壶	(1)温度　出苗后白天 22～26℃，夜间 14～18℃。 (2)浇水　以控制温度为主，适当控制浇水。 (3)施肥　肥料不足时，选用适合的冲施肥料进行灌根。冲施后马上浇水，缓解肥烧。叶面喷施 0.1%～0.2%的磷酸二氢钾 2～3 次。 (4)光照　及时倒苗，增加光照；倒苗后及时浇水，促进缓苗。 (5)病虫害防治　预防猝倒病、立枯病、病毒病、蚜虫、斑潜蝇等，每隔 7 d 左右喷药 1 次防虫防病。 (6)定植前炼苗　降温、控制浇水，并加强通风。 (7) 苗龄要求　苗龄 30～35 d，具有 3～4 片真叶。

2. 方案设计与练习技能

结合实习基地蔬菜苗期管理工作，参照上面案例，设计蔬菜苗期管理方案，练习蔬菜苗期管理技能。

时间：________ 地点：________________ 小组：________

序号	内容	负责人	材料工具	操作要点	完成记录
1					
2					

☞ **归纳总结**

通过本次教学活动，掌握以下知识和技能：

(1)熟悉蔬菜苗期管理内容。

(2)学习蔬菜苗期管理方法。

(3)结合蔬菜生产实际，练习并掌握蔬菜苗期管理技能。

自我检测

1. 选择题

(1)番茄成苗期管理适宜温度白天(　　)，夜间(　　)。

A. 20～25℃　　B. 10～15℃　　C. 25～28℃　　D. 5～10℃

(2)番茄幼苗具有(　　)片真叶大小时，为分苗最佳时期。

A. 1～2　　B. 2～3　　C. 4～5　　D. 7～8

(3)番茄分苗过晚、光照不足、浇水过多、夜间温度过高等都会导致幼苗(　　)。

A. 老化　　B. 细弱　　C. 黄化　　D. 徒长

(4)"倒苗"后及时(　　)，促进缓苗。

A. 浇水　　B. 施肥　　C. 通风　　D. 保温

(5)塑料大棚春茬香瓜幼苗苗龄 30～35 d，具有(　　)片真叶时定植。

A. 1～2　　B. 2～3　　C. 3～4　　D. 7～8

2. 简答题

(1)比较营养钵分苗和苗床分苗的优缺点。

(2)分苗时如遇到徒长幼苗如何处理?

任务二　瓜类蔬菜嫁接育苗

任务描述

日光温室种植蔬菜不可避免会连作，甚至连茬。土传病害如枯萎病、根结线虫病等，严重威胁着黄瓜、西瓜和甜瓜生产。如何防止土传病害？瓜类蔬菜通过嫁接方法防治土传病虫害，是一项成熟的实用技术。

薄皮甜瓜插接法嫁接育苗实用技术

2018 年 12 月，辽宁职业学院受邀为辽宁省铁岭市昌图县妇联、七家子镇政府、忠德瓜菜种植合作社联合举办省级巾帼科技培训示范基地科技培训班，培训指导期间了解到合作社塑料大棚薄皮甜瓜种植具有相当规模和影响力，但是，每年都要做一件费时、费力、费钱的事情，就是塑料大棚“挪地儿”。原来，当地瓜农多是自己购买甜瓜种子育苗，还没有掌握甜瓜嫁接育苗技术，甜瓜重茬后土传病害发生严重，又没有好的解决办法，只能年年挪动大棚与大田作物进行轮作生产，因此，增加了生产成本。

辽宁职业学院选择优良薄皮甜瓜品种糖王和金妃，利用西甜瓜专用砧木东砧一号、黑不塄墩，进行设施薄皮甜瓜嫁接生产实践，收到很好的抗病、增产效果，嫁接后薄皮甜瓜仍能保持原有品质。现将薄皮甜瓜嫁接育苗关键环节总结如下，期待对遇到类似问题的瓜农有所帮助。

(一)选择优良砧木

东砧一号：辽宁东亚农业发展有限公司生产经销，选用国外试验材料育成的新一代杂交砧木。特别适宜嫁接各种甜瓜、西瓜。嫁接亲和力高，共生能力强。根系发达，长势强，适应性广。耐寒、耐热性好，土壤适宜性好，增产显著，适合多种类型栽培。

黑不塄墩：辽宁营口市老边区种子商行经销的大维牌西瓜、甜瓜专用砧木。一代交配，黑杆，是嫁接西瓜、甜瓜的优良砧木。种子白色，籽粒饱满，大小均匀，出苗整齐一致。根系发达，嫁接成活率高，抗枯萎病等土传病害。纯度高，亲和性、共生性好，生长稳健，抗早衰。

(二)浸种催芽

接穗(薄皮甜瓜，下同)、砧木(白籽南瓜，下同)种子播种前进行温汤浸种处理，即将种子投入 55～60℃的温水中，搅拌浸泡 15 min，然后室温继续浸泡接穗种子 6～8 h、砧木种子 4～6 h。目的是加速种子吸水，兼起灭菌消毒的作用。将充分浸泡吸足水分的种子淘洗干净后用湿纱布包好，置入烧杯或培养皿中盖盖保湿，在恒温箱内 30℃条件下催芽 24～30 h，芽长不超过种子长度的 1/2 时准备播种。

(三)育苗基质准备

可选择购买综合性育苗基质，经济实惠、操作简单、方便实用。如济南峰园农业技术有限公司经销的育苗基质，主要成分为草炭、珍珠岩、蛭石，含有机质、腐殖酸及植物纤维 60%以上，富含幼苗生长所需营养元素。

将复合基质加入适量的水均匀闷湿，标准是“手握成团不滴水，松手即散”，填装入 50 孔穴盘压实，刮平备用。

(四)错期播种

插接法嫁接操作程序简单，接口位置高，嫁接效率和防病效果都优于其他嫁接方法。薄皮甜瓜幼苗长势弱，幼苗苗茎(下胚轴)纤细，比砧木晚播 3～4 d 即可。

发芽后的砧木种子每穴播一粒，播种时用小木棍在穴盘内基质中间扎深度为 2 cm 的小孔，将砧木种子平放于基质表面，幼芽朝下，紧贴孔壁，轻轻按压种子播种于基质内，播种深度约 1.5 cm，然后用少量蛭石填平覆盖，喷水至基质湿透为宜。注意播种时和后期管理过程中，洒水量不宜过大，以防基质养分随水流失。接穗种子播种于经过叠盘后压出的基质浅坑内，每穴可播 2～3 粒，间隔 1 cm 距离，覆盖蛭石深度 1 cm 即可。

播种后，置入苗床并覆盖保湿保温，白天保持 28～30℃，夜温 17～22℃。经过浸种催芽处理的接穗和砧木种子播种后约 4 d“拱土”，及时揭开覆盖物，增加光照，以防幼苗下胚轴徒长。

环境适宜，接穗播种后 8～10 d 子叶平展，砧木播种后 12～14 d 第 1 片真叶半展开，准备嫁接。

（五）插接法嫁接

插接法砧木第 1 片真叶直径约 1 cm，接穗子叶从刚展开至子叶平展（心叶显露）嫁接最佳。

嫁接前 1 d 幼苗浇水。嫁接前操作台、工具及手都用 75％的酒精消毒，风干后开始嫁接操作。具体步骤如下：

(1)去除砧木生长点　用竹刀迅速集中挖干净整盘砧木的生长点和真叶。

(2)砧木插孔　用左手食指和拇指适度捏紧砧木幼苗苗茎子叶下端，右手持略粗于甜瓜下胚轴光滑的楔形（双斜面）竹签（长斜面长 0.7 cm，短斜面长 0.2 cm），竹签长斜面朝下，从右侧子叶的主叶脉开始，向另一侧子叶方向朝下斜插 0.5～0.7 cm 深，竹签尖端显露但未穿透苗茎的表皮。竹签插入动作要“稳、准、寸劲”，“稳”即双手不抖，“准”即竹签对准一侧子叶基部中间，“寸劲”即插入不能太缓慢，否则砧木苗茎易劈。

(3)接穗处理　在接穗幼苗两片子叶连线侧面下端 0.8～1 cm 处下刀斜切至茎粗 2/3，切口长 0.5 cm 左右，接着从对面切第 2 刀，使苗茎断开，接穗成楔形（双斜面）。

(4)接穗、砧木接合　右手持刀片藏入掌心，将接穗两片子叶合拢并用拇指和食指轻轻捏住，左手按住砧木苗茎，右手无名指和中指夹住竹签迅速拔出，接穗长斜面朝下，迅速（寸劲儿）插入接穗，接穗、砧木 4 片子叶呈十字交叉接合。

（六）嫁接苗分段培养

嫁接苗摆在准备好的苗床内，苗床加扣小拱棚覆盖黑色地膜，进行分段保温、保湿、遮阳管理：

①嫁接后 1～3 d 是愈伤组织形成时期，也是嫁接苗成活的关键时期。要保证小拱棚内相对湿度达 90％～95％，保持日温 28～32℃，夜温 20～22℃，苗床全面遮阳保湿。

②嫁接后 4～6 d 是假导管形成期。棚内的相对湿度应降低至 90％左右，保持日温 26～28℃，夜温 18～20℃，早晚可适量通风 1～2 h，并使苗床见弱光。管理正常，接穗的下胚轴会明显伸长，心叶开始生长。

③嫁接后 7～10 d 是真导管形成期。棚内湿度应降至 85％左右，湿度过大，易造成接穗徒长和叶片感病。小拱棚顶端逐渐开 3～5 cm 的小缝，进行通风排湿，晴天中午遮阳。保持日温 28～30℃，夜温 18～20℃。接穗真叶半展开，标志着砧木与接穗已完全愈合，适时移出小拱棚。

④嫁接后 10～15 d 移出小拱棚后，经 2～3 d 的适应期，进入后期壮苗管理，并随时去除砧木的萌蘖。

（七）重视后期壮苗管理

1. 幼苗的生长发育

甜瓜枝蔓和花原基的分化在幼苗期已经进行。据马克奇等（1982）研究，甜瓜幼苗第 3 片真叶出现前后，其生长点已在进行主蔓、子蔓、孙蔓的大量分化。当甜瓜幼苗第 4 片真叶长到 3 cm 长时，其顶端生长点内已经分化出主蔓 17～18 节，子蔓 10～11 条、花原基 103 个，可在解剖镜中观察到结实的雌花。

在日温 30℃，夜温 18～20℃，充足日照的条件下花芽分化早，结实花（雌花或者两性花）节位较低。苗期管理对雌花出现早晚和质量起着决定作用。

2. 苗期病虫害预防

育苗温室保持清洁，环境适宜，通风良好，薄皮甜瓜苗期病害较少发生。重点预防蓟马、蚜虫和美洲斑潜蝇等虫害。薄皮甜瓜幼苗心叶柔嫩，容易发生药害、肥烧，喷药前 1 d 需要进行少量试验，并严格掌握喷药浓度和时机。

3. 定植前锻炼

定植前 5～7 d 开始进行炼苗。增大温室的通风量，延长通风时间，适当控水，提高幼苗抗逆性，使幼苗逐渐适应即将定植的设施内环境。经历约 45 d 时间培育，具有 3～4 片真叶时定植。若定植延晚，宜在苗床内保留 3～4 片真叶进行幼苗摘心处理，促进薄皮甜瓜子蔓萌发。

实施任务

1. 案例·黄瓜嫁接方案

时间：________　地点：____________________　小组：________

序号	内容	材料用具	操作要点
1	靠接法（图 2-12）	南瓜幼苗、黄瓜幼苗、刀片、75%的酒精、操作台、塑料夹、小喷壶、塑料小拱棚	①带一些土挖出黄瓜与南瓜幼苗，去掉南瓜的生长点和真叶。 ②用刀片在南瓜幼苗上部距生长点 0.5～1 cm 处向下斜切一刀，角度为 35°～40°，深为茎粗的一半。 ③将黄瓜幼苗苗茎距生长点 1.2～1.5 cm 处向上斜切一刀，角度为 30°左右，深度为茎粗的 3/5。 ④把两株幼苗在切口处接合，使黄瓜子叶压在南瓜子叶上面，用嫁接夹固定。 ⑤将嫁接苗栽在营养钵内（注意把两株苗根茎分开一段距离，便于以后黄瓜断根），摆在准备好的苗床内，及时浇水并扣小拱棚保湿。
2	（顶）插接法（图 2-12）	南瓜幼苗、黄瓜幼苗、刀片、75%的酒精、竹签、操作台、塑料夹、小喷壶、塑料小拱棚	①要求接穗较小些，将砧木和接穗从苗床挖出，把砧木生长点及真叶去掉。 ②用同接穗苗茎粗细相同的竹签，从右侧子叶的主叶脉开始，向另一侧子叶方向朝下斜插 5～7 mm 深，竹签尖端不能刺破幼苗苗茎的表皮。 ③选适当的接穗，在子叶下 8～10 mm 处下刀斜切至茎粗 2/3，切口长 5 mm 左右，接着从对面切第 2 刀，使茎断开，接穗成楔形。 ④拔出竹签，迅速插入接穗。
3	（侧）插接法	略	比较靠接法不同之处：一是处理黄瓜幼苗时，直接切断苗茎（断根）；二是处理砧木时，接点适当升高。
4	劈接法（图 2-12）	略	①去除砧木生长点。 ②在砧木幼苗苗茎轴一侧自上而下轻轻切开长约 1 cm 的切口。 ③在接穗子叶以下 8～10 mm 处，将下胚轴削成楔形。 ④将接穗插入砧木切口内，用嫁接夹固定。

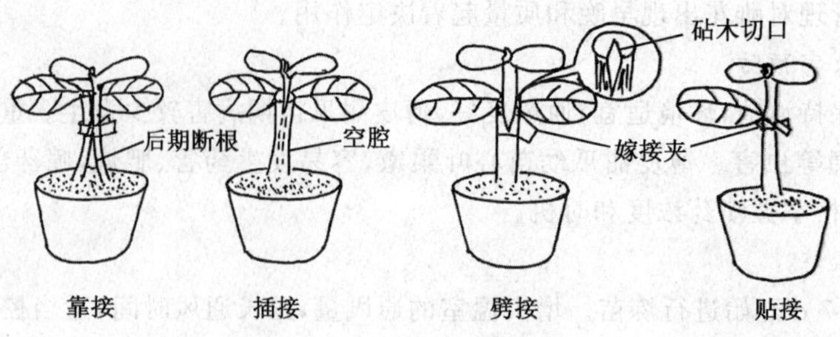

图 2-12　黄瓜嫁接方法示意图

2. 方案设计与练习技能

结合实习基地黄瓜嫁接工作，参照上面案例，设计黄瓜或西甜瓜嫁接方案，练习瓜类蔬菜嫁接技能。

☞ 归纳总结

通过本次教学活动，掌握以下知识和技能：

(1)瓜类蔬菜嫁接的目的是增强植株的抗病、抗寒性等。

(2)黄瓜砧木有白籽南瓜和黄籽南瓜等，西瓜砧木有葫芦、瓠瓜、南瓜等。

(3)瓜类嫁接方法有靠接法、插接法、劈接法和贴接法等。

(4)瓜类蔬菜嫁接后培养关键因子为高温、高湿和遮阳等。

(5)黄瓜与薄皮甜瓜插接法育苗过程中错期播种与培养温度要求是不同的。

(6)理论联系实践，锻炼瓜类蔬菜嫁接和嫁接后培养技能。

自我检测

1. 选择题

(1) 黄瓜嫁接的砧木(　　)具有较强的抗枯萎病能力。

A. 葫芦　　B. 南瓜　　C. 丝瓜　　D. 哈密瓜

(2)黄瓜靠接法接穗比砧木早播(　　)。

A. 同期播种　　B. 2～3 d　　C. 10～15 d　　D. 4～5 d

(3)黄瓜靠接法，砧木真叶显露，接穗第一片真叶(　　)时，为嫁接最佳时期。

A. 完全展开　　B. 未出现　　C. 刚显露　　D. 半展开

(4)靠接时用刀片在南瓜幼苗上部距生长点(　　)cm 处向下斜切一刀，角度为 35°～40°，深为茎粗的一半。

A. 1～2　　B. 2～3　　C. 0.3～0.5　　D. 0.5～1

(5)靠接时将黄瓜幼苗苗茎距生长点(　　)cm 处向上斜切一刀，角度为 30°左右，深度为茎粗的 3/5。

A. 0.5～1　　B. 2～3　　C. 1.2～1.5　　D. 3～4

2.简答题

(1)比较瓜类蔬菜靠接法和插接法优点。

(2)采用下列表格形式总结薄皮甜瓜嫁接后培养要点。

内容		嫁接后 1～3 d	嫁接后 4～6 d	嫁接后 7～10 d	嫁接后 10～15 d	备注
温度	白天					
	夜间					
遮阳						
湿度						

课外拓展

西瓜砧木品种选择

选用与西瓜亲和力强且抗病能力较强的葫芦、南瓜、瓠瓜作砧木,近年来又培育出更优良的杂交砧木品种。

①豫砧 60A　系杂交一代西瓜专用砧木新品种,嫁接亲和力好,共生亲和力强,成活率高,嫁接幼苗在低温下生长快,坐果早而稳,与其他砧木相比,表现出明显的杂种优势,不仅高抗枯萎病、抗重茬,叶部病害也明显减轻。嫁接植株生长旺盛,根系发达,吸肥能力强,具有耐低温、耐湿、耐干旱的特点。对促进西瓜早熟和提高产量有明显的作用,对果实品质风味无不良影响。

②京欣砧一号　系葫芦与瓠瓜杂交的西瓜砧木一代杂种。发芽势好,出苗壮,下胚轴短粗且硬,不易徒长,便于嫁接。嫁接亲和力好,共生亲和力强,成活率高。嫁接苗植株生长旺盛,株系发达,吸肥力强,与其他砧木品种相比,表现出更强的抗枯萎病能力,叶部病害轻,耐高温,后期抗早衰。对果实品质无明显的影响。

③京欣砧二号　系印度南瓜与中国南瓜杂交的西瓜砧木一代杂种。嫁接亲和力好,共生亲和力强,成活率高。种子纯白色,千粒重 150～160 g。发芽整齐,发芽势好,出苗壮。嫁接苗在低温弱光下生长强健,根系发达,吸肥力强,嫁接植株所结果实大,产量高。砧木高抗枯萎病,叶部病害也轻。后期既耐高温又抗早衰。对果实品质影响小。

④庆发一号　杂交一代西瓜专用砧木,该砧木嫁接西瓜亲和力好,成活率高,嫁接植株根系发达,生长旺盛,高抗枯萎病,能有效克服连作重茬障碍,促进早熟并能大幅度提高产量,对西瓜果实品质无不良影响,是目前嫁接西瓜的优良砧木品种。

⑤抗病超丰 F1　适合做无籽西瓜砧木,也可做普通西瓜的砧木。该品种做砧木嫁接西瓜亲和力好,成活率高,嫁接植株根系发达,生长旺盛,高抗枯萎病,能有效克服连作重茬障碍,有效促进西瓜早熟并能大幅度提高产量,对西瓜果实品质无不良影响,是目前嫁接西瓜的优良砧木品种。

任务三　茄果类蔬菜嫁接育苗

任务描述

瓜类蔬菜可以通过嫁接防止土传病害发生，解决土壤连作障碍问题。那么茄果类蔬菜是不是也可以通过嫁接方法防病？效果如何？学习茄果类蔬菜嫁接技术，掌握茄果类蔬菜嫁接技能。

一、茄子嫁接的作用

(1)增强抗病能力　茄子黄萎病、枯萎病、青枯病、根结线虫病等土壤病害病菌在土壤中存活时间长达3～7年。采用野生茄科植物作砧木，避免病菌侵入接穗，有效防止土传病害的发生。

(2)解决茄子不能连作的难题　通常茄子不能重茬栽培，必须与非茄科作物进行4～5年轮作。茄子嫁接后，砧木高抗免疫，有效地防止茄子土传病害的发生，使茄子生产实现了重茬不发病，提高了土地利用率，经济效益大幅度提高。

(3)促进茄子生长　茄子砧木根系发达，吸水吸肥能力强，抗逆性强，嫁接后，接穗得到了充足的水分、养分，生长迅速，秧苗健壮。

(4)增产增值　嫁接茄子抗逆性强，采收早，植株寿命长，采收期长。

二、嫁接砧木和接穗的选择

(一)砧木的选择

目前生产中使用的优良茄子砧木主要有四种：赤茄、Crp、托鲁巴姆和耐病VF。

赤茄　即平茄，嫁接苗发病率20%以上，不宜推广应用。

Crp　为野生茄科植物，茎和叶刺较多，所以也叫刺茄，抗枯萎病、黄萎病。优点：易出芽。缺点：刺多，嫁接不方便。

托鲁巴姆　抗枯萎病、黄萎病、青枯病、根结线虫等病害，种子少而贵。优点：长势旺。缺点：出芽困难，必须催芽或药剂处理。

耐病VF　是日本培育出的杂种一代，主要抗黄萎病和枯萎病，抗病性很强。根系发达，分布较深，植株生长势强，茎粗壮，叶片大，节间较赤茄长，容易嫁接。与各类茄子品种嫁接的亲和性都很强，易成活。种子发芽容易，幼苗出土后，生长速度较快。

(二)接穗的选择

选择布利塔、西安绿茄、奔前绿茄和辽茄五号等生长势旺、品质优良的茄子品种。

三、嫁接方法

采用劈接法，先播种砧木，后播种接穗，砧木和接穗播种育苗时间差因砧木品种和生产季节而异。常用的嫁接方法有劈接和斜面接(贴接)两种。

四、嫁接苗的管理

(一)接口愈合期的管理

茄子嫁接苗成活率的高低与嫁接后的管理有密切关系。嫁接后 9～10 d 是接口愈合期，这一时期要创造有利于接口愈合的温度、湿度及光照条件，促进接口快速愈合。

(1)温度　茄子嫁接苗愈合的适宜温度，白天 24～26℃，夜间 20～22℃。高于或低于这个温度，都不利于接口愈合，影响成活。在早春温度低的季节嫁接，除架设小拱棚保温外，还要配置电热线提高地温。高温季节嫁接，要采取搭阴棚、覆盖遮阳网等方法进行降温。

(2)湿度　茄子嫁接苗愈合以前，需要较高的空气湿度，愈合期的空气湿度要保持在 90%～95%，嫁接后不通风，3～5 d 以后开始通风。应选择温度较高的清晨或傍晚通风，每天通风 1～2 次，以后逐渐揭开覆盖物，增加通风量和通风时间，为保持较高的空气湿度，每天中午喷雾水 1～2 次，直至完全成活。

(3)光照　嫁接后需遮光，避免阳光直射，引起接穗萎蔫。在小拱棚外面覆盖纸被或遮阳网，嫁接后前 3～4 d 先全部遮光，以后逐渐早晚放进阳光，中午高温强光可适当遮光，逐渐撤掉覆盖物，成活后转入正常管理。

(二)接口愈合后的管理

接口愈合时，经过一段高温、高湿、遮光管理，砧木侧芽生长迅速，嫁接苗成活后应及时去除砧木萌芽。

实施任务

1. 案例・茄子嫁接方案

时间：________　地点：____________________　小组：________

序号	内容	材料用具	操作要点
1	劈接法（图 2-13）	刺茄幼苗、茄子幼苗、刀片、剪子、75%的酒精、0.1%的高锰酸钾溶液、操作台、塑料夹、小喷壶、塑料小拱棚	①砧木长到 6～8 片真叶，接穗长到 5～7 片真叶，半木质化，茎粗 3～5 mm 时开始嫁接。在砧木高 3.3 cm 处平切，去掉上部，保留 2 片真叶，然后在砧木苗苗茎中间垂直切入 1 cm 深。留的砧木桩不能超过 3.3 cm，也不能过矮。过高嫁接后易倒伏；较矮处木质化，不易成活，定植时也容易埋上嫁接伤口，使接穗再生根扎入土中而染病。 ②将接穗拔下，在半木质化处，即茄子苗茎紫色与绿色明显相间处，去掉下端，保留 2～3 片真叶，削成楔形，楔形大小与砧木切口相当(1 cm 长)。 ③将接穗插入砧木的切口中，对齐后用特制的嫁接夹子固定好。
2	斜面接（贴接）（图 2-14）	略	①砧木和接穗长到劈接法要求的大小时，开始斜面接。砧木保留 2 片真叶，用刀片在第二片真叶上方的节间斜削，去掉顶端，形成角度为 30°的斜面，斜面径长 1～1.5 cm。 ②接穗保留 2～3 片真叶，去掉下端，用刀片削成一个与砧木同样大小的斜面。 ③将砧木和接穗的两个斜面贴合在一起，用嫁接夹子固定好。

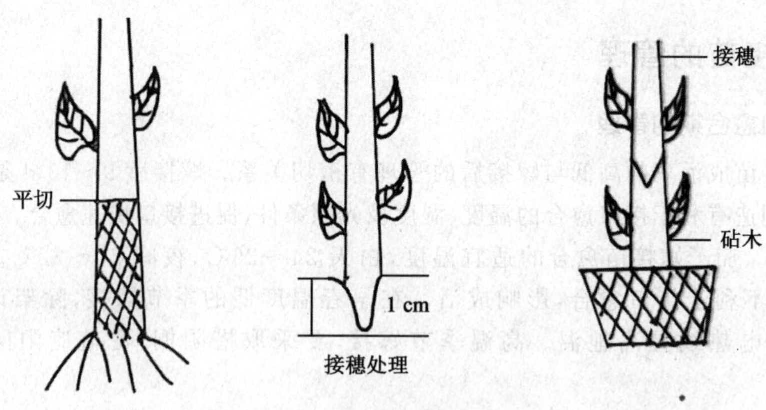

图 2-13　劈接接穗处理示意图

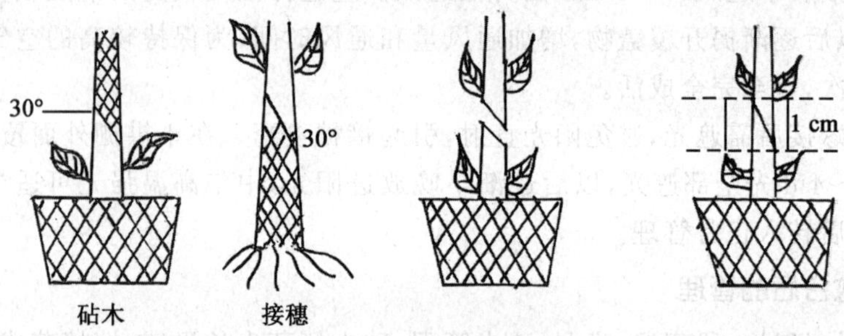

图 2-14　斜面接砧木和接穗处理及嫁接示意图

2. 方案设计与练习技能

结合实习基地茄果类蔬菜嫁接工作，参照上面案例，设计茄果类蔬菜嫁接方案，练习茄果类蔬菜嫁接技能。

☞ 归纳总结

通过本次教学活动，掌握以下知识和技能：

(1)砧木主要有赤茄、Crp、托鲁巴姆和耐病 VF 等；接穗为生产上主栽茄子品种。

(2)茄子嫁接方法有劈接法和斜面接法(贴接法)。

(3)茄子嫁接后培养关键因子为适合的温度、高湿和遮阳等。

(4)掌握茄子嫁接和嫁接后培养技能。

自我检测

1. 选择题

(1)茄子劈接法砧木比接穗早播(　　)。

A. 同期播种　　B. 2～3 d　　C. 15～20 d　　D. 4～5 d

(2)茄子砧木长到(　　)片真叶，接穗长到(　　)片真叶，半木质化，茎粗 3～5 mm 时，为嫁接最佳时期。

A. 1～2　　B. 2～3　　C. 5～7　　D. 6～8

(3)在茄子砧木高 3.3 cm 处平切，去掉上部，保留 2 片真叶，然后在砧木苗茎中间垂直切入(　　)深。

A. 0.5 cm　　B. 1 cm　　C. 1.5 cm　　D. 2 cm

(4) 嫁接时，在茄子苗茎紫色与绿色明显相间处，去掉下端，保留(　　)片真叶，削成楔形。

A. 1～2　　B. 2～3　　C. 5～7　　D. 6～8

2. 简答题

(1)简述茄子劈接法操作要点。

(2)总结茄子嫁接后培养要点。

课外拓展

番茄嫁接栽培

番茄栽培中病毒病、青枯病、根结线虫病及灰霉病常大面积发生，造成番茄减产或绝收。特别是土传病害，已成为制约番茄生产获得丰产的一个重要因素，嫁接栽培是解决问题的有效手段。

一、砧木和接穗的选择

(1)砧木选择　选择根系发达，不定根少，茎基部木质化程度高，耐肥，较抗土传病害的品种为砧木。可选择以下品种：兴津 101、超甜 100、早魁、LS-89 和耐病新交 1 号等。

(2)接穗选择　选择适合当地消费习惯，又适合季节栽培的品种作接穗。

二、播种期的确定

番茄适用的嫁接方法较多，有插接、靠接、劈接、斜切接等。采用靠接法，砧木和接穗需同时播种；采用劈接或斜切接，砧木需提早 3～7 d 播种。采用插接，砧木需提早 7～10 d 播种。

三、嫁接方法

(一)插接

当砧木长出 4～5 片真叶时为嫁接适期。用刀片在砧木第一真叶或第二真叶上方横切，去掉上半部，将叶腋中的腋芽除去，在该处用与接穗粗细相同的扁圆形竹签按 45°～60°角向下斜插，以竹签先端不插破表皮为宜，之后选用适当的接穗，削成楔形，立即将砧木上的竹签拔出，将接穗插入孔内，使砧木与接穗紧密接合，用嫁接夹固定。

(二)靠接　包括舌靠接和抱靠接两种。

(1)舌靠接　砧木和接穗苗具有 4 片真叶时为嫁接适期。嫁接的部位是在第一片真叶和第二片真叶之间。嫁接的切口，砧木是从上向下斜切，呈舌形楔向上；接穗是从下向上斜切，切口的深度可略超过茎粗的 1/2。将接穗切口插入砧木切口内，使两个舌形楔嵌合在一起，用嫁接夹固定。

(2)抱靠接　砧木苗长出 5～6 片真叶，接穗苗长出 4 片真叶，幼苗的直径相当于砧木苗的 1/2 时，为嫁接适宜时期。先将砧木苗在第四片真叶上方横切，除去腋芽，在茎中部向下切一深 1 cm 左右的缝，再将接穗苗在第三片真叶与第四片真叶之间的茎上用刀片削去两侧的表皮，形成平滑的月牙形切口，切口长约 1 cm，将切口面嵌入砧木的切缝内，呈抱合状，然后用嫁接夹固定。

(三)劈接

当砧木长到5～6片真叶时进行嫁接。一般是在第二片真叶以上的位置嫁接,先将砧木苗于第二片真叶上方用刀片切断,去掉顶端,用刀片于茎中央劈开,向下切深1～1.5 cm的切口,再将接穗苗拔下,保留2～3片叶,用刀片削成楔形,楔形的斜面长与砧木切口深相同,随即将接穗插入砧木的切口中,用嫁接夹固定。

(四)斜切接

当砧木长出4～6片真叶,将砧木苗保留2片真叶,用刀片在第二片真叶上方斜削,去掉顶端,形成斜角为30°左右的斜面,整个斜面长1～1.5 cm。再将接穗苗拔下,保留2～3片真叶,用刀片削成1个与砧木相反的斜面,大小与砧木的斜面一致。将砧木的斜面与接穗的斜面贴合在一起,用嫁接夹固定。

四、嫁接苗的管理

嫁接后的7～10 d内,适宜温度白天为25℃,夜间为20℃,最高不要超过28℃,最低不要低于18℃。嫁接后5～7 d内空气湿度要保持在95%以上。4～5 d内不通风,5 d以后选择温暖且空气湿度较高的傍晚或早晨通风,每天通风1～2次,7～8 d后逐渐揭开薄膜,增加通风量与通风时间。嫁接后的前3 d完全遮光,以后半遮光,两侧见光,逐渐撤掉覆盖物,成活后转入正常管理。

辣椒嫁接栽培

辣椒适合于各种设施栽培,连作障碍日趋严重,青枯病、疫病、根结线虫病等土传性病害大量发生,尤其是疫病多发生在坐果期,导致大量减产。野生辣椒对多种辣椒病害有复合抗性,利用这一特性,通过嫁接换根,达到防病目的。

一、砧木及接穗的选择

常用砧木品种为辣椒野生品种,如PFR-K64、PFR-S64、LS279为3个优良的品种,它们的根系发达,生长势强,嫁接亲和力高,对果实品质无不良影响,特别是抗疫病能力强。常用接穗品种有冀椒1号、中椒4号、中椒2号、同丰37等。

二、嫁接适期

当砧木长到具有5片真叶、茎粗达0.5 cm左右,接穗长到5～6片真叶时,为嫁接的适宜时期。过早植株茎细,不便于操作;过晚植株木质化程度高,影响嫁接成活率。嫁接前,将真叶处的腋芽打掉。

三、嫁接方法

(1)插接法　砧木有4～5片真叶时为嫁接适期。嫁接时,在砧木的第一或第二片真叶上方横切,除去其腋芽,在该处用与接穗粗细相当的竹签按45°～60°角向下斜插,以竹签先端不插破表皮为宜,选用适当的接穗,削成楔形,插入孔内。

(2)靠接法　在砧木的第二或第三片真叶下,由上向下呈30°角斜切长1.5 cm的切口,再在接穗第三片真叶下,由下向上呈30°角斜切长1.5 cm的切口,然后将接穗与砧木在开口处互相插在一起,用嫁接夹固定。

四、嫁接后的管理

嫁接苗愈合的适宜温度，白天为25～28℃，夜间为20～22℃。嫁接苗在接口愈合前，使空气湿度保持在90%以上，可于嫁接后扣小拱棚，棚内充分浇水，盖塑料薄膜。接口愈合后，在清晨或傍晚空气湿度较高时开始少量通风换气，以后逐渐增加通风时间与通风量，但仍应保持较高的湿度，每天中午喷雾1～2次，直至完全成活。嫁接后的前3～4 d要全遮光，以后半遮光，逐渐在早晚以散射光照射。随着愈合过程的推进，要不断增加光照时间，10 d以后恢复到正常管理。

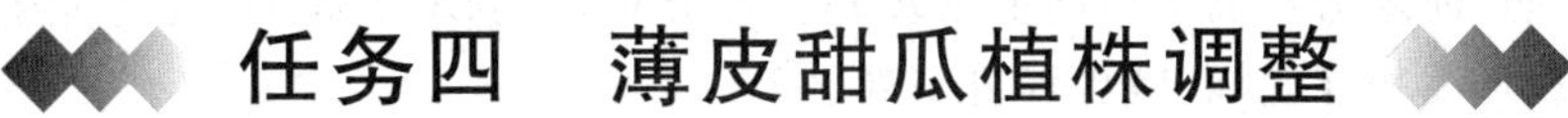

任务四 薄皮甜瓜植株调整

任务描述

薄皮甜瓜，又名香瓜，与哈密瓜同源，分支旺盛。生产过程中，应如何通过植株调整使营养生长与生殖生长平衡？

一、茎叶生长特点

叶片是光合作用器官，叶片的数量和质量是保障甜瓜产量和品质的基础。

叶面积指数：是指单位面积上植物叶面积数量。此值越大，表示植物叶片交错程度越大。试验结果表明，爬地生长甜瓜，叶面积指数1.6～1.8为佳，吊蔓生长的甜瓜叶面积指数可达2.5。

甜瓜分枝性极强，依次称为：主蔓、子蔓、孙蔓及重孙蔓等。通常采用子蔓、孙蔓结瓜，生产上通过掐尖、打杈、引蔓，以调节营养生长与生殖生长平衡，控制茎叶生长，促进开花、坐果和果实膨大。

二、塑料大棚爬地生长的薄皮甜瓜植株调整方法

(1)幼苗具有4片真叶时摘心，促进侧枝(子蔓)萌发，保留3～4条子蔓，向不同方向发展生长。注意摘除子叶叶腋间萌发的侧枝(水杈)，因为水杈大多长势旺盛，致使坐瓜晚。

(2)子蔓保留3～4片真叶(不包括主蔓上的真叶)后摘心，具体摘心节位看子蔓上的雌花情况。

(3)每条子蔓上可保留3条孙蔓，其余孙蔓及早摘除。子蔓、孙蔓均可留瓜，子蔓坐瓜的孙蔓留2片真叶摘心，孙蔓结瓜前端保留2片真叶摘心。

(4)重孙蔓保留1片真叶摘心。

(5)每株保证叶片(子蔓及以上的)数量18～24片，留3～4个瓜，幼瓜坐瓜后及早摘除多余的小瓜、畸形瓜。

三、日光温室吊蔓生长的薄皮甜瓜植株调整方法

(一)双蔓整枝

幼苗3～4片真叶时摘心，促进子蔓萌发。选择2～4节生长势相当的2条健壮子蔓培养，

其余子蔓及子叶基部萌蘖(水杈)尽早摘除。子蔓 6～12 节位上留 3～4 条孙蔓坐瓜,并于瓜前端留 2 片叶摘心,不留瓜的孙蔓及早摘除。

株高 1.3～1.6 m,2 条子蔓各自保留 16～20 节摘心,加上保留的孙蔓上叶片数量,实测叶面积指数可达 2.5。

(二)吊蔓、引蔓

将尼龙绳上端系在横向架设的细钢丝上(细钢丝架设间距约 85 cm),保留下来的 2 条子蔓生长到 30 cm 左右及时吊蔓。可用专用塑料夹卡住瓜蔓,结合瓜蔓长度,固定悬挂在尼龙绳的适宜位置。结合打杈,每隔 4～6 d,瓜蔓再次伸长 30～40 cm 时,按照同一方向缠绕瓜蔓,调整植株生长状态,使之沿着尼龙绳向上生长并合理分布,以利增加光照、促进光合作用。同时摘除卷须,防止瓜蔓相互缠绕,减少养分消耗。

实施任务

1. 案例·制定薄皮甜瓜植株调整方案

时间:________ 地点:____________________ 小组:________

序号	内容	材料用具	操作要点
1	爬地生长的薄皮甜瓜植株调整	薄皮甜瓜苗期到伸蔓期植株	(1)幼苗 4 片真叶时掐尖(去掉生长点)。促进侧枝(子蔓)萌发,保留 3～4 条子蔓,向不同方向发展生长。 (2)子蔓保留 3～4 片真叶(不包括主蔓上的真叶)后摘心。 (3)每条子蔓上可保留 3 条孙蔓,其余孙蔓及早摘除。子蔓、孙蔓均可留瓜,子蔓坐瓜的孙蔓留 2 片真叶摘心,孙蔓结瓜前端保留 2 片真叶摘心。 (4)重孙蔓保留 1 片真叶摘心。 (5)每株保证叶片(子蔓及以上的)数量 18～24 片,留 3～4 个瓜,幼瓜坐瓜后及早摘除多余的小瓜、畸形瓜。
2	日光温室吊蔓薄皮甜瓜植株调整	薄皮甜瓜苗期到伸蔓期植株、吊绳、塑料夹子	(1)幼苗 3～4 片真叶时摘心,促进子蔓萌发。 (2)选择 2～4 节生长势相当的 2 条健壮子蔓培养,其余子蔓及子叶基部萌蘖尽早摘除。 (3)吊蔓。将尼龙绳上端系在横向架设的细钢丝上(细钢丝架设间距约 85 cm),保留下来的 2 条子蔓生长到 30 cm 左右及时吊蔓。 (4)引蔓。用专用塑料夹卡住瓜蔓,结合瓜蔓长度,固定悬挂在尼龙绳的适宜位置。结合打杈,每隔 4～6 d,瓜蔓再次伸长 30～40 cm 时,按照同一方向缠绕瓜蔓,调整植株生长状态,使之沿着尼龙绳向上生长并合理分布,以利增加光照、促进光合作用。同时摘除卷须,防止瓜蔓相互缠绕,减少养分消耗。 (5)子蔓 6～12 节位上留 3～4 条孙蔓坐瓜,并于瓜前端留 2 片叶摘心,不留瓜的孙蔓及早摘除。 (6)株高 1.3～1.6 m,2 条子蔓各自保留 16～20 节摘心,加上保留的孙蔓上叶片数量,实测叶面积指数可达 2.5。

2. 方案设计与练习技能

结合实习基地薄皮甜瓜生产实际，参照上面案例，设计薄皮甜瓜植株调整方案，练习簿皮甜瓜植株调整技能。

☞ 归纳总结

通过本次教学活动，掌握以下知识和技能：

(1)了解薄皮甜瓜植株茎叶生长特点。

(2)学习依据薄皮甜瓜生长发育特点，进行植株调整。

(3)练习并掌握薄皮甜瓜植株调整技能。

自我检测

1. 选择题

(1)下面属于厚皮甜瓜品种的是(　　)。

A. 伊丽莎白　　B. 灰鼠子　　C. 金妃　　D. 白糖罐

(2)甜瓜幼苗一般保留(　　)片真叶掐尖，促进子蔓萌发。

A. 2　　B. 3　　C. 4　　D. 5

(3)爬地生长薄皮甜瓜适宜的叶面积指数为(　　)。

A. 1　　B. 2　　C. 1.6～1.8　　D. 2.5

(4)吊蔓生长的薄皮甜瓜一般利用(　　)结瓜。

A. 主蔓　　B. 子蔓　　C. 孙蔓　　D. 重孙蔓

(5)日光温室吊蔓生长的薄皮甜瓜适宜的叶面积指数为(　　)。

A. 1.2　　B. 3　　C. 1.6～1.8　　D. 2.5

2. 简答题

(1)简述爬地生长薄皮甜瓜植株调整技术要点。

(2)简述日光温室薄皮甜瓜吊蔓生长植株调整依据和要点。

任务五　西瓜植株调整

◈ 任务描述

通常西瓜会爬地生长，但在日光温室内人们却惊奇地发现西瓜挂在“树上”，这是怎样办到的，有何好处？下面便来一起学习西瓜植株调整技术，掌握西瓜植株调整技能。

一、茎叶生长特点

西瓜茎蔓分枝性极强，依次称为：主蔓、子蔓、孙蔓等。一般主蔓结瓜为主，子蔓为副蔓，生产上通过掐尖、打杈、引蔓，以调节营养生长与生殖生长平衡，控制茎叶生长，促进开花、坐果和果实膨大。

二、露地礼品西瓜三蔓整枝

(1)三蔓整枝　保留主蔓、主蔓基部第 4～6 节发生的两条健壮侧枝，其余侧枝及时摘除，坐瓜后不再打杈，一般主蔓第二雌花留瓜，瓜前端留 6～8 片叶摘心。

(2)引蔓　同一幅地膜上定植的两行西瓜幼苗相对生长，3 条瓜蔓平行向对侧预留空地引导。

(3)压蔓　为了保证西瓜蔓向预留空地顺利延长，不受风害，可用细土、土块、小石块、树枝等，将瓜蔓固定在地面上，称为压蔓，分为明压法、暗压法两种。西瓜自根苗一般采用暗压法，分 3～4 次完成。第一次压蔓，在幼苗开始伸蔓时，用小铲挖取潮湿细土，轻轻压住幼苗基部，促使同一幅地膜上定植的两行幼苗瓜蔓相对生长；第二次压蔓是在瓜蔓伸长至 50 cm 时，在瓜蔓节间选择相应位置取土压蔓，或用小铲挖一段长度 10 cm 的浅沟，将瓜蔓轻轻弯曲压入浅沟内，压蔓结实。以后每隔 30～40 cm 再依同法进行压蔓，注意不要压在结瓜节位上。

三、塑料大棚爬地生长西瓜三蔓整枝

保留主蔓及主蔓基部第 2～4 节 2 条健壮子蔓，其余侧枝、卷须、砧木和西瓜的 4 片子叶及早摘除。4 行西瓜两两对向引导主蔓爬向坐瓜畦，其余 2 条子蔓与主蔓相反方向引导，每隔 40～60 cm 用"U"形细铁丝卡蔓，防止瓜秧遇到刮风后乱爬。主蔓第 16～19 节授粉留瓜，瓜前端保留 7～8 片真叶摘心，一般情况下主蔓整理 4 次，长到对向定植行即行掐尖。引向最中间空地子蔓的数量倍增，对向交错约 30 cm 后掐尖，边空子蔓接近大棚边缘也要掐尖。如图 2-15。

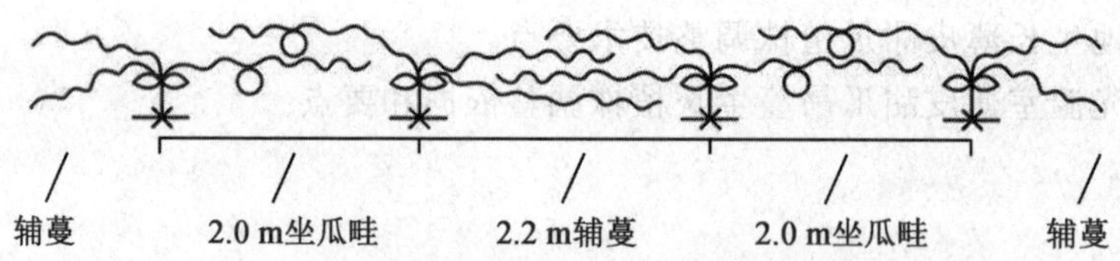

图 2-15　塑料大棚西瓜定植和整枝方式示意图

四、日光温室礼品西瓜吊蔓植株调整

(1)双蔓整枝　保留主蔓及主蔓基部第 4～6 节的 1 条健壮子蔓，其余侧枝及时摘除，保持 2 条瓜蔓齐头并进生长，主蔓结瓜为主，瓜前端保留 6～8 片真叶摘心，子蔓为副蔓，瓜蔓高度与主蔓持平时摘心。2 条瓜蔓上共保留 44～48 片功能叶，以保证制造充足的营养。及时摘除植株基部的病残叶片和后期基部萌蘖，以利通风透光，减少养分消耗。

(2)吊蔓　将尼龙绳上端系在横向架设的细钢丝上，用专用塑料夹卡住瓜蔓，结合瓜蔓长度，临时固定悬挂在尼龙绳的适宜位置。

(3)引蔓　结合打杈，每隔 4～6 d，瓜蔓再次伸长 40～60 cm 时，及时向上移动塑料夹，并卡住瓜蔓适宜茎节，使瓜蔓沿着尼龙绳向上生长，调整植株生长状态，以利光合作用。

实施任务

1. 案例·制定西瓜植株调整方案

时间：________　地点：____________________　小组：________

序号	内容	材料用具	操作要点
1	露地礼品西瓜三蔓整枝	礼品西瓜苗期到伸蔓期植株、小铲	(1)留蔓　保留主蔓、主蔓基部第 4～6 节发生的两条健壮侧枝，其余侧枝及时摘除。 (2)引蔓　同一幅地膜上定植的两行西瓜幼苗相对生长，3 条瓜蔓平行向对侧预留空地引导。 (3)压蔓　保证西瓜蔓向预留空地顺利延长，不受风害，可用细土、土块、小石块、树枝等，将瓜蔓固定在地面上，称为压蔓，分为明压法、暗压法两种。西瓜自根苗一般采用暗压法，分 3～4 次完成。第一次压蔓，在幼苗开始伸蔓时，用小铲挖取潮湿细土，轻轻压住幼苗基部，促使同一幅地膜上定植的两行幼苗瓜蔓相对生长；第二次压蔓是在瓜蔓伸长至 50 cm 时，在瓜蔓节间选择相应位置取土压蔓，或用小铲挖一段长度 10 cm 的浅沟，将瓜蔓轻轻弯曲压入浅沟内，压蔓结实。以后每隔 30～40 cm 再依同法进行压蔓，注意不要压在结瓜节位上。 (4)掐尖　坐瓜后不再打杈，一般主蔓第二雌花留瓜，瓜前端留 6～8 片叶摘心。
2	日光温室吊蔓礼品西瓜植株调整	礼品西瓜苗期到伸蔓期植株、吊绳、塑料夹子	(1)保留主蔓及主蔓基部第 4～6 节的 1 条健壮子蔓，其余侧枝及时摘除。 (2)吊蔓　将尼龙绳上端系在横向架设的细钢丝上，用专用塑料夹卡住瓜蔓，结合瓜蔓长度，临时固定悬挂在尼龙绳的适宜位置。 (3)引蔓　结合打杈，每隔 4～6 d，瓜蔓再次伸长 40～60 cm 时，及时向上移动塑料夹，并卡住瓜蔓适宜茎节，使瓜蔓沿着尼龙绳向上生长，调整植株生长状态，以利光合作用。 (4)掐尖　主蔓结瓜为主，瓜前端保留 6～8 片真叶摘心，子蔓为副蔓，瓜蔓高度与主蔓持平时摘心。2 条瓜蔓上共保留 44～48 片功能叶，以保证制造充足的营养。 (5)摘除病残　及时摘除植株基部的病残叶片和后期基部萌蘖，以利通风透光，减少养分消耗。

2. 方案设计与练习技能

结合实习基地西瓜生产实际，参照上面案例，设计西瓜植株调整方案，练习西瓜植株调整技能。

☞ **归纳总结**

通过本次教学活动,掌握以下知识和技能:

(1)了解西瓜植株茎叶的生长特点。

(2)学习西瓜植株调整的不同方法。

(3)练习并掌握西瓜植株的调整技能。

自我检测

1. 选择题

(1)下面属于礼品西瓜的品种是(　　)。

A. 精品甜王　　B. 新红宝　　C. 小兰　　D. 地雷

(2)露地西瓜一般需要采用(　　)方式,增加叶面积指数。

A. 三蔓整枝　　B. 双蔓整枝　　C. 单蔓整枝　　D. 吊蔓生长

(3)礼品西瓜日光温室适合吊蔓生长,一般单果质量为(　　)为宜。

A. 1 kg　　B. 1.5～2.5 kg　　C. 5 kg　　D. 7.5 kg

(4)露地嫁接西瓜适合(　　)方式固定引导瓜蔓。

A. 明压　　B. 暗压　　C. 三蔓　　D. 双蔓

(5)西瓜以(　　)授粉留果为主。

A. 主蔓第一雌花　　B. 主蔓第二雌花　　C. 副蔓雌花　　D. 孙蔓雌花

2. 简答题

(1)为什么选择西瓜主蔓第二雌花授粉留瓜?

(2)日光温室礼品西瓜为何选择吊蔓整枝方式?

任务六　设施番茄植株调整

✧ 任务描述

番茄为设施生产的重要果菜类蔬菜之一,半蔓性,分支能力强,容易徒长。生产上需要通过植株调整,达成营养生长与生殖生长平衡,促进开花结果。如何合理运用番茄植株调整技术促使番茄早熟、丰产、优质呢?

一、番茄植株形态观察与器官(茎叶)识别

番茄茎秆半蔓性,生长到 30 cm 左右后不能直立生长,需要支架调整其生长状态,增加光照。此外每片叶腋间都能分化侧枝(权),侧枝与主干之间相互竞争营养,影响坐果和果实膨

大。生产上需要摘除侧枝(或部分摘除),调节营养生长与生殖生长平衡,促进番茄开花、坐果和果实膨大。

番茄为羽状复叶,初学者容易将叶片与杈混淆,常常发生摘除功能叶片的情况,严重的会造成植株"光杆",或因摘除主干生长点导致植株"滞育"。

二、植株调整方式

(一)单干整枝

除主干以外,所有侧枝生长到 10 cm 长度全部摘除,留 2~4 穗果,在最后一个花序前留 2 片叶摘心。适合 L402、真优美、东圣 1 号、东圣粉王、粉太郎、铁甲等生长势一般的品种,进行早熟栽培。

(二)多穗果单干整枝

方法同(一),区别是每株留 6~8 穗果。适合奥妮、百利、美国大红等生长势极强的品种,进行高架栽培。

(三)双干整枝

保留主干及主干第 1 果穗下邻近的 1 条侧枝,其余侧枝全部摘除。主干和侧枝上分别留 3~5 穗果,最后一个花序前留 2 片叶摘心。适合碧娇、凤珠(409)、春桃、圣女、千禧等小果型番茄品种,进行早熟丰产栽培。

三、茎蔓调整

(一)绑蔓、引蔓

当植株直立生长时期高达 30 cm 左右时要及时绑蔓。绑蔓的尼龙绳上端要留有活动余地并打结悬挂于温室半空布设的铁线上,下端亦留有余地系扣。要求尼龙绳既能方便解开又能牢固地绑定植株,也可采用专用番茄塑料夹子固定尼龙绳,并卡住植株下端苗茎,顺着同一方向缠绕植株引导其向上生长,顺着铁线调整尼龙绳间距使植株合理占据室内空间。

(二)落蔓

越冬番茄生长期长,当番茄生长点接近铁线时要及时落蔓,降低高度,恢复长势。打开植株下端尼龙绳绑定的活扣,左手拎着植株,右手渐渐松解缠绕主干的尼龙绳,然后依据植株下落长度,持塑料夹子固定在尼龙绳适宜位置,同时卡住植株中间相应节位。调整植株下落长度和位置,使植株统一向南(或统一向北)倾斜,降低植株高度,植株上端仍缠绕于尼龙绳上继续引导向上生长。果实渐变转红后其下端老化叶片均可摘除,以利通风透光。植株长度可达 3 m 以上,单株结果 10 穗以上。

实施任务

1. 案例·制定番茄植株调整方案

时间：________ 地点：________________ 小组：________

序号	内容	材料用具	操作要点
1	大果型番茄单干整枝（高架栽培）	大果型番茄定植后不同阶段的植株、吊绳、胶皮手套、0.1%的高锰酸钾溶液	(1)吊蔓　当植株直立生长时期高达 30 cm 左右时要及时绑蔓。尼龙绳上端留有活动余地并打结悬挂于温室半空布设的铁线上，下端亦留有余地系扣。要求尼龙绳既能方便解开又能牢固地绑定植株，也可采用专用番茄塑料夹子固定尼龙绳，并卡住植株下端苗茎。 (2)打杈　保留主干以外，所有侧枝生长到 10 cm 长度全部摘除，晴天下午操作为宜。 (3)引蔓　顺着同一方向缠绕植株引导其向上生长，顺着铁线调整尼龙绳间距使植株合理占据室内空间。 (4)打底叶　绑蔓时，适当摘除基部病残叶片，第一果穗下面保留 3 片真叶即可。结果期，每层果实定个转色期，分期摘除植株下端病残叶片，以利通风透光。 (5)掐尖　每株留 6～8 穗果，在最后一个花序前留 2 片叶摘心。 (6)消毒　戴胶皮手套操作，操作 1 行结束或清出病毒病植株后，胶皮手套用 0.1%的高锰酸钾溶液浸泡 15 min 消毒。
2	樱桃番茄双干整枝	樱桃番茄定植后不同阶段的植株、吊绳、塑料夹子、胶皮手套、0.1%的高锰酸钾溶液	(1)打杈　保留主干及主干第 1 果穗下邻近的 1 条侧枝，其余侧枝全部摘除。 (2)吊蔓　每株准备 2 条尼龙绳，分别绑定，吊绳方法同上栏。 (3)引蔓　方法同上栏。 (4)掐尖　方法同上栏。 (5)打底叶　方法同上栏。 (6)消毒　方法同上栏。

2. 方案设计与练习技能

结合实习基地番茄生产实际，参照上面案例，设计番茄植株调整方案，练习番茄植株调整技能。

☞ 归纳总结

通过本次教学活动，掌握以下知识和技能：

(1)对番茄器官(茎、叶)能够正确识别。

(2)学习番茄植株调整的不同方式。

(3)练习并掌握番茄植株调整技能。

自我检测

1. 选择题

(1)下面属于樱桃番茄的品种是(　　)。

A. 圣女果　　B. 粉太郎　　C. 真优美　　D. 普罗旺斯

(2)番茄植株一般每隔(　　)真叶,分化一穗果实。

A. 2 片　　B. 4 片　　C. 3 片　　D. 2.5 片

(3)大果型番茄每穗一般留果(　　)为宜。

A. 5 个　　B. 3～4 个　　C. 2 个　　D. 10～15 个

(4)大果型番茄高架栽培一般每株留果(　　)穗。

A. 3～4　　B. 10　　C. 6～8　　D. 15

(5)番茄(　　)目的是降低植株高度,恢复植株长势。

A. 绑蔓　　B. 掐尖　　C. 落蔓　　D. 叶面施肥

2. 简答题

(1)简述番茄单干整枝操作要点。

(2)何种情况下番茄采用双干整枝方式?

任务七　茄子、辣椒植株调整

任务描述

茄子、辣椒茎秆木质化程度较高,能够直立生长,或辅助支架。茄子喜强光,辣椒喜半遮阳条件。如何保证茄子、辣椒田间通透性良好,提高产量和品质?这就要求我们学会合理运用茄子、辣椒的植株调整技术。

一、茄子、辣椒植株分枝结果习性

茄子分枝习性为假二杈分枝(假轴分枝):即主茎生长到一定节位后,顶芽变为花芽,花芽下的两个侧芽生成一对同样大小的分枝,为第 1 次分枝。分枝间隔 2～3 片叶后,顶端又形成花芽和一对分枝,循环往复无限生长。早熟品种主茎长 5 片叶时顶芽形成花芽,晚熟品种 9 片叶时形成花芽。茄子的分枝结果习性很有规律,分枝按 $N=2^x$(N 为分枝数,x 为分枝级数)的理论数值不断向上生长。每 1 次分枝结 1 次果实,按果实出现的先后顺序,习惯上称之为门茄、对茄、四母斗、八面风、满天星,实际上,一般只有 1～3 次分枝比较规律(图 2-16)。

辣椒主茎长到一定节数顶芽变成花芽,与顶芽相邻的 2～3 个侧芽萌发形成二杈或三杈分枝,分杈处都开花结果。主茎基部各节叶腋均可抽生侧枝,但开花结果较晚,应及时摘除,减少养分消耗。

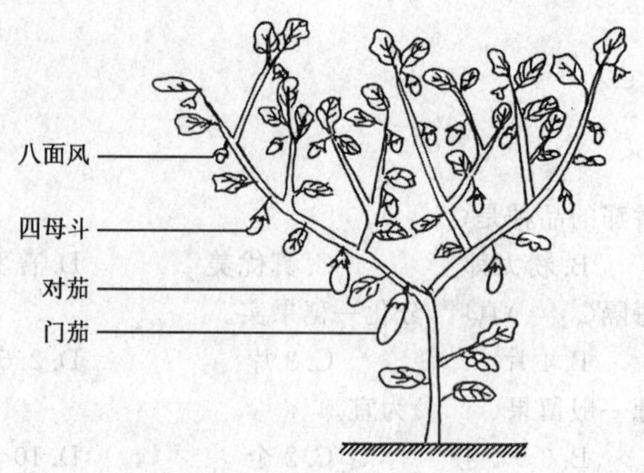

图 2-16 茄子分枝结果习性

二、茄子植株调整方式

(一)露地茄子一大茬再生植株调整

在门茄坐果前后,保留两个一级分枝(杈状),抹除主茎上其余腋芽,以减少养分消耗,有利于通风透光。随着果实的采收,可将植株下部的老叶、黄叶、病叶摘除,有利于改善通风透光条件,减轻病害的发生。

露地茄子再生约在 7 月下旬进行,此时露地茄子大量上市,市场价格一般很低。再生方法是在主干距地面 10～15 cm 处用镰刀割断,只留地面主干,待茎部发出新芽、形成新枝进行再生栽培。割后为了加速发出健壮新枝要及时追肥灌水,每亩追施尿素 10 kg。每株保留 1～2 个健壮的侧枝,及时摘除多余的枝杈。

(二)日光温室冬春茄子植株调整

冬春茬茄子生长期长,适宜采用双干整枝方式。

双干整枝法,只留两个一级侧枝,以下各节发出的侧枝尽早去掉。当对茄开花坐果后,结果的侧枝上端保留 2 片叶摘心,放开未结果枝,反复处理后面发生的侧枝,只留两个主干向上生长,可利用尼龙绳吊秧,将枝条固定。随着植株生长,适当摘除下部病残叶片,以利于通风透光。

三、辣椒植株调整方式

(一)露地辣椒植株调整

生长前期一般不进行整枝。在门椒开花前后,将门椒以下侧枝全部摘除,以免植株营养生长过旺而影响门椒、对椒正常开花结果。生长中后期要及时打去植株下部的老叶、黄叶和病叶,疏剪过于细弱的侧枝。

(二)设施辣椒植株调整

可以采用双干整枝和三干整枝方式,即保留二杈分枝或在门椒下再留一条健壮侧枝作为结果枝。门椒花蕾和基部叶片生出的叶芽及时摘除,以主枝结果为主,每株始终保持 2～3 条枝条向上生长。为防止倒伏,每条主枝用 1 根塑料绳固定,并及时缠绕上绳,引导植株直立生长。

实施任务

1. 案例·制定茄子、辣椒植株调整方案

时间：________　地点：____________________　小组：________

序号	内容	材料用具	操作要点
1	露地茄子、辣椒植株调整	茄子、辣椒开花期植株及胶皮手套	(1)打杈　在门茄坐果前后，保留两个一级分枝(杈状)，抹除主茎上其余腋芽，以减少养分消耗，有利于通风透光。初学者往往错误操作除掉一个一级侧枝，造成“对茄”减收一半，严重影响早期产量。 (2)打底叶　随着植株生长，将植株下部的老叶、黄叶、病叶摘除，有利于改善通风透光条件，减轻病害的发生。
2	设施茄子双干整枝	茄子开花期植株、胶皮手套、吊绳	(1)打杈　只留两个一级侧枝，以下各节发出的侧枝尽早去掉。 (2)换头　当对茄开花坐果后，结果的侧枝上端保留2片叶摘心，放开未结果枝，反复处理后面发生的侧枝，只留两个主干向上生长，可利用尼龙绳吊秧，将枝条固定。 (3)摘除病残叶片　随着植株生长，适当摘除下部病残叶片，以利于通风透光。

2. 方案设计与练习技能

结合实习基地茄子、辣椒生产实际，参照上面案例，设计茄子、辣椒植株调整方案，练习茄子、辣椒植株调整技能。

☞ 归纳总结

通过本次教学活动，掌握以下知识和技能：

(1)了解茄子、辣椒植株分枝结果习性。

(2)学习茄子、辣椒植株调整的不同方式。

(3)练习并掌握茄子、辣椒植株调整技能。

自我检测

1. 选择题

(1)下面属于总状花序的蔬菜是(　　)。

A. 番茄　　B. 茄子　　C. 辣椒　　D. 苦瓜

(2)下面自身不能直立生长的蔬菜是(　　)。

A. 秋葵　　B. 辣椒　　C. 茄子　　D. 番茄

(3)7月下旬，露地茄子价格下降，为了缓解管理压力，可进行(　　)，以提高秋茄子品质。

A. 双蔓整枝　　B. 再生栽培　　C. 灌水　　D. 施肥

(4)(　　)喜半遮阳条件，露地一般双株定植。

A. 茄子　　B. 辣椒　　C. 番茄　　D. 西瓜

(5)辣椒与(　　)进行合理间作，会减轻病虫害发生，同时辣椒嫩绿，品质好。

A. 大葱　　B. 茄子　　C. 大白菜　　D. 玉米

2. 简答题

(1)简述茄子分枝结果习性。

(2)简述设施内茄子的双干整枝操作要点。

任务八 设施环境调控

❖ 任务描述

设施蔬菜生产与露地蔬菜生产比较最大特点即是环境条件可调控，这种调控还受气候条件的制约，具有一定的局限性。本任务将学习依据蔬菜生长发育需要，结合生产实际情况做到科学调控，保障设施蔬菜安全高效生产。

一、设施光照调控

光照是设施环境中的重要因子。光照条件好坏直接影响光合作用的强弱。光照是设施的主要热源，光照条件好，设施内温度才能提高。

(一)增加光照措施

(1)合理布局 设施规模建筑时，要考虑合理搭配，间距适宜，有利于采光，防止遮阳。东西延长温室、大棚前后间距可以参考下面公式计算。

$$L = h \times \mathrm{ctg} H_0$$

L——为东西延长温室、大棚前面设施最高点到地面投影处与后面设施间距。

h——前面设施最高点高度。

H_0——冬至时当地中午的太阳高度角。

高纬度地区 L 是 h 的 2～2.5 倍。

(2)日光温室的优化结构设计，参照本单元项目三 蔬菜生产创新技能之任务五。

(3)选择适宜的建筑材料 设施使用材料可归纳三类：墙体、骨架材料、覆盖材料。材料选择的原则是：坚固耐用、采光保温有利、成本低和取材方便等。例如：选用钢架结构设施，比竹木结构设施承重强度高、遮阴面积小；选用多功能复合膜，比普通棚膜耐老化，透光率更高。

(4)加强管理 保持薄膜清洁，每年更换新膜；日光温室后墙涂白或张挂反光幕，覆盖地膜，利用反射光改善温室后部植株的光照条件；在保证室内温度的情况下，揭盖草苫尽量延长光照时间，遇阴天、下雪天，也要揭开草苫子，见散射光；采用扩大行距，缩小株距的定植方式，改善行间的透光率；及时吊绳、整枝，改善植株的受光状态。

(二)遮光

果菜类蔬菜嫁接育苗时，或者蔬菜软化栽培时，需要遮光，炎热夏季果菜类蔬菜也可以进行遮光栽培。遮光可以采用覆盖遮阳网、棚膜抹泥浆等方法。

二、设施温度调控

(一)调节原理

温室内热收支平衡原理:温室内蓄热等于进入温室内的热量减去散失的热量。当进入的热量大于散失的热量时,室内蓄积热量而升温。当进入的热量小于散失的热量时,室内失热而降温。当进入的热量等于散失的热量时,室内热量收支达到平衡,此时温度不发生变化。影响室内热收支的因素:进入室内的太阳总辐射和人工加温,散失的热量(辐射放热、换气放热和墙壁传导放热),温室内积蓄的热量,潜热交换以及蔬菜光合作用、呼吸作用的能量转换等。

(二)温度环境的调节

(1)保温措施　保温主要是减少设施内的热量支出,使进入室内的热量得以保存下来。根据热量收支平衡原理,保温措施有以下几个方面:注重工程质量,尽量避免缝隙散热。例如,山墙后墙裂缝,棚膜漏洞就会对流失热。选择导热率小的建材及覆盖材料,以减少传导散热。例如,墙体可以选用毛石墙、土墙或者空心砖墙等,前底脚外设置防寒沟,选用草苫纸被等作防寒覆盖材料。多层覆盖,以减少辐射放热和对流放热。例如,温室内挂保温幕,扣小拱棚,小拱棚加盖草苫和纸被等。

(2)增温措施　正确选择建造场地并注意选材,以增加太阳总辐射能的透过率,增加能量的来源,合理设计日光温室的规格和角度。避免土壤过湿,可以减少土壤水分蒸发和作物蒸腾的热能消耗,也有利于白天的蓄热和夜间增温。采用异质复合材料建筑后墙及后坡,白天大量蓄热,夜间放热增温。

(3)加温措施　可以采用临时炉火加温、土壤电热线加温、锅炉式加温等方式。提高设施内空气和土壤温度,多用于蔬菜育苗。

(4)降温措施　与保温措施相反。可采用各种遮光措施,减少进入室内的太阳总辐射热,地面灌水和喷水(喷水时应与通风相结合,避免室内湿度过大)和自然通风换气等方法降温。

(三)变温管理

根据果菜类蔬菜的生物学特性,为了提高蔬菜的光合作用,促进光合产物的运转,抑制夜晚呼吸消耗。将一天昼夜分成上午、下午、前半夜、后半夜4个时间段,进行变温管理。以达到增产、节能、增效的目的。

三、设施湿度调控

(一)除湿

(1)控制灌水量或采取暗灌的方式　设施果菜类蔬菜定植后,适当控制灌水量,能够降低空气湿度,预防蔬菜病害,防止蔬菜徒长,促进蔬菜开花坐果。设施内采取滴灌或暗灌方式,能够保证蔬菜水分要求的同时,降低空气湿度,节约灌水量。

(2)选用无滴膜　设施内选用无滴膜,提高透光率,增加温度,同时有效降低设施内空气湿度。

(3)灌水后及时中耕或地膜覆盖　中耕保墒,提高土温。地膜覆盖的效应前面已经阐述。

(4)合理使用农药　设施内喷药或叶面肥时宜选择晴天上午进行,也可以选择烟剂预防蔬菜病虫害。使用烟剂优点是:不增加空气湿度,烟雾分布均匀,防治效果好。

(5)加强通风　设施内合理通风,降低空气湿度,又能补充二氧化碳气体肥料。寒冷季节在保证室内温度的前提下,采用棚膜扒缝,或排风扇排风等方式每天逐渐加大放风量。在室外气温稳定在10℃以上时,昼夜放风,以保证室内环境条件,更加适宜蔬菜生长发育。

(二)加湿

环境湿度过低时,蔬菜会出现气孔关闭、叶片萎蔫等生理变化。影响蔬菜光合作用,造成减产。一般在蔬菜分苗后、定植后、缓苗和嫁接后愈伤时,需要较高的空气湿度,以利于缓苗。生产中可以通过加盖小拱棚保湿、加盖草苫遮阴、向小拱棚内喷雾及地面撒水等方法,增加空气相对湿度。设施内增加土壤湿度主要办法是灌水。

四、设施气体调控

二氧化碳是绿色植物光合作用的主要原料,大气中二氧化碳浓度为0.03%,而一般蔬菜二氧化碳的饱和点是0.1%~0.16%。所以设施内增施二氧化碳气体肥料,不但可以增产,还有促进早熟和改进品质的效果。二氧化碳的主要获取方式:放置干冰法、化学反应法、燃烧法和有机肥发酵法等。要根据各地实际情况,选用资源丰富、取材方便、成本低廉、设备简单和便于调控的碳源。此外,设施合理通风也能及时补充二氧化碳供应。

设施蔬菜生产中,有机肥要充分腐熟后施用,避免使用易挥发氮肥,利用锅炉加温时应选用含硫低的燃料,防止有毒气体的积累。

实施任务

1.案例·制定冬季番茄日光温室揭盖草苫子及通风流程

晴天:

(1)早晨阳光照到草苫子上面,一般8时后揭开草苫子;

(2)温度上升到30℃,开始通风排湿;

(3)保持温度在25~30℃,下午1时缩小通风口;

(4)下午3时前关闭通风口保温;

(5)下午4时左右盖草苫子防寒。

注意事项:

(1)揭盖草苫子过程中,不许同时做其他事情,保证机器安全运转;

(2)阴雪天白天要揭开草苫子;

(3)阴雪天夜间盖草苫子,上面加盖塑料防雨雪。

2.技能训练

结合蔬菜生产基地管理实际,依据薄皮甜瓜生长发育要求,制定辽北地区塑料大棚春薄皮甜瓜定植后温度管理方案。

☞ 归纳总结

通过本次教学活动,掌握以下知识和技能:

(1)学会设施内环境调控方法 。

(2)练习并掌握设施内环境调控技能。

自我检测

1.选择题

(1)不能增加设施光照的措施是(　　)。

A.后墙张挂反光幕　B.选用PO涂布膜覆盖　C.优化棚室结构　D.覆盖遮阳网

(2)日光温室夜间温度最高位置是(　　)。

A.前底脚　B.山墙　C.后墙底脚　D.棚面

(3)(　　)会增加设施内湿度。

A.通风　B.覆盖无滴膜　C.喷洒叶面肥　D.地膜覆盖

(4)设施果菜二氧化碳浓度饱和点为(　　)。

A.0.03%　B.0.1%～0.16%　C.50%　D.60%～70%

(5)冬春日光温室内(　　)二氧化碳浓度最高。

A.晴天下午　B.夜间　C.晴天上午　D.晴天中午

2.综合题

依据设施内小气候变化的特点及蔬菜对环境条件的要求,拟定日光温室秋番茄定植后田间管理方案。

任务九　设施滴灌系统的设计与铺设

任务描述

从节约水资源和降低成本的目的考虑,设施生产多采用滴灌技术。特别是日光温室膜下滴灌水肥一体化系统,因造价低廉、使用方便、节水节能、安装简单等许多优点,而广泛应用。那么怎样设计和安装设施滴灌系统呢?

一、膜下滴灌优点

膜下滴灌是设施蔬菜水肥一体化的主要形式。膜下滴灌技术是覆膜种植与滴灌相结合的一种灌溉技术,该项技术结合了以色列滴灌技术和国内覆膜技术优点,是一种新型节水技术。这种技术是通过可控管道系统供水,首先将水加压,经过过滤设施,再将水和水溶性肥料充分融合,形成的水肥液体进入输水干管→支管→毛管(设置在地膜下方的灌溉带),再由毛管上的滴水装置缓慢地均匀、定时、定量浸润作物根系发育区,供根系吸收。其优点如下:

一是节约水资源,据试验,膜下滴灌的平均用水量是传统灌溉方式的12%,是喷灌的50%,是一般滴灌的70%;二是提高肥料的利用率,因为肥水直接滴入作物根系土壤中,减少了肥料流失机会;三是滴灌工程造价低廉,一般每亩造价仅为300元左右,设备使用期可达2～5年。此外,还能创造较高的生态效益、经济效益,可以降低劳动强度,达到增产增收效果等。

二、设施滴灌系统

主要包括加压水源(1个)、阀门、文丘里施肥器(1个)、过滤器(1个)、支管(ϕ32 mm黑色PE盘管)、旁通阀(若干)、滴灌管(带)等,依据设施面积、起垄方向进行布局和耗材设计,安装简单。

三、生产应用

建议设施内设置蓄水池,低温期灌水前对池内蓄水进行加温,防止因灌水导致地温降低而影响番茄根系发育。依据作物生长发育需要进行适量灌水,灌水量靠灌水时间控制。为了保证均匀冲施肥料,应该先滴灌清水,随后冲施肥料,之后再滴灌清水。定植后防治作物土传病虫害时,还可以通过施肥器,随水冲施农药(阿维菌素、生根壮苗剂等),杀菌杀虫,省时省力。

实施任务

1. 案例·设施滴灌系统的设计与铺设方案

时间:________ 地点:________________ 小组:________

序号	内容	材料用具	操作要点
1	设施滴灌系统的设计与铺设	加压水源(1个)、阀门、文丘里施肥器(1个)、过滤器(1个)、支管(ϕ32 mm黑色PE盘管)、旁通阀(若干)、滴灌管(带)、打孔器、剪子等	(1)整地做畦　整地施基肥后,做高畦,畦顶水平或小行间略洼,整齐划一。 (2)滴灌管(带)铺设　按照畦埂长度,滴水孔朝上,铺设滴灌管(带),统一一端预留连接支管,另外一端折叠后,用一截软带套牢封死。根据定植行数每畦铺设滴灌管(带)1或2条。 (3)覆盖地膜　及时覆盖地膜保墒。 (4)支管铺设　支管选择ϕ32 mm黑色PE盘管,按照温室长度伸直固定温室一侧,末端堵头折叠铁丝捆绑封死,在连接滴灌管(带)方向,依据设计定植行距打孔。 (5)旁通阀安装　支管打孔后安装旁通阀,并连接滴灌管(带)。 (6)文丘里施肥器、过滤器、阀门、水源连接　支管预留一侧连接过滤器、文丘里施肥器、阀门和水源。 (7)开阀检验　开阀后适度加压,检验系统连各接处是否漏水。
2	设施滴灌系统生产应用		(1)灌水　依据作物生长发育需要进行适量灌水,灌水量靠灌水时间控制。 (2)水肥一体化　为了保证均匀冲施肥料,应该先滴灌清水,之后通过文丘里施肥器,随水冲施溶解的肥料,之后再滴灌清水。 (3)水肥药一体化　定植后通过施肥器,随水冲施农药(阿维菌素、生根壮苗剂等),土壤熏蒸杀菌杀虫。

2. 方案设计与练习技能

结合实习基地设施滴灌系统铺设工作,参照上面案例,设计设施滴灌系统铺设方案,练习设施滴灌系统的设计与铺设技能。

☞ 归纳总结

通过本次教学活动,掌握以下知识和技能:

(1)了解设施滴灌系统应用意义。

(2)学习设施滴灌系统的设计与铺设知识。

(3)练习并掌握设施滴灌系统的设计与铺设技能。

思政园地

与传统灌溉方式相比,滴灌可以省水,水分利用率很高。

我国是淡水资源相对不足的国家,尤其是对地下水过度开采,导致地下水位逐年下降。我国已被联合国认定为“水资源紧缺国家”。所以我们应该节约用水,随手关闭水龙头。如果不珍惜水资源,那么就会像公益广告说的那样:“人类的最后一滴水将是自己的眼泪”。我们不仅要节约用水,还要节约一切美好的东西,包括各种自然资源、劳动成果,这既是对自然、劳动者的尊重,又有利于人类的可持续发展。

自我检测

1.选择题

(1)(　　)属于既节水,又利于蔬菜水肥一体化的方式。

A.滴灌　　B.喷灌　　C.漫灌　　D.沟灌

(2)滴灌管(带)出水孔宜(　　)铺设。

A.朝下　　B.朝上　　C.朝上朝下均可　　D.侧向

(3)旁通是连接(　　)的阀门,方便分区控制灌水。

A.支管和滴灌管(带)　　B.主管和滴灌管(带)　　C.主管和过滤器　　D.主管和支管

(4)下面不适合滴灌的肥料是(　　)。

A.甲壳素　　B.钾宝　　C.尿素　　D.复合肥

(5)合理滴灌依据主要是满足(　　)。

A.作物生长发育　　B.天气变化　　C.土壤需水　　D.时间长短

2.简答题

(1)设施滴灌系统由哪几部分组成?需要哪些材料、元件?

(2)简述设计日光温室滴灌系统铺设方案,并绘出示意图。

任务十　蔬菜灌溉时机的判断与精准灌溉

任务描述

合理灌溉是保障蔬菜产量和品质的另一重要途径,那么选择何种方式灌溉?何时灌溉?灌水量如何确定呢?

一、灌溉

灌溉是人工引水补充菜田水分,以满足蔬菜生长发育对水分需求的技术措施。

(一)灌溉的主要方式

(1)明水灌溉　包括沟灌、畦灌和漫灌等几种形式,适用于水源充足,土地平整的地块。明水灌溉投资小,易实施,适用于露地大面积蔬菜生产,但费工费水,土壤易板结。故灌水后要及时中耕松土。

(2)暗水灌溉

①渗灌　利用地下渗水管道系统,将水引入田间,借土壤毛细管作用自下而上湿润土壤。

②膜下暗灌　在地膜下开沟或铺设滴灌管(带)进行灌溉。省水省力,使土壤蒸发量降至最低,低温期可减少地温的下降,适用于设施蔬菜栽培。

(3)微灌

①滴灌　即通过输水管道和滴灌管(带)上的滴孔(滴头),使灌溉水缓缓滴到蔬菜根际。这种方法不破坏土壤结构,同时能将化肥溶于水中一同滴入,省工省水,能适应复杂地形,尤其适用于干旱缺水地区。

②喷灌　采用低压管道将水流雾化喷洒到蔬菜或土壤表面。喷灌雾点小,均匀,土表不易板结,高温期间有降温、增湿的作用,适用于育苗或叶菜类生产。但喷灌易使植株产生微伤口,加之高温高湿,易导致真菌病害的发生。

(二)合理灌溉的依据

(1)根据气候变化灌水　低温期尽量不浇水、少浇水,可通过勤中耕来保持土壤水分。必须浇水时,要在晴天进行,最好在午前浇完。高温期间可通过增加浇水次数、加大浇水量的方法来满足蔬菜对水分的需求,并降低地温。高温期浇水最好选择在早晨或傍晚。

(2)根据土壤情况灌水　土壤墒情是决定灌水的主要因素,缺水时应及时灌水。对于保水能力差的沙壤土,应多浇水,勤中耕;对于保水能力强的黏壤土,灌水量及灌水次数要少;盐碱地上可明水大灌,防止返盐;低洼地上,则应小水勤浇,防止积水。

(3)根据蔬菜的种类、生育时期和生长状况灌水

①根据蔬菜种类进行灌水　对白菜、黄瓜等根系浅而叶面积大的种类,要经常灌水;对番茄、茄子、豆类等根系深而且叶面积大的种类,应保持畦面“见干见湿”;对速生叶菜类应保持土壤表面湿润。

②根据不同生育期进行灌水　种子发芽期需水多,要灌足播种水;根系生长为主时,要求土壤湿度适宜,水分不能过多,以中耕保墒为主,一般少灌或不灌;地上部功能叶及食用器官旺盛生长时需大量灌水;始花期,既怕水分过多,又怕过于干旱,所以多采取先灌水后中耕,或控制灌水;食用器官接近成熟时一般适度控制灌水,以免延迟成熟或裂球、裂果。

③根据植株长势进行灌水　根据叶片的外形变化和色泽深浅、茎节长短、蜡粉厚薄等,确定是否要灌水。如露地黄瓜,如果早晨叶片下垂,中午叶萎蔫严重,傍晚不易恢复;甘蓝、洋葱叶色灰蓝,表面蜡粉增多,叶片脆硬等状态,说明缺水,要及时灌水。

④结合其他农业技术措施进行灌水　如追肥必须结合灌水;定植前灌水,有利起苗带土;间苗、定苗后灌水,可以弥合土缝、稳根等。

二、设施口感型番茄定植后控制灌水依据

总体掌握番茄植株晴天中午轻度萎蔫,傍晚恢复正常,生长点细弱,但是生长不能停滞,土壤含水量15%～16%,接近土壤“黄墒”,参照此指标进行适量浇水。另外,每次追肥时,都要浇水。坐果后浇水要均衡,防止裂果。适当控水,增加番茄甜度;过度缺水,番茄果实表皮会增

厚变硬，影响口感。

实施任务

1. 案例·制定设施口感型番茄结果期灌水方案

时间：________　地点：____________________　小组：________

序号	内容	材料用具	技术要点
1	灌水判断		(1)灌水时机：番茄植株晴天中午轻度萎蔫，傍晚恢复正常，生长点细弱，但是生长不能停滞。 (2)土壤含水量15%～16%，接近土壤“黄墒”。
2	灌水方法		(1)灌水方式：滴灌。 (2)灌水量：时间长短计算。 (3)灌水时间段：晴天上午。

2. 方案设计与练习技能

结合实习基地蔬菜灌溉工作，参照上面案例，设计蔬菜灌溉方案，练习蔬菜灌溉技能。

☞ 归纳总结

通过本次教学活动，掌握以下知识和技能：

(1)了解蔬菜需水特点。

(2)学习蔬菜灌水方法。

(3)练习并掌握蔬菜精准灌溉技能。

自我检测

1. 选择题

(1)下面最节水的灌溉方式是(　　)。

A. 沟灌　B. 漫灌　C. 滴灌　D. 畦灌

(2)下面对降低空气湿度有利的灌溉方式是(　　)。

A. 膜下滴灌　B. 沟灌　C. 喷灌　D. 漫灌

(3)高温期最好(　　)灌水。

A. 中午　B. 夜间　C. 早晨或傍晚　D. 下午2时

(4)对番茄、茄子、豆类等根系深而且叶面积大的种类，应保持畦面(　　)。

A. 湿润　B. 干燥　C. “见干见湿”　D. 水分充足

(5)食用器官接近成熟时一般(　　)，以免延迟成熟或裂球、裂果。

A. 灌水　B. 停止灌水　C. 加强灌水　D. 适度控制灌水

2. 简答题

(1)简述蔬菜合理灌溉的依据。

(2)简述口感型番茄精准灌溉技术要点。

任务十一　蔬菜追肥判断与平衡施肥

任务描述

合理施肥是提高蔬菜产量和品质的重要途径之一,该选择何种肥料?何时施肥?施肥量怎么确定呢?

一、追肥

追肥是在蔬菜生长期间施用的肥料。追肥以速效性化肥、有机肥或生物肥为主,施用量可根据基肥的多少、蔬菜种类和生长发育时期来确定。

(一)追肥的方式

(1)地下埋施　在蔬菜种植行间,或植株根际开沟,或开穴,将肥料施入后覆土并灌水。

(2)地面撒施　将肥料均匀撒于蔬菜行间并进行灌水。

(3)随水冲施　将肥料先溶解于水中,结合灌水施入蔬菜根际。

(4)叶面喷肥　将配制好的肥料溶液直接喷洒在蔬菜茎叶上的一种追肥方法。此法避免土壤对养分的固定,提高肥料利用率和施用效果。用于叶面喷肥的肥料主要有尿素、磷酸二氢钾、复合肥及可溶性微肥等,施用浓度因肥料种类而异。

(二)合理施肥的依据

(1)不同蔬菜种类与施肥　不同蔬菜种类对养分吸收利用能力有差异。例如,白菜、菠菜等绿叶菜类蔬菜喜氮肥,但在施用氮肥的同时,还需增施磷、钾肥;瓜类、茄果类和豆类等果菜类蔬菜,一般幼苗需氮较多,进入生殖生长期后,需磷量剧增,因此要增施磷肥,控制氮肥的用量;萝卜、胡萝卜等根菜类蔬菜,其生长前期主要供应氮肥,到肉质根生长期则要多施钾肥,适当控制氮肥用量,以便形成肥大的肉质直根。

(2)不同生育时期与施肥　蔬菜各生育期对土壤营养条件的要求不同。幼苗期根系尚不发达,吸收养分数量不太多,但要求很高,应适当施一些速效肥料;在营养生长期和结果期,植株需要吸收大量的养分,因此必须供给充足肥料。

(3)不同栽培条件与施肥　沙质土壤保肥性差,故施肥应少量多次;高温多雨季节,植株营养生长迅速,对养分的需求量大,但应控制氮肥的施用量,以免造成营养生长过盛,导致生殖生长延迟;在高寒地区,应增施磷、钾肥,提高植株的抗寒性。

(4)肥料种类与施肥　化肥种类繁多,性质各异,施用方法也不尽相同。铵态氮肥易溶于水,作物能直接吸收利用,肥效快,但其性质不稳定,遇碱遇热易分解挥发出氨气,因而施用时应深施并立即覆土。尿素施入土壤后经微生物转化才能被吸收,所以尿素作追肥要提前施用,采取条施、穴施、沟施,避免撒施。弱酸性磷肥宜施于酸性土壤,在石灰性土壤中施用效果差。硫酸钾、氯化钾、氯化铵、硫酸铵等化学中性、生理酸性肥料,最适合在中性或石灰性土壤中施用。

二、番茄平衡施肥

化学氮肥用量过高,土壤可溶性盐和硝酸盐将明显增加,导致病虫危害加重,作物产量降低，品质变劣。因此，在增施有机肥的基础上，合理施用化学肥料，提倡测土配方施肥，根据各种蔬菜作物需肥规律及土壤供肥能力，确定肥料种类及数量，可以在一定程度上减轻连作障碍。

(1)番茄需肥特点　番茄在生育过程中，需从土壤中吸收大量的营养物质，据报道，生产5 000 kg果实，需要从土壤中吸收氧化钾33 kg、氮10 kg、磷酸5 kg。这些元素73%左右存于果实中，27%左右存于茎、叶、根等营养器官中。此外番茄对钙、镁、硼等缺失会很敏感。

(2)基肥重施有机肥　基肥主要选择充分腐熟的农家肥，如鸡粪、猪粪、牛粪等，也可两种以上混合施用。建议每亩温室施入充分腐熟的农家肥5 000 kg，硫酸钾型复合肥(N-P-K为14-16-15)50 kg，深翻土地30 cm，精细整地，与土壤充分混匀后做畦。

结合施用农家肥，采用秸秆生物反应堆技术，效果更佳。即在土壤耕作层下铺设玉米秸秆，并在秸秆上施用腐生生物菌(有效活菌数$\geqslant 2\times10^{10}$ CFU/g)，使秸秆在通氧的条件下分解产生热量、二氧化碳及释放速效养分。

(3)平衡追肥　控制氮肥施用量，防止营养生长过旺，影响番茄品质。追施的肥料宜选择高钾含量的复合肥、甲壳素肥料、腐熟的豆饼、氨基酸钙等，有利于提高番茄品质。可溶性肥料可随水冲施，饼肥需要地下埋施，钙肥一般结合其他商品叶面肥进行叶面喷施。

番茄植株第1穗坐果后，每亩可随水冲施美国阿尔法农化(青岛)有限公司生产的美国钾宝(N-P-K为10-6-20,)5 kg，第2穗番茄坐果后，每亩可随水冲施潍坊农帮富肥业有限公司生产的海藻甲壳素20 kg，以后轮换追施，每次施肥间隔10 d左右，整个生育期追肥3～4次。定植后每10 d左右叶面喷施1次0.2%的磷酸二氢钾，结果期喷施0.1%腐殖酸钙3～4次，进行叶面补充施肥。

实施任务

1.案例·制定设施口感型番茄结果期追肥方案

时间:________　地点:____________________　小组:________

序号	内容	材料用具	技术要点
1	追肥判断		(1)追肥时机　掌握每穗果坐果后施肥。 (2)追肥间隔　番茄为连续开花坐果作物，一般每10 d发育1穗果，因此施肥间隔也为10 d左右，促进每穗果实均匀膨大。
2	追肥种类、方法、施肥量	肥料、喷雾器、滴灌系统、塑料桶、天平、胶皮手套等	(1)肥料种类　美国钾宝、海藻甲壳素、豆饼、磷酸二氢钾、腐殖酸钙等。 (2)施肥方法　美国钾宝、海藻甲壳素水溶性肥料随水冲施；0.2%磷酸二氢钾、0.1%腐殖酸钙叶面喷施。 (3)施肥量　每亩可随水冲施美国阿尔法农化(青岛)有限公司生产的美国钾宝5 kg，第2穗番茄坐果后，每亩可随水冲施潍坊农帮富肥业有限公司生产的海藻甲壳素20 kg，以后轮换追施。 (4)补充事项　①滴灌一段时间清水后，再采用“文丘里施肥器”冲施肥料，之后再滴灌清水；②豆饼、复合肥料等距离植株根际10 cm穴施；③叶面肥料宜在早晚喷施，有利于吸收，同时可与杀虫、杀菌剂混配。

2.方案设计与练习技能

结合实习基地蔬菜追肥工作，参照上面案例，设计蔬菜追肥方案，练习蔬菜追肥技能。

归纳总结

通过本次教学活动,掌握以下知识和技能:

(1)了解蔬菜需肥特点。

(2)学习蔬菜追肥方法。

(3)练习并掌握蔬菜平衡施肥技能。

自我检测

1.选择题

(1)有机肥适合采用(　　)方法,进行追肥。

A.随水冲施　B.地下埋施　C.叶面喷施　D.地面撒施

(2)适合水肥一体化的肥料有(　　)。

A.尿素　B.复合肥　C.有机肥　D.过磷酸钙

(3)每亩温室番茄作为基肥施入的有机肥质量以(　　)为宜。

A.5 000 kg　B.50 kg　C.500 kg　D.50 000 kg

(4)番茄结果期(　　)会降低番茄品质。

A.增施有机肥　B.增施生物肥料　C.偏施氮素化肥如尿素　D.平衡施肥

(5)番茄整个生长发育过程中吸收(　　)矿质元素最多。

A.N　B.Ca　C.P　D.K

2.简答题

(1)简述蔬菜合理施肥的依据。

(2)简述口感型番茄平衡施肥技术要点。

任务十二　蔬菜主要病虫害诊断与绿色防控途径

任务描述

学习认识主要蔬菜病虫害,能够正确诊断常见蔬菜病虫害,会依据“预防为主,综合防治”的方针,绿色防控蔬菜病虫害。

一、蔬菜病虫害的概述

在植物生长发育和贮藏过程中,由于有害生物或不良环境条件的影响超过了植物的适应能力,其正常的生长发育受到抑制,代谢发生改变,导致产量降低、品质变劣,甚至致局部或全株死亡的一种现象,称为植物病害。

植物病害是感病植物与病原物在外界环境条件影响下相互斗争并导致植物发病的过程。感病植物、病原物和环境条件,是构成植物病害及影响其发生发展的基本因素。植物病害可以分为侵染性病害和非侵染性病害两大类。

植物病害的症状是指植物发病后外部表现出的异常变化状态，症状包括两类不同性质的特征：病状和病征。病状是患病植物本身的异常表现，可分为变色、坏死、腐烂、萎蔫和畸形五大类。病征则是生长在植物发病部位表面的病原体特征。这些病原体特征宏观表现霉状、粉状、粒状、线状、核状、脓状等。其中霉状、粉状、粒状、核状、线状等是真菌病害常见的病症，脓状物是细菌所具有的特征性病征，是在病部表面溢出含有许多细菌细胞和胶质物混合在一起的液滴或弥散成的菌液层，具黏性，称为菌脓或菌胶团，白色或黄色，干涸时形成菌胶粒或菌膜。病毒所致的植物病害都不产生病征。非侵染性病害不是病原生物所致，故也没有病征。症状是诊断植物病害的重要依据。根据症状观察分析，可以对常见的病害做出基本无误的诊断。

蔬菜害虫种类较多，形态各异，危害状也有差别，了解蔬菜害虫的形态特征、发生规律及为害症状等，对于我们认识害虫，掌握害虫的生活习性，更好地防治害虫等十分必要。

二、蔬菜病害无公害防治的具体措施

要防治蔬菜病害，首先要了解蔬菜病害发生、流行的条件。传染性病害发生是由寄主植物、病菌和环境条件 3 个因素综合而引起的。传染性病害流行的条件是：有大量的感病寄主植物；有大量的致病力强的病菌；外界条件有利于病害的发生和发展。蔬菜病害无公害防治，要贯彻“预防为主，综合防治”的方针。下面介绍几种有效的防治措施：

(1)农业防治

①轮作　轮作能有效防止土壤连作障碍，减少病菌的积累。

②地膜覆盖　地膜覆盖在降低空气相对湿度和控制病菌繁殖、侵入方面，应用效果较好。

③暗灌　有膜下暗灌、渗灌等方式。主要目的也是降低空气相对湿度。

④合理搭架方式　设施内大垄密植，用吊绳取代架材，西甜瓜爬地生长改为吊绳栽培等。合理利用空间，改善通风透光条件。在一定程度上能够抑制病害的发生、传播。

⑤嫁接育苗　果菜类蔬菜嫁接育苗，利用砧木根系强大的吸收能力和抗病特点，防止土传病害，增强抗逆性，增产效果可达 30%～40%。

(2)选育抗病品种

选育抗病品种是蔬菜病害防治的重要途径，是一种经济有效的方法。栽培抗病品种比用其他方法容易推广。

(3)温汤浸种　可以杀死种子表面病菌。

(4)加强田间管理

①温度　果菜类蔬菜幼苗期适当降低白天和夜间管理温度，防止幼苗徒长，定植前低温锻炼，培育适龄壮苗，增强幼苗抗逆性。利用果菜类蔬菜与一些病菌的生长发育对温度、湿度要求的差异，结果期实行“四段变温管理”。例如，设施冬春茬黄瓜栽培，晴天上午温度升至 25～30℃，促进蔬菜光合作用；下午温度降至 20～25℃，维持光合作用；上半夜温度保持 15～20℃，促进蔬菜光合产物运转；后半夜温度控制 10～13℃，抑制呼吸消耗。

②光照　许多病菌生长发育喜弱光环境，增加光照对蔬菜生长有利，且有抑菌、杀菌效果。

③湿度　许多病菌繁殖、侵入需要高湿条件，设施内加强通风、控制灌水等措施降低环境湿度，就会减少蔬菜病害。

④营养　施足底肥，尤其施用大量充分腐熟的有机肥，对改良土壤质地，增强植株抗病能力有较好效果。适时追肥，防止植株早衰，也能起到抗病增产的效果。叶面施肥，弥补根系对钙、钾等元素吸收的不足，也能起到抗病、壮秧、增加产量、提高产品品质的效果。

⑤及时清除田间病残体　摘除病残体并带出田外深埋或烧毁，防止病菌蔓延。

(5)高温闷棚　是利用一些病菌耐高温能力相对较弱，而一些果菜类蔬菜对40℃左右高温有较强忍受能力的特点，把设施内管理温度提高到一定水平，起到抑制或杀死病菌的目的。防治番茄叶霉病、晚疫病和瓜类蔬菜霜霉病等，效果较好。但不能连续使用，以免对蔬菜造成伤害。

(6)化学药剂防治　利用化学药剂防治蔬菜病虫害要严格按照国家制定的标准执行。

三、蔬菜害虫生活习性与综合治理策略

(一)蔬菜害虫的生活习性与无公害防治

(1) 害虫的越冬　土壤与杂草是蔬菜害虫的主要越冬场所。蚜虫、红蜘蛛、马铃薯瓢虫、小地老虎等，早春首先在发芽的杂草上取食，等地里长出菜苗或移栽后再迁移为害。翻耕和锄草可改变害虫的生活环境，并且直接杀死害虫。随着设施园艺的迅速发展，日光温室与露地蔬菜生产紧密衔接，为害虫越冬提供了更好的生活环境。美洲斑潜蝇、温室白粉虱等害虫在温室内可以周年发生。北方地区日光温室扣棚膜在10月以后进行，可以防止害虫的侵入。

(2)害虫的趋避性　“灯蛾扑火”这种常见现象叫作趋光性，如非洲蝼蛄、金龟甲、甘蓝夜蛾等都有趋光性。温室白粉虱对黄色有强烈趋性。小地老虎成虫喜食糖蜜等带有酸甜味的汁液叫作趋化性。利用害虫的这些趋避性，可以进行灯光、黄板或糖醋混合液等诱杀，大面积联防效果显著。此外一些害虫如蝼蛄、蛴螬有趋向未腐熟的粪肥和饼肥的习性，田间施用充分腐熟的有机肥，可以减少地下害虫的危害。

(3)害虫与环境条件　害虫的发生和为害，与温度、湿度、光照、天敌和食料等环境条件关系密切。蚜虫和红蜘蛛高温干旱条件下为害严重，地下害虫、小菜蛾、菜螟、黄条跳甲、黄守瓜等以春季和秋季为害幼苗为主。总之，害虫的为害、繁殖需要适宜的温度、湿度、光照和营养条件。环境因素对害虫的影响是复杂的、综合的影响。只有研究透害虫与环境条件的密切关系，才能贯彻“预防为主，综合防治”的植保方针。

(二)蔬菜害虫的综合治理策略

由于蔬菜产品价值高，往往是鲜食的，食用部分几乎都是喷药防治时的受药部位，因此在蔬菜害虫综合治理中，应掌握保证作物不受损失的同时，力求减少环境的污染和产品上的农药残留。目前蔬菜害虫综合防治的主要手段包括：

(1)农业防治

①种植抗虫品种　可以减轻或避免害虫的为害。如选择早熟、结荚期短、荚上毛少或无毛的大豆，可以减轻豆荚螟的为害；甜椒与玉米间套作对甜椒病毒病也有一定的防效。

②科学施肥　增施充分腐熟的有机肥可以减轻地蛆的为害，并能改良作物的营养条件，促进作物生长，提高作物抗虫能力。

此外，选择无虫的种子，不仅可以提高出苗率，还能避免把虫子带入田间。地膜覆盖，可以使美洲斑潜蝇难于入土化蛹，增加其死亡率，不利其发生。及时清除有虫植株的枯枝、落叶、

果和深翻土地等，对减轻虫害也有一定效果。

（2）生物防治　菜地害虫天敌种类十分丰富，如蜻蜓、肉食瓢虫、草蛉等。天敌对控制害虫的数量起着重要作用。开发利用天敌，应用在蔬菜无公害生产上，具有广阔前景。应该大力推广对天敌杀伤力较小或安全的生物杀虫剂，如苏芸杆菌，各种多角体病毒及昆虫生长调节剂如卡死克、抑太保等，加强菜田自然控制力，减少化学杀虫剂的使用量。

（3）化学药剂防治　蔬菜产品的食用部分，在喷药时大部分是受药部位，叶菜类蔬菜更是明显。因此，生产无公害蔬菜，要注意化学药剂的使用方法。选择高效、低毒、选择性强的化学药剂，并且严格控制用药量；改进农药应用技术，例如，设施内可使用烟剂熏蒸；注意轮换用药，合理复配混用，延缓和克服害虫的抗药性；注意各种农药的安全间隔期，安全间隔期过后再采收上市。

实施任务

1.蔬菜常见病害田间诊断与防治技能训练

（1）蔬菜常见病害症状观察识别

①田间观察　采集蔬菜新鲜标本，对照蔬菜病害图谱，观察识别各种蔬菜常见病害。注意区别各种蔬菜病害症状，并做记录。

②室内观察　实验室内，用挑针挑取真菌少许病原菌制片并镜检，观察病原菌形态、特征。挑取少许细菌的菌脓涂片，用普通染色法制片镜检，观测菌体的形态和特征。

（2）药剂配制　用50％多菌灵可湿性粉剂500～600倍液，防治蔬菜真菌性病害。生长季节，叶面喷雾防治病害，一般每亩需药液约2壶，每壶药液重15 kg。配制药液前，根据公式计算用药量：

每壶水用药量(g)＝每壶装药液质量(g)÷稀释倍数

每亩用药量(g)＝每壶水用药量(g)×每亩用药液壶数

先向喷雾器内灌水约半壶，水质要求pH最好中性，并且无杂质。严格按照计算用药量配制药液，同时用长木棍搅拌均匀。可与叶面肥料和无化学反应的杀虫杀菌剂混配，分别搅拌均匀后，加满水再次搅拌均匀，现配现用。

（3）杀菌剂使用方法

①喷雾　要求雾滴细而且均匀，叶的正面、背面及茎蔓都要喷药，叶背是病菌容易侵入的部位，喷头自下而上喷洒效果好。设施内喷雾，宜选择晴天上午进行，防止增加空气相对湿度。

②喷粉　宜选择无风晴天的早晨露水未干之前进行。

③熏烟　设施内傍晚燃放烟剂。注意燃放质量，不要起明火，影响发烟效果；距离棚膜、蔬菜苗0.5 m以上，防止火灾或蔬菜烟害；人员撤出，密闭棚室一夜。另外注意，掌握好用药量，蔬菜籽苗期禁用，防止药害。

2.蔬菜常见虫害田间诊断与防治技能训练

（1）蔬菜常见害虫及为害状观察

①设施内害虫及为害状观察　观察设施内白粉虱、蚜虫、美洲斑潜蝇等害虫的形态特征及为害特点，并观察记录其活动规律。

②露地害虫及为害状观察　观察菜粉蝶、小菜蛾、茄二十八星瓢虫等害虫的形态特征及为

害特点，并观察记录其活动规律。

(2)黄板的制作使用　方法是用 1 m×0.2 m 的硬纸板或纤维板，用油漆涂为橙黄色，然后加盖一层黏油（可使用 10 号机油加少许黄油调匀）置于行间，可与植株高度相同，每公顷设置 480～510 块。当害虫沾满时，应及时重涂黏油，一般 7～10 d 重涂一次。

(3)防虫网的使用　在设施的通风口门窗等部位设置 20 目或 24 目防虫网进行局部覆盖，并观察害虫阻隔效果。

(4)化学药剂喷雾防治害虫　选择晴天无风天气进行，注意农药的使用浓度及喷药质量，并观察防治效果。

☞ 归纳总结

通过本次教学活动，掌握以下知识和技能：

(1)了解蔬菜病虫害识别诊断基础知识。

(2)学习蔬菜病虫害绿色防控途径。

(3)练习蔬菜病虫害识别诊断和绿色防控技能。

自我检测

1. 选择题

(1)下面属于细菌病症的是(　　)。

A. 脓状物　　B. 霉状物　　C. 粉状物　　D. 粉状物

(2)病状是患病植物本身的异常表现，可分为变色、坏死、腐烂、(　　)和畸形五大类。

A. 猝倒　　B. 立枯　　C. 萎蔫　　D. 徒长

(3)蔬菜病害无公害防治，要贯彻(　　)的方针。

A."治未病"　　B. 无公害　　C. 绿色防控　　D."预防为主，综合防治"

(4)黄板诱杀蓟马是利用了害虫的趋(　　)性。

A. 光　　B. 化　　C. 避　　D. 向

(5)属于植物害虫的是(　　)。

A. 柞蚕宝宝　　B. 螳螂　　C. 草蛉　　D. 蜻蜓

2. 简答题

(1)简述蔬菜病害无公害防治的具体措施。

(2)简述蔬菜害虫的综合治理策略。

任务十三　主要土传病害的认知与土壤处理

◈ 任务描述

认识土传病害的成因，学会应用土壤消毒处理技术。

一、土传病害定义及成因

土传病害是病残体中所携带的病原体(真菌、细菌、病毒、线虫等)的隐性因子在适宜的土壤环境中被激活,并传播至作物根茎使植物染病的病害。以真菌病原菌最为常见,包括专性寄生(维管束土传病害)和非专性寄生。病害形成主要是人为因素所致,集约化种植模式下病原菌大量繁殖积累:一是高投入、高产量的连作种植制度使物种过于单一引发连作障碍和病菌肆虐繁殖,为土传病害提供繁衍"温床";二是长期不科学地滥用化肥、农药导致有毒有害物质过量积累,造成土壤污染源,使土壤环境理化性质和自身修复能力退化,土壤有益生物量随之减少,对病原体的抑制机制被打破;三是种植环境的管理不规范,作物残体处理不当,使灌溉水源受病原污染,埋下土传病害隐患等。

二、土传病害的类型

土传病害是目前世界性防治难题,发现的已多达100多种,涉及果树、蔬菜、中草药、烟草等重要经济作物,其中发病频率较高及危害较严重的有50余种,多发生于高温高湿土壤中。如枯萎病、立枯病、猝倒病、灰霉病、疫病、菌核病、蔓枯病、白粉病、根腐病、黄萎病、青枯病、棉疫病、褐纹病、根结线虫病和其他细菌性病害。瓜类蔬菜的主要土传致病菌为尖镰孢菌和腐霉菌等,受温度、土壤pH、土壤通气性等主要环境因子的影响较大。

三、防治土传病害的途径

(一)栽培防病

(1)选择抗病品种　为了克服土传病害,首先采用的即是选择抗病品种栽培,但是生产上往往品质优良的蔬菜品种,抗土传病害的效果不佳。例如,口感型番茄真优美,即不抗根结线虫病。

(2)轮作　轮作是非常有效的防治土传病害的措施,例如,江西上饶地区推行的拱棚西瓜与水稻轮作,防治西瓜枯萎病效果就非常理想。可是多数地区设施内可安排的经济作物种类有限,另外种植不断规模化、区域化、品牌化,也很难做到合理轮作。

(3)蔬菜嫁接　嫁接克服蔬菜土传病害,已经是一项成熟的技术。目前该技术广泛应用在黄瓜、西甜瓜、番茄、茄子、辣椒等蔬菜生产中,而且应用比例不断增加。但是此技术还有局限,如在设施生产中占重要地位的草莓、菜豆等许多作物,目前还不能应用嫁接技术。

(二)土壤消毒

1. 太阳能消毒技术

(1)技术特点　太阳能消毒技术是借助太阳能对棚室和土壤进行消毒的一种方法,具有成本低、污染少的特点。

使用太阳能消毒法,能够控制和杀灭多种病原菌、杂草等,降低有害生物种群数量,减少农药污染,减少土壤的盐碱化程度。但是太阳能消毒效果受气候条件、土壤湿润程度以及覆膜时间影响较大,在连阴天气、土壤不保水或干燥条件下消毒效果不佳。

(2)使用方法　6月中旬至7月上旬，每亩温室均匀撒施1 000 kg、长度为2～3 cm的玉米秸秆和10 kg尿素，或1 000 kg的新鲜家畜、家禽粪便。用旋耕机深旋耕，与土壤混匀。在土壤表面完全覆盖0.02～0.04 mm的透明塑料膜。密闭棚室，土壤浇透水，需要保持7 d水面覆盖，之后保持土壤湿润。前后约40 d(如遇连阴天，需要延长密闭时间)，揭去棚膜和地面覆盖的塑料膜，做定植前准备。

2.威百亩土壤熏蒸消毒技术

(1)技术特点　利民沃野42%威百亩杀菌剂，是一种新型土壤处理剂，主要用于杀灭土壤中土传病害的真菌、杂草种子及日益猖獗的线虫，在土壤中分解快，效果突出，无残留、无污染，符合食品级环境安全要求。每亩增加药剂投入约800元，翌年仍需熏蒸，因为土壤深层没有杀灭的病菌容易反复。此外还有棉隆、石灰氮消毒等。

(2)使用方法

①精心整地　对土壤进行深翻旋耕25～30 cm，要求粉碎、平整。

②确保湿度　施药前确保土壤湿度40%～60%。若土壤湿度过低时，需要提前灌地，保证土壤湿度，促使病原菌、草籽及线虫萌动，使其更容易被利民沃野气体杀死。

③均匀施药　滴灌冲施：铺设滴灌系统后，覆盖严实塑料膜，利用滴灌系统随水滴灌冲施；喷施：每亩使用利民沃野42%威百亩50 kg混于水中喷浇土壤中深达5 cm以上。

④正确覆膜　喷药后选择厚度0.04 mm以上的塑料膜，开沟压膜，四周压严实。覆膜时间越短越好，同时塑料膜不能破损，减少有效成分挥发。

⑤持续熏蒸　密封覆膜熏蒸15 d以上。

⑥揭膜透气　熏蒸完成后揭去塑料膜，按照先前旋耕同一深度(25～30 cm)进行松土，透气5～7 d以上，确保土壤中无残留气体。

⑦移栽定植　定植前取少量土壤做安全发芽试验，安全后再进行移栽。

(三)抗重茬生物制剂应用

当前开发利用的木霉菌素、枯草芽孢杆菌、酵素菌等专利产品，登记注册多为微肥，也有些专家建议为农药。例如，中农绿康(北京)生物科技有限公司生产的抗重茬微生物制剂，含有效活菌数≥5亿/g，具有解决连作障碍、防止土传病害功效。该产品使用时，每亩用量2～4 kg与肥料混合均匀后撒入地里，旋耕后播种或播种。重茬病害发生初期，可用该产品50～100倍液灌根。

(四)降低土壤酸度

试验表明，作物连作导致土壤酸度增加，致使土壤有害病原真菌相对丰度增加，土壤细菌相对丰度减弱，因此土传病害加重。

土壤施用生石灰(CaO)可以降低土壤酸度，最有效的办法是坚持土壤增施有机肥，土壤有机质增加，土壤的缓冲能力增强，此外土壤施用芽孢杆菌等微生物菌剂也能起到改良土壤的效果。

实施任务

1. 案例·制定设施土壤消毒方案

时间：________ 地点：____________________ 小组：________

序号	内容	材料用具	技术要点
1	太阳能消毒	粉碎的玉米秸秆和尿素、新鲜家畜、家禽粪便、旋耕机、透明塑料膜等	(1)6月中旬至7月上旬，每亩温室均匀撒施1 000 kg、长度为2～3 cm的玉米秸秆和10 kg尿素，或1 000 kg的新鲜家畜、家禽粪便。 (2)用旋耕机深旋耕，与土壤混匀。 (3)在土壤表面完全覆盖0.02～0.04 mm的透明塑料膜。 (4)密闭棚室，土壤浇透水，需要保持7 d水面覆盖，之后保持土壤湿润，前后约40 d。
2	威百亩土壤熏蒸消毒	42%威百亩杀菌剂、滴灌系统、塑料膜等	(1)对土壤进行深翻旋耕约25～30 cm，要求粉碎、平整。 (2)施药前确保土壤湿度40%～60%。 (3)铺设滴灌系统后，覆盖严实塑料膜，利用滴灌系统每亩随水滴灌42%威百亩50 kg。 (4)密封覆膜熏蒸15 d以上。 (5)熏蒸完成后揭去塑料膜，按照先前旋耕同一深度(25～30 cm)进行松土，透气5～7 d以上，确保土壤中无残留气体。 (6)定植前取少量土壤做安全发芽试验，安全后再进行移栽。

2. 方案设计与练习技能

结合实习基地土壤消毒工作，参照上面案例，设计土壤消毒方案，练习土壤消毒技能。

☞ 归纳总结

通过本次教学活动，掌握以下知识和技能：

(1)了解土传病害特点。

(2)学习土壤消毒方法。

(3)练习并掌握土壤消毒技能。

自我检测

1. 选择题

(1)(　　)会增加土壤酸度。

A. 增施有机肥　　B. 作物连作　　C. 灌水　　D. 地膜覆盖

(2)作物连作会导致土壤(　　)丰度增加。

A. 细菌　　B. 病原真菌　　C. 病毒　　D. 地下害虫

(3)下面不属于土传病害的是(　　)。

A. 茎基腐病　　B. 霜霉病　　C. 黄萎病　　D. 枯萎病

(4)(　　)的地块，使用太阳能消毒效果不佳。

A. 不透气　　B. 黏质土壤　　C. 旋耕后　　D. 不保水

(5)威百亩土壤熏蒸消毒后,定植前需取少量土壤做安全(　　),安全后再进行移栽。

A.化验　　B.灌水　　C.发芽试验　　D.施肥

2.简答题

(1)简述太阳能土壤消毒的方法。

(2)简述威百亩土壤熏蒸消毒的方法。

任务十四　蔬菜生理障碍诊断与调控

任务描述

学习常见蔬菜生理障碍的症状和发病机理,学会诊断及防治蔬菜常见生理障碍。

蔬菜作物生理障碍又称生理病害,一般是由生长发育环境条件不适造成的,没有病症。生理障碍的发生对蔬菜的产量及品质影响很大,据调查,80%的蔬菜田有不同程度的生理障碍发生,其中果菜类、根菜类蔬菜生理障碍比较常见。

一、茄果类蔬菜常见生理病害及防治

(一)番茄脐腐病

(1)症状　脐腐病俗称"烂脐"。以青果期发病最重,病斑多产生在果实顶部,初呈水渍状暗绿色,很快变为暗褐色,果肉逐渐失水呈扁平状,一般不腐烂,湿度大时,病斑上产生粉红色或黑褐色霉层。

(2)发生原因　水分供应不足,特别是果实膨大期所需水分得不到满足,叶片蒸腾夺走果肉内水分,产生脐腐;植株过量吸收氮、钾和镁造成对钙的吸收不足导致发生脐腐;番茄不能从土壤中吸收足够的钙、硼元素,导致脐部细胞生理功能紊乱,容易发生脐腐。

(3)防治措施　加强田间管理,及时均衡浇水,施足底肥,注意氮、磷、钾肥配合使用;在第一果穗坐果初期,喷洒1%过磷酸钙或0.1%氨基酸钙溶液,每两周一次,喷1～2次,能有效地减轻脐腐病的发生。

(二)番茄筋腐病

(1)症状　又称条腐果、带腐果,俗称"黑筋""乌心果"。此病多出现在果实膨大期,初期果面上出现局部褐变,果面凹凸不平,果肉僵硬,严重的出现坏死斑块,切开果实可看到果皮内维管束褐色条状坏死。

(2)发生原因　氮肥施用过量和光照不足时易发生此病。

(3)防治措施　避免过分施用氮肥;提高地温;增加设施内的光照强度;经常通风换气。

(三)番茄空洞果

(1)症状　果实表面上带棱角,比正常果大而轻。胎座组织生长不充实,果皮部和胎座种子胶囊部分隔离间隙过大,种子腔成为空洞。

(2)发生原因　坐果期光照不足,光合产物减少或营养不足,容易形成空洞果;激素使用时间过早或使用浓度过大,果实发育速度比正常授粉果实快,但胎座发育不良,形成空洞;需肥多的大型品种，生长后期营养跟不上，碳水化合物积累少，出现空洞果。

(3)防治措施 生长期间加强肥水管理，增加光照，使植株营养生长和生殖生长平衡发展；正确掌握生长调节剂的使用时间和用量；选择心室数多的品种。

(四)番茄畸形果

(1)症状 形成扁圆果、椭圆果、偏心果、多心果等，有的果实脐部凹凸不平，有的呈瘤状突起。

(2)发生原因 在花芽分化和发育时期，水分及光照充足，生长点部位营养积累过多，正在分化的花芽细胞分裂过旺，心皮数目过多，开花后各心皮发育不均衡；在使用生长调节剂处理时，浓度使用不当，使根冠比失调，花器和果实不能正常发育；授粉不均匀。

(3)防治措施 加强苗期的温、光、水、肥的管理，防止植株徒长。在花芽分化期，尤其是第一花序分化期，防止温度过高或过低。开花结果期要合理施肥，合理使用生长调节剂。

(五)番茄日灼病

(1)症状 多在膨大期的绿果肩部向阳面出现，初期果皮呈苍白色革质状，后变成黄白色至褐色相间的斑块，逐渐干缩、变硬、凹陷，表面呈漂白色，果肉变褐。后期病部常被病菌寄生，腐烂，表面有褐色霉层。

(2)发生原因 果实生长期遇高温、干旱或强烈照射引发日灼病；温度高时，靠近棚膜处的果实表面水分消耗量大而形成灼伤。

(3)防治措施 定植前需增施有机肥，增强土壤保水力，合理密植，使枝叶遮盖果实，使果实不受阳光直射。

(六) 番茄裂果

(1)症状 在果实发育后期出现，有环状裂果和放射状裂果。

(2)发生原因 果实生长前期土壤干旱，果实生长缓慢，遇到降水或浇大水时，果肉细胞迅速膨大，而果皮不能相应地增长而引起裂果。

(3)防治措施 栽培上应加强肥水管理，供水均匀，增施有机肥。

(七)番茄落花落果

(1)发生原因 春番茄在第一花序开花期遇到高于35℃或日均气温在24℃以上时，因生理失调、营养及水分亏缺而落花；遇到15℃以下的低温，会妨碍花粉管的伸长及花粉发芽，影响授粉受精而导致落花；当空气湿度低于45%或高于75%容易落花；苗龄期过长、又没有采取护根措施，定植缓苗后大花小果都易脱落；浇水不当、阴天多雨、光照不足、植株营养不良等也能引起落花。

(2)防治措施 培育适龄壮苗；番茄定植时多施有机肥，配合施用磷钾肥；调节好营养生长和生殖生长，定植后适当蹲苗，浇好缓苗水、膨果水，及时整枝打杈；及时追肥、补充营养；防止病虫害和机械损伤；使用植物生长调节剂。

(八)辣椒落花、落果、落叶

(1)发生原因

①温度不适引起落花 早春落花是由于温度低于15℃，花粉管不能正常伸长，授粉受到影响引起落花。夏季温度高于32℃，土壤干燥，引起落花。

②营养不良引起落花　氮肥过多,枝叶徒长,光照不足等影响植株营养生长与生殖生长的平衡而导致落花。

③开花期干旱或多雨引起“三落”。

④病害　主要是高温引起的病毒病引起落叶,严重时导致落花落果。

⑤虫害　烟青虫幼虫蛀食植株的蕾、花、果,引起“三落”。

⑥有害气体或某些化学药剂造成“三落”。

(2)防治措施　栽培上选用抗病品种,实行轮作,培育壮苗,春天不能定植过早,采用地膜覆盖栽培,定植密度要大些,垄沟铺 10 cm 厚的碎稻草、碎麦秆等以保持地表湿度。定植后加强肥水管理,促进早发秧,防止干旱,及时排出积水,施足磷肥,氮肥不宜过多,及时防治病虫害,施用植物生长调节剂。生产上使用化学药剂要严格按照说明使用。

二、瓜类主要生理障碍的成因及防止

(一)化瓜

(1)症状　雌花开放后,瓜条停止膨大,前端开始萎蔫,并逐渐变黄,最后整个瓜条干枯。

(2)发生原因　环境条件不适或栽培管理不当,造成植株体内养分和水分供应不足,不能为瓜条发育提供充足的养分和水分,例如,植株营养生长过盛,向瓜条输送的养分和水分不足;生长期间由于地温过低,根系生长不良,吸收能力下降,造成瓜条营养不足。

(3)防治措施　创造瓜类适宜生长的环境,加强肥水管理,疏花疏果,及时采收,减少茎叶和其他瓜与幼瓜的养分和水分竞争。

(二)花打顶

(1)症状　黄瓜生长点附近簇生很多雌花,生长点逐渐变为花器官,停止生长。

(2)发生原因　外界环境不适宜,如在花芽分化阶段光照较弱、夜温偏低,且持续的时间长,这样造成花芽分化过度,消耗大量营养,抑制了营养生长,出现“花打顶”;管理措施不当,如土壤过干或过湿,过量施肥引起伤根过多,根系吸水困难,植株营养、水分供应不足,出现“花打顶”;二氧化碳施肥浓度过高易出现“花打顶”。

(3)防止措施　加强肥水管理,控制夜温不低于 12℃,可减少“花打顶”的出现。对于已出现“花打顶”的植株,疏掉一部分雌花和幼瓜,及时采收商品瓜,并加大肥水管理。

(三)畸形瓜

(1)症状　黄瓜栽培中出现大肚瓜、尖嘴瓜、弯瓜、蜂腰瓜等症状。

(2)发生原因　授粉受精不良,果实发育不平衡,容易形成畸形瓜;植株生长过程中营养物质供应不足,瓜条内养分分配不均形成畸形瓜,如受精不完全,只先端产生种子时,种子发育时吸收养分较多,所以先端的果肉组织也相应肥大,形成大肚瓜。此外,植株长势弱、栽培密度过大造成通风不良、水肥供应不及时或不均匀等还会形成弯瓜、大肚瓜或尖嘴瓜。

(3)防治措施　栽培上可通过人工授粉,加强肥水管理来减少畸形瓜的产生。

(四)苦味瓜

(1)症状　果实味苦。

(2)发生原因　苦味是由于果实中含有的苦味物质——苦瓜素积累过多引起的。一般“根瓜”容易产生苦味,随着结果部位的增高苦味逐渐减轻。一般情况下,苦瓜素可以被植株体内的酯酶分解，但当外界环境不适宜或管理不当，如偏施氮肥、土壤干旱、地温过低造成植株长势衰弱、营养不良，就会影响酯酶的形成和活性，进而影响了苦瓜素的分解，导致果实出现苦味。苦味也和品种的遗传特性有关。

(3)防治措施　在栽培时可以通过选用优良品种，合理灌溉，配方施肥，加强温光管理来减少苦味瓜的发生。

三、白菜类蔬菜常见生理障碍的成因及防治

(一)未熟抽薹

(1)发生原因　春季栽培白菜类蔬菜很容易发生未熟抽薹现象，主要原因是遇到持续的低温后通过春化阶段，又接受长日照就容易导致未熟抽薹。

(2)防治措施　选择适宜春播、冬性强的品种；适期播种(播期越晚，温度越高，同一品种越不易抽薹，但结球后期容易遇高温，植株生长不良，要选择最合适的播种期。春季栽培一般采用温室育苗，避免10℃低温出现)；加强肥水管理，促进营养生长，抑制生殖生长；适当增加密度(如有抽薹现象，可早期拔除，播种时加大密度以免影响产量)。

(二)花椰菜散花球、早花、青花、毛花、紫花现象

(1)发生原因

①散花球　主要原因是成熟后不及时采收，遇到高温，导致花球边缘散开。

②早花　主要是植株在小苗时期过早的经过低温春化，诱导了花球过早地分化与形成。

③毛花　是花球裸露的花枝顶端受环境影响形成不规则的伸展。

④青花　是花球发育过程中处于低温、雾天的环境，产生绿色的小苞片、萼片等。

⑤紫花　主要是在花球形成后遇突然的低温，花球组织内的糖苷转化为花青素，导致花球呈紫色，此外紫花还与品种特性有关。

(2)防治措施　栽培上，针对不同现象，做好相应防治工作，如适期播种，加强田间管理，充足供应水肥，及时采收等。

四、根菜类蔬菜常见生理障碍成因及防治

(一)先期抽薹

(1)发生原因　在产品器官形成之前遇到低温通过春化造成抽薹，使用陈种子、品种选用不当及管理粗放也会造成先期抽薹。

(2)防治措施　生产上须严格掌握品种特性，选择不易抽薹的品种；采用新种子，且适期播种。设施早熟栽培中，做好保温防寒和水肥管理工作。

(二)糠心

(1)发生原因　肉质根生长前期施氮过多，地上部疯长，根部营养不足；肉质根生长盛期缺水；先期抽薹；秋播过早、收获过晚；贮藏时覆土过干、温度过高。

(2)防治措施　栽培上选适宜品种；适期播种，加强肥水管理；贮藏期避免高温、干燥。

(三)裂根

(1)发生原因　肉质根生长前期高温干旱导致周皮层组织老化，生长后期供水充足，肉质

根内部迅速膨大，胀破周皮。

（2）防治措施　生长前期天气干旱时，及时浇水，生长中后期肉质根迅速膨大时均匀浇水。

（四）叉根

（1）发生原因　主根生长点被破坏或主根生长受阻而导致侧根膨大形成叉根。原因有使用陈种子播种；耕层太浅，土壤板结，混有砖石瓦砾；施用未腐熟的肥料；地下害虫危害等。

（2）防治措施　生产上用新种子播种；对土壤深耕细作；采用直播方式播种；施肥合理得当，防治地下害虫等。

（五）辣味

（1）发生原因　高温干旱、肥水不足，致使肉质根内产生过量的芥辣油产生辣味。

（2）防治措施　加强栽培管理、合理施肥。

五、豆类落花落荚

（一）发生原因

（1）温度　在开花时遇上高温，花粉丧失发芽能力，雌蕊不能受精，导致落花落荚。高温或低温导致菜豆植株生长不良，造成菜豆落花落荚。

（2）光照　花芽分化后，遇到光照不足，落花落荚就会增多。由于植株过密，下部比较郁闭，落荚增多。

（3）水分　雨涝积水，落蕾、落花严重；高温高湿，柱头黏液浓度降低，不能诱导花粉萌发，雌蕊不能受精，导致落花落荚；高温干旱，花粉发芽困难，失去活性，雌蕊不能受精，导致落花落荚；开花期遇雨季，湿度过大花粉不能破裂散出或被雨水淋湿，雌蕊不能受精，导致落花落荚。

（4）养分　在开花结荚期，植株各部分养分竞争激烈，引起落花落荚；生长后期，土壤可供营养不足，植株衰弱，导致落花落荚。

（5）病虫害　菜豆感染病毒病引起落花。菜豆发生病害，叶片受害严重，在开花结荚期，间接引起落花落荚；菜豆受虫害，导致落花落荚。

（二）防治措施

将菜豆的开花结荚期安排在温度适宜的月份内，减轻高温和低温的危害；施足基肥，提高植株营养水平，合理密植，增加植株下部光照；开花时遇到干旱天气要及时浇水，天气炎热下雨后浇井水降温，同时排出积水；尽早防治病虫害，适时采收；在花器基部的果柄处涂 10～20 mg/L 浓度的“防落素”对防止落花有一定效果。

六、蔬菜常见缺素症及营养过剩

（一）缺钾症

（1）症状　果菜类蔬菜缺钾时老叶先表现症状，叶片颜色较暗，叶尖、叶缘先变浅黄色，而后变成浅褐色直至枯干坏死。

（2）发生原因　在黏土和沙质土壤中的钾元素容易被固定，在这样土壤中种植的蔬菜常发生缺钾症；施肥不当，施用没有腐熟的有机肥也会抑制根系对钾的吸收造成植株缺钾现象；磷肥的过量施用也会导致对钾肥吸收的减少。

(3)防治措施　可通过增施有机肥、硝态氮促进钾的吸收;注意中耕松土,排水,喷施0.3%磷酸二氢钾溶液。

(二)缺钙症

(1)症状　瓜类蔬菜缺钙,初期果面上出现水渍状暗绿色或灰白色病斑,逐步发展为深绿色或灰白色凹陷。果实成熟后病斑不腐烂,呈凹陷扁平状,瓜肉萎缩褐变;茄果类蔬菜缺钙产生脐腐病。大白菜、甘蓝缺钙表现为干烧心,外叶生长正常,部分心叶边缘处变白、变干、变黄,叶球内呈不同程度的干腐状。

(2)发生原因　植株本身吸收钙离子不足引起的。连续多年种植蔬菜的棚室,过量施用磷、钾肥会造成土壤盐分含量高,会影响根系对钙的吸收,引发缺钙现象。土壤干旱时,根系吸水量降低,从而抑制对土壤中钙的吸收。大白菜结球时对钙的需要量增加,如此时遇干旱容易缺钙。过量施用氮肥也会减少植株对钙的吸收,尤其施用铵态氮过多会抑制钙吸收,从而加重缺钙。

(3)防治措施　生产上可增施有机肥,增强土壤的透气性,改善根系的吸收环境;对于酸性土壤,可以施用石灰、碳酸钙等含钙肥料;肥水管理上应避免过量施用磷、钾肥;保持适宜的土壤含水量,防止土壤溶液浓度过高引起根系对钙的吸收减少。采用含钙质元素的液体肥料进行叶面喷施,常用浓度0.3%~0.5%,每隔7 d左右喷一次,连续2~3次效果好。

(三)缺硼症

(1)症状　缺硼元素时植株的生长点坏死,花器发育不完全。叶缘呈现黄化边,并逐渐向内延伸而呈叶缘宽带黄化症,果皮组织龟裂、硬化,果实呈网状木栓化。芹菜缺硼元素时叶柄异常肥大、短缩,并向内侧弯曲,内侧组织变褐色,逐渐龟裂,叶柄扭曲劈裂,心叶畸形。

(2)发生原因　前茬为大田作物或蔬菜重茬;使用有机肥不足的碱性土壤和沙性土壤;施用过多的石灰降低硼的有效吸收;干旱,浇水不当、施用钾肥过多。

(3)防治措施　多施厩肥,改良土壤,增加土壤的保水能力;合理灌溉;及时补充硼肥,叶面喷施0.1%~0.2%的硼砂或硼酸液。

(四)氮过剩症

(1)症状　植株贪青徒长,叶片肥大,叶色浓绿;组织柔软,叶片容易拧转,顶端叶片卷曲;花芽分化和生长紊乱,易落花落果。

(2)发生原因　过量地施入氮肥,刺激植物营养生长过旺。

(3)防治措施　生产上可测土施肥,多施有机肥,严格把握化肥的施入量;秸秆还田,增强土壤的通透性;加大灌水,降低根系周围氮过量引起的中毒现象。

(五)磷过剩症

(1)症状　叶片褪绿黄化,呈早衰现象,严重时叶片有褐色枯斑,没有霉层。

(2)发病原因　磷肥施用过多,在土壤中与锌、镁、铁元素形成难溶性磷酸盐,根系不易吸收,造成失绿缺素症状。

(3)防治措施　生产上要采取配方施肥,多施有机肥,及时补充锌、镁、铁等元素。

实施任务

1. 案例・黄瓜肥烧田间诊断与防治

田间表现：2013 年 8 月辽宁铁岭范家屯某部队后勤营部因(基肥)有机肥施肥过量造成设施蔬菜肥烧发生，定植后黄瓜植株表现叶片较小、颜色黄化，生长异常缓慢、滞育，根系细弱。

解决方案：①大量灌水降低土壤肥料浓度；②同时采用生根壮秧药(如吲哚乙酸)灌根，促进根系再生；③叶面喷施绿野神($N+P_2O_5+K_2O\geqslant500$ g/L；B：3～30 g/L)200 倍液，缓解肥害、促进植株生长。

效果：7～10 d 后，植株生长势逐渐恢复正常。

2. 技能训练

结合生产实际，到田间观察蔬菜生长发育状态，发现蔬菜异常现象，分析哪些是生理障碍，研讨解决方案。

☞ 归纳总结

通过本次教学活动，掌握以下知识和技能：

(1)了解蔬菜生理障碍起因。

(2)练习蔬菜生产生理障碍的识别诊断技能。

(3)掌握蔬菜生理障碍的防治技能。

自我检测

1. 选择题

(1)土壤干旱导致(　　)吸收不足，会引起番茄脐腐病。

A. 硼　　B. 钾　　C. 氮　　D. 钙

(2)日光温室冬春黄瓜生殖生长过旺，会导致(　　)，生长点滞育。

A. 徒长　　B. 萎蔫　　C. 花打顶　　D. 苦味

(3)春季栽培大白菜遇到持续的低温春化后，又接受长日照就容易导致(　　)。

A. 缺钙　　B. 未熟抽薹　　C. 软腐病　　D. 干烧心

(4)蔬菜(　　)严重会导致叶片萎蔫，甚至植株枯死。

A. 偏施氮肥　　B. 近根肥烧　　C. 平衡施肥　　D. 偏施钾肥

(5)(　　)过剩，容易造成蔬菜徒长。

A. 氮肥　　B. 钾肥　　C. 磷肥　　D. 硼肥

2. 情境：某农户日光温室冬春黄瓜植株中部叶片叶脉褐色，结瓜少、长势弱，没有病症。查阅资料、分析发生原因，并提出相宜解决方案。(提示：属于黄瓜低温障碍)

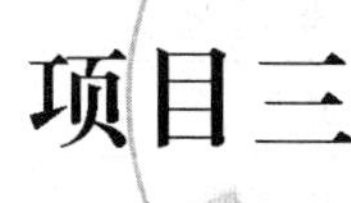

项目三

蔬菜生产创新技能

知识目标

结合完成蔬菜生产管理任务，学习蔬菜优质高效生产的理论依据。

技能目标

能够结合蔬菜生产实际练习并掌握蔬菜昆虫授粉、蔬菜病虫害生态防治、蔬菜病虫害物理防治、蔬菜病虫害生物防治和蔬菜生产模式等方面的创新技能。

素质目标

培养学生树立学农爱农务农的情怀；强化创新思维和可持续发展理念。

任务一　昆虫授粉在蔬菜生产中的应用

任务描述

学习比较化学药剂保果和昆虫授粉的优缺点，学会应用昆虫授粉代替化学药剂保果的绿色环保技术。

一、昆虫授粉在蔬菜生产中的应用现状

昆虫授粉在维持农业系统生态平衡和农业生产中发挥着重要作用，尤其为农作物授粉，经济效益显著。Klein 等(2007)分析了全球与人类食品密切相关的 107 种主要作物对昆虫授粉的依赖程度，结果表明，在这 107 种农作物中，有 91 种依赖昆虫授粉，占农作物种类总数的 85%。Callai 等(2009)报道全球与人类食品密切相关的 10 大类 100 种农作物中，昆虫授粉产生的经济价值高达 1 529 亿欧元，其中水果蔬菜两大类就占 1 015 亿欧元。2008 年中国水果和蔬菜对昆虫授粉的依赖程度已达 25.5%，表 2-6 是部分水果蔬菜对昆虫授粉的依赖水平(安建东，陈文锋．中国和水果蔬菜昆虫授粉的经济价值评估．昆虫学报．2008)。

表 2-6　2008 年昆虫授粉对中国水果和蔬菜产生的经济影响　　单位：百万美元

水果、蔬菜名称	总产值	昆虫授粉产生的经济价值
草莓	16.3	4.1
豆角类	1 721.3	86.1
花椰菜类	685.4	—
辣椒	7 765.2	388.3
黄瓜	3 333.2	2 166.6
茄子	7 469.5	1 867.4
番茄	17 471.3	873.6
西瓜	9 522.7	9 046.6
甜瓜类	1 959.3	1 861.3

中国是农业大国，随着种植结构调整，设施果蔬生产面积不断增加，设施果蔬的单位面积产值是大田作物的 20 倍以上。近 10 年来，设施果蔬种植面积不断扩大，种类、品种在不断变化更新。有些依赖昆虫授粉水平得到了提高，如草莓；有些变化不大，如番茄；还有些下降了，如黄瓜。随着城乡居民生活水平的不断提高和健康意识的增强，我国的蔬菜消费已由数量消费型逐渐过渡到质量消费型。对于利用昆虫授粉产生的经济效益、生态效益的认识不断提高。例如，在设施番茄生产中，采用熊蜂授粉、振荡授粉，逐渐代替化学药剂保花保果，可以起到省时省力、提高番茄品质的效果。番茄采用熊蜂授粉替代化学药剂保花保果的主要障碍是熊蜂价格较高，一箱熊蜂售价在 400 元左右，仅能供 1 亩番茄 50～60 d 授粉使用。希望农业生物技术企业加强研发攻关，降低授粉昆虫成本，满足设施番茄的昆虫授粉需要，减少植物生长调节剂的使用比例，提升番茄产品的商品价值。另外，因水黄瓜具有单性结实的特征，生产上不需要昆虫授粉即可结果。近几年，城乡居民更加青睐旱黄瓜，促使设施黄瓜生产中选择了许多旱黄瓜新品种，但是旱黄瓜品种一般不具备单性结实特性，有些菜农为了追求旱黄瓜“顶花带刺”，应用氯吡脲等化学药剂处理幼瓜，促使黄瓜迅速膨大，从而降低了设施黄瓜的商品价值。

二、授粉昆虫技术在蔬菜生产上的应用前景

中国昆虫授粉资源十分丰富，膜翅目、鳞翅目、双翅目和鞘翅目等众多昆虫均可为农作物授粉，其中膜翅目的蜂类昆虫在农作物授粉中占主导地位。2014 年至今，美国班尼迪克大学师生数次应邀到辽宁职业学院交流学习。座谈期间双方曾经围绕授粉昆虫种类和授粉昆虫在农业生产上应用现状和未来进行了深入交流与研讨。昆虫授粉对农业生产意义重大，随着城乡居民生活水平的不断提高和健康意识的增强，蔬菜生产中昆虫授粉依赖程度会逐渐提高。

昆虫授粉技术是一项低成本、高效益、无污染，又能获得综合效益的重要的现代化生态农业措施和有效的优质高档果蔬生产配套技术。

实施任务

1. 设施西瓜保花保果技能训练

(1) 蜜蜂授粉　优点是节约人工、授粉及时、绿色环保,可使西瓜多籽增甜。具有较高的经济效益和生态效益。

一箱蜜蜂售价 300 元左右,也可以向当地蜂农进行短期租用。选择健康蜜蜂授粉工作效率高。健康蜜蜂的蜂箱环境清洁,无拉稀现象。授粉期间由于有蜂王不断繁殖幼蜂,不必在意逃跑的少数蜜蜂,一般不需要在温室通风口专设防虫网。为提高蜜蜂活力,需要定期为蜜蜂提供适量白糖水(白糖、水的比例为 1∶1)或者蜂蜜水饮用。注意授粉期间不要喷洒对蜜蜂有害的杀虫剂,温室内使用农药时,需要对蜜蜂进行隔离保护。

(2)对花授粉　塑料大棚种植甜王等大果类型西瓜,选择晴天上午 8～9 时,摘取当天开放的雄花,对主蔓第 16～19 节当天开放的雌花柱头轻轻涂抹花粉,每朵雄花仅对雌花 1 朵,雌花授粉后随即垫压扑克牌进行标记,便于查缺补漏。每株只授粉一朵雌花,并保留一个瓜,主蔓雌花出现状况时(如畸形),用子蔓中前部雌花代替授粉留瓜。此法优点是,不像蜜蜂授粉那样没有选择性,造成结瓜过多,需要大量疏瓜,也消耗营养。瓜秧整齐情况下,每亩每人每天仅需对花授粉约 1 h,4～5 d 内即可完成授粉坐果任务。

(3)药剂辅助保果　春季如遇连续阴天低温天气,日光温室内西瓜花粉量少,花粉活力低,坐瓜受到影响时,可用 0.1%的氯吡脲 20 mL 每支 250 倍液,均匀喷洒正在开放的雌花子房。利用该方法,虽然果实膨大快,但成熟种子少,影响品质,当温度适宜时不宜采用。

2. 日光温室番茄保花保果技能训练

(1)利用熊蜂授粉　熊蜂是膜翅目,蜜蜂总科,熊蜂属,是多种植物特别是豆科、茄科植物的重要授粉昆虫。熊蜂具有旺盛的采集力,能抵抗恶劣的环境,对低温适应力强,熊蜂适宜温度为 8～35℃。熊蜂不像蜜蜂那样具有灵敏的信息交流系统,它能专心地在温室内作物上采集授粉而不去碰撞棚膜或从通风口飞出去。利用熊蜂授粉使番茄果实种腔内籽多,授粉及时,节省人工费用,避免使用化学药剂保花保果所带来的激素污染问题。

商品熊蜂购自荷兰科伯特生物技术系统公司,每箱约 400 元,可在 60～70 d 内完成 500～1 000 m^2 温室番茄授粉任务,不需要喂食,温室内有熊蜂工作时,限制使用化学杀虫剂。

(2)振荡授粉　番茄开花期使用振荡授粉器,只需左手里拿蓄电池,右手里持振荡棒,在花柄处轻轻一碰,迫使花粉散出而完成授粉,相当于自然授粉。

实践证明,使用振荡授粉替代了激素喷花,不仅省工,提高坐果率、产量,而且果实均匀整齐,基本无畸形果发生,极大地提高了果实的商品性状,进而提高了经济效益。

(3)药剂保花保果　日光温室内番茄花朵正在开放时,用 30～50 mg/L 的"防落素"药液对花托部分喷雾处理。优点是果实膨大快,但会导致果实种腔内籽少,甚至没有籽。

☞ 归纳总结

通过本次教学活动,掌握以下知识和技能:

(1)了解蔬菜生产上昆虫授粉应用现状及前景。

(2)学会在蔬菜生产中运用昆虫授粉技术。

(3)掌握昆虫授粉技能。

自我检测

1. 选择题

(1)(　　)是自花授粉蔬菜。

A. 黄瓜　　B. 番茄　　C. 菜豆　　D. 白菜

(2)能够单性结实的果菜是(　　)。

A. 辣椒　　B. 黄瓜　　C. 西瓜　　D. 哈密瓜

(3)膜翅目的昆虫(　　)在农作物授粉中占主导地位。

A. 蝶类　　B. 蚁类　　C. 蝇类　　D. 蜂类

(4)目前番茄最适宜的授粉方式为(　　)。

A. 熊蜂授粉　　B. 蜜蜂授粉　　C. 振荡授粉　　D. 药剂保果

(5)设施内果蔬采用(　　)时,限制使用对昆虫有害的杀虫剂。

A. 药剂保果　　B. 昆虫授粉　　C. 对花授粉　　D. 振荡授粉

2. 简答题

(1)比较设施内西瓜蜜蜂授粉、对花授粉和化学药剂保果之间的优缺点。

(2)比较设施内番茄熊蜂授粉、振荡授粉和化学药剂保果之间的优缺点。

任务二　蔬菜病害的生态防治

任务描述

学习蔬菜病害的生态防治原理与技术,学会应用生态防治蔬菜病害创新方法。

蔬菜生产中为害叶片、果实及植物根、茎病虫害的发生及危害程度的大小,均取决于作物、病原及环境三因素之间的关系。因此,结合植物病害“预防为主、综合防治”的工作方针,从设施栽培的环境控制、环境诱导提高蔬菜的抗病能力和叶面根际微生态调控三方面来揭示蔬菜栽培中生态调控的理论基础。

一、蔬菜病害的环境控制原理

设施蔬菜生态系统属于人为控制下的半封闭生态系统,具有温度高、温差大、高湿、弱光和气流缓慢等特点。而蔬菜病害通常在低温高湿和高温高湿的环境条件下容易发生。因此,可以利用寄主和病原物两者之间的关系,通过环境调控的方法,营造出有利于蔬菜生长而不利于病原物活动的环境条件,达到在一定程度上控制病害发生的目的。通常我们说的环境调控包括温度和湿度两个因素。可以依据不同温湿度对病原菌生长、侵染、扩展的影响,来建立生态环境调控的理论基础。目前,我国生态调控研究比较深入的病害主要包括黄瓜霜霉病、黑星病及番茄晚疫病、灰霉病,如表 2-7 所示。

表 2-7 蔬菜病害的发病规律及相应的生态调控方式

病害名称	最适侵染温度、湿度	温度、湿度调控方式
黄瓜霜霉病	温度:25～35℃ 湿度:大于 80%	45℃,湿度为 80%的条件下,高温闷棚 2 h
黄瓜黑星病	温度:15～25℃ 湿度:大于 90%	45℃,湿度为 80%的条件下,高温闷棚 1 h 或 40℃,湿度为 80%的条件下,高温闷棚 2 h
黄瓜灰霉病	温度:15～20℃ 湿度:大于 85%	30℃高温 6 h 以上,或高湿时间控制 8 h 以内,可显著控制病原菌的侵染
黄瓜晚疫病	温度:10～35℃ 湿度:大于 85%	白天温度保持在 25℃左右,夜间控制在 15℃以上;保持降湿并避免结露

二、环境调控诱导蔬菜抗病原理

环境调控因子不但影响病原菌的侵染及病害的扩展,还直接影响植株抗病性的表达。如高温、冷冻、机械损伤等生态压力的变化能够引起植保素的产生和积累,诱导植物产生抗病性。

高温是生态因子中影响寄主抗病性的关键因子,随着温度升高,相对湿度越大病害发生越轻。低湿的条件,气孔关闭,分泌物减少等,一些抗病性物质如细胞壁木质素、酚类物质等含量增加,进而提高植株的抗病性。

三、蔬菜病害的根际微生态调控原理

植物根际微生态是指利用微生物种群的发生及消长规律和其与其他物种的相互克生关系,找出其致病的关键途径,再通过种群间的相互作用,切断感染途径,充分发挥植物的主体作用,在适应环境的基础上,保持系统内的平衡。微生物群有秩序地定殖于植物体表面或细胞之间形成生物屏障。通过补充一定的微生态制剂可以重新构建机体的生物学屏障,阻止病原微生物的定殖,发挥生物的拮抗作用。目前,多采用大剂量接入人工筛选的放线菌、木霉菌及光合细菌等生防微生物,改变根际微生物生态系统的组成,增加有益菌的数量,将根际微生态系统控制在有利于作物生长、抑制病原菌繁殖侵染的状态,以保证作物正常生长。另外,一些根际微生态菌剂还可以显著提高植物肥料的利用率,调节植物根际的微生态环境。

在蔬菜栽培中,多年连作会导致病菌积累、营养失衡及根系分泌物的自毒作用累积,严重地改变了土壤的微生态结构,使蔬菜生长受阻,根际病害发生偏重,产量下降,品质变劣。因此,可以采用轮作、间作及套作栽培方式改善蔬菜根际微生态群落及蔬菜的生长环境。

四、蔬菜病害的叶面微生态调控原理

微生态调控是调控微生态环境与有害生物(病原菌)的平衡;调节寄生细胞组织同有害微生物的平衡;协调植物体内的内生共生菌,包括寄生和腐生的微生物同病原微生物的平衡,以达到防治病害的目的。对于蔬菜栽培中的叶面微生态调控主要依靠一些微生物制剂,使植物叶面的微生态环境不利于病原菌的生长和繁殖,恢复失调的微生态平衡。

有些植物病害如霜霉病、黑星病、灰霉病等，其致病真菌喜好酸性环境，在叶面 pH 4.2～6.2 时病原菌孢子萌发较快，致病力增强，而 pH 7.5～10.4 的偏碱性环境下病原菌得到明显的抑制。因此，通过喷施一定的化学试剂(如 45%的石硫合剂)调节微环境的酸碱度，使微生物栖息的微环境处于偏碱状态，可以抑制病原菌孢子的萌发，减少初侵染点，有效地控制了病害的发生和扩展。外源营养(叶面肥、花粉等)依靠自身的组成成分的特征以及温度、光照等环境条件都影响调节叶片表面养分的吸收，从而抵制病害的侵染。部分微生态制剂也可作为免疫调节因子或激发子，激发植物体内抗病基因的表达，诱导植物产生抗病性；还可以促进有毒物质的代谢，从而保证了微生态系统中基因流、能量流和物质流的正常运转。

实施任务

日光温室冬春黄瓜四段变温管理生态防治黄瓜霜霉病技能训练：晴天上午升至 28～32℃高温，促进蔬菜光合作用，高温抑制霜霉病；下午温度降至 20～25℃，维持光合作用；上半夜温度保持 15～20℃，促进蔬菜光合产物运转；后半夜温度控制 10～13℃，抑制蔬菜呼吸消耗，低温抑制霜霉病。

☞ 归纳总结

通过本次教学活动，掌握以下知识和技能：

(1)了解蔬菜病害生态防病的原理；

(2)学会运用蔬菜生态防病技术；

(3)掌握蔬菜生态防病技能。

自我检测

1.选择题

(1)黄瓜霜霉病适宜侵染温湿度为(　　)。

A. 45℃，≥80%　　B. 45℃，40%　　C. 25℃，50%　　D. 25～35℃，≥80%

(2)番茄灰霉病适宜侵染温湿度为(　　)。

A. 15～20℃，≥85%　　B. 30℃，50%　　C. 30℃，85%　　D. 35℃，90%

(3)45℃，湿度为 80%的条件下，高温闷棚 2 h 能够防治黄瓜(　　)。

A. 角斑病　　B. 霜霉病　　C. 枯萎病　　D. 根结线虫病

(4)随着温度升高，相对湿度越大蔬菜病害发生(　　)。

A. 没有影响　　B. 越重　　C. 越轻　　D. 严重

(5)(　　)属于有益微生物菌。

A. 尖镰孢菌　　B. 褪绿病毒　　C. 木霉菌　　D. 根结线虫

2. 简答题

(1)简述蔬菜病害的环境控制原理。

(2)简述蔬菜病害的根际微生态调控原理。

任务三　蔬菜病虫害的物理机械防治

◈ 任务描述

学习蔬菜病虫害物理机械防治的原理与技术，学会应用物理机械防治蔬菜病虫害创新思维与方法。

物理机械防治是利用物理因子、机械作用或器具防治有害生物的方法，常用的有以下几种：

一、捕杀

捕杀法是指根据害虫生活习性、发生特点和规律，采用的直接杀死害虫和破坏害虫栖息场所的方法。包括冬季刮除老翘皮，人工摘除虫包、卵块和捕杀幼虫，清除土壤表面的美洲斑潜蝇虫蛹和被害叶片，利用某些害虫（如茄二十八星瓢虫等）的假死性，人工振落害虫并集中捕杀等。

二、诱杀

许多昆虫都具有趋光性，对光波（颜色）有选择性。如梨小食心虫对蓝色和紫色、菜粉蝶对黄色和蓝色有强烈的趋向性。蚜虫、粉虱和飞虱对黄色有明显的趋向性，蚜虫还对白色、灰色、银灰色，尤其是银灰色反光具有强烈的负趋向性。生产上利用害虫的趋避性，采用黑光灯、黄板和银灰膜引诱或趋避多种害虫。

有些害虫对食物的气味有明显的趋向性，可以配制适当的食饵诱杀。如配制糖醋液诱杀小地老虎成虫，新鲜马粪诱杀蝼蛄，撒施毒谷毒杀金龟子等。

利用害虫具有选择特殊环境潜伏的习性诱杀害虫。如田间插杨树枝诱集棉铃虫成虫，树干上绑麻片和草袋片诱集红蜘蛛、梨星毛虫和苹小食心虫等潜伏害虫，再集中消灭。

三、阻隔

采用防虫网、套袋、掘沟、覆盖地膜和树干涂白等方法隔离病虫与植物的接触以防止植物受害的方法称阻隔法，属于一种经济有效的物理防治方法。

四、热处理

热处理是利用致死高温杀死有害生物的一种方法。如日光晒种可防治许多贮藏害虫；利用 50～55℃的温汤浸种，可杀死一些蔬菜种子表皮上所带的病菌；利用 70℃的高温干热灭菌可杀死西瓜种子上的多种病菌；通过覆盖塑料薄膜提高土壤温度，可以消灭土壤中的病菌和害虫；用 50～70℃高温堆沤粪肥 2～3 周即可杀死其中的许多病菌；利用“高温闷棚”杀灭霜霉病病菌。

五、放射处理

放射处理是利用电磁辐射进行有害生物防治的物理防治技术。可在小范围内用电波、γ射线、X射线、紫外线、红外线、激光和超声波等直接杀虫杀菌或使害虫不育来防治病虫。

六、外科手术

外科手术是治疗枝干病害的必要手段。例如,治疗苹果树腐烂病,可直接用快刀将病部组织刮干净后涂药。刮除番茄茎秆灰霉病病斑后,涂药治疗效果也很好。

实施任务

1. 设施秋番茄人工摘除菌虫技能训练

(1)傍晚观察番茄植株叶片上新鲜的虫粪或缺豁处,以及果实、茎秆的孔洞,查找并用手捕捉青绿色至黄绿色的棉铃虫幼虫。虫蛀的果实需要直接摘除,集中带出田外销毁。

(2)手持塑料袋,轻轻包住灰霉病病果、病叶,摘除后带出田外集中销毁。

2. "日晒高温覆膜法"防治韭蛆技能训练

此方法是由中国农业科学院蔬菜花卉研究所张友军团队研发,这套技术规程已经报批国家农业行业标准,并于2019年9月1日颁布实施。

(1)割除韭菜　覆膜前1～2 d贴近地表面割除韭菜,并清除菜地。

(2)覆膜压土　晴天上午8:00左右,覆盖厚度为0.10～0.12 mm的浅蓝色无滴膜,覆膜边缘应超出所覆盖田块40～50 cm,四周用土压实,避免漏气影响增温。

(3)去土揭膜　正常天气下,当天下午6时左右揭膜,或覆膜后膜下5 cm处的温度达40℃以上持续4 h可揭膜。

(4)缓慢浇水　揭膜待土壤温度降低后浇水。

☞ 归纳总结

通过本次教学活动,掌握以下知识和技能:

(1)了解物理机械防治病虫害的主要方法、原理。

(2)学会利用物理机械方式防治蔬菜病虫害技术。

(3)掌握物理机械防治蔬菜病虫害技能。

自我检测

1. 选择题

(1)利用某些害虫的(　　),人工振落害虫并集中捕杀等。

A. 趋化性　　B. 趋光性　　C. 趋避性　　D. 假死性

(2)蚜虫、粉虱和飞虱对(　　)有明显的趋向性。

A. 灰色　　B. 银灰色　　C. 黄色　　D. 白色

(3)用(　　)高温堆沤粪肥 2～3 周可杀死其中的许多病菌。

A. 100℃　　B. 50～70℃　　C. 35℃　　D. 25～40℃

(4)田间可用(　　)诱捕棉铃虫成虫。

A. 糖醋液　　B. 太阳能杀虫灯　　C. 蓝板　　D. 黄板

(5)膜下 5 cm 处的温度达(　　)以上持续 4 h 可杀灭韭蛆。

A. 60℃　　B. 40℃　　C. 75℃　　D. 52℃

2. 简答题

(1)总结人工摘除菌虫的好处及要点。

(2)总结“日晒高温覆膜法”防治韭蛆的创新点。

任务四　蔬菜病虫害的生物防治

任务描述

学习生物防治蔬菜病虫害的原理和意义，学会应用生物防治蔬菜病虫害的创新理念与方法。

利用有益生物和其代谢产物防治有害生物的方法为生物防治，其原理和方法主要有竞争作用、颉颃作用、交互保护作用、利用天敌昆虫及应用生物农药等。

一、颉颃作用和竞争作用

一种微生物的存在和发展限制了另一种微生物的存在和发展，这种现象称作颉颃作用。有些微生物生长发展很快，与病原物争夺营养、空间、水分及氧气，从而限制了病原物的繁殖和侵染，这种现象称作竞争作用。

二、交互保护作用

交互保护作用最初是在研究植物病毒病害时发现的，是指用病毒弱致病株系(生产上称为弱毒疫苗)保护植物免受同种病毒强力致病株系侵染的现象。目前利用弱毒疫苗防治植物病毒病在生产上已有应用。

三、利用天敌昆虫

园艺植物生态系统中存在着大量天敌昆虫和害虫，它们之间通过取食和被取食的关系，构成了复杂的食物链和食物网。天敌昆虫按其取食特点可分为寄生性天敌和捕杀性天敌两大类。寄生性天敌昆虫总是在生长发育的某一时期或终生附着在害虫的体内或体外，并摄取害虫的营养物质，从而杀死或致残某些害虫，使害虫种群数量下降。捕食性天敌则通过取食直接杀死害虫。

充分利用本地天敌昆虫抑制有害生物是害虫生物防治的基本措施。自然界天敌昆虫资源非常丰富，在各类作物种植区均存在大量的自然天敌。保护天敌昆虫一般可采用提供适宜的替代食物寄主、栖息和越冬场所等措施，结合农业措施创造有利于天敌昆虫的环境，避免农药的大量杀伤等，一般不需要增加费用和花费很多人工，方法简单且易于被种植者接受，在生产上已开始大规模地推广应用。

引进天敌昆虫要考虑天敌昆虫对害虫的控制能力和引入后天敌昆虫在新环境中的生态适应能力和定殖能力，防止天敌引进带入其他有害生物，或者引进的天敌在新环境中演变成为有害生物。

从国外或国内其他地区引进天敌时，还需要人工繁殖，扩大天敌种群数量，以增加其定殖的可能性。对于本地天敌，虽然种类多，但在自然环境中有时数量较小，特别是在害虫数量迅速上升时，天敌总是尾随其后，很难控制为害。采用人工大量繁殖，在害虫大发生前释放，就可以解决这种"尾随效应"，达到利用天敌有效控制害虫的目的。

100多年来，天敌的引进取得了显著的成绩。美国和加拿大共计引进瓢虫179种，其中26种已经定居北美，起到重要的防虫作用。1888年，美国由大洋洲引进了澳洲瓢虫防治柑橘吹绵蚧，到1889年底即完全控制了吹绵蚧。该瓢虫还在美国建立了永久性的群落，直到现在，澳洲瓢虫对吹绵蚧仍起着有效的控制作用。1989年，美国还特别召开了"引入澳洲瓢虫一百周年纪念"的国际性生物防治会议。

四、应用生物农药

生物农药是指利用生物活体和生物代谢过程产生的具有生物活性的物质，或从生物体中提取的物质，作为防治有害生物的农药。生物农药作用方式特殊，防治对象专一，对人类和环境的潜在危害比化学农药小，因此广泛应用于有害生物防治。

生物杀菌剂包括真菌杀菌剂和抗生素杀菌剂等，如木霉菌、多抗霉素、新植霉素等。

生物杀虫(螨)剂包括植物制剂、细菌制剂、真菌制剂、病毒制剂、抗生素制剂和微孢子虫制剂。植物杀虫剂很多，如除虫菊素、鱼藤酮、印楝素、楝素、苦参碱等。真菌杀菌剂有绿僵菌和白僵菌等。细菌杀虫剂有杀螟杆菌和苏云金杆菌。还有病毒制剂核型多角体病毒、抗生素杀虫(杀螨)剂阿维菌素、微孢子虫和生物杀螨剂浏阳霉素与华光霉素等。

生化农药是指经人工模拟合成或从自然界的生物源中分离或派生出来的化合物，如昆虫信息素、昆虫生长调节剂等。我国已有近30种性信息素用于害虫的诱捕、交配干扰或迷向防治。灭幼脲Ⅰ、Ⅱ、Ⅲ号等昆虫生长调节剂对多种园艺植物害虫具有很好的防效，可以导致幼虫不能正常蜕皮，造成畸形或死亡。

实施任务

1. 自然界天敌识别

田间观察蜻蜓、瓢虫、草蛉等自然界中天敌的形态特征，并观察记录其活动规律。

2. 蔬菜病虫害的生物防治调查

(1)调查赤眼蜂、扑食螨等天敌在当地应用的效果。

(2)调查当地菜农应用生物农药的种类和比例。

☞ 归纳总结

通过本次教学活动，掌握以下知识和技能：

(1)了解生物防治蔬菜病虫害的原理和意义。

(2)学会生物防治蔬菜病虫害技术。

(3)掌握生物防治蔬菜病虫害技能。

自我检测

1.选择题

(1)目前利用弱毒疫苗防治植物(　　)在生产上已有应用。

A.生理病害　　B.细菌病害　　C.真菌病害　　D.病毒病

(2)充分利用(　　)昆虫抑制有害生物是害虫生物防治的基本措施。

A.适应性强的天敌　　B.捕食量大的天敌　　C.本地天敌　　D.引入天敌

(3)当害虫数量迅速上升时,本地天敌总是尾随其后,称为(　　)。

A.尾随效应　　B.颉颃作用　　C.竞争作用　　D.交互保护作用

(4)1888 年美国由大洋洲引进了澳洲瓢虫防治柑橘(　　)。

A.蚜虫　　B.吹绵蚧　　C.红蜘蛛　　D.野蛞蝓

(5)(　　)可以导致幼虫不能正常蜕皮,造成畸形或死亡。

A.灭幼脲　　B.核型多角体病毒　　C.阿维菌素　　D.除虫菊素

2.简单题

(1)举例说明利用天敌防治蔬菜害虫的意义。

(2)总结当地使用生物防治蔬菜病虫害的制约因素和解决措施。

任务五　蔬菜生产创新模式案例分析

任务描述

通过蔬菜生产创新模式案例学习,分析模式的创新点,为未来科研、推广工作中规划创新生产模式奠定基础。

生产创新模式 1　辽南地区塑料大棚“五膜三种”瓜菜高效生产模式

辽宁营口盖州市属于北温带半湿润季风气候,光照充足、气候温和、四季分明。栽培西瓜历史悠久,盖州西瓜为农产品地理标志产品,销往营口、大连、沈阳、锦州等周边城市,久负盛名。万福镇西朝阳村,地处盖州东部,昼夜温差大,土质肥沃,地下水充足。当地瓜农利用改进的双层拱架结构塑料大棚创新出“五膜三种”瓜菜模式,实现高产高效。该技术模式值得各地塑料大棚瓜菜种植区和农业产业园区借鉴,现将关键技术总结如下:

(一)双层拱架大棚结构、5 层膜覆盖

1.塑料大棚双层拱架结构

外层拱架外弦 ϕ3.3 cm 镀锌管,内弦 ϕ1 cm 钢筋,双弦连接拉花,排架高度 3.9 m,跨度 10 m,两排架间距 1.3 m,5 条纵向拉杆连接成一整体,单排架造价约 200 元。内层拱架材料

结构同外层拱架，高度 3 m，跨度 9.6 m，每排架间距 3 m，5 条纵向拉杆连接成一整体，单排架造价约 170 元。每亩大棚双层拱架及棚膜造价约 2 万元。

2.5 层膜覆盖

“1 膜”外拱架覆盖 PO 膜，或者多功能聚乙烯复合无滴膜，此膜划分为两部分，一部分是两侧设置“底裙”绑定高度约 1 m，下端用土压严实；另一部分是整幅棚膜叠压底裙落地，压膜线压牢固。“2 膜”内拱架覆盖整幅普通 PE 膜。用 8[#] 铁线支成拱，“3 膜”“4 膜”定植行上两种规格的小拱棚，内外分层覆盖普通 PE 膜。加上“5 膜”黑色地膜覆盖地面，合计 5 层膜覆盖保温。

(二)三种瓜菜模式

“一种”西瓜 3 月 5 日定植，5 月下旬采收，每亩产量约 5 000 kg，批发价格约 3.5 元/kg；“二种”西瓜 6 月 1—5 日定植，8 月上旬采收，每亩产量约 5 000 kg，批发价格约 1.2 元/kg；“三种”菜豆，8 月上旬直播，10—11 月采收，每亩产量约 3 000 kg，批发价格约 1.2～4 元/kg。

(三)种植前准备

棚内清理干净后，冬前用小型抓钩机，顺着大棚南北走向挖 4 条宽 40～50 cm，深 40 cm 平行沟。最中间空为三轮车道，可爬子蔓（副蔓，下同），间距约 2.2 m；紧挨中间两侧空为坐瓜畦，间距 2 m；边行距大棚内拱边距 1.7 m。向沟内施生鸡粪每亩约 5 m^3，鸡粪上面均匀撒施蒸熟透的黄豆 45 kg，硫酸钾型复合肥（N-P-K 为 14-16-15）30 kg。回填土厚约 20 cm，搂平整、略高出过道作为定植畦。

(四)田间管理

1.“一种”西瓜

(1)适期定植　定植前一周铺设滴灌管带系统后，用黑色地膜地面全覆盖。选择精品甜王（中熟）与瓠瓜（砧木）嫁接苗，批量购买每株成本约 1.3 元，3 月 5 日 10 cm 土温达 10℃以上，按照株距 38 cm 开穴，分别浇适量定植水，坐水栽苗，每亩定植约 700 株。

(2)三蔓整枝　保留主蔓及主蔓基部第 2～4 节 2 条健壮子蔓，其余侧枝、卷须、砧木和西瓜的 4 片子叶及早摘除。4 行西瓜两两对向引导主蔓爬向坐瓜畦，其余 2 条子蔓与主蔓相反方向引导，每隔 40～60 cm 用“U”形细铁丝卡蔓，防止瓜秧遇到刮风后乱爬。主蔓第 16～19 节授粉留瓜，瓜前端保留 7～8 片真叶摘心，一般情况下主蔓整理 4 次，长到对向定植行即行掐尖。引向最中间空地子蔓的数量倍增，对向交错约 30 cm 后掐尖，边空子蔓接近大棚边缘也要掐尖。

(3)对花授粉　晴天上午 8～9 时，摘取当天开放的雄花，对主蔓第 16～19 节当天开放的雌花柱头轻轻涂抹花粉，每朵雄花仅对雌花 1 朵，雌花授粉后随即垫压扑克牌进行标记，便于查缺补漏。每株只授粉一朵雌花，并保留一个瓜，主蔓雌花出现状况时（如畸形），用子蔓中前部雌花代替授粉留瓜。此法优点是，不像蜜蜂授粉那样没有选择性，造成结瓜过多，又要大量疏瓜，也消耗营养。瓜秧整齐情况下，每亩每人每天仅需对花约 1 h，4～5 d 内即可完成授粉坐果。

(4)棚膜管理　两层小拱棚膜（3 膜、4 膜）白天揭开，傍晚覆盖保温，定植后约 20 d，瓜蔓爬满，及时撤除小拱棚。白天温度升高到 30℃后，大棚内拱（2 膜）揭开底角，大棚外拱（1 膜）上提整幅大扇，露出底裙上沿，适当通风，傍晚分别覆盖严实保温，西瓜授粉坐果后撤下 2 膜。

(5)温度管理　定植后 5～7 d 内不通风，以提高温度，促进缓苗。缓苗后，当棚内温度高于 30℃时，逐渐通风换气，日温保持 22～25℃，夜温 15℃左右。伸蔓初期，日温 25～30℃，夜间 15℃左右。伸蔓中期，可加大通风量，使日温降低到 25℃，促进坐瓜。进入结果期，可保持白天 30℃左右，夜间 15～20℃，昼夜温差 10～15℃，以促进糖分的积累，增加果实甜度。

(6)肥水管理　定植后 3～4 d，浇一次缓苗水，促进幼苗生长，但浇水量宜小。进入伸蔓期后，结合追肥适量灌水，每亩可随水冲施美国钾宝(N-P-K 为 10-6-20，下同)5 kg，以后灌水以土壤见干见湿为原则。雌花开放到幼果坐住时应控制浇水，抑制营养生长，防止化瓜。西瓜质量达 1 kg 后加强肥水供应，防止裂瓜，每亩可随水冲施潍坊农帮富肥业有限公司生产的海藻甲壳素 20 kg，6 d 后冲施美国钾宝 10 kg、甲壳素 10 kg。以后可根据植株长势和土壤墒情均匀供水。果实“定个”后，不再追肥，管理上主要是保护叶片，防止植株早衰。此时根系吸收能力减弱，可进行叶面喷施绿野神 $N+P_2O_5+K_2O\geqslant 500$ g/L；B：3～30 g/L)200 倍液补充营养，促进生长。坐瓜期叶面喷施 2 次白糖水(白糖、水的比例是 1∶200)，能够有效增加西瓜甜度。为提高西瓜的品质，在采收前 10 d 控制浇水，出现叶片萎蔫时，少量浇水。

(7)采收　由于春季气温低，西瓜发育缓慢，授粉后约 45 d 成熟，最好上午带果柄采摘装车。

2.“二种”西瓜

(1)及时定植　前茬西瓜植株清理干净，选择精品甜王(中熟)与瓠瓜(砧木)嫁接苗，批量购买每株成本约 1 元，6 月 1—5 日在原来定植畦上，保留地膜覆盖，按照株距 40 cm 开穴，利用滴灌管带浇水栽苗，每亩定植约 670 株。

(2)田间管理　定植后气温不断提高，生长速度极快，大约 7 d 开始伸蔓，大约 25 d 即进入授粉期。6 月中下旬当地气温白天 25～32℃，夜间 12～19℃，昼夜通风降温，依靠调节通风口大小，调节室内温度控制植株徒长，促进开花结果。西瓜坐果后需要完全落下底裙，加大通风量。整枝、授粉方法同“一种”西瓜。

因鸡粪腐烂被吸收的原因，定植畦面会下沉约 10 cm 形成浅沟，更有利于灌水和保墒。早晚温度低时灌水，下雨时严防棚内进水。

高温促使果实发育进程加快，授粉后 27～30 d 西瓜即可成熟，8 月上旬采收结束。

3.“三种”菜豆

品种选择白大架、八月忙(大灰狼)等，8 月上旬必须直播完成，如果西瓜没有采收结束，可在西瓜两株中间挖穴提前抢播。每穴 2 粒，穴距 40 cm，行间距同西瓜。

(1)吊蔓　中间 2 行上方纵向架设 8# 铁线，间隔悬挂在内拱棚架下方约 2 m 高度，2 边行选择内拱棚纵向拉杆上面吊尼龙绳，尼龙绳下垂至地面长出 10～20 cm，绳头用长螺丝刀插入地下，菜豆伸蔓时按逆时针方向及时引蔓上绳。

(2)田间管理　菜豆结荚前适当控制浇水，加强通风，促进开花结荚。结荚后每亩可随水冲施美国钾宝 5 kg，5～7 d 施 1 次，共计 2～3 次。重点预防菜豆虫害，可用 20 亿多角体/mL 棉铃虫核型多角体病毒悬浮液，每亩使用 50～60 mL，稀释 1 000 倍液后喷雾防治豆荚螟；蓟马发生初期，可用 6%乙基多杀菌素乳剂 1 500 倍液喷雾防治，注意均匀喷洒全株及各个角落，发生严重时，每隔 6～7 d 喷 1 次，连续喷 2 次。10 月中旬，夜间气温下降时，重新覆盖 2 膜，加强保温。

(五)效益分析

1.每亩产值

折算每亩"一种"西瓜批发收入均约 17 500 元,"二种"西瓜批发收入均约 6 000 元,"三种"菜豆,批发价格按 2 元/kg 计算收入均约 6 000 元。总产值合计约 29 500 元。

2.每亩费用支出

(1)种苗　每亩种苗投入费用约 1 680 元。

(2)农资　每亩鸡粪 200 元、黄豆 200 元,复合肥、钾宝、甲壳素等商品肥料费用约 1 000 元,杀虫剂、杀菌剂、地膜等合计约费用 400 元。

(3)机械　每亩挖沟费用约 300 元。

(4)人工　人工费用只能粗略统计。①生产准备:施基肥、做定植畦、安装滴灌系统、覆盖地膜、上棚膜等约计 5 d;②"一种"西瓜:植株调整 12 d,授粉计 1 d,定植 1 d,浇水 1 d,植保 1 d,通风 2 d,采收 2 d,合计 20 d;③"二种"西瓜:用工要减少 1～2 d,约 18 d;④"三种"菜豆:播种、植保、整枝、灌水等合计约 4 d,采收约 20 d。当地每人每日工资按 100 元计算,管理工时约 67 d,合计人工费约 6 700 元。

(5)设施折旧、维护费用　设施使用寿命按 15～20 年计算,每亩折旧费用、维护费用,合计约 2 000 元。

(6)其他杂费　土地租金每亩费用约 700 元,电费等其他费用 200 元。

每亩费用支出合计约 13 380 元。

3.经济效益

每亩净利润约 16 120 元。在当地每户夫妻 2 人合作,临时雇短工方式,通过上面标准的塑料大棚"三种瓜菜"模式与普通标准塑料大棚"两种西瓜"模式("一种"西瓜精品甜王,6 月下旬收获;"二种"西瓜早熟品种沙蜜佳,10 月收获)相结合,分期定植,错开管理高峰,可经营管理塑料大棚面积约 6 800 m^2,实现年净利润 14 万元以上。大部分农活都是瓜农自己操作完成的,实际雇工费用支出很少,因此人工费用并没有全部支出去,6 800 m^2 塑料大棚管理经营实际年纯收入可达 18 万元以上。

生产创新模式 2　辽北地区日光温室越冬番茄优质高效生产技术模式

辽北地区冬季高寒,寒潮来临时户外气温最低可达－27～－20℃,每次持续时间一般 5～15 d,每年寒潮出现 1～2 次,多出现在 12 月下旬至翌年 2 月上旬,制约着当地日光温室果菜类蔬菜生产安排。因此,当地日光温室番茄生产形成春、秋两个鲜明茬口:春茬,一般 1～2 月定植,6 月拉秧;秋茬,一般 6～7 月定植,11 月拉秧。

当地番茄生产一直存在"重产量、轻品质"的问题,每亩日光温室秋番茄产量可达 10 000 kg,春番茄产量可达 0.8 万 kg,但是产品上市集中,销售价格不稳定。如 2018 年 10 月收购价高达 5 元/kg,而 2016 年 11 月也曾经收购价降低到 0.6 元/kg,经常是"增产不增收"。

为此辽宁职业学院进行多年日光温室番茄生产实践,致力于解决番茄产量和品质之间的矛盾,没有片面追求高端、高价销售路径,在当地创出了"口感型番茄"品牌,获得较好的经济效益和社会效益。在此基础上,2018—2019 年度进行了日光温室越冬番茄优质高效生产实践,生产的口感型番茄(真优美)每亩总产量可达 5 000 kg 以上,产品绿色果肩、纵向放射状条纹明显，含糖量高达8%，酸甜可口，迎合大众鲜食水果口感标准，1～3月批发价格高达16元/kg，同期生产的樱桃番茄凤珠(409)每亩总产量可达4 000 kg以上，产品含糖量达到10%，皮薄、肉质脆嫩，1～2月零售价格达30元/kg。该技术填补了辽北地区日光温室越冬番茄生产的空白，产品质量更优、价格更高，同时由于结果期长，产量相应提高，经济效益显著，适用于休闲农业、生态采摘园。现将经验总结如下：

(一)加温设备选择

辽宁职业学院实训园区日光温室为改进辽宁鞍山Ⅲ型，单层棉被覆盖，保温效果略逊于辽宁铁岭当地传统的高纬度强化保温型日光温室。在以往口感型番茄日光温室秋冬生产中，进入12月份低温季节，室内最低气温降到2～3℃，仅仅能维持植株不受冻害，虽价格高，但是不能正常开花结果，因此不能连续生产。显然进行番茄越冬生产，这样的低温条件是必须克服的。

为此温室(长度70 m)东西两侧各安装1台全自动智能温控暖风机(功率：10 kW或15 kW)，实践证明，应用此辅助加温方式既能保证温室越冬番茄生产安全，又经济划算。应用暖风机优点：一是自动控温；二是升温快，开启后暖风即扑面而来；三是节约环保。仅在12月下旬至翌年2月上旬寒潮来临期夜间辅助加温，维持室内最低温度10～12℃为宜。

(二)优良品种选择

选择耐低温、抗病性强、生长势强、外观口感风味俱佳的优良番茄品种，如真优美、凤珠(409)等种植。

真优美：从日本引进，无限生长，大果型番茄，果实深粉红色。经过植株控旺管理，会出现果实脐部为中心明显的放射状条纹，绿果肩，单果质量50～150 g，口味酸甜。耐寒性和抗病性较强，较耐番茄病毒病，不抗根结线虫病。株型清秀、紧凑，叶深绿色，适宜密植。

凤珠(409)：中国台湾农友种苗公司育成的无限生长类型樱桃番茄，果实长椭圆形，果实肩部下方分布2～4个凹坑，外形不饱满，成熟果实红色，单果质量约16 g，肉质细致，风味甜美，含糖量可达9.6%。植株生长势、耐寒性和抗病性较强，较耐番茄病毒病，抗根结线虫病和枯萎病。

(三)生产合理安排

主要依据市场需求，8月上旬育苗，9月上旬定植，12月中旬至翌年6月中旬采收。

(四)培育无病毒壮苗

番茄高温季节育苗关键技术是防止幼苗徒长和防止病毒病传播。具体措施：一是避雨育苗，育苗场地加强通风。二是基质内适量加入辽宁省农业科学院土肥所研制、沈阳市金桥专用肥料厂生产的蔬菜花卉育苗母剂(含腐殖酸＞30%，$N+P_2O_5+K_2O$＞20%，下同)，能给秧苗提供全面合理的营养成分，苗齐苗壮、根系发达、叶片肥厚浓绿，并能有效调控蔬菜秧苗的徒长，每立方米基质中均匀混入500 g，苗期不可控制浇水，防止形成老化苗。三是及时防虫防止病毒病传播，蓟马发生初期，可用6%乙基多杀菌素乳剂1 500倍液，或0.6%烟碱·苦参碱乳油1 000倍液喷雾防治；粉虱发生初期，可用5%的啶虫脒(A+B虱无影)乳剂1 000倍液喷雾防治。

(五)整地施基肥定植

9月上旬定植前，每亩施基肥量为腐熟的有机肥5 000 kg，硫酸钾型复合肥(N-P-K为

14-16-15)50 kg,混匀深翻入土后耙平。

按照 80～85 cm 行距开设 5 cm 深定植沟,按株距 35 cm 栽苗,每亩保苗 2 200 株左右为宜。首先向定植沟内摆苗,覆土浅埋根部,然后沿沟内灌足水,2～3 d 后浇 1 次缓苗水,苗长高到 25 cm 左右时起 10 cm 高的垄,每行根际铺设 1 条滴灌带,滴水孔朝上。定植时每亩根部穴施 1 000 g 育苗母剂防止植株徒长,有效期约 30 d。生长至 9 月下旬,每 2 行铺设 1 幅黑色地膜以利保墒。

(六)田间管理

当前“控旺”对番茄品质的提升效果,得到一致认同。在辽宁职业学院日光温室口感型番茄的生产中,2008 年 5 月曾发生过烟害,结果中期番茄植株的壮龄叶片全部干枯,而意外收获是番茄果皮嫩薄、回味香甜。此外日光温室受到土壤根结线虫轻微危害的植株,长势变弱,但结出的果实味儿甜、硬度好。

口感型番茄生产技术中优良品种选择的确是主要环节之一,但是番茄栽培中的关键技术对生产优质产品的贡献应该是共同的、综合的,切不可任意夸大某一措施的作用。

辽宁职业学院曾经对番茄开花期植株进行断根、肥烧等处理试验,没有达到理想的“控旺提质”效果。另外试验:番茄坐果期(整穗)套纸袋处理后,果实表皮光泽靓丽、皮薄不裂,而套塑料袋处理后,果实表皮粗糙、味儿酸,间接验证降低空气湿度会提高番茄品质。辽北地区越冬番茄生产环境能够满足昼夜温差较大、光照充足条件,因此土壤和空气湿度控制、增施优质有机肥、平衡施肥、叶片保健等环节,尤为重要。

1.越冬前基于坐果的特色管理

(1)植株调整　单干整枝。只保留主干,其余侧枝生长到 10 cm 长度及时抹掉。当植株高达 30 cm 左右直立生长时期及时绑蔓,尼龙绳上端留有活动余地并打结悬挂于温室半空布设的铁线上,下端亦留有余地系扣,要求既能方便解开又能牢固地绑定植株,也可采用专用番茄塑料夹子固定尼龙绳,并卡住植株下端苗茎,顺着同一方向缠绕植株引导其向上生长,顺着铁线调整尼龙绳间距使植株合理占据室内空间。

(2)保花保果　“防落素”喷花处理。大果型番茄(真优美)每穗花序有 3～4 朵小花正在开放时,用 30～50 mg/L 的药液对花托部分喷雾处理,一般间隔 6 d 处理 1 次,每个花序一般可着生 3～10 朵小花并相继开放,为增加每穗坐果数量,后期开放的小花可继续喷花处理,每穗可选留 3～6 个果,疏掉畸形果和过多的小花,提高果实商品率。樱桃番茄(凤珠)同法处理,每穗可留果 15～20 个。

(3)严格肥水管理控旺　控制水分是控旺提升品质的关键措施。定植后,充足供水,促使其生长健壮。坐果期适当控水,促进果实膨大。结果期“以果控秧”,均衡浇水。

平衡施肥是控旺提升品质的保障。增施优质有机肥料基础上,结果期每 10 d 左右施 1 次肥,选择高钾含量复合肥料如每亩随水冲施美国阿尔法农化(青岛)有限公司生产的美国钾宝(N-P-K 为 10-6-20)5 kg,交替施用高钙含量水溶性肥料如每亩可随水冲施潍坊农邦富肥业有限公司生产的海藻甲壳素 20 kg,忌偏施氮素化肥如尿素等。

2.越冬期的连续坐果膨果管理

(1)防止番茄低温障碍　番茄开花期从 10 月上旬至翌年 4 月下旬,时间长达 6 个月,需要根据室内温度变化和植株长势调整药剂浓度。由于低温环境、果实坠秧、管理控旺等原因,造成植株生长点有滞育倾向时,需要加强管理,待植株恢复常态后再喷花处理。

番茄开花、结果长期处于超低温环境下(温室内夜间低温降到 1～6℃),容易出现较多僵果(果面暗淡少光泽,果肉口感僵硬)、豆果(个体小,滞育)、裂果(脐部不封口类型)。保证室内温度(晴天白天 25℃左右,夜温 10～15℃)、土壤含水量(15%～17%)符合番茄生长发育要求,促使花开得艳,喷花处理后,果实才能正常膨大。

(2)适度灌水 寒冷季节仅在冲施肥料时适度灌水,以保护地温。

(3)辅助加温 加强保温基础上,进入 12 月下旬,有寒潮(户外气温－27～－20℃)来临,或者连续阴雪天气,室内温度过低时,开启全自动智能温控暖风机,设定目标温度(12℃),温度回差(低于目标温度 2～3℃再加温),即自动加温,既能保证番茄药剂保果处理后果实膨大正常,还兼顾节约能源。

(4)科学通风 通风调节室内温度、湿度,同时补充二氧化碳浓度。通风应以满足番茄生长发育温度为主要依据,晴天白天 25～30℃,夜间 10～15℃为宜,在此基础上,尽量增加通风量和通风时间,以降低湿度预防病虫害发生,同时提高番茄品质。另外,夜间全自动智能温控暖风机工作时,促使空气流动,也起增温降湿作用。

3.越冬后的植株复壮管理

(1)落蔓 当番茄生长点接近铁线及时落蔓:打开植株下端尼龙绳绑定的活扣,左手拎着植株,右手渐渐松解缠绕主干的尼龙绳,然后依据植株下落长度,持塑料夹子固定在尼龙绳适宜位置,同时卡住植株中间相应节位。调整植株下落长度和位置,使植株统一向南(或统一向北)倾斜,降低植株高度,植株上端仍缠绕于尼龙绳上继续引导向上生长。果实渐变转红其下端老化叶片均可摘除,以利通风透光。植株长度可达 3 m 以上,单株结果 10 穗以上。

(2)加强肥水管理 植株通过落蔓降低高度,参照越冬前管理平衡施肥,加强肥水供应,植株生长势恢复健壮以后,表现上层花开得艳丽,果实表面光泽明显,番茄产量和品质均有提升。

4.病虫害全程预防

越冬番茄生长期长,不同时期要有不同的病虫害预防重心:定植后预防茎基腐病、病毒病、蓟马、棉铃虫。9、10 月份预防晚疫病、白粉病、棉铃虫,翌年 2、3 月份预防番茄叶霉病,全程预防灰霉病、粉虱、美洲斑潜蝇。依据“预防为主,综合防治”的方针,加强田间管理,实时监控,做好“未病先防、既病早治、瘥后(病愈)防复”。发现病虫害初期及时采取物理手段,如人工摘除菌虫病残,并带出田外销毁。配合使用生物药剂、高效低毒的化学药剂进行药剂保护,保证产品质量安全。

(七)效益分析

1 台全自动智能温控暖风机价格约人民币 1 000 元,寒冷季节 1 栋日光温室 2 台暖风机平均 1 d 辅助加温合计耗电量约 160 kW,计费约 128 元,约 50 d 的加温时间,总计耗电费约 6 400 元。相对越冬番茄的高效,投入比较经济,而且环保。

辽北地区日光温室春番茄一般 4 月上旬才刚刚开始上市,而越冬番茄采收期可从 12 月中旬至翌年 6 月中旬,不仅经济效益显著,同时填补了辽北地区日光温室 1～4 月番茄市场供应空缺,又具有很高的社会效益。

实施任务

1. 案例·对生产创新模式 1 进行归纳总结和创新点分析

生产模式 1 总结：

辽宁营口盖州市万福镇西朝阳村瓜农，建造双层拱架结构塑料大棚，创新出"五膜三种"瓜菜生产模式，实现了每亩净利润约 1.6 万元的较高效益。通过双层拱架结构塑料大棚"五膜三种"瓜菜模式与普通标准塑料大棚"两种西瓜"模式相结合，分期定植，错开管理高峰，夫妻 2 人(临时少量雇短工)能经营管理塑料大棚面积约 6 800 m^2，实现经营管理年纯收入 18 万元以上。

生产创新模式 1 创新点分析：

(1)塑料大棚结构创新——双层拱架结构，相比日光温室造价低廉，性价比高。

(2)大棚覆盖方式创新——"5 膜覆盖"保温。

(3)种植茬口创新——创新结构塑料大棚"三种瓜菜"，每个茬口瓜菜上市安排合理。

(4)生产统筹安排创新——创新结构塑料大棚"三种瓜菜"模式与普通标准塑料大棚"两种西瓜"模式相结合，分期定植，错开管理高峰，经济效益高。

2. 参照上面案例，对生产创新模式 2 进行归纳总结和创新点分析

考核评价

过程考核+课业考核相结合。

任务名称：生产创新模式分析

时间：________ 地点：________________ 小组：________

学习态度(10%)	生产创新模式 1 学习互动问答(25%)	生产创新模式 2 归纳总结(25%)	生产创新模式 2 创新点分析(40%)
①学习态度认真，学习状态好。(9～10 分) ②学习态度较认真，状态一般。(6～8 分)	①回答问题准确，掌握该模式的中心思想和创新点。(23～25 分) ②回答问题相对准确，基本了解该模式的中心思想和创新点。(15～22 分)	①归纳总结简练准确。(23～25 分) ②归纳总结较为完整。(15～22 分)	①独立完成，分析准确完整。(满分 36～40 分) ②独立或者合作完成，分析较为完整，少数语法错误。(30～35 分) ③合作完成，分析不够完整，或者语法错误较多。(24～30 分)

单元三

蔬菜生产专题

项目一　瓜类蔬菜专题

项目二　茄果类蔬菜专题

项目三　白菜类蔬菜专题

项目四　葱蒜类蔬菜专题

项目五　菜豆、芹菜、马铃薯、萝卜专题

瓜类蔬菜专题

专题一　黄瓜生产

学习目标

学习黄瓜生长发育理论，掌握温室黄瓜高产的理论基础和优质高效的管理关键技术。

素质目标

培养学生潜心钻研农业生产新技术，并应用于生产实际的能力，培养安全高效的生产意识。

一、理论基础

黄瓜又称胡瓜、王瓜，葫芦科黄瓜属一年生草本蔓生攀缘植物。黄瓜是常见蔬菜，种植非常普遍，南北皆有，一年内可以多茬栽培，供应时间长，是北方寒冷地区保护地越冬种植的最主要的蔬菜之一，在改善市场供应和提高农民收入方面有重要意义。

黄瓜起源于喜马拉雅山南麓的热带雨林地区，汉代张骞出使西域时带回中原，经过近两千年的种植和培育，发展成现今北方地区广泛种植的有棱有刺的华北系统黄瓜。此外，黄瓜经由越南传入我国南方，由于生态环境不同，形成了现在南方普遍种植的果形短粗、无棱无刺的华南系统黄瓜。

适应性强，栽培广泛是黄瓜一大特点。黄瓜果实中含有丰富的维生素 A、维生素 C 及其他对人体有益的矿物质。黄瓜食用方便，适作鲜食、凉拌、熟食、泡菜等。

(一)类型

由于黄瓜栽培广泛，历史久远，类型和品种十分丰富。根据品种的分布区域及其生物学性状分为下列类型：

(1)南亚型黄瓜　分布于南亚各地。茎叶粗大，易分枝，果实大，单果重 1～5 kg，果呈短圆筒或长圆筒形，皮色浅，瘤稀，刺黑或白色。皮厚，味淡。喜湿热，严格要求短日照。

(2)华南型黄瓜　分布在中国长江以南及日本各地。茎叶较繁茂，耐湿、热，为短日性植物，果实较小，瘤稀，多黑刺。嫩果呈绿、绿白、黄白色，味淡；熟果呈黄褐色，有网纹。

(3)华北型黄瓜　分布于中国黄河流域以北及朝鲜、日本等地。植株生长势中等，喜土壤湿润、天气晴朗的自然条件，对日照长短的反应不敏感。嫩果呈棍棒状，绿色，瘤密，多白刺；熟果呈黄白色，无网纹。

(4)欧美型露地黄瓜　分布于欧洲及北美洲各地。茎叶繁茂，果实呈圆筒形，中等大小，瘤稀，白刺，味清淡，熟果呈浅黄或黄褐色，有东欧、北欧、北美等品种群。

(5)北欧型温室黄瓜　分布于英国、荷兰。茎叶繁茂，耐低温弱光，果面光滑，浅绿色，果长达 50 cm 以上。有英国温室黄瓜、荷兰温室黄瓜等。

(6)小型黄瓜　分布于亚洲及欧美各地。植株较矮小，分枝性强。多花多果。

(二)生物学特性

1.植物学特征

(1)根　黄瓜为浅根作物，大部分根系分布于 20 cm 表层土壤中。

黄瓜根系木栓化时间早、程度强，受损伤后不易恢复，因此黄瓜是不太耐移植的蔬菜。在移植过程中必须采取护根措施，幼苗根系损伤少是提高成活率、缩短缓苗期的关键措施。

(2)茎　茎的横切面呈五角形。茎蔓生，6～7 片叶后节间伸长生长迅速，或攀缘于其他支撑物上，不能直立生长。一般早熟种茎较短而侧枝少，中、晚熟种茎较长而侧枝较多。茎长者可达 3 m 以上。

茎基部近地面有形成不定根能力，尤其幼苗生不定根能力强。不定根有助于黄瓜吸收肥水，因此栽培上有“点水诱根”之说。

(3)叶　黄瓜叶片呈掌状五角形，叶缘呈浅裂锯齿状。叶片的上下表面均具表皮毛。黄瓜单个叶片面积大，蒸腾耗水量大。

叶腋着生侧枝、卷须和花器官。卷须是黄瓜变态器官，第三片叶后，每一叶腋均产生不分枝的卷须。自然生长状态下，卷须起攀缘作用，卷须形态反映植株生长状态。栽培黄瓜人工绑秧蔓，无须依靠卷须攀缘，往往将卷须掐去避免营养无效消耗。

(4)花　黄瓜是雌雄异花同株作物，偶尔出现，两性完全花或坐果不良，或果实畸形。

在生产实践中，花的发育与植株生育状态有密切的相关性(表 3-1)，人为地用化学药剂控制花器性别时间应以植株发育状态为主要依据，应在控制节位的花尚未进行性别分化时进行处理。控制性别的处理也不会一劳永逸，每次处理只对正在分化的花有效。

表 3-1　黄瓜幼苗生育状态与花器分化相关性(卢育华，1982)

幼苗生育状态(叶片数)	子叶	1 片叶	2 片叶	3 片叶	4 片叶
已分化叶片数	2	8～9	11～13	20～22	27～28
花器分化节位	0	5～6	9～14	17～18	23～25
花器性别确定节位	0	3	5～6	14～15	20～21

黄瓜雌雄花比例受多种因素影响而改变。由于系统发育形成的固有的生物学特性，黄瓜在低温短日照条件形成雌花数量多。一般来说，15℃以下的低夜温，8 h 以下的短日照有利于

雌花形成，并且雌花始花节位降低。夜间温度低于15℃及短于8 h日照程度加重时，雌花数量增加，但对黄瓜生长发育不利。温度过低生长不良，会导致雌花成为无效花。雌花多少与品种也有关，有的品种或杂交种雌花数量多，且始花节位低，另一些品种则相反。水分条件对雌花形成有影响，空气湿度与土壤含水量高时有利于雌花形成。肥料种类和施用方法能影响雌雄花比例，氮和磷分期施用较一次施用有利于雌花形成，雌花增加30%～100%，而分期施用钾肥有利于雄花形成。增加有机肥用量导致雌花数量增加。施用二氧化碳能促进雌花形成和雌花数量增加。

乙烯利(100～200 mg/L)有促进雌花形成和增加雌花数量的作用；赤霉素(50 mg/L)能促进雄花形成并增加其数量。

(5)果实　瓠果，由子房和花托共同发育而成，植物学上称为假果。黄瓜有单性结实能力，即黄瓜果实无子或种子空瘪，不经授粉也产生无子果实，为天然单性结实。保护地栽培的黄瓜选择单性结实能力强的品种或杂交种有利于产量形成。

黄瓜苦味的发生是由于瓜内含有一种苦味物质，叫做苦瓜素。一般存在部位以近果梗的肩部为多，先端较少。此种苦味有品种遗传特性，所以苦味的有无和轻重常因品种而不同。同时生态条件、植株的营养状况、生活力的强弱等均足以影响苦味的发生，所以虽同属一株，其根瓜发苦，而以后所结的瓜则不苦。如果某品种或植株原来苦瓜素的含量比较多，在定植前后水分控制又过狠，果实液泡中果汁浓度大，相对的苦瓜素含量就更高，因而吃时显得发苦；此后大量浇水，生育迅速，于是苦味大大变淡，就不感觉苦了。此外氮素多、温度过高或过低、日照不足、肥料缺乏、营养不良，以及植株衰弱多病等生育不正常时，苦瓜素都易于形成和累积，因此从栽培上设法使黄瓜的营养生长和生殖生长、地上部和地下部的生长平衡，是防止苦味发生的根本措施。

(6)种子　扁平、长椭圆形、黄白色。一般每个果实内含有100～300粒种子，千粒质量23～42 g，采种后约有数周休眠期。种子的寿命2～5年不等，因贮藏条件而不同，干燥贮藏时10年仍保有发芽力。

2.生育周期

黄瓜生育周期大致分为发芽期、幼苗期、初花期和结果期四个时期。

(1)发芽期　本期由播种后种子萌动到第一片真叶出现，约需5～6 d时间。

本期应给予较高的温湿度和充分的光照，同时要及时分苗(真叶出现前)，以利成活，并防止徒长。

(2)幼苗期　由真叶显露到4～5片真叶展平为幼苗期，历时20 d左右。此期应注意管理苗床温度，尤其是夜间温度，通过调节温度控制幼苗的生长速率。黄瓜出苗后下胚轴生长很快，幼苗出土就应降低苗床温度以控制下胚轴徒长。

(3)初花期　本期由真叶4～5片定植开始，经历第一雌花出现、开放，到第一瓜坐住为止，约需25 d。本期花芽继续形成，花数不断增加。栽培的原则：既要促使根系增强，又要扩大叶面积，确保花芽的数量和质量，并使之坐稳。因而生育诊断的标准：叶面积/茎重比相对地要大，但叶的繁茂必须要适度。

(4)结果期　本期由第一果坐住，经过连续不断地开花结果，直到植株衰老，开花结实逐渐减少，以至拉秧为止。结果期的长短与栽培季节有关，春黄瓜和春夏黄瓜为50～60 d，秋黄瓜一般为40 d，日光温室越冬栽培的黄瓜开花结果期则长达6～8个月。

开花结果期植株的茎叶和果实生长量都很大，特别是采收盛期生长量更大。由于果实不断地把氮、磷、钾等营养元素携走，钾携走量最大。因此，结果期内及时补充氮、磷、钾是十分必要的。

3.对环境条件的要求

(1)温度　黄瓜是喜温作物，不同生长期的适宜温度不同，种子发芽的适宜温度为27～29℃，植株生长发育适宜温度：幼苗期昼温22～25℃，夜温15～18℃；开花结果期昼温25～29℃，夜温18～22℃。地温的适宜温度范围与夜间适宜温度相近。35℃时达光合作用补偿点，高于35℃时生理失调，易形成苦味瓜，同化效率下降。45℃时叶片褪绿，超过46℃时，黄瓜植株出现致死的高温障碍，顶端枯萎，叶片黄化。50℃时茎叶坏死。温度低于适宜温度时也影响生长发育，10～13℃能引起生理紊乱，4℃受寒害，0℃引起冻害。根系在低温或高温条件下生长和吸收功能不良，甚至受害死亡。经受低温锻炼的幼苗可以忍受2～3℃低温。

昼夜有一定温差对黄瓜生长十分有利，一般情况下昼温25～30℃，或温度再高些，夜温13～15℃，昼夜温差10～17℃适宜。比较理想的昼夜温差为10℃左右。

(2)光照　黄瓜是适宜于中等光照强度的作物。它的光饱和点是55 000 lx，光补偿点是2 000 lx。试验结果表明：提高光照强度有利于光合作用的提高。因此，栽培黄瓜时，尤其是日光温室内栽培时，应注意改善光照条件。光照长度对黄瓜生长发育有影响，特别是对雌花与雄花的比例影响大。

(3)水分　由于系统发育的影响，黄瓜喜湿而不耐旱。它要求的土壤湿度为85%～95%，空气湿度白天80%，夜间90%。

黄瓜在不同的生育阶段对水分的要求也不相同。

①发芽期　浸种催芽时要求水分多，以便进行水解，使种子的贮藏物质得以转化、利用，迅速发芽。但播种时浇水不要过多，以免引起腐烂。

②幼苗期　适当供水，不可过湿，以防寒根、徒长和病害的发生。

③初花期　对水分要适当加以控制，借以解决水分、温度和坐果三者之间的矛盾。

④结果期　由于营养生长和生殖生长同时进行，叶面积逐渐扩大，果实采收量不断增加，故本期的水分供应也要相应地加多。

(4)土壤和矿质营养　黄瓜根系浅，以选择富含有机质，透气性良好，既能保水又能排水的腐殖质壤土进行栽培，最为适宜。黄瓜在黏质土壤中生育迟，但生育期长，产量较高；沙土或沙质壤土栽培黄瓜，生育早，但易老化。

黄瓜宜于微酸性到弱碱性的土壤，pH 5.5～7.6均能适应，pH 4.3以下就会枯死，最适宜的土壤环境为pH 6.5。

表3-2　黄瓜最佳处理产量三要素施肥比

养分	产量/(kg/hm²)	施用量/(kg/hm²)	吸收量/(kg/hm²)	施肥量与吸收量比值	1 000 kg产量养分吸收量/kg
氮(N)	53 235	375.0	143.1	2.62	2.78
磷(P_2O_5)	53 235	90.0	90.9	0.99	1.83
钾(K_2O)	53 235	300.0	206.9	1.45	3.90

氮、磷、钾对黄瓜整个生育期具有重要意义。黄瓜一生中养分吸收速率由弱渐强，强度最大值出现在结果盛期内，平均每天每公顷吸收氮、磷、钾数量为 3 423 g、690 g 和 5 560.5 g。

二、生产技术

(一)日光温室越冬茬黄瓜生产技术

1. 栽培时期

日光温室越冬茬黄瓜生产一般于 9 月下旬至 10 月上旬播种，于 10 月中旬至 11 月中旬定植，采收供应期在 12 月中下旬至翌年 6 月。在整个栽培期内，结果期温度低，栽培难度较大。采收期长，经济效益高，需用嫁接育苗。在高寒的辽北地区日光温室需要配备加温设备。

2. 育苗

(1)品种选择　选择耐低温弱光品种，这类品种具备植株长势强，不易徒长，分枝少，雌花节位低，瓜码密，瓜条商品性好，高产抗病等特性。生产中应用的有水黄瓜类型优良品种如津优 35 号、津优 36 号、津绿 3 号、津春 3 号、寒日、津优 316 等；旱黄瓜类型如绿岛 1 号、绿岛 3 号、顺风八号、超级二绿 8 号等；北欧型黄瓜如荷兰水果黄瓜等。嫁接用南瓜砧木可选用白籽南瓜、黄籽南瓜。

(2)浸种催芽 黄瓜的用种量为每亩 120 g 左右。播种前进行种子消毒，首先晒种 1～2 d，然后温汤浸种，将种子放入 55～60℃水中，不断搅拌，在搅拌过程中不断加热水，以保持水温，15 min 后，倒入凉水，将温度降至 30℃，浸泡 6 h，浸种后将种子捞出，用纱布包好，置于 25～30℃的温度下催芽，“露白”即可播种。南瓜籽温汤浸种处理方法同上，常温浸泡时间 3 h。

(3)育苗准备　床土配制：用大田土、充分腐熟的有机肥、少量化肥及杀菌剂配制营养土。大田土 60%～70%，从小麦、玉米田取土，要求土壤肥沃、无病虫害、无除草剂残留；有机肥 30%～40%，以堆肥、厩肥为好。可按每立方米营养土加复合肥(N-P-K 为 15-15-15)2 kg，加入肥料，以提高营养土的肥力。

床土消毒：将药剂先和少量土壤充分混匀，再和计划的土量进一步拌匀成药土。播种时，2/3 铺底，1/3 覆盖，使种子四周都有药土，可以有效地控制苗期病害。常用药剂有多菌灵和甲基托布津，每平方米苗床用量 8～10 g。

(4)播种　向营养钵内装营养土，营养土不宜装太满，距离营养钵口 2 cm。装钵后，将营养钵整齐地摆放在苗床内。在播种前要浇足底水，水渗下后，用小木棍在营养土中央扎一个小孔，将南瓜种子平放在营养土表面，胚芽朝下紧贴孔壁，然后覆土，用手抓一把潮湿的营养土，放到种子上，形成 2～3 cm 厚的圆土堆。然后覆盖地膜(或其他遮阳物)以保温保湿，当有 75%种子出苗时即可撤掉覆盖物。黄瓜种子播种方法参照南瓜的种子播种方法，每个营养钵可播种 2～3 粒。

采用插接法嫁接，先播种南瓜，南瓜播种 5～6 d 后播种黄瓜。南瓜 1 片真叶半展开，黄瓜子叶平展时嫁接。嫁接方法参照蔬菜生产核心技能。

(5)苗期管理　播种后至出苗前，白天气温保持在 25～30℃，夜间 17～18℃，地温 22～25℃。出苗后适当降温，白天气温保持 20℃，夜间 12～15℃，地温 18～20℃。育苗期间要注意地温的提高，促进根系的发育，防止发生沤根等生理病害。

定植前 10 d，白天苗床气温 16～20℃，夜间不低于 10℃，进行炼苗。当秧苗中午出现萎蔫现象时，要浇水，每次浇水要浇透，尽量减少浇水次数。营养土中有充足的养分，所以苗期无须追肥。在保温的前提下，尽量延长光照时间。在育苗后期，幼苗拥挤，容易徒长，可将营养钵挪开，加大营养钵之间的距离，俗称“排稀”以利通风透光。

3. 定植前准备

(1)整地施基肥做畦 定植前每亩施用充分腐熟的有机肥 5 000 kg，全面撒施后深耕、耙平，按大行距 70～80 cm(过道)、小行距 50～60 cm 做高畦。

(2)棚室消毒 重病的温室，定植前可用硫黄熏蒸消毒，每 100 立方米空间用硫黄 0.25 kg、锯末 0.5 kg 混合后分几堆点燃熏蒸一夜。

4. 定植

选择具有充足阳光的晴天上午定植，在畦面上开两条深 10 cm 的沟，幼苗脱钵，浅栽在沟内株距 20～23 cm，顺沟浇水，待水渗下后，用沟两侧的土封沟。定植后可在行距 50～60 cm 的两小行上覆盖地膜，对应秧苗顶端开纵向口，把秧苗引出膜外。每亩可栽苗 3 000～3 500 株。

5. 定植后管理

(1)温度 定植后不通风，气温白天 28～30℃，夜间 15～18℃，地温 15℃以上，促进缓苗。缓苗后可适当通风降温。进入结瓜期，为了促进光合产物的运输，抑制养分消耗，增加产量，在温度管理上应适当加大昼夜温差，实行四段变温管理，即晴天上午 26～28℃，下午逐渐降到 20～22℃，前半夜再降至 15～17℃，后半夜降至 10～12℃。白天超过 30℃从顶部放风，午后降到 20℃闭风。进入盛果期后仍可实行变温管理，光照由弱转强，室温可适当提高，晴天上午保持 28～30℃，下午 22～24℃，前半夜 17～19℃，后半夜 12～14℃。

(2)增加光照 日光温室越冬茬黄瓜结果中期，光照强度较弱，如在室温不受影响的情况下，尽量延长光照时间；遇阴天只要室内温度不低于蔬菜适应温度下限，就应揭开草苫；选用透光性能良好的薄膜，保持清洁；在温室后墙内侧张挂反光膜；进行合理的植株调整等措施以增加光照。

(3)肥水管理 在定植后 4～5 d，如水分不足，选晴天上午 10～12 时，浇 1 次缓苗水。伸蔓期应适当控制水分，以促进根系生长和第一雌花坐果。“根瓜”坐稳后，可结束蹲苗，进行第 1 次追肥灌水，每亩随水冲施三元复合肥(N-P-K 为 15-15-15)10 kg。以后要经常保持土壤湿润状态，每 7～10 d 灌 1 次水，隔水追 1 次肥，每亩随水冲施高钾肥(N-P-K 为 16-6-22)8 kg。进入结瓜盛期，5～10 d 追 1 次高钾肥、灌水 1 次水。从定植至生产结束也可每 15 d 叶面喷 0.2%～0.3%的磷酸二氢钾溶液或者其他商品叶面肥。结果期可增施二氧化碳气肥，以利提高产量。

(4)植株调整 黄瓜定植后生长迅速，应及时进行吊蔓，摘除侧枝；生长中后期，摘除植株底部的病叶、老叶，有利通风透光，减少养分消耗和病害发生、传播。温室黄瓜多以主蔓结瓜为主，不用摘心，瓜秧达一定高度时，及时落蔓盘绕到根际周围，注意不要与土壤接触，使龙头离地面始终保持在 1.6 m 左右，处于最佳受光状态。

6. 采收

“根瓜”及时采收，防止坠秧。以后应根据植株长势和结瓜数量决定采收频率。采收最好早晨进行，严格掌握采收标准，可低温保湿临时贮藏。

(二)露地春茬黄瓜生产技术

1. 栽培时期

露地春茬黄瓜生产在日光温室或小拱棚育苗，一般日历苗龄是 35～45 d。辽北地区于

5月中旬断霜后定植，6月中旬开始采收。

2.品种选择

应选择适应性强，苗期较耐低温，长势壮，抗病，较早熟、高产的品种，如津研4号、津杂2号、碧春、丰优1号等。

3.育苗

(1)浸种催芽　黄瓜的用种量为每亩需120 g左右。浸种催芽方法同上。

(2)播种 方法同上。

(3)苗期管理　播种至出土前要提高温度，白天30℃左右，夜间20℃以上，以利早出苗。当有2/3的幼苗开始出土时，及时放风降温，白天25～30℃，夜间温度控制在8℃左右，防止形成高脚苗。出土后在床内撒一层薄土，以利保墒和防止土壤龟裂。第1片真叶出现前后，可再撒一层，并逐渐加大通风量，以防止徒长。第1片真叶出现后到4叶期是花芽分化期，适当降低夜温可防止徒长，且促进雌花分化，白天20～25℃，夜间15～18℃。定植前10～15 d，逐渐加大白天放风量，减少夜间覆盖，进行幼苗锻炼。苗期不能缺水，如果蹲苗过度或长期缺水，容易出现"花打顶"现象。注意特殊天气的管理，阴天也要适当放风降湿，连续阴天骤晴，要及时盖上草帘，防止幼苗萎蔫。

4.定植

(1)整地施肥　深翻细耙，施足底肥，每亩施用充分腐熟的有机肥5 000 kg，过磷酸钙25～30 kg，2/3全层施肥，1/3沟施。沟施时每亩再施入磷酸二铵10～13 kg。行距60～70 cm，做高畦(或垄)，两行合盖一幅地膜。

(2)定植　一般10 cm地温稳定在12℃以上即可定植。定植方法，采用坐水栽苗法，先在地膜上开穴后灌水，趁水湿栽苗，使根土密接，水渗透后覆土。定植密度，株距25～30 cm，行距60～70 cm，每亩可栽苗3 000～3 500株。

5.定植后管理

(1)中耕除草　雨后或灌水后，适时中耕清除畦间杂草。

(2)灌溉和排水　一般于定植后4～5 d浇1次缓苗水。当第1雌花陆续开放，要控制灌水，进入蹲苗阶段。"根瓜"采收后，灌水次数应逐渐增加，可根据情况3～5 d浇1水。盛果期需水量更大，应隔1～2 d浇1水。做到小水勤浇，地面常湿，阴天不浇、晴天浇，中午不浇、早晚浇，田间不能积水。

(3)追肥　定植缓苗后结合浇水追提苗肥，每亩施尿素10 kg左右。"根瓜"采收后可每隔8～10 d追肥1次，每亩施高钾肥(N-P-K为16-6-22)10 kg。植株生长后期进行根外追肥，可喷磷酸二氢钾等。

(4)植株调整　黄瓜开始抽蔓后，需支架，随其生长要及时绑蔓，使茎蔓在架面上合理分布。在株高约25 cm时开始第1次绑蔓，以后每隔3～4节绑1次，绑在瓜下1～2节处。侧蔓结瓜为主的品种，在主蔓4～5片叶时摘心，促使早发侧枝，并选留2～3条侧蔓结瓜。主侧蔓均能结瓜的品种，侧蔓保留1～2果前端保留1～2片叶摘心，主蔓满架后摘心。

6.采收

黄瓜以嫩瓜为产品，应及时采摘。"根瓜"适当提早采摘。结果初期每隔3～4 d采收1次；盛果期果实发育快，一般1～2 d采收1次。

自我检测

1. 判断题

(1)所有的黄瓜品种都具有较强的单性结实能力。（　　）

(2)黄瓜嫁接苗定植时切不可埋过接口处。（　　）

(3)生产上,在黄瓜幼苗期叶片喷洒 300 mg/L 的乙烯利增加雌花比例。（　　）

(4)黄瓜生产不提倡使用激素蘸花处理。（　　）

(5)日光温室黄瓜落蔓前摘除下部病残叶片,保留 10 片左右功能叶。（　　）

2. 简答题

(1)根据黄瓜品种的分布区域及其生物学性状可分为哪些类型?

(2)黄瓜的花芽分化有何特点?如何进行调节控制?

(3)简述日光温室越冬茬黄瓜结果期四段变温管理要点。

(4)简述日光温室越冬黄瓜水肥管理要点。

课外深化

黄瓜开花结果习性调查

(1)黄瓜按照结果习性,可分为主蔓结果、侧蔓结果和主侧蔓均能结果 3 种类型,调查试验田里的黄瓜植株,属于那种结果类型,需要采取哪些相适应的植株调整措施?

(2)黄瓜具有连续结果习性,可能节节有瓜(雌花),甚至一节多瓜(雌花),调查温室内的黄瓜植株结果情况,分析黄瓜生产上出现"化瓜"的原因,并制定防止对策。

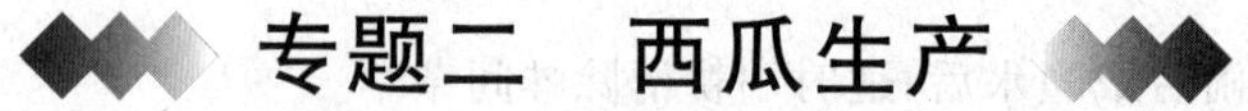

专题二　西瓜生产

学习目标

学习西瓜生长发育理论,学会西瓜从选地、选种、育苗到整地、定植和定植后管理关键技术。

素质目标

培养学生认真查找归纳资料的习惯,养成积极探索、勇于创新的学习工作作风。

一、理论基础

西瓜是葫芦科西瓜属中的栽培种,一年生蔓性草本植物。食用西瓜的成熟果实,每 100 g 果肉含水量 86.5～92.0 g,总糖 7.3～13.0 g,还有丰富的矿质盐和多种维生素,为夏季主要果蔬。清热解暑,对治疗肾炎、糖尿病及膀胱炎等疾病有辅助疗效。果皮可制蜜饯、果酱或作饲料;种子含油量 50%,可榨油、炒食或做糕点配料。我国的新疆、山东、河北、河南、辽宁及黑龙江等地栽培面积较大。

(一)生物学特性

1.植物学特性

(1)根 主根系,分布深广,主根深 1 m 以上,在沙质壤土直播时侧根分布直径达 3 m,根群集中分布在 20～30 cm 的耕作层内。根纤细易断,再生能力弱,不耐移植。

(2)茎 幼苗期直立,节间短缩。4～5 节后节间伸长,5～6 真叶后开始匍匐生长。分枝性强,可形成 3～4 级侧枝。

(3)叶 单叶互生,有深裂、浅裂和全缘叶等品种,叶序 2/5。

(4)花 单性腋生。雌、雄异花同株,主茎 3～5 节现雄花。5～7 节形成雌花,其后与雄花相间形成。开花盛期可出现少数两性花。花萼、花瓣 5 个,花冠黄色,基部联合,花药联合成 3 枚,花丝短,花药背裂,子房下位,柱头 3 裂,3 室,侧膜胎座。雌雄花均具蜜腺,虫媒花,花清晨开放,午后闭合。

(5)果实 有圆形、卵圆形、椭圆形、圆筒形等,质量 10～15 kg,小的 1～2 kg。果面平滑或具有棱沟,表皮绿白色、绿色、深绿色、墨绿色、黑色,间有细网纹或条带。果肉有乳白、淡黄、金黄、淡红、大红等色。肉质分为紧肉和沙瓤。果实的可溶性固形物 8%～10%,优良品种可达 11%～12%。果实最外层为排列紧密的表皮层,上被角质层,下为 8～10 层细胞组成的外果皮,接着是由无色或绿色的厚壁细胞层组成的中果皮,再向里为胎座薄壁细胞,着生种子。

(6)种子 扁平,卵圆形或长卵形,平滑或具裂纹。种皮坚硬,白色、浅褐色、褐色、黑色或棕色,单色或杂色。种子千粒质量:大型 100～150 g,中型 40～60 g,小型仅 20～25 g。

2.生长发育和果实形成

西瓜全生育期 100～120 d,可分为发芽期、幼苗期、伸蔓期和结果期。

(1)发芽期 由种子萌发至子叶充分平展和苗端显露真叶(露心)。种子发芽适温 25～35℃,需 10 d 左右。15℃以下发育不良。

(2)幼苗期 由“露心”至“团棵”,即第 4 片真叶展开,此期苗端分化 20 多枚叶,花原基和侧枝开始分化。在 15～20℃温度下需要 20～30 d。

(3)伸蔓期 由幼苗“团棵”至植株主蔓第 2 雌花(坐瓜节位)开放,此期植物干重的增加量为终值的 17.8%,茎、叶的干重分别为地上部的 23.61%和 74.64%,叶面积为终值的 57%。

(4)结果期 主蔓第 2 雌花开放至果实成熟。在 25～30℃温度下 35～40 d。果实生长可分为:①坐果期。自留果节位雌花开放至子房开始膨大“褪毛”为止,在 26℃左右温度条件下,需 4～5 d。②果实生长盛期。自“褪毛”至果实定形,温度 22～29℃需 20 d 左右,果实迅速膨大,茎叶生长缓慢。③变色期。自果实定形至成熟,温度 25～30℃需 10 d 左右,这时果实膨大已经缓慢,以果实内的物质转化和种子的发育为主。

西瓜喜高温干燥。生长和结果的适宜温度为 25～30℃,空气相对湿度 60%,需要充足的光照,光饱和点为 8 0000 lx,补偿点 4 000 lx,对日照强度反应敏感。

(二)类型品种

西瓜分类方法多种,按照果实大小可分为大果型西瓜(单果质量 10 kg 以上)、中果型西瓜(单果质量 2.5～5 kg)、小型礼品西瓜(单果质量 1.0～2.5 kg)等;按照成熟期又可分为早熟、中熟和晚熟品种,早熟品种从开花到成熟需 26～30 d,中熟品种需 30～35 d,晚熟品种需 35 d 以上;此外还有三倍体无籽西瓜和激素诱导无籽西瓜等。优良品种有京欣、地雷、新红宝、精品甜王、锦王、蜜童(无籽西瓜)、早春红玉、小兰、黑美人等。

(1)小兰　黄肉,早熟性好,耐低温,糖度约13%,薄皮沙瓤,品质佳,单果质量约2 kg左右。

(2)早春红玉　早春红玉是由日本米可多公司育成,上海市种子公司引进并推广的早熟品种。早春结果的开花后35~38 d成熟,中后期结果的开花后28~30 d成熟。果实长椭圆形,纵径20 cm,单果质量1.5~1.8 kg。果皮深绿色,覆有细齿条花纹,果皮极薄,皮厚0.3 cm,皮韧而不易裂果,较耐运输。深红瓤,纤维少,果实中心糖含量13%左右,口感风味佳。植株生长势强,在低温弱光条件下,雌花分化与坐果较好,适于温室春早熟栽培。

(3)新红宝　果实椭圆形,果皮深绿有网纹。中熟,雌花从开花到果实成熟约32 d,全生育期100~105 d。果实剖面均匀,纤维少,汁多味甜,质脆爽口,中心可溶性固形物含量达12%,高者达13.5%,单果质量7~10 kg,果皮硬而韧,耐贮运。

二、生产技术

(一)春早熟双膜覆盖西瓜生产技术

1.栽培时期

北方春早熟双膜覆盖西瓜确定播种期,一般定植期向前推算40 d左右,在日光温室或露地设置小拱棚进行育苗。辽宁省于3月中下旬播种,4月下旬至5月初定植,始收在6月下旬至7月初。

2.品种选择

选用早熟品种蜜童、小兰、早春红玉、京欣一号等,或者中晚熟品种新红宝、金钟冠龙、雷神3号、雷神4号等。每亩用种量约为70 g。

3.培育健壮秧苗

(1)种子消毒　采用温汤浸种的方法,然后用30℃的温水浸种8~10 h。也可用药剂进行消毒,如将种子在10%的磷酸三钠溶液中浸泡20 min,可防治西瓜花叶病毒病;2%~4%的漂白粉溶液浸种30 min,杀灭种子表面的各种病菌;50%的多菌灵可湿性粉剂500倍液浸种1 h,可防治炭疽病。先用药液浸种后,再将种子放清水中浸泡8~10 h。吸足水分后,将种子从水中捞出,用干净的湿纱布或毛巾包好,放在25~32℃条件下催芽,在催芽过程中,每天投洗种子1~2次。当种子露出白色胚根时即可播种。

(2)基质准备　可选用济南峰园农业技术有限公司经销的育苗基质,该产品主要成分为草炭、珍珠岩、蛭石,含有机质、腐殖酸及植物纤维60%以上,富含幼苗生长所需营养元素。应先将基质加入适量的水均匀闷湿,标准是"手握成团不滴水,松手即散",装入穴盘后刮平备用。

(3)播种　用小木棍在穴盘内基质中间扎深度为1.5 cm的小孔,将西瓜种子平放于基质表面,幼芽朝下,紧贴孔壁,轻轻按压种子播种于基质内,深度约1 cm,然后用蛭石覆盖种子,与基质面持平即可,覆盖厚度约1 cm,喷水至基质湿透为宜。注意播种时和后期管理过程中洒水量不宜过大,以防基质养分随水流失。

(4)苗期管理　发芽期,使苗床内温度保持在白天25~32℃,夜间18~23℃,最低不低于14℃。出苗至出现真叶期,苗床内温度应控制在白天20~22℃,夜间15~17℃,避免下胚轴过分伸长,形成徒长苗。2~3片真叶期,苗床内温度保持在白天20~28℃,夜间12~18℃。当中午苗床内大部分幼苗出现萎蔫现象时,可选择晴暖天气的上午向苗床内浇水。随幼苗长大,相互拥挤,可将营养钵拉开,加大营养钵之间的空隙。定植前5~7 d开始进行炼苗,逐渐加大通风量和通风时间，以适应定植后的环境条件。

4. 整地施肥

选择背风向阳，地势高燥，灌排方便，土壤疏松，8～10 年未种过西瓜的地块，入冬前进行深翻，春天土壤化冻后整地施基肥。按 2 m 行距挖 40 cm 宽、40 cm 深的沟，把上层 20 cm 表土放在一边，下层 20 cm 底土放在另一边，然后结合施基肥回填。先回填表土，后回填底土，填一层，撒一层粪肥。每亩施用农家肥 2 500 kg，过磷酸钙 30 kg。回填后灌水使浮土下沉，然后做垄，高度 15 cm，参照图 3-1。

5. 定植

可选晴天上午定植。先在铺好地膜的垄上，按预定的株距 40～45 cm，在定植处开穴，开穴深度 10～12 cm，穴内浇足水，将瓜苗栽入穴内，埋土封穴。土坨表面与土表齐平。每亩定植密度 800 株左右，定植后加扣小拱棚，如图 3-1 所示。

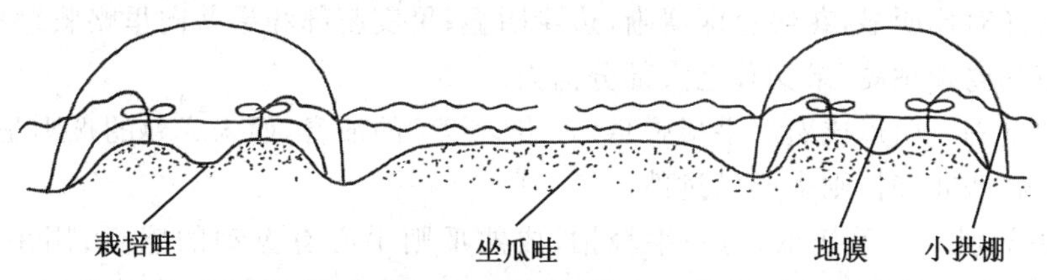

图 3-1　西瓜双膜覆盖栽培定植方式示意图

6. 定植后管理

(1)肥水管理　定植后要适当控制浇水。干旱时可在植株周围开穴浇水，浇水后封穴。自伸蔓以后可灌水 3～4 次。伸蔓期开始追肥浇水，果实坐住后要浇大水，收瓜前 7～10 d 停止浇水。如果底肥不足，可在瓜秧 4～5 片真叶时第 1 次追肥，肥料用腐熟的饼肥、鸡粪等，在植株根际 10 cm 处挖穴施入，随即浇水。坐瓜后进行第二次追肥，每亩施 30～40 kg 饼肥或 10～15 kg 复合肥。果实定个后，可喷施 1～2 次 0.2%的磷酸二氢钾溶液。

(2)植株调整

①整枝　整枝方式主要有单蔓整枝、双蔓整枝、三蔓整枝。单蔓整枝，是每株只留一条瓜蔓，坐一个瓜，适合于小果型品种。双蔓整枝，主蔓外，在主蔓的第 4～6 节上选留一条健壮的子蔓，其余分枝全部摘除。三蔓整枝，主蔓外，在主蔓的第 4～6 节上再留两条侧蔓，其余分枝全部摘除，每株留一个或两个瓜。

②压蔓　取细土、土块或树枝压住瓜蔓，将两条蔓引向同一方向或两个方向。当蔓长至 40 cm 时，压蔓 1 次，以后每隔 4 节压 1 次，以固定瓜蔓。

③人工授粉　要进行人工授粉，提高坐果率。一般采用“对花”方法授粉，采摘开放的雄花，翻转花瓣，漏出雄蕊，涂抹刚开放的雌花柱头，涂抹要轻，还要把花粉涂抹均匀。授粉选择不同植株的雄花，花粉量大的一朵雄花可授 2～3 朵雌花。授粉的适宜时间是上午 8—10 时，20～25℃条件下授粉效果最好。在主、侧蔓上的雌花都授粉。一般选择主蔓第二雌花授粉，或者选择侧蔓第一雌花授粉。

也可用激素处理，如用坐瓜灵 50～100 倍液，均匀涂抹开花后的雌花子房和果柄表面即可。

④选瓜　为提高单果质量，首选主蔓第二雌花或在第 15～17 节上形成的瓜。坐瓜后，优

先在主蔓上留瓜，在每株上选留一个果柄粗壮、外形周正、鲜嫩、有光、表面布满茸毛、无病无伤、符合本品种特征的幼瓜，其余幼瓜全部去掉。

⑤垫瓜、翻瓜　当西瓜直径达到10～20 cm时用草圈垫瓜。果实基本膨大后进行翻瓜，分次将原来的贴地面部位翻转至向阳面，让果实全面受光，着色良好。

(3)病虫害防治　参照单元四(项目二)

7.成熟判断与采收

(1)成熟判断

①日期判断法　果实发育至成熟需要一定的积温，雌花开放后若天气正常，则开花到果实成熟的天数是基本固定的。一般早熟品种需要25～30 d，中熟品种31～35 d，晚熟品种36 d以上。

②形态特征观察　果皮发亮、坚硬、光滑，并有一定光泽，呈现出本品种固有的老熟皮色，底色和花纹色泽对比明显，花纹色深清晰，边缘明显；果实脐部和果蒂向里略收缩和凹陷；西瓜果实附近几节的卷须枯萎，果柄茸毛大部分消失。

③听声音鉴别　西瓜成熟后手指弹瓜，发出“嘭嘭”的浊音，而未成熟的瓜则是“噔噔”的清音，如果发音为“卟卟”时，则表明已过熟。

④手感法鉴别　一手托瓜，另一手轻拍，成熟瓜则手心有颤动的感觉；用手掌轻压瓜的脐部，有弹性的为成熟瓜；用手托瓜，相近大小的瓜，手托感到轻的为成熟瓜，感到重的为生瓜。

上述方法初步确定了西瓜的成熟度，剖瓜验证与实际成熟度一致时，方可开始采收。

(2)采收　具体采收的时间要根据销售和运输情况来决定。如果当地销售、采收当天投放市场，必须达到十分成熟。销往外地的，需在八九分熟时采收。采收西瓜要带果柄剪下，可延长存放时间及通过果柄鉴别新鲜度。采收最好在早晚进行，避免中午高温时采收。采收和搬运过程中应轻拿轻放，防止破裂损失。

自我检测

1.判断题

(1)西瓜属于耐热性强的蔬菜。　(　)

(2)生产上经常采用黑籽南瓜作砧木嫁接西瓜，防止发生枯萎病。　(　)

(3)西瓜三蔓整枝，是保留主蔓及主蔓第1个雌花上面的两条侧蔓。　(　)

(4)采用蜜蜂授粉的西瓜比药剂保果的西瓜种子多。　(　)

(5)为了提高西瓜的品质，在采收前10 d停止浇水。　(　)

2.简答题

(1)简述露地西瓜三蔓整枝方法。

(2)简述西瓜人工授粉要点。

(3)简述西瓜成熟度鉴定方法。

(4)简述西瓜定植后水肥管理要点。

课外拓展

无籽西瓜生产

普通有籽西瓜经过化学药剂(一般用秋水仙碱溶液)处理,能够获得细胞染色体加倍的四倍体类型。用四倍体西瓜做母本,普通二倍体有籽西瓜做父本杂交,形成三倍体种子。三倍体植株可以正常开花,但具有高度不孕性,可以采用普通西瓜花粉进行授粉产生激素,促进子房膨大,而形成无籽果实。生产技术与普通西瓜稍有不同。

(1)种子处理　无籽西瓜种子壳厚,种胚不充实,比普通西瓜发芽困难。播种前需要用温水浸泡 24 h,控干后用钳子夹破种子尖端的 1/3,然后放入 32～35℃温度下催芽。

(2)授粉植株配置　无籽西瓜花粉发育不良,不能发芽,故不能刺激子房膨大,一般要配置普通二倍体西瓜作授粉品种,其数量可按无籽西瓜和普通西瓜 4∶1 的比例配置。

(3)生产管理　无籽西瓜幼苗期生长势弱,抗病性和抗逆性都较弱,因此,不宜直播,并且要加强发芽期和幼苗期管理。中后期叶蔓生长旺盛,抗病性强,杂种优势显著,应适当稀植。其他管理与普通西瓜相同。

(4)采收　宜适当早收。晚收易空心倒瓤,果肉绵软口感差,汁液减少,品质下降。

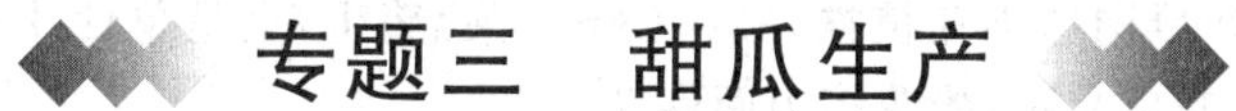

专题三　甜瓜生产

学习目标

学习甜瓜生长发育理论,掌握设施甜瓜从选种、育苗到整地、定植和定植后管理的关键技术。

素质目标

培养学生重视理论学习与积累,理论联系实际的学习工作作风。

一、理论基础

甜瓜别名香瓜、哈密瓜,是葫芦科甜瓜属,一年生蔓性草本植物。果实香甜或者甘甜,每 100 g 果肉含水分 90～93 g、碳水化合物 9.8 g、维生素 C 29～39 mg,还有少量的蛋白质、脂肪、矿物质及其他维生素等。鲜果食用为主,也可制作瓜干、瓜脯、瓜汁、瓜酱及腌渍品等。

中国、俄罗斯、西班牙、美国、伊朗、意大利、日本等国家普遍栽培,以中国产量最高。

甜瓜具有“消暑热,解烦渴,利小便”的显著功效。另外,各种香瓜均含有苹果酸、葡萄糖、氨基酸、维生素 C 等营养成分,对感染性高烧、口渴等,都具有很好的疗效。出血及体虚者,脾胃虚寒、腹胀便溏(即腹泻)者忌食。

(一)甜瓜的起源与演化

依据李曙轩等编著的《中国农业百科全书　蔬菜卷》,非洲几内亚是甜瓜初级起源中心,经过埃及传入中亚(包括我国新疆)和印度。在中亚演化为厚皮甜瓜,成为甜瓜的次生起源中心。传入印度的进一步分化出薄皮甜瓜,再传入中国、朝鲜和日本。我国东北是薄皮甜瓜的次生起源中心。

(二)生物学特性

1.植物学特征

(1)根　多数根分布在 30 cm 以上的耕作层中。根系再生能力弱,不耐移栽。不耐重茬,连作易发生枯萎病及连作障碍。目前解决重茬最好办法是利用白籽南瓜嫁接换根,因为西甜瓜抗枯萎病育种还没有达到免疫效果。

(2)茎　圆形,有棱,被短刺毛,放任生长的主茎长达 1～5 m。分枝性极强,依次分为:主蔓、子蔓、孙蔓等。子蔓、孙蔓结瓜,生产上需要进行植株调整,即掐尖打杈、引蔓,以调节营养生长与生殖生长平衡,控制茎叶生长,促进开花、结果和果实膨大。

(3)叶片　单叶互生,叶片近圆形或者肾形,全缘或五裂,被毛。叶缘呈波纹或锯齿状。薄皮甜瓜叶片颜色为深绿色,深绿色品种抗病性较强。

叶片是光合作用器官,叶片的数量和质量影响产量和品质。

叶面积指数:是单位面积上植物叶面积数量。此值越大,表示植物叶片交错程度越大。有试验结果表明:爬地生长甜瓜,叶面积指数 1.6～1.8 为佳,吊蔓生长的甜瓜叶面指数可以增加到 2.0～2.5。

另外两片子叶从种子萌发后展开呈长椭圆形,对幼苗生长发育有很大作用,其形状与真叶有明显不同。

(4)花　甜瓜为雌雄同株异花植株,雄花(3～5 朵)簇生,全是单性花。雌花单生,为大多具有雄蕊的两性花。栽培品种,雌花多为两性花。

甜瓜雌花雄蕊尽管具有正常的花粉功能,因其位置低于柱头,花粉沉重而黏滞,也需要昆虫授粉才能结实,是典型的虫媒花。

生产上提倡昆虫授粉。与应用"坐瓜灵"喷花、保花、保果方法相比较,昆虫授粉优点是绿色环保、省工省时、多籽增甜。

(5)果实　甜瓜的果实为瓠果,可以分为果皮和种腔两个部分。

①果皮　甜瓜果皮由外果皮和中内果皮构成。外果皮同表皮。中果皮、内果皮无明显界限,均由富含水分和可溶性糖的大型薄壁细胞组成,为甜瓜主要可食部分。

②种腔　甜瓜种腔的形状有圆形、三角形、星形等。种腔内充满瓤籽,胎座组织疏松,相对干燥。

甜瓜果实的大小、形状、果皮颜色差异很大,是鉴定品种的主要依据。

甜瓜的果柄较短,早熟类型甜瓜成熟后果柄脱落,即"瓜熟蒂落",同时挥发出香气。

(6)种子　薄皮甜瓜种子较小,千粒重 5～20 g。一粒种子由种皮、子叶、胚组成,不含胚乳。通过浸种(5～6 h)后的种子,放入 30℃的恒温箱中催芽,24 h 即可出芽整齐。

2.甜瓜生长发育

(1)根系的发育　在种子开始萌发时,甜瓜的胚根先于子叶生长。在植物的生长期内,根系的生长发育受土壤类型、质地和含水状况影响很大。通常生长在轻质沙壤土中的根系比黏土中的入土深,且分枝多。土壤干旱的灌溉地区,由于土壤深层缺水,根系大多分布在表土,入土浅而分布广。在潮湿多雨地区,根系入土较深。

甜瓜根系生长的适温为 22～25℃,最高可忍耐 40℃,最低 15℃,超过此极限,根系便停止生长。

甜瓜根系生长与土壤养分含量和品种自身生长势密切相关。生长势弱的薄皮甜瓜品种在瘠薄的土壤上，根系小。

整枝也影响地下根系。整枝过重，地上部枝蔓不足的根系发育也不良。

甜瓜根系要求土壤通气性良好，在低洼潮湿、积水板结的土壤中，容易烂根。

(2)生长发育与果实的形成

①发芽期　甜瓜育苗时催芽播种后，一般 4 d 拱土，10 d 左右子叶平展，第 1 片真叶显露。发芽适宜温度 30℃左右，多数品种 15℃以下不能发芽。

②幼苗的生长发育　甜瓜苗期是指从播种、出苗到现花蕊和卷须，即始于子叶出土，止于第 5 片真叶出现。自根苗约需 25 d。

甜瓜枝蔓和花原基的分化在幼苗期已经进行。据马克奇等(1982)研究，甜瓜幼苗第 3 片真叶出现前后，其生长点已在进行主蔓、子蔓、孙蔓的大量分化。当甜瓜幼苗第 4 片真叶长到 3 cm 长时，其顶端生长点内已经分化出主蔓 17～18 节，子蔓 10～11 条、花原基 103 个，可在解剖镜中观察结实的雌花。

所以苗期管理对雌花出现早晚和质量起着决定作用。在日温 30℃，夜温 18～20℃，12 h 日照的条件下花芽分化早，结实花(雌花或者两性花)节位较低。温度过高，长日照，结实花节位提高，质量下降。

在甜瓜的个体发育上，第 5～6 片真叶出现标志着苗期的结束，营养生长和生殖生长的开始。这时，甜瓜茎蔓和叶片生长明显加快，侧蔓(子蔓、孙蔓)发育旺盛。基本子蔓第 1 叶腋出现雄花。

③伸蔓期　第 5 片真叶出现到第 1 结实花开放，需 20～25 d。植株根、茎、叶片迅速生长，花芽进一步分化发育，植株进入旺盛生长阶段。茎叶生长适宜的日温为 25～30℃，夜温为 16～18℃，长期的 13℃以下或者 40℃以上的温度下生长发育不良。甜瓜需要强光照及 12 h 以上的日照，光饱和点为 55 000～60 000 lx，补偿点 4 000 lx。

④结果期　结实花开放到果实成熟，早熟品种 20～30 d。该期可分为结果初期、结果中期和结果后期。结果初期，结实花开放到坐瓜，约 7 d。此期也称坐瓜期，果实开始迅速肥大，植株营养生长量达到最大值。结果中期，果实迅速膨大到停止膨大。此期以果实生长为主，营养生长减缓，该期末果实质量达全株质量 50%以上。结果后期，果实停止膨大至成熟，营养器官生长停滞，果实质量达全株质量 70%。果实蔗糖含量增加。

结果期对温度要求严格，日温 27～30℃，夜温 15～18℃。昼夜温差 13℃以上为好，同时要求充足的日照。

(三)类型和品种

1.主要类型

根据生物学特性，中国通常把甜瓜分为厚皮甜瓜与薄皮甜瓜。

(1)厚皮甜瓜　植株生长势强或中等，茎粗、叶大、色浅，叶面较平展。果实呈圆形、长圆形或长椭圆形、纺锤形，有或无网纹，有或无棱沟，瓜皮厚 0.3～0.5 cm，果肉厚 2.5～4.0 cm，细肉或者松脆多汁，芳香、醇香或无香气。可溶性固形物含量 11%～15%，最多可达 20%以上。一般单果质量 1.5～5 kg，可达 25 kg 以上。种子较大。不耐高湿，需要充足光照和较大昼夜温差。主要品种有伊丽莎白、网纹甜瓜、红心脆等。

(2)薄皮甜瓜　又名普通甜瓜、香瓜等。生长势较弱，叶色深绿，叶面有皱。果实呈圆筒形或椭圆形等，果面光滑、皮薄，肉厚 1～2 cm，脆嫩多汁或面而少汁，可溶性固形物含量 8%～

12%。皮、瓤均可食。单果质量 0.5 kg 以下，不耐贮运。种子中等或偏小。较耐高湿。主要品种有红城 5 号、齐甜一号、金妃、糖王、绿宝、灰鼠子、白糖罐等。

2. 主要品种

(1)伊丽莎白　从日本引进的早熟厚皮甜瓜品种。该品种果实为圆球形，果皮为黄色，肉厚 3 cm 左右，含糖量为 15%左右，单果质量 800～1 100 g，果实从开花到成熟约需 30 d。

栽培要点：日光温室内采用吊蔓栽培方式。整枝方式有单蔓、双蔓或多蔓整枝，早熟栽培以单蔓整枝为好。单蔓整枝一般选择子蔓坐瓜，瓜前端保留 2 片叶摘心，不留瓜子蔓去掉，主蔓保留 25～27 片叶摘心。当幼瓜长到鸡蛋大小时要及时疏瓜，选留果形端正、瓜柄粗壮的两个大小相近的幼瓜，其余摘除，及时浇足水膨瓜，并随水施入少量速效性磷钾肥及叶面喷施磷酸二氢钾等微肥。

伊丽莎白厚皮甜瓜二次结果能力很强，因此可以得到二茬瓜。具体做法：在头茬瓜定型(即花后 20 d 左右)，在主蔓上部留二茬瓜，一般留两个瓜。

(2)提纯金妃 F1　由大庆市萨中种子有限公司出品。该品种是最新推出的一代杂交种，抗炭疽病、病毒病等，早熟，从坐瓜到成熟 21 d 左右，坐瓜容易，每株可坐瓜 7～12 个，生长速度快，采收期集中，果实长圆形。成熟亮白色，并透着淡淡黄晕。商品性极强，存放一周后口感和甜度不减，单果质量 500 g 左右，最大可达 700 g 以上，整齐一致。不裂果，不倒瓤，果肉橘黄色，甘甜微沙，亩产 4 500 kg 左右。经济效益非常可观。

栽培要点：适于大棚、温室育苗移栽，地膜覆盖栽培，株行距 35 cm×60 cm，4 片真叶定心，留 3 条子蔓，子蔓 3 叶掐尖，子蔓、孙蔓均结瓜，每株必须保留 5～7 个果。苗龄不能超过 35 d，果实成熟时表面必须用叶片覆盖，促使瓜面转色。多施磷钾肥、农家肥，成熟期控制灌水。

(3)特大超早糖王　由黑龙江省景丰农业高新技术开发有限公司出品。生育期 58 d 左右，椭圆形，白绿微黄，极甜质脆，糖度高，品种好，不倒瓤，耐运输，单果质量 500 g 左右，抗病高产。

栽培要点：露地栽培，行距 60～70 cm，株距 50～60 cm，主蔓 3～4 片叶定心，子蔓结瓜；对没有幼瓜的子蔓保留 2 片叶掐尖，再出孙蔓结瓜。每 15 d 左右喷一次壮多收，可防病、增糖、增产、促早熟。

二、生产技术

(一)塑料大棚薄皮甜瓜生产技术

薄皮甜瓜俗称香瓜，辽北地区可于 3 月中旬利用日光温室播种育苗，4 月中下旬定植于塑料大棚内，塑料大棚春茬薄皮甜瓜可比露地栽培提前 20～30 d 收获，能够获得较好的经济效益。

1. 品种选择

生产上使用的薄皮甜瓜品种大多为中早熟或极早熟品种。生育期在 60～85 d。优良品种有金妃、高糖金棚王子、糖王、红城脆、红城 5 号、花姑娘、绿宝等。重茬地块容易发生土传病害，生产上一般选择专用白籽南瓜砧木，如东砧一号等进行嫁接换根。

2. 培育壮苗

(1)种子处理　可采用温汤浸种的方法，把种子投入到其体积 5 倍左右的 55～60℃的热水中浸烫，并按同一方向不断搅动，使种子受热均匀，保持恒温 15 min。待水温降至室温时停止搅动，常温浸种 6～8 h。经过浸泡的种子需用清水投洗干净，然后用洁净的湿纱布包好，放在 25～30℃的恒温箱中催芽 24 h 左右，幼芽 2～3 mm 时，即可播种。

(2)基质准备　可选用济南峰园农业技术有限公司经销的育苗基质，该产品主要成分为草炭、珍珠岩、蛭石，含有机质、腐殖酸及植物纤维 60%以上，富含幼苗生长所需营养元素。先将基质加入适量的水均匀闷湿，标准是“手握成团不滴水，松手即散”，装穴盘后刮平备用。

(3)播种　用小木棍在穴盘内基质中间扎深度为 1.5 cm 的小孔，将甜瓜种子平放于基质表面，幼芽朝下，紧贴孔壁，轻轻按压种子播种于基质内，深度约 1 cm，然后用蛭石覆盖种子，与基质面持平即可，覆盖厚度约 1 cm，喷水至基质湿透为宜。注意播种及后期管理过程中洒水量不宜过大，以防基质养分随水流失。

(4)苗期管理　出苗期间要密闭温室保温，白天温室气温不超过 30℃，苗床土壤温度保持在 25～30℃，夜间保持在 17～22℃。出苗后至第 1 片真叶展开，中午进行通风换气，苗床温度白天不超过 25℃，夜间不低于 13～15℃。从出第 1 片真叶至 3～4 片真叶时，苗床气温控制在白天 22～26℃，夜间 14～18℃，土壤湿度 65%左右。当中午苗床内大部分幼苗出现萎蔫现象时，可选择晴暖天气的上午浇水。从定植前 5～7 d 开始，进行低温炼苗，夜间可以不覆盖草苫，增大温室的通风量，延长通风时间。增加幼苗抗逆性，使幼苗逐渐适应将要定植的塑料大棚内的环境条件。

(5)壮苗标准　自根苗日历苗龄一般控制在 30～35 d，幼苗应有真叶 3～4 片，叶片平展，叶色浓绿，茎粗 0.6 cm 左右，侧根发生较多，根系白色而发达，全株无病虫害。

3.定植前准备

(1)整地、施基肥　在定植前 15 d 覆盖棚膜烤地。结合整地每亩施腐熟优质农家肥 5 000 kg，硫酸钾型复合肥(N-P-K 为 14-16-15，下同)40 kg，于旋耕前撒施，并且要旋耕 2 遍，使土壤和肥料充分混匀后做畦。

(2)做畦、覆盖地膜　根据大棚方位，以南北向做畦为好。顶宽 70 cm，高 15～20 cm，过道宽 60 cm，定植前 3～5 d 覆盖地膜，以利提高地温。

4.定植

定植宜选择晴天进行，按株距 35～40 cm，在膜上用打孔器开穴 2 行，打孔深度 5 cm 即可，每亩穴施 5～7.5 kg 硫酸钾型复合肥。然后向定植穴内灌满水，不等水渗入土壤即栽苗。浅定植，埋没基质块即可，3 d 后浇 1 次缓苗水，水渗透后封严定植穴，防止低温沤根。每亩定植密度 2 500 株为宜。

5.定植后管理

(1)温度　定植后密闭棚室升温，全面提温促进缓苗。为防夜温下降太快，可在大棚的底角四周围一圈草苫保温。缓苗后，为防瓜秧徒长，要适当通风降温。一般温度上升到 28℃开始放风，随着棚温的持续升高，逐渐加宽通风口，直至温度稳定在 28～30℃，下午棚温降到 20℃后关闭通风口保温。4—5 月份正值甜瓜开花、坐果期，要加强放风管理，降温控水，防止化瓜。棚内上午温度保持在 25～28℃，不要超过 32℃，下午棚内 18～20℃时关闭通风口，前半夜夜温控制在 15～17℃，加大昼夜温差，严防徒长。当夜间最低气温稳定在 13℃以上时，可昼夜通风。

(2)植株调整　薄皮甜瓜分枝能力较强，每个叶腋间均有分枝，一、二级侧枝分别称为“子蔓”“孙蔓”，子叶部位发生的侧枝称为“水杈”(不留)。主蔓雌花极少，利用侧枝结果，子蔓、孙蔓均可留果,生产上需要摘心、打杈促进坐果和果实膨大。爬地生长薄皮甜瓜最常用双蔓整枝与三蔓整枝方式。

①双蔓整枝　方法是幼苗4～5片真叶时进行主蔓摘心,选留2～4节健壮子蔓2条,子蔓8～12片叶时进行摘心,选择子蔓3～4节发生的孙蔓留果,果前端留2片叶摘心,其余孙蔓及早摘除,或者适当留2～3片叶摘心。

②三蔓整枝　又称"4、3、2、1整枝法"。一般在幼苗4～5片叶时摘心,留3根健壮子蔓四方生长,子蔓上保留3片真叶摘心,每条子蔓上选择1条孙蔓,雌花前保留2片真叶摘心,孙蔓上侧枝留1片叶摘心,子蔓、孙蔓均可留果。试验结果表明,爬地生长甜瓜,叶面积指数1.6～1.8为佳,幼果坐稳后再生侧枝放任生长,一般每株坐瓜3～5个。

(3)保花保果

①蜜蜂授粉　薄皮甜瓜开花期,引进一箱健康蜜蜂授粉。蜜蜂授粉的优点是节约人工、授粉及时、绿色环保,可使甜瓜多籽增甜。与利用氯吡脲(坐瓜灵)喷花和人工对花授粉相比,塑料大棚薄皮甜瓜生产应用蜜蜂授粉技术具有较高的经济效益和生态效益。

一箱蜜蜂售价300元左右,也可以向当地蜂农进行短期租用。选择健康蜜蜂授粉工作效率高。授粉期间为提高蜜蜂活力,需要定期为蜜蜂提供适量白糖水(白糖、水的比例为1∶1)或者蜂蜜水饮用。注意授粉期间不要喷洒对蜜蜂有害的杀虫剂,大棚内使用农药时,需要对蜜蜂进行隔离保护。

②药剂辅助保果　可采用氯吡脲(坐瓜灵)喷花,方法:上午9时前后选择当天开放或者花前1～3 d的雌花,用浓度20～50 mg/L的药液向子房(瓜胎)均匀喷雾处理。注意避免重复用药,以免发生裂果或畸形。

(4)肥水管理　薄皮甜瓜在开花授粉期一定要浇足水,以确保授粉后水分充足,细胞分裂正常,能坐住瓜;若水分不足,会导致细胞分裂停止,子房(瓜胎)滞育、不能膨大,使幼瓜表面暗淡无光,变成僵瓜。

瓜胎发育到鸡蛋黄大时即进入膨大期,此时要给予充足的肥水。瓜膨大初期追施1次硫酸钾型复合肥、甲壳素肥料,两种肥每亩各施5 kg;7 d后每亩随水冲施美国钾宝(N-P-K为10-6-20)、甲壳素肥料各10 kg;7 d后再冲施1次,两种肥料每亩各施10 kg,瓜"定个"后不再进行根系追肥。定植缓苗后,每10～15 d叶面可喷1次0.2%～0.3%的磷酸二氢钾溶液,坐果后可喷施0.5%的白糖溶液2～3次。

成熟期浇水要充足均匀,既要保证成熟瓜的脆感,又要防止裂瓜和面瓜发生。

(5)病虫害防治　塑料大棚薄皮甜瓜主要病虫害有:白粉病、霜霉病、枯萎病、细菌性角斑病,蚜虫、美洲斑潜蝇、粉虱,沤根等。依据"预防为主,综合防治"方针,首选农业防治、物理防治、生物防治等绿色防控方法,加强田间管理,实时监控,病虫害初期应及时采取措施。

选择高效、低毒、低残留的药剂防治,做到对症用药,保证甜瓜符合绿色农产品质量要求。可用10%吡虫啉可湿性粉剂4 000～6 000倍液进行全田喷洒防治蚜虫,用5%啶虫脒(虱无影A+B)乳剂1 000倍液喷雾,及时杀灭粉虱,用1.8%的阿维菌素3 000倍液喷雾防治美洲斑潜蝇,结合喷雾药剂防治,密闭棚室,每亩结合15%异丙威烟剂400 g熏蒸杀死蚜虫、粉虱和美洲斑潜蝇等效果更好,注意隔离蜜蜂7 d以上。白粉病发病初期可用25%腈菌唑乳油2 000倍液,每隔6～7 d喷施1次,连续喷2次,使药液均匀覆盖病斑表面。加强通风,霜霉病发病初期可用64%杀毒矾400倍液,或72%杜邦·克露(64%代森锰锌,8%霜菌脲)可湿性粉剂600

倍液喷雾防治。

6.采收

金妃、糖王等薄皮甜瓜品种,成熟时表皮由绿转黄,并散发浓浓的香甜气味,蒂部易脱落,即“瓜熟蒂落”,需及时早采。收获时应带果柄,轻拿轻放。

(二)日光温室春茬厚皮甜瓜生产技术

1.栽培时期

北方日光温室春茬厚皮甜瓜一般于12月下旬至1月上旬播种育苗,2月上中旬定植。始收在5月上中旬。

2.品种选择

应选择抗性强、早熟的优良品种。如状元、蜜世界、新世纪、伊丽莎白等。

3.培育壮苗

(1)种子处理 方法同上。

(2)播种 播种方法同上。

(3)苗期温度管理 从播种到幼苗出土要保持较高温度,白天28～32℃,夜间18～20℃为宜。幼苗出土后开始降温,防止徒长,白天22～25℃,夜间15～17℃。第一片真叶显露后到定植前7～10 d,白天25～28℃,夜间15～20℃。定植前7～10 d进行低温炼苗,白天20～23℃,夜间8～10℃。

4.定植

整地做畦,每亩施入用充分腐熟的有机肥5 000 kg,饼肥300～400 kg,硫酸钾20 kg,然后深翻整平,可先按65 cm行距开深沟施肥,然后在两条沟上做高畦,大行距80 cm(过道),小行距50 cm(畦面)。在畦上开浅沟两行,按40 cm株距栽苗,然后顺沟浇定植水,水渗透后培土。之后覆盖地膜,并引苗出膜。

5.定植后管理

(1)温度 甜瓜喜温,定植后2～3 d是缓苗阶段,较高的温度和湿度利于缓苗,白天28～32℃,夜间18～20℃。缓苗后,降至白天25～28℃,夜间15～18℃,防止夜温过高引起幼苗徒长。开花坐果期的最适温度为25℃,果实膨大期白天28～35℃,不超过35℃不放风,夜间15～20℃,早晨揭开草苫前温度要求12℃左右。

(2)肥水管理 缓苗时,如土壤水分不足,可浇1次缓苗水,水量不宜过大。缓苗后,植株开始生长,需水量增加,需进行追肥浇水,每亩施尿素5 kg,磷酸二铵10 kg,用水化开后随水冲施,如底肥充足,也可只浇水,不施肥。开花前3～4 d及开花后1周要控制浇水,以防化瓜。膨果期是需肥、需水最多的时期,可10 d左右浇1次小水,结合每次浇水,每亩随水冲施磷酸二铵20 kg,硫酸钾10 kg。成熟前7～10 d应控制浇水,保持适当干燥,以利于糖分积累。此时,如果土壤含水量过高,则易影响果实的成熟期及品质。

(3)植株调整 定植缓苗后需及时吊蔓,用尼龙绳牵引悬挂于架上。甜瓜整枝方式有很多种,在直立栽培中常采用单蔓整枝和双蔓整枝(图3-2)。

①单蔓整枝 当主蔓长至25～30节时摘心,将基部1～10节子蔓全部摘除,选11～15节位上的子蔓坐瓜,有雌花的子蔓保留2片叶摘心,无雌花的子蔓摘除。如果留二茬瓜,则可在主蔓22～25节位选留2～3条子蔓5叶时摘心,15～22节位的子蔓抹掉。结果蔓上的腋芽也应及时摘除。

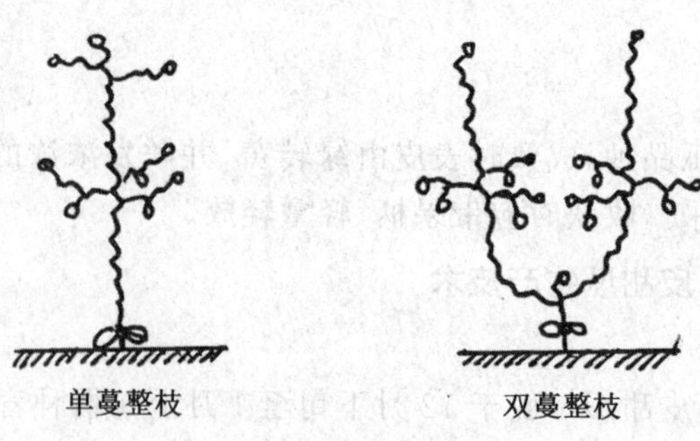

图 3-2　甜瓜整枝示意图

②双蔓整枝　幼苗在 4 叶 1 心时摘心，待主蔓长出 3～4 条子蔓时，选择健壮的 2 条，分别引向两根吊绳，其余子蔓摘除。在子蔓 11～12 节位上孙蔓坐瓜，孙蔓上出现雌花后于花前留 2 片叶摘心，无雌花的孙蔓及时摘除。最后在子蔓 20～25 节左右摘心。

(4)人工授粉与果实管理　温室内昆虫很少，开花期需要及时进行人工辅助授粉，才能确保坐果。授粉一般在上午 8～10 时，在开花当日采集刚开放的雄花，将雄花连同花柄摘下，去掉雄花花冠，露出雄蕊，然后把雄蕊放到刚开放的雌花柱头上，轻轻摩擦几下，使柱头均匀授粉。每朵雄花一般可给 2～3 朵雌花授粉。授粉后挂上标牌记录授粉时间，以利适时采收。授粉期如遇上阴天低温，常造成授粉受精不良，导致化瓜，因此可用 40 mg/L 的坐果灵均匀喷雾处理瓜胎，处理时的适宜温度为 22～25℃。

坐瓜后 5～10 d，幼瓜长至鸡蛋大小时，选择瓜形端正的，一般中、小果型品种(单果质量 500 g 以下)每株留 2 个瓜，大果型品种(单果质量 1 kg 以上)每株留 1 个瓜，果实质量达 200 g 左右及时吊瓜。

6. 采收

甜瓜是否成熟，主要根据授粉日期或不同品种的成熟特征来判断。一般早熟品种从授粉到成熟需 30 d，中熟品种 35 d。成熟的外观特征主要是具有本品种果皮颜色和网纹、果实硬度及芳香味。

甜瓜采收时要根据不同的销售方式来确定采收期，如就地销售，应在充分成熟时采收；如经长途运输异地销售，应在果实八分熟时采收。采收应在早晨或傍晚进行，用剪子将果柄连一段瓜蔓一同剪下，轻拿轻放，置于阴凉处。

自我检测

1. 判断题

(1)甜瓜分为厚皮甜瓜、薄皮甜瓜两种类型。　(　)

(2)甜瓜忌连作，应与非瓜类蔬菜进行 3～4 年的轮作，或嫁接。　(　)

(3)香瓜三蔓整枝是保留基部近地面的 4 条侧蔓。　(　)

(4)露地香瓜生产一般不需要人工授粉，主要依靠蜜蜂传粉。　(　)

(5)香瓜一般以孙蔓留瓜为主。　(　)

2. 简答题

(1)塑料大棚薄皮甜瓜整枝方法有哪几种？如何操作？

(2)日光温室厚皮甜瓜如何进行植株调整？

(3)简述塑料大棚香瓜定植后的水肥管理要点。

思政园地

中国有句成语“瓜熟蒂落”，意思是瓜熟了，瓜蒂自然脱落。比喻时机、条件成熟，就能顺利成功。我们要想取得成功，就需要努力耕耘，埋头苦干；也需要耐心等待，坚持理想。今天的付出，是为了明天的“瓜熟蒂落”。

课外深化

西瓜、甜瓜品质的鉴定

西瓜、甜瓜成熟度与品质关系密切。西瓜、甜瓜品质包括外形、含糖量、可食率、风味等指标。摘取生产中成熟鉴定后的西瓜、甜瓜，在实验室内进行测量记载，完成下列表格。

内容：________　　小组：________　　姓名：________

品种	果皮底色	花纹颜色	单果质量/g	果形			果皮厚度/mm	瓜瓤色泽	含糖量	风味	可食率	种子粒数	
				纵径/cm	横径/cm	指数						成熟	未成熟

茄果类蔬菜专题

专题一　番茄生产

学习目标

学习番茄生物学特性和生长发育理论，联系生产实际学习并掌握番茄生产技术。

素质目标

培养学生学农、爱农、服务农业的荣誉感，养成知行合一的学习工作作风。

一、理论基础

番茄，是茄科番茄属一年生或多年生草本植物。番茄起源中心是南美洲的安第斯山地带。1523年，番茄由墨西哥传到西班牙、葡萄牙，1550年前后传到意大利，1575年相继传到英国和中欧各国，当时作为观赏植物。18世纪中叶始作食用栽培。中国栽培的番茄从欧洲或东南亚传入。到20世纪初，城市郊区始有栽培食用。中国栽培番茄是从50年代初迅速发展，成为主要果菜之一。

(一)生物学特性

番茄野生类型为多年生草本植物，在有霜地区栽培为一年生植物。

1.植物学特征

(1)根　番茄的根系比较发达，分布广而深。盛果期主根深入土中能达150 cm以上，根系开展幅度可达250 cm左右。但在育苗条件下，由于移植时主根被切断，侧根分枝增多，并横向发展，大部分根群集中在30～50 cm的土层中，1 m以下的土层中根系分布很少。

(2)茎　番茄属合轴分枝(假轴分枝)，茎端形成花芽。番茄茎为半直立性或半蔓性，个别品种为直立性，茎基部木质化。茎的分枝能力强，每个叶腋都可发生侧枝，以花序下第一侧枝生长最快。在自然生长条件下，番茄能够形成枝叶繁茂的株丛。

番茄茎的丰产形态：节间较短，茎上下部粗度相似。徒长株(营养生长过旺)节间过长，往往从下至上逐渐变粗；而老化株相反，节间过短，从下至上逐渐变细。

(3)叶 单叶，羽状深裂或全裂，每叶有小裂片5～9对。

番茄叶的丰产形态：叶片似长手掌形，中肋及叶片较平，叶色绿，较大，顶部叶正常展开。生长过旺的植株叶片长三角形，中肋突出，叶色浓绿，叶大。老化植株叶小，暗绿或淡绿色，顶部叶小型化。

(4)花 番茄为完全花，聚伞花序，小果型品种多为总状花序，花序着生于节间，花呈黄色。每一朵花的小花梗中部有一明显的"断带"，它是在花芽形成过程中由若干层离层细胞所构成。在环境条件不利于花器官发育时，"断带"处离层细胞分离，导致落花。

番茄花的丰产形态：同一花序内开花整齐，花器大小中等，花瓣黄色，子房大小适中。徒长株花序内开花不整齐，往往花器及子房特大，花瓣浓黄色。老化株开花延迟，花器小，花瓣淡黄色，子房小。

(5)果实及种子 果实的形状、大小、颜色、心室数量因品种不同而不同。番茄果实为多汁浆果，果肉由果皮(中果皮)及胎座组织构成，优良的品种果肉厚，种腔小。栽培品种心室一般为多室，心室数的多少与萼片数及果形有一定相关性。萼片数多，心室数也多。番茄种子比果实成熟早，一般情况下，开花授粉后35 d左右的种子即开始具有发芽力，但胚的发育是在授粉后40 d左右完成，所以授粉后40～50 d的种子完全具备正常的发芽力，种子的完全成熟是在授粉后50～60 d。番茄种子在果实中被一层胶质包围，由于番茄果汁中受发芽抑制物质及果汁浸透压的影响，在果实内种子不发芽。种子千粒质量3.0～3.3 g。

2.生长发育过程及其特性

(1)发芽期 从种子发芽到第一片真叶出现(破心)为番茄的发芽期。在正常温度条件下这一时期为7～9 d。

(2)幼苗期 由第一片真叶出现至开始现大蕾的阶段。

番茄幼苗期经历两个不同的阶段。真叶二、三片，即花芽分化前为基本营养生长阶段，这阶段的营养生长为花芽分化及进一步营养生长打下基础。播种后25～30 d，幼苗2～3片叶时，花芽开始分化，进入幼苗期的第二阶段，即花芽分化及发育阶段。从这时开始，营养生长与花芽发育同时进行，播种后35～40 d开始分化第二花序，再经10 d左右分化第三花序。

创造良好条件，防止幼苗的徒长和老化，保证幼苗健壮地生长及花芽的正常分化及发育是这阶段栽培管理的主要任务。

(3)开花期 番茄是连续开花和着果的作物，这里所指的开花期仅包括第一花序出现大蕾至结果的阶段。大苗定植时，这一时期正处于定植后的初期阶段。这一阶段虽然不长，却是番茄从以营养生长为主过渡到生殖生长与营养生长同等发展的转折时期，直接关系到产品器官的形成及产量，特别是早期产量。

(4)结果期 从第一花序着果到结果结束(拉秧)都属结果期，这一时期果、秧同时生长，营养生长与生殖生长的矛盾始终存在，营养生长与果实生长高峰相继周期性地出现。在结果期中，应该创造良好的条件促进秧、果并旺，周期变化缓和，不断结果，保证早熟丰产。

3.对生活条件的要求

番茄具有喜温、喜光、耐肥及半耐旱的生物学特性。

(1)对温度条件的要求 番茄是喜温性蔬菜，在正常条件下，同化作用最适宜的温度为20～25℃，温度低于15℃，不能开花或授粉受精不良，导致落花等生殖生长障碍。温度降至

10℃，植株停止生长，长时间5℃以下的低温能引起低温危害。致死的最低温度为－2～－1℃，温度上升至30℃时，同化作用显著降低，升高至35℃以上时，生殖生长受到干扰与破坏，即使是短时间45℃以上的高温，也会产生生理性干扰，导致落花落果或果实不发育。

不同生育时期对温度的要求及反应是有差别的。种子发芽的适温为28～30℃，最低发芽温度为12℃左右。幼苗期的白天适温为20～25℃，夜间为10～15℃。开花期白天适温为20～30℃，夜间为15～20℃，过低(15℃以下)或过高(35℃以上)都不利于花器的正常发育及开花。结果期白天适温为25～28℃，夜温为16～20℃。番茄根系生长最适土温为20～22℃。

(2)对光照条件的要求　番茄是喜光作物，光饱和点为70 klx。光照强度下降，光合成显著下降。一般应保证30 000～35 000 lx以上的光强度，才能维持其正常的生长发育。

(3)对水分条件的要求　番茄地上部茎叶繁茂，蒸腾作用比较强烈，蒸腾系数为800左右。但番茄根系比较发达，吸水力较强，因此，对水分的要求属于半耐旱型，既需要较多的水分，但又不必经常大量地灌溉，且不要求很大的空气湿度，一般以45%～50%的相对湿度为宜。

(4)土壤及营养　番茄对土壤条件要求不太严格，应选用土层深厚，排水良好，富含有机质的肥沃壤土。

番茄在生育过程中，需从土壤中吸收大量的营养物质，据报道，生产5 000 kg果实，需要从土壤中吸收氧化钾33 kg，氮10 kg，磷酸5 kg。

(二)类型

根据分枝结果习性可分为有限生长型和无限生长型两种类型。

(1)有限生长类型　植株主茎生长到一定节位后，花序封顶，主茎上果穗数增加受到限制，植株较矮，结果比较集中，多为早熟品种。这类品种具有较高的结实率及速熟性，生殖器官发育较快，叶片光合强度较高的特点，生长期较短。

(2)无限生长类型　主茎顶端着生花序后，不断由侧芽代替主茎继续生长、结果，不封顶。这类品种生长期较长，植株高大，果形也较大，多为中、晚熟品种，产量较高，品质较好。

二、生产技术

(一)日光温室春茬番茄绿色早熟生产方案

1.生产安排

日光温室春茬番茄一般在11月下旬至12月上旬播种，2月上中旬定植，4月中旬至6月中旬采收上市。具体实施过程中还要考虑地理位置、温室保温性能、当年气候条件等诸多因素的影响，进行合理设计。

2.生产准备

(1)准备种子　宜选择抗病性强、耐低温弱光、耐贮运、符合销售地区消费习惯，并且品质优良的品种。大果型粉红色番茄如东圣1号、东圣粉王、粉太郎、真优美、铁甲、丰美101、普罗旺斯等。栽植面积为1亩的日光温室番茄，需种量10～15 g。

(2)准备粪肥　选择充分腐熟的鸡粪、马粪、猪粪、人粪尿以及堆肥均可。根据有机肥的质量，1栋面积为1亩温室需准备5 000 kg左右。针对番茄需肥的特点，还需要准备足够的化肥。供参考的种类数量如下：硫酸钾型复合肥(N-P-K为14-16-15)75 kg，美国钾宝(N-P-K为10-6-20)20 kg，山东潍坊农邦富肥业有限公司生产的海藻甲壳素20 kg，磷酸二铵10 kg，磷酸二氢钾0.5 kg，叶面喷施钙肥0.5 kg。

(3)准备农药　根据温室春茬番茄常见病虫害发生情况，每亩温室准备的农药种类及用量参考如下。

杀菌剂：64%杀毒矾可湿性粉剂 0.2 kg，50%多菌灵可湿性粉剂 0.5 kg，70%甲基托布津可湿性粉剂 0.2 kg，25%腈菌唑乳油（富泉）0.1 kg，40%嘧霉胺（灰喜利）悬浮剂 0.1 kg，50%腐霉利（速克灵）可湿性粉剂 0.2 kg，45%百菌清烟剂 0.2 kg，10%腐霉利烟剂 0.6 kg。

杀虫剂：22%敌敌畏烟剂 0.4 kg，1.8%阿维菌素乳油 0.2 kg，5%啶虫脒（虱无影 A+B）0.36 kg，10%氯氰菊酯乳油 0.25 kg，6%乙基多杀菌素乳剂 0.06 kg。

植物生长调节剂：丰产剂 2 号（防落素）50 mL。

3.培育壮苗

(1)种子处理流程　采用温汤浸种方法消毒（55～60℃温水，不停搅拌浸种 15 min）→一般浸种（30℃水温，浸泡 10～12 h）→捞出洗净后放入恒温箱中催芽 27～30℃，24～36 h，大部分种子露白待播。

(2)准备育苗场地　在日光温室内，选择温度光照最好的位置，平整好土地，铺设电热温床。电热温床做好后，加扣小拱棚。同时准备好日光温室的保温、加温工作。

(3)准备营养土　取过筛大田土、充分腐熟的马粪按照 7∶3 的比例，配制营养土，准备营养土的量大约 2 m^3。取 0.25 m^3 拌入 0.1 kg 磷酸二铵，充分混匀后作为播种床土；剩余 1.75 m^3 拌入 2.5 kg 磷酸二铵，充分混匀后作为分苗床土备用。

(4)播种　采用苗床或育苗盘撒播方式，播种床面积 5 m^2 左右。播种前浇透底水，播种时，取 50 g 左右多菌灵配制成药土，2/3 铺底，1/3 覆盖。之后覆盖营养土 1 cm 厚，并覆盖地膜或加扣小拱棚保温保湿，4～5 d 即可齐苗。

(5)苗期管理

①温度　出苗前，保持 25～30℃，高温使种子整齐出土，防止烂种。出苗后，保持晴天白天 25℃左右，夜间 15～17℃。温室内温度过低时，可以加扣小拱棚，并开启电热温床加温。苗期长时间处于 10℃以下低温环境，后期易产生畸形果。

②光照　出苗后，尽量增加光照。具体措施有“分苗”“排稀”“倒苗”以及后墙增设反光幕等，阴雪天白天也要揭开温室覆盖物，以增加散射光照射。

③水分　番茄苗期管理，“控温，不用控水”，控制夜间温度不超过 20℃，即使水量充足，幼苗也不会徒长。苗期经常保持土壤湿润状态，控制好环境温度，增加光照，有利于培育适龄壮苗。定植前 1 周要进行低温、控水、通风炼苗。

④分苗　出苗后约 30 d，幼苗具有 2～3 片真叶时，及时进行 1 次分苗。将苗床内的幼苗单株移栽到 10 cm×10 cm 规格的营养钵内。移栽后要浇透水，适当深栽徒长苗。

⑤苗期病虫害防治　番茄苗期主要病虫害有猝倒病、立枯病、病毒病、斑潜蝇及连续低温寡照天气引起的生理病害。首先做好种子消毒、营养土消毒工作，其次做好温室保温工作，日常每隔 7 d 左右喷药 1 次防虫防病。

⑥苗龄要求　番茄苗龄 60～70 d，具有 7～8 片真叶，并且现大花蕾时准备定植。

4.定植前准备

(1)整地施基肥　深翻土地 30 cm，精细整地。结合翻地，每亩温室施入充分腐熟的有机肥 5 000 kg，硫酸钾型复合肥（N-P-K 为 14-16-15）50 kg，粪肥与土壤充分混匀、搂平地面后做畦。

(2)做畦　采用小高畦，覆盖地膜方式。宽度 70～80 cm，高度 10～15 cm，畦间过道宽 70～80 cm。畦上做一条水平顺直的浅沟，用于今后膜下灌水施肥。覆盖幅宽 120 cm 的地膜保温保湿。

5. 定植

2月上中旬定植，采用“坐水稳苗”方法。先用打孔器在覆盖好地膜的畦面上打两行孔，孔间行距60 cm，株距25 cm左右，孔深度10 cm左右。首先向打好的孔内施入化肥，每亩磷酸二铵5 kg、硫酸钾型复合肥(N-P-K为14-16-15)5 kg。然后向孔内浇满水，紧接着，穴内水满时即脱钵栽苗。3 d后在行间过道内取细土，封严实定植穴，保温保湿。每亩日光温室，定植番茄3 000株左右。

6. 定植后管理

(1)温度　开花结果期晴天白天保持25～28℃，夜间13～18℃为宜。温度长期高于35℃或者低于15℃，易落花落果。2月中旬至4月中旬，以保温为主。4月中旬至6月下旬，要逐渐加大放风量，防止受高温危害。外界气温稳定在15℃以上时，昼夜通风，以利排湿降温。

依据番茄生长发育特性，结果期可采用三段变温管理方法。即晴天8—17时温度控制在24℃±2℃；17—22时温度控制在14℃±1℃；22时至翌日8时温度控制在(10±2)℃。番茄的光合产物75%白天已经运输出去，25%前半夜运输。后半夜为了抑制呼吸消耗，需要降低温度，如果温度过高，植株表现徒长，果实膨大慢，晚熟减产。

(2)及时植株调整　当苗高30 cm时，要及时吊蔓。采用单干整枝方式，侧枝长度2～5 cm及时打掉，防止养分消耗，并及时引蔓上绳，整枝操作下午进行为宜，每株可留2～4穗果，最后一穗花序前留2片真叶摘心，每穗留3～5个果为宜。每层果实定个后，进入转色阶段，及时打掉果穗下部叶片，使果实更多的接受光照，促进番茄成熟。

(3)保花保果

①药剂处理　当每穗具有2～4朵小花开放时，用浓度25～50 mg/L的防落素喷花托处理。喷花选择晴天的上午进行，注意不要喷到叶片上，并做好标记，防止重复用药；配制药液时可加入50%腐霉利(速克灵)可湿性粉剂1 000倍液预防灰霉病；一般间隔5～6 d喷花托处理1次。

②熊蜂授粉　即在番茄开花坐果期释放熊蜂为番茄授粉，熊蜂适宜温度为8～35℃。优点是番茄果实种腔内籽多，授粉及时，还节省人工费用。熊蜂购自荷兰科伯特生物技术系统有限公司，每箱400元，可完成500 m^2 温室番茄花期60～70 d阶段性授粉任务，不需要喂食，温室内有熊蜂工作时，禁止使用对其有害的杀虫剂。

③疏花疏果　大果型番茄每穗留果3～5个，根据品种特性和市场需要确定。坐果后选择果型端正的保留，疏掉各种畸形果及多余的花果。

(4)加强水肥管理　控制氮肥施用量，防止营养生长过旺，促进早熟增产。追施的肥料宜选择高钾含量的复合肥、甲壳素肥料、腐熟的豆饼、氨基酸钙等，有利于提高番茄品质。可溶性肥料可随水冲施，饼肥需要地下埋施，钙肥一般结合其他商品叶面肥进行叶面喷施。

定植后到坐果前适当控制浇水，以利提高土温，抑制营养生长，促进生殖生长。结果期要经常保持土壤湿润，一般1周左右灌1次水，切忌忽干忽湿，造成裂果。番茄植株第1穗坐果后，每亩可随水冲施美国阿尔法农化(青岛)有限公司生产的美国钾宝5 kg，第2穗番茄坐果后，每亩可随水冲施潍坊农邦富肥业有限公司生产的海藻甲壳素20 kg，或者硫酸钾型复合肥(N-P-K为14-16-15)10～15 kg，轮换追施，每次施肥间隔10 d左右，整个生育期追肥3～4次。定植后每10 d左右叶面喷施1次0.2%的磷酸二氢钾，结果期喷施0.1%腐殖酸钙3～4次，进行叶面补充施肥。

7.病虫害绿色防控

日光温室春茬番茄重点防治的病害为灰霉病、病毒病、叶霉病、白粉病、根结线虫病；虫害为粉虱、美洲斑潜蝇和蓟马；生理性病害有冷害、药害、盐害、畸形果、裂果、筋腐果、空洞果、脐腐病等。依据“预防为主，综合防治”的方针，定植前做好清洁田园和棚室杀菌杀虫工作；定植后着重环境调控，严格温度、湿度、光照管理，促进番茄生长发育，抑制病虫害的滋生；结果期加强肥水管理，调整好营养生长与生殖生长平衡，使番茄根、茎、叶片和果实保持健康状态。实时监控，发现异常，做出正确诊断，在病虫害发生初期，及时采取绿色防治措施。

(1)番茄灰霉病

①典型症状　灰霉病是设施番茄的重要病害。该病主要为害花、果实、叶片和茎秆。病菌多从花托开始侵入，导致花朵枯萎。幼果花托或者脐部薄弱部位染病后，渐向果实发展，果实病部呈水渍状灰白色软腐，后期产生灰色霉层。叶片受害，病斑多从叶尖、叶缘开始，向叶内呈“V”字形扩展，初为水渍状、黄褐色，快速发展成不规则形，有颜色深浅相间的轮纹，后叶片干枯产生灰色霉状物。茎干染病，开始呈水浸状小点，后扩展为长椭圆形或长条形斑，湿度大时病斑长出灰褐色霉层，严重时引起病部以上茎叶枯死。

②防治措施

a.棚室消毒　定植前，每亩棚室用10%的腐霉利烟剂0.4 kg，密闭发烟熏蒸一夜。

b.加强生产管理　定植后要注意控制灌水，采用膜下滴灌方式浇水，并在晴天上午进行，之后加强通风排湿。打底叶时，在晴天进行，有利于伤口愈合，要点是必须在叶柄基部掰掉，不要残留叶柄，以减少病害侵入机会。

c.人工摘除病残器官　及时摘除萎蔫的花冠、病叶和病果，减少初侵染来源。摘除病残体时，轻轻用塑料袋包裹，并带出棚外销毁。

d.套袋　选择合适的纸袋，坐果后，对果穗套袋处理，既能防病，又能改善果实色泽，并且减少农药残留。

e.药剂防治　结合喷花保果处理时，药液加入50%腐霉利(速克灵)可湿性粉剂1 000倍液预防果实染病。发现茎蔓上病斑，可用刀片刮除，并用50%腐霉利(速克灵)可湿性粉剂涂抹伤口。发病初期可采用40%嘧霉胺(灰喜利)悬浮剂1 000倍液，或50%敌菌灵可湿性粉剂500倍液喷雾防治，或用10%腐霉利烟剂400 g/亩熏烟。注意轮换用药，防止病菌产生抗药性。

(2)番茄叶霉病

①典型症状　为害叶片，发病初期叶正面呈淡黄色，边缘呈不明显褪绿病斑，随后叶片背面病斑上产生初为黄褐色后为黑褐色绒状霉层。病株多从中下部叶子开始发病，逐渐向上蔓延，严重时叶片上病斑连成片，干枯卷曲，引起全株枯死。

②防治措施

a.选择抗病品种　如东圣1号、粉太郎、真优美、丰美101、普罗旺斯等。

b.种子消毒　用温汤浸种法。播种前用55～60℃的热水搅拌浸种15 min，能够杀死种子表面病菌。

c.棚室消毒　每亩温室用硫黄粉2 kg、锯末6 kg，混匀点燃熏蒸。

d.加强生产管理　施足腐熟有机肥，促使植株生长健壮，抗病性增强；适当稀植，及时进行植株调整，有利于田间通风透光；及时摘除病残叶，减少病原；加强通风排湿，控制病害的发展。

e.药剂防治　可在发病初期每亩用45%百菌清烟剂250～300 g发烟熏蒸，或7%的叶霉净粉尘剂1 kg喷粉，或50%多硫胶悬剂700～800倍液喷雾，或70%甲基硫菌灵可湿性粉剂800倍液喷雾，或50%多·硫悬乳剂700倍液喷雾，或2%春雷霉素200～500倍液喷雾防治。

(3)番茄白粉病

①典型症状　俗称“挂白灰”，是为害茄科蔬菜重要病害之一。主要为害叶片、叶柄和茎蔓。发病初期叶片正面产生白色近圆形小粉斑，后期病斑逐渐扩大、增多，连成一片，直至整个叶片布满白粉。风吹不掉，擦掉粉后显露褪绿叶面，质脆，后期干枯，影响光合作用，严重时提早拉秧。

②发病规律　白粉病病原为子囊菌亚门单囊壳属真菌。病菌以子囊壳随病残体在土壤中越冬，以分生孢子形式借气流传播。病害流行最适温度为16～24℃，高温干旱与高温高湿条件交替出现时会导致病害大流行。此外施肥不足，植株长势细弱，种植过密，通风透光不良等均利于白粉病发生。

③防治措施

a.棚室消毒　在定植前每100 m^3温室，用硫黄粉250 g、锯末粉500 g，分置几处点燃，并密闭熏蒸15 h。

b.加强生产管理　合理密植，加强通风，增施有机肥，提高植物抗病力。

c.药剂防治　可用25%粉锈宁(三唑酮)可湿性粉剂1 500倍液喷雾预防。发病初期也可用25%腈菌唑乳油(富泉)2 000倍液，或50%醚菌酯(翠贝)干悬乳剂3 000倍液喷雾治疗，每6～7 d喷施1次，连续喷2～3次。

(4)白粉虱和烟粉虱　烟粉虱和温室白粉虱常常混合发生，二者的主要区别有以下几点：

①寄主范围不同　烟粉虱是一种寄主范围非常广泛的世界性害虫，寄主包括74科420多种植物。温室白粉虱的寄主范围主要是十字花科、茄科、葫芦科蔬菜。

②危害能力不同　烟粉虱能够传播70多种病毒，是许多病毒病的重要传毒媒介，引起多种植物病毒病，造成植株矮化、黄化、褪绿及卷叶，并且分泌大量蜜露，污染叶片，诱发煤污病。温室白粉虱则只能传播几种病毒，分泌少量蜜露。

③适应能力不同　烟粉虱可忍耐40℃高温，而温室白粉虱一般只忍耐33～35℃。这是烟粉虱在夏季依然猖獗的主要原因。

④外部形态不同　烟粉虱个体较小，停息时双翅呈屋脊状，前翅翅脉分叉；温室白粉虱个体较大，停息时双翅较平展，前翅翅脉不分叉。

防治措施：

①清洁田园　收获后彻底清洁田园，将杂草和病残体深埋。

②黄板诱杀　利用害虫的趋避性，将黄色粘虫板挂于植株之上，每亩温室悬挂50 cm×50 cm黄板20～25张，用来控制粉虱数量。

③生物防治　当粉虱成虫每株达到0.5头时，释放丽蚜小蜂，15 d之后再释放一次，连放3次，当成蜂达每株15头时，可有效控制为害。

④药剂防治　每亩喷洒35 g生化药剂25%噻嗪·异丙威(虱电)2 000倍液，抑制成虫蜕皮，控制害虫数量，或每亩温室用22%敌敌畏烟剂200 g，密闭发烟熏蒸12 h可杀死大批成虫，或用5%啶虫脒(虱无影A+B)乳剂1 000倍液喷雾防治。一般幼虫在早晨露水干后至上午11时在叶片背面的嫩茎上活动最为旺盛，此时是药剂防治的最佳时机。

(5)美洲斑潜蝇

①形态特征 美洲斑潜蝇属双翅目,潜蝇科。成虫体长1.3～2.3 mm,浅灰黑色,头黄色,复眼红色。幼虫蛆状,潜伏叶肉内。

②田间为害状 成虫(雌虫)刺伤叶片并取食,在叶片上形成不规则的白色斑点。幼虫蛀食叶肉,造成不规则弯曲的白色蛀道,黑色虫粪交替排列蛀道内两侧,随着幼虫生长蛀道逐渐加宽,受害严重时叶片干枯脱落。

防治措施:

①农业防治 清洁田园,收获后彻底清除病残体,深埋;深翻土壤;与非寄主蔬菜如葱蒜类套种或轮作;合理安排种植密度,增强田间通透性。

②诱杀成虫 可使用黄板诱杀成虫。

③药剂防治 防治成虫一般在早晨露水未干前,防治幼虫同样在上午施药。可选用1.8%爱福丁乳油3 000倍液,或50%蝇蛆净乳油2 000倍液,或25%杀虫双水剂500倍液,或48%毒死蜱乳油800倍液等喷雾防治。

8.番茄催熟

春茬番茄为了提早上市,可利用乙烯利进行催熟处理。乙烯利被植物吸收后产生乙烯,乙烯起到很好的催熟效果。采摘下来的番茄乙烯利催熟处理适宜浓度为1 500～2 000 mg/L,未采摘的果实或者附近叶片喷洒处理适宜浓度为500 mg/L。番茄植株下部叶片喷乙烯利催熟处理,会导致全株果实提早成熟。乙烯利对人无害,但是使用浓度过高,会影响番茄口感。经过催熟的番茄果实首先从表面开始变色,番茄果肉可能仍是青绿色,而自然成熟的番茄果实是从内向外变色成熟的。

9.采收

番茄以成熟果实为产品,按照成熟度一般分为绿熟期、白熟期、商品成熟期和完熟期四个阶段。

需要长途运输销售的番茄,在番茄白熟期采收;此时果实顶部变红,大部分呈白绿色,果实坚硬。就近销售时,可在果实商品成熟期采收,此时果实1/3变红,生食品质最佳。大果型番茄,采摘时要深度剪除果柄,防止果柄扎伤果皮。温室春早熟番茄,每亩高产可达7 500 kg以上,成熟越早,价格越高,效益越好。

(二)日光温室秋延晚番茄绿色高产栽培关键技术

日光温室秋延晚番茄高架栽培是辽北地区重要设施蔬菜的生产模式。该生产模式中,番茄的生长发育要经历夏季高温炎热到冬季严寒过程,尽管番茄属于适应性最强的蔬菜种类之一,同样会面临高温、高湿,植株徒长,病虫害高发等不利因素影响。因此,采取一系列关键技术,调节营养生长与生殖生长平衡,使番茄生产达到高产优质水平,具有较高的经济意义和生态效益。

1.生产安排

一般在6月上中旬搭防雨棚播种育苗,7月定植,9月上旬至10月上旬开始采收,元旦前后植株拉秧倒茬。

2.选择优良品种

选择既耐热,又耐低温,生长势强、抗病、丰产、耐贮藏运输的中晚熟品种。如百利、奥尼、凯乐、天赐一号、天美一号等。

百利　瑞克斯旺(青岛)农业服务有限公司引进的番茄杂交一代，无限生长类型、大架品种、生长势旺盛，坐果率高，早熟、丰产性好。果实大红色、圆形、中型果，单果质量180～200 g，最大单果可达240 g左右，色泽鲜艳、口味佳、无裂果、无青皮、质地硬、耐运输、耐贮藏，适合出口外运及长途运输。抗烟草花叶病毒病、筋腐病、枯萎病。耐热性好，在高温、高湿条件下能正常坐果，适合春秋两季日光温室栽培。

奥尼　辽宁沈阳德亿农业发展有限公司从荷兰引进的番茄杂交一代长货架、耐贮运鲜食型牛肉番茄品种，口感非常好。属无限生长类型。植株生长健壮，中早熟，果实鲜红色，果实均匀整齐，表面光滑，硬实度好，平均单果质量220 g。坐果率极高，丰产性突出，前期产量很高，成熟期集中。果实无青肩或青腐现象，果肉厚，极耐贮运。抗病性突出，对病毒病、叶霉病、晚疫病都有很好的抗性。一般高架栽培亩产在15 000 kg以上。

凯乐　辽宁沈阳爱绿士种业有限公司最新育成的高硬度抗TY大粉果番茄品种。无限生长型，平均单果质量250～280 g，最大可达360 g。果实高圆型(苹果型)，果面光滑，萼片肥厚美观，果型整齐，精品果率高，果肉特硬，耐长途运输。适合春秋两季日光温室栽培。

天赐一号　辽宁沈阳谷雨种业有限公司生产的一代杂交种，无限生长型，长势强，产量高，粉红果，果型高圆，单果质量220～250 g，硬度高，货架期长，精品率高。抗TY病毒病、抗烟草花叶病毒病(TMV)、抗叶霉病等番茄常见病害，适合秋番茄设施生产。

天美一号　辽宁海城市三星生态农业有限公司生产的一代杂交种，植株无限生长型，长势强，粉红果，商品性好，坐果能力强，单果质量220～250 g，硬度好，货架期长，精品率高，抗番茄黄化曲叶病毒病(TYLCV)、抗叶霉病、灰叶斑病等，适应性强，易栽培管理，适合秋延、越夏番茄设施栽培。

3.培育壮苗

育苗公司目前多采用基质(草炭、珍珠岩、蛭石和各种营养元素配制而成)育苗方式，传统的营养钵装营养土育苗比例不断减少，但是后者对培育壮苗有利，还能就地取材、节约成本。

(1)种子处理　先晒种1～2 d，再浸种。把种子在水中浸泡10 min左右，之后用温汤浸种或药剂浸种杀菌消毒，转入常温浸泡6 h。

药剂浸种:将上述浸泡过的种子用福尔马林溶液100倍液浸种10～15 min，或用10%的磷酸三钠溶液浸种20 min，或0.1%的高锰酸钾溶液中浸泡10～15 min。药剂浸种后用清水洗净种子后在28～30℃的培养箱中催芽，当种子“破嘴”，露出白色胚根时即可播种。经过磷酸三钠或高锰酸钾处理种子，也可不催芽，清洗、晾干后直播。

(2)营养土配制　选肥沃的大田土和充分发酵腐熟的厩肥配制营养土，过筛后按照7∶3比例混合；1 m^3 营养土加入过磷酸钙2 kg，草木灰5～10 kg，磷酸二氢钾0.2 kg；拌入多菌灵400 g和育苗母剂1 000 g，充分混合均匀后备用。

(3)播种　每1 m^2 苗床播种质量3 g左右。播种前苗床浇透水，经过浸种的种子拌少量细炉渣后均匀撒播。播种后盖一层药土，厚度为0.8～1 cm，上面覆盖青草保墒。种子2/3拱土，及时撤去覆盖物，防止幼苗徒长。

(4)苗期管理　播种后在苗床上搭拱棚，覆盖防虫网、遮阳网，遮光降温，防止害虫侵袭。在幼苗长到2叶1心时，分苗于10 cm×10 cm的营养钵内，徒长苗要深栽，分苗时浇透水。以后每2～3 d浇1次水，保持营养土见干见湿。因为营养土中加入一定量育苗母剂，过度控水易形成老化苗。每5～6 d喷1次杀虫剂和杀菌剂，主要防治美洲斑潜蝇、粉虱和苗期病害。

幼苗期叶面喷施0.2%的磷酸二氢钾1～2次，能起到壮秧防病的作用。幼苗长大后及时“排稀”炼苗，以不搭叶为准。当幼苗长到4～5片叶时即可以定植。

4.高温期定植

(1)定植前准备　定植前空闲时间密闭温室进行“高温闷棚”处理，能够杀灭多种病菌。定植时保留春茬生产时使用的旧棚膜，夏季不将其撤换掉，打开下端通风口，加大通风量，既可防止雨淋，又能降低室内温度，防止病害的发生。

(2)整地施基肥做畦　一般每亩施基肥量为腐熟的有机肥5 000 kg，硫酸钾40 kg，磷酸二铵30 kg，深翻入土后耙平。耙平后按照一定的行距开设10 cm深定植沟。

(3)定植　首先向定植沟内摆苗，脱掉营养钵后覆土浅埋土坨，然后沿沟内灌足水，2～3 d后浇1次缓苗水，水渗透1 d后起垄，起垄高度约10 cm。此操作目的是促进伤口愈合，防止定植时受伤幼苗在高湿条件发生番茄茎基腐病。定植时每亩穴施1 000 g育苗母剂可有效防治定植后植株徒长，有效期30 d左右。高架栽培可以按(30～40) cm×(80～90) cm株行距进行，以每亩保苗2 000株左右为宜。

5.定植后管理

(1)植株调整　当苗高30 cm时，要及时吊蔓。植株上方南北向拉8#铁线或细钢线并系上尼龙绳，尼龙绳下端绑在植株茎基部第1果穗下方。采用多穗单干整枝方式，侧枝长2～5 cm及时打掉，防止养分消耗，并及时引蔓上绳，整枝操作在下午进行为宜。每株可留6～8穗果，最后一穗花序前留2片真叶摘心，每穗留3～5个果为宜。株高可达2 m左右，因此称作番茄高架栽培。

(2)保花保果　每个花序有2/3小花开放时，用浓度25～50 mg/L的防落素喷花托处理。时间一般在早晨8—10时为宜，一般间隔5～6 d处理1次，为防重复喷花，可加入少量红色标记。夏季番茄植株长势旺，花序前端出现的花前枝，应及时摘除，避免与果实抢夺营养。

(3)温度管理　定植后外界温度较高，应加大放风量降低室温，防止番茄徒长。一般在9月中旬更换新棚膜，进入10月中旬覆盖草苫(或者棉被)，夜间覆盖注意保温防寒。

(4)光照　番茄是喜强光性蔬菜，及时进行吊蔓、引蔓、打底叶等农事操作，以利通风透光，促进果实膨大。

(5)严格肥水管理调节生长平衡　坐果前，一般不施肥，适当控水，以防疯秧。同时防止棚膜漏雨，又要防止水涝，预防病害发生。此期间主要任务是调节营养生长及生殖生长的平衡，以防止番茄徒长，促进开花结果。

当番茄植株坐果后，开始施肥灌水。灌水施肥偏早，植株营养生长旺盛，下层(1～2穗)果小、晚熟；灌水施肥偏晚，植株营养生长受抑制，下层(1～2穗)果大、早熟，但是总产量降低。因此，抓住灌水施肥时机，调节营养生长与生殖生长平衡，对番茄增产增效尤为关键。整个结果期每隔10～15 d追1次肥，每次每亩冲施复合肥(N-P-K为15-15-15)15～20 kg，或美国钾宝(N-P-K为10-6-20)10 kg，整个生育期施肥4～6次。勤浇膨果水，一般每6～7 d浇水1次，结果期叶面喷施钙硼宝2～3次，预防番茄裂果、脐腐病、空洞果的发生。

6.病虫害防治

日光温室秋番茄生产中重点防治晚疫病、病毒病、灰霉病、白粉病、根结线虫病、灰叶斑病、茎基腐病等侵染性病害；棉铃虫、粉虱、美洲斑潜蝇等害虫；畸形果、僵果、裂果、空洞果、脐腐病等生理性病害。要贯彻“预防为主，综合防治”的病虫害方针，采用番茄病虫害绿色防控技术，生产绿色无公害农产品。

(1)番茄茎基腐病

①典型症状　主要为害番茄大苗或定植后番茄的茎基部或地下主侧根,病部染病初呈暗褐色,后绕茎基或根茎扩展,致皮层腐烂,地上部叶片变黄枯死。

②发病规律　病原为立枯丝核菌属半知菌亚门真菌。以菌核在病残体上越冬,且可在土壤中腐生2～3年。病菌发育适宜温度24℃,最高40～42℃,最低13～15℃。定植时幼苗较嫩受伤,加之土壤高湿环境条件,容易发病。

③防治方法　培育壮苗,定植前1周加强幼苗锻炼。定植后,3 d内不用土覆盖定植穴,促进愈伤。发病初期,用35%立枯净可湿性粉剂800倍液,或20%甲基立枯磷乳油1 200倍液根茎部喷洒。

(2)番茄根结线虫病

①典型症状　根结线虫病,近些年在北方地区日光温室内为害日趋普遍,严重威胁温室蔬菜生产。染病植株在根系上产生初期乳白色,后期黄褐色大小不等的瘤状根结。发病严重植株,叶片黄化,逐渐枯黄,最后枯死。

②侵染循环　病原为南方根结线虫。北方地区主要为雌成虫在根结内排出的卵囊团随病残体在温室内越冬。温度回升,越冬卵孵化成幼虫,遇寄主便从幼根侵入,刺激寄主细胞分裂增生形成巨细胞,过度分裂形成瘤状根结。可通过病土、病苗、浇水和农具等传播。

③发病规律　土温20～30℃,土壤湿度40%～70%条件下线虫大量繁殖。一般地势高、重茬、土质疏松、缺水缺肥温室内发病严重。北方露地极少发生。

④防治方法

a.培育壮苗　温室育苗时,旧的营养钵用50%多菌灵可湿性粉剂500倍液浸泡消毒,育苗床表面采用塑料棚膜铺盖阻隔线虫传播。

b.轮作　与葱蒜类蔬菜、茼蒿等轮作,能够减轻病害。

c.嫁接　试验表明:北农茄砧可以通过嫁接有效地降低根结线虫的侵染率,很好地起到抗根结线虫的作用。

d.加强生产管理　充分灌水,抑制根结线虫;持续施用甲壳素肥料,降低根部病害的发生率,防治根结线虫。

e.药剂防治　定植前整地每亩施用5%辛硫磷颗粒剂2 kg对土壤进行消毒,或定植后,用1.8%阿维菌素乳油500倍液灌根,每间隔30 d灌1次。

(3)番茄晚疫病

①典型症状　番茄晚疫病是番茄的重要病害之一,发生普遍,该病除为害番茄外,还可为害马铃薯。

番茄整个生育期均可染病,苗期发病即可造成幼苗猝倒。成株期发病,主要为害叶片、叶柄、果实和茎蔓。植株中部叶片发病严重,病斑大多先从叶尖或叶缘开始,初为水浸状,逐渐发展扩大呈褐色,潮湿时病健交界处长出稀疏的白色霉状物。茎部染病,初为长条形水渍状病斑,逐渐变黑褐色、凹陷并腐烂。多为青果染病,病斑呈水渍状不规则的云纹斑,后变为深褐色。病部表面坚硬,潮湿时病部边缘长出稀疏的白色霉层。

②侵染循环　病原为鞭毛菌亚门疫霉属的致病疫霉菌。病菌主要在马铃薯块茎和温室番茄上越冬,也可随病残体在土壤中越冬,成为次年番茄的初侵染源。病菌通过气流和雨水传

播。此病的发生，一般先在田间出现中心病株，然后由中心病株向四周扩散蔓延。

③发病规律 病菌生长适宜温度20℃左右，高湿是该病发生、流行的主要条件。最适湿度在95%以上，只有植株表面有水滴、水膜时，病菌才能萌发侵入。露地生产连续阴雨天气，温度忽高忽低时，发病较重；秋番茄设施生产，如遇连续阴雨天，棚膜漏雨，植株郁闭，通风不良，棚内湿度大会导致晚疫病的流行。

④防治方法

a.选用抗病品种 秋番茄设施生产选用百利、奥妮、凯乐、天赐一号等抗病品种。

b.轮作 与茄科蔬菜实行3年以上轮作，避免与马铃薯相邻种植。

c.加强生产管理 清除病叶、病果。施足有机底肥，膜下灌水，及时整枝打杈。设施晴天加强通风，防止棚膜漏雨，以减少植株结露，控制病害发生蔓延。

d.药剂防治 当田间发现中心病株时，要及时喷药防治。常用药剂有72.2%普力克水剂800倍液，或64%杀毒矾可湿性粉剂500倍液，或72%霜脲·锰锌可湿性粉剂600倍液，或25%甲霜灵可湿性粉剂800倍液，或80%代森锰锌可湿性粉剂800倍液，或每亩使用20～40 mL的52.5%杜邦抑快净水分散粒剂喷雾等防治，每隔7～10 d喷药1次。

(4)番茄灰叶斑病 匍柄霉属真菌，可侵染番茄、莴苣、辣椒、甘蓝等多种蔬菜。

①病害症状 番茄叶片受害后，症状主要分为两种。

小斑型 小型斑为最常见症状，病斑初为褐色小点，以后逐渐扩大，病斑直径0.5～5.0 mm，初为圆形或近圆形，后期受叶脉限制呈多角形，有的病斑连成片呈不规则形，病斑中央灰白色至黄褐色，边缘深褐色，具有黄色晕圈，有的病斑上具有同心轮纹，叶片背面病斑颜色较叶片正面浅。

大斑型 这种症状相对较少，病斑较大，圆形或近圆形，病斑直径5～10 mm。病斑中央褐色，边缘深褐色，叶背病斑颜色较深，为黑褐色，病斑周围具有黄色晕圈。有时在叶缘也形成大型病斑，病斑沿着叶缘发展呈不规则形。以上两种病斑到发病后期时均易穿孔破裂。严重发生时病斑布满整个叶片，使叶片干枯脱落，甚至整个枝条变黄干枯。该病严重时蔓延至叶柄、茎蔓，甚至萼片、果实，造成减产。

②发生规律

a.病菌来源及传播途径 番茄匍柄霉叶斑病菌可在保护地土壤中的病残体及种子上越冬，成为该病的初侵染源。当温、湿度适宜时，当年发病叶上产生的分生孢子通过风、雨、喷水及其他农事操作进行传播，进行再侵染，使病害在田间不断蔓延。在适宜条件下，该病传播极快，从发病到全株叶片感染只需2～3 d。

b.侵染途径 番茄匍柄霉叶斑病菌一般从植株的老叶开始侵入，故植株中下部的老叶发病较重，因此，及时摘除老弱病叶也是控制该病的有效途径之一。

c.发病条件 在气候暖湿地区的春、夏季节发生，主要发生在春番茄上，发病初期为4月末5月初，发生及流行受温度及相对湿度影响，连雨天、多雾的早晨以及温度忽高忽低变化均有利于该病的发生及蔓延。温度在10～25℃范围内，相对湿度越大病害发生越严重。

③综合防治

a.农业防治 清除病残体：种植期内及时清除田间老弱病叶，在拉秧后及时将田间病残清理并焚烧，减少初始菌源。

合理轮作：在发病较重的田块利用非寄主植物如十字花科、瓜类蔬菜轮作 3 年以上。

控制温度、湿度：在病害发生初期严格控制棚室内的温度、湿度，温度控制在 20℃以下，相对湿度在 60%以下，适时放风除湿，并且应防止早晨棚室内发生滴水现象。

隔离栽培：在发病较重的田块周围，种植非寄主植物或设置隔离带进行隔离，防止无病田块染病。

b. 化学防治　该病流行较快，因此在初期发现病斑后及时用药非常关键。可以选用 10%苯醚甲环唑水分散粒剂 900～1 500 倍液，12.5%腈菌唑乳油 2 500 倍液，70%甲基硫菌灵可湿性粉剂 600 倍液，以及甲氧基丙烯酸酯类杀菌剂如 50%醚菌酯水分散粒剂 4 000 倍液等。药剂的使用间隔期要依据病害的严重程度以及天气情况而定，如果阴雨连绵，则可以缩短用药间隔期，因为高湿的天气利于该病的传播及蔓延。

7. 采收

根据市场行情，一般前期采用多留果穗的方法，抑制前期果实早熟，第 1、2 层果采收后，及时打掉底叶，尽量提高棚内管理温度，促进上部果实成熟。一般每亩番茄产量可达 10 000 kg 以上，由此可见，种植高产优质品种经济效益突出。

视频：番茄定植

自我检测

1. 判断题

(1)番茄花柄和花梗连接处，有一明显凹陷圆环，叫“离层”，容易断裂。(　　)

(2)茄子对温度的要求比番茄高，耐热性较强。(　　)

(3)一般冬春番茄播种后 30 d，幼苗具有 2～3 片真叶时，及时进行 1 次分苗。(　　)

(4)设施番茄每天花序上的小花开放时，用 25～50 mg/L 防落素喷花保花保果。(　　)

(5)采摘下来的番茄用乙烯利催熟处理，适宜浓度为 1 500～2 000 mg/L。(　　)

2. 简答题

(1)简述番茄单干整枝和双干整枝方法。

(2)简述日光温室春茬番茄结果期水肥管理要点。

(3)日光温室秋番茄品种如何选择？

(4)简述番茄灰霉病症状、发病规律和防治方法。

(5)简述番茄晚疫病症状、发病规律和防治方法。

专题二　茄子生产

学习目标

学习茄子生长发育理论，学习茄子从选地、选品种、育苗到整地、定植和定植后管理的关键技术。

素质目标

培养学生的开拓创新思维和积极进取精神。

一、理论基础

茄子，古名伽、落苏、酪酥、昆仑瓜、小菰、紫膨亨，茄科茄属浆果为产品的一年生草本植物，热带可多年生。食用幼嫩浆果，可炒、煮、煎食，干制和盐渍。每 100 g 嫩果含水分 93～94 g，碳水化合物 3.1 g，蛋白质 2.3 g，还含有少量特殊苦味物质茄碱。

(一)起源与演化

茄子起源于亚洲东南热带地区，古印度为最早驯化地，至今印度仍有茄子的野生种和近缘种。野生种果实小、味苦，经过长期栽培驯化，风味改善，果实变大。中世纪传到非洲，13 世纪传入欧洲，16 世纪欧洲南部栽培较普遍，17 世纪遍及欧洲中部，后传入美洲。18 世纪由中国传入日本。中国栽培茄子历史悠久，类型品种繁多，一般认为，中国是茄子第二起源地。茄子在全世界都有分布，以亚洲栽培最多，占世界 74%左右；欧洲次之，占 14%左右。中国各地均有栽培，为夏季主要蔬菜之一。

(二)生物学特性

1. 植物学性状

直根系，根深 50 cm 左右，横向伸展范围 120 cm，大部分根系分布在 30 cm 耕层内。根易木质化，发生不定根能力弱。茎圆，直立，株高 80～110 cm，紫色、深紫色或绿色，木质化程度强，主茎分化 5～12 个叶原基后，顶端分化花芽，花芽下两个侧芽伸长生长，形成一级侧枝，侧枝分化 1～2 个叶原基后，顶端又分化花芽，其下两个侧芽再开始伸长形成二级侧枝。依次分枝方式继续形成各级侧枝，称假轴分枝。单叶互生，卵圆形或长卵圆形，紫色或绿色。花单生或簇生，花冠紫色，花瓣和花萼各 5～6 枚。萼片基部合生呈筒状。雄蕊 5 枚，着生于花冠筒内侧，花药顶端孔裂散粉，雌蕊 1 枚，花柱高于花药为长柱花(正常花)，单生花多为长柱花，簇生花第一花为长柱花，其余为短柱花，以长柱花坐果，短柱花一般不能坐果。自花授粉，自然杂交率 3%～7%。浆果卵圆形、圆形至长筒形。皮色黑紫色、紫色、紫红色、绿色或白色。果肉为白色，为海绵状胎座组织，由薄壁细胞组成。种子近似肾形，扁平，黄色具光泽，千粒重 4～5 g，一般寿命 2～3 年。

2. 生长发育和果实形成

茄子生长发育可分为发芽期、幼苗期和开花结果期。①从种子吸水萌动第一片真叶显露为发芽期。出苗期要求 25～30℃，出苗至真叶显露要求白天 20℃左右，夜间 15℃左右。发芽期 10～12 d，温度过低，发芽和生长受抑制；温室过高，胚轴徒长，秧苗软弱。②从第一片真叶显露到现蕾为幼苗期，50～60 d。白天适温 22～25℃，夜间 15～18℃。主茎具有 3～4 片真叶时开始花芽分化。在强光照和 9～12 h 短日照条件下，幼苗发育快，花芽出现早。主茎具有 5～11 片真叶时，第四级侧枝和花芽已经开始分化。③门茄现蕾后进入结果期。茎叶和果实生长适温，白天 25～30℃，夜间 16～20℃。在适宜温度条件下，果实生长 15d 左右达到商品成熟。受精后子房膨大露出花萼时称为“瞪眼”，“瞪眼”前果实以细胞分裂、增加细胞数量为主，果实生长缓慢，“瞪眼”后果肉细胞膨大，果实迅速生长，整个植株进入以果实生长为主的时期。温度低于 15℃时生长缓慢，低于 10℃时生长停顿，高于 35～40℃时，茎叶虽能正常生长，但花器发育受阻,果实畸形或落花落果。遇霜植株冻死,茄子要求中等光照强度,光的饱和点为40 klx,补偿点 20 klx。光照充足,果皮有光泽,皮色鲜亮;光照弱,落花率高,畸形果多,皮色暗。

(三)分类与品种

植物学将茄子分为 3 个变种:①圆茄。植株高大、果实大,圆球、扁球或椭圆球形,皮色紫、黑紫、红紫或绿白,不耐湿热,中国北方栽培较多。多数品种属中、晚熟,如西安绿茄等。②长茄。植株长势中等,果实细长棒性,长达 30 cm 以上,皮色紫、绿或淡绿,耐湿热,中国南方栽培普遍。多数属中、早熟,如北京线茄等。③矮茄。植株较矮,果实较小,卵形或长卵形。种子较多,品质劣,多为早熟品种。

二、生产技术

(一)日光温室茄子冬春茬生产技术

1. 栽培时期

日光温室冬春茬茄子秋季育苗,初冬定植,春节前后开始采收。前期温度低,育苗栽培难度较大,后期温度逐渐升高,采收期长,经济效益高。

2. 嫁接育苗

(1)砧木和接穗品种选择　目前生产中使用的茄子砧木主要是从野生茄子中筛选出来的高抗或免疫的品种或杂交种,主要有赤茄、Crp、托鲁巴姆和耐病 VF 等。

目前设施生产的专用茄子品种较少,各地只能根据市场需要,从露地品种中选择植株开张度小,果实发育快,抗寒并耐弱光的品种。如布利塔(黑紫色长茄)。

(2)播种期的确定　播种期的确定与所采用的嫁接方法有关。茄子常采用的嫁接方法主要有劈接法和斜切接(斜接、贴接),这两种方法对砧木和接穗的大小与粗细的要求基本一致,播种期的确定主要取决于砧木生长的快慢,一般赤茄提早播种的时间为 7 d,托鲁巴姆提早 25～30 d,Crp 提早 20～25 d,接穗后播。

(3)种子处理　对休眠性较强的种子如托鲁巴姆,可用赤霉素处理。将赤霉素配制成 100～200 mg/L 浓度的药液,浸泡种子 24 h,处理时应置于 20～30℃温度条件下,处理后用清水洗净。对于易发芽的砧木种子如赤茄、耐病 VF 等,直接进行温汤浸种,用 55℃热水浸种 30 min,不断搅拌,然后用 20～30℃清水浸泡 12～14 h。在 25～30℃条件下催芽,一周左右可以出芽,若采用每天 16 h、30℃和 8 h、20℃变温催芽,出芽整齐度明显提高。

接穗种子处理　温汤浸种,可在浸种前先把种子用 20～30℃温水预浸,向容器中加入 55～60℃的温水,倒入茄子种子,不断搅拌,可适当加入热水,维持 55～60℃,15 min,然后加冷水使水温降到 30℃左右。药剂处理,可用 50%多菌灵 1 000 倍液浸种 20 min,或 10%磷酸三钠溶液浸种 20 min,或 0.2%的高锰酸钾溶液浸种 30 min。药剂处理后,要用清水将药剂冲洗干净。种子处理后要用 20～30℃清水浸泡 20～24 h,在 12～18 h、28～30℃和 12～6 h、16～18℃条件下变温催芽,一般经过 5～6 d 后,种子刚刚露白即可播种。

(4)配制营养土　可用未种过茄科作物的肥沃园土 50%、腐熟有机肥 40%,再加细炉渣 10%配制育苗营养土。每立方米还可加入过磷酸钙 1 kg、磷酸二铵 2 kg。拌匀后铺入苗床,厚约 10 cm。为防止苗期病害,可进行床土消毒,用 70%多菌灵或 70%甲基托布津或敌克松,按每 1 m^2 苗床用药 10 g，掺入细土 10～15 kg 配成药土，播种时 2/3 铺底，另 1/3 覆盖。

(5)播种　浇透底水，撒一层药土，均有撒播催芽的种子，再撒一层药土，覆盖床土 1 cm 厚，之后覆盖薄膜或稻草。每 1 m^2 播种床播量为 5 g 左右。

(6)苗期管理

①播种后管理　播种后注意保温，出苗期间适宜土温是 20℃以上，至少应保证在 18～20℃。5～6 d 后幼苗陆续出土，当有 70%左右出土时应揭去覆盖物。茄子幼苗在出土至真叶显露前一般不会徒长，直至分苗前，维持 18～20℃地温，白天气温 25～28℃，夜间 16～17℃，不低于 15℃。对于出土后，初期生长缓慢的野生茄子如托鲁巴姆和 Crp，在温度管理上，应较其他茄子高 2～3℃。要千方百计增加光照，每天保证 6 h 以上直射光。水分管理措施以浇水后"片土"保墒为主，苗床保持见干见湿。至分苗前一般不需要追肥。

②分苗及分苗后管理　一般展开 2 片真叶时分苗。选择晴天分苗，在分苗前一天苗床浇透水，移苗时少伤根，单株移栽，栽后浇透水，夜间覆盖小拱棚防寒保温。

分苗后 3～4 d 的缓苗期，要把温度提高 2～3℃，以促进缓苗，地温应保持 18～20℃以上。晴天中午前后少量遮阳，防止秧苗萎蔫。缓苗后白天气温 22～25℃，夜间 16～17℃，夜温随秧苗长大逐渐降低。水分管理是浇水与保水相结合，土壤含水量保持 20%～22%，中午下部叶片发生萎蔫时浇水。若植株营养不足，可进行叶面喷肥，用磷酸二氢钾 30 g、尿素 30 g、叶面宝半支，加水 15 kg 叶面喷施。

(7)嫁接方法　茄子嫁接的适宜时期主要取决于茎的粗度，当砧木茎粗达 0.4～0.5cm 时为嫁接的适宜时期。砧木嫁接的位置一般在第 2 片与第 3 片真叶之间的节间。多数砧木品种在幼苗长到 5～6 片真叶时，为嫁接的适宜苗龄。可采用插接法、靠接法和劈接法嫁接。

(8)嫁接后的管理　茄子嫁接苗愈合的适宜温度，白天 25～26℃，夜间 20～22℃。低温季节嫁接要架设小拱棚和配置电热线以加强保温。嫁接后一周内空气湿度要达到 95%以上，环境内空气湿度的控制方法：嫁接后将小拱棚内充分浇水，盖严实小拱棚，使育苗场所密闭，6～7 d 内不进行通风，之后可打开小拱棚顶部少量通风，9～10 d 后逐渐揭开塑料薄膜，增加通风时间与通风量，但仍保持较高的空气湿度，每天中午喷雾两次，直至完全成活，才转入正常的湿度管理。嫁接后的 3～4 d 要全部遮光，以后半遮光(两侧见光)，逐渐撤掉覆盖物及小拱棚塑料薄膜，10 d 后恢复正常管理。在接口愈合后，及时摘除砧木萌蘖。

(9)成苗管理　成苗期一般不再扣小拱棚，白天 22～25℃，夜间 13～15℃。成苗阶段水分要充足，保持土壤湿润，空气相对湿度以 70%～80%为宜。当秧苗较拥挤时，要及时进行"排稀"(拉开幼苗之间距离)。在定植前 7～10 d 开始对秧苗进行低温锻炼，控制灌水，加大放风量，减少覆盖。白天气温 20℃左右，夜间 10～12℃。在定植前的 1～2 d 要进行 1 次病虫害防治处理，喷洒 1 次农药，以防病虫带入田间。

定植前嫁接苗的壮苗标准：接穗至少 6～7 片真叶，叶片大而厚，叶色较浓，茎粗壮，现大蕾，根系发达。

3. 定植

(1)温室消毒　定植前要清除残株杂草，对老温室还要进行 1 次熏蒸消毒，每亩用 1 kg 硫黄，加 80%敌敌畏 200 g 与 2 kg 锯末混合，分放数处，在温室内点燃，封闭温室熏蒸一昼夜，随后放大风排出毒气，可消灭部分地上害虫和病菌。

(2)整地做畦　每亩施农家肥 5 000～6 000 kg，2/3 撒施于地面，翻入土壤中，粪土掺和均匀，其余1/3开沟后和化肥一起施入定植沟中，化肥的用量为每亩尿素10 kg、磷酸二铵10 kg、过磷酸钙30 kg、硫酸钾7 kg。日光温室茄子适合于垄作或高畦作，垄作的宽度为60 cm，畦作的畦面宽80～100 cm，高15 cm，铺设地膜。

(3)定植　定植时的土温需达到15℃以上。选择晴天定植，已覆膜的打定植穴，浇满水，摆苗、水渗透后覆土封穴。接口位置要高出地面一定距离。定植密度：普通整枝法的中熟品种行距60 cm×株距40 cm，每亩定植株数2 800株；双干整枝的中熟品种行距60 cm×株距(30～33) cm，每亩定植3 300～3 700株。

4.定植后管理

(1)温光调节　茄子喜温，定植后密闭保温，夜间不能低于15℃，促进缓苗。当秧苗心叶开始生长时表明缓苗成活。缓苗后的温度管理，上午25～30℃，当超过30℃时应适当放风，下午28～20℃，低于25℃时应闭风，夜间保持15℃以上。茄子开花期以保温为主，在15℃以下和35℃以上的温度条件下易落花，结果期宜采取四段变温管理：上午25～30℃(促进光合作用)，下午28～20℃(维持光合作用)，上半夜20～13℃(促进光合产物运转)，下半夜13～10℃(抑制呼吸消耗)。土壤温度保持在15～20℃，不能低于13℃。

茄子喜光，定植时正是光照最弱的季节，应采取各种措施增光补光。如在温室后墙张挂反光幕，注意清洁棚膜，在保证温度的前提下尽量延长光照时间。

(2)水肥管理　定植水浇足后，一般在门茄坐果前可不浇水，门茄膨大后开始浇水。需要浇水时要看天气预报，以保证浇水后有两个晴天，水要在上午10时前浇完，浇水后密闭1～2 h后大放风，排除湿气。结果盛期，一般每7～10 d浇1次水。3月中旬后，温、光条件好转时，植株生长量加大，浇水量相应增加。

门茄膨大时追肥，每亩施三元复合肥25 kg，溶解后随水冲施。对茄采收后每亩再追施磷酸二铵15 kg，硫酸钾10 kg。整个生育期可每周喷施1次0.2%磷酸二氢钾或其他叶面肥。

(3)植株调整　冬春茬茄子生长期长，适宜采用双干整枝方式。

双干整枝法，只留两个一级侧枝，以下各节发出的侧枝尽早去掉。当对茄开花坐果后，坐果的侧枝前保留2片叶摘心，放开未结果枝，反复处理后面发生的侧枝，只留两个主干向上生长，可利用尼龙绳吊秧，将枝条固定。随着植株生长，适当摘除下部病残叶片，以利通风透光。

(4)保花保果　温室春茬茄子生产，室内温度低，光照弱，果实不易坐住。提高坐果率的措施是加强管理，创造适宜植株生长的环境条件。此外，可采用生长调节剂处理，开花期选用30～40 mg/L的番茄灵喷花处理。

(5)病虫害防治　日光温室茄子主要预防黄萎病、灰霉病、白粉病等病害，预防蓟马、美洲斑潜蝇、粉虱、红蜘蛛等虫害。

生产管理中加强通风，及时进行植株调整，平衡施肥，及时摘除病残叶片并带出温室销毁。实时监控，病虫害发生初期选择高效低毒的药剂进行防治。

5.采收

茄子达到商品成熟度的采收标准是“茄眼睛”(萼片下的一条浅色带)消失，说明果实生长减慢，可以采收。

(二)春露地茄子生产技术

1.栽培时期

露地春茬茄子一般是在2月中旬利用日光温室播种育苗。当地晚霜过后，日平均气温在

15℃左右开始定植，北方多在5上旬至5月下旬。6月中旬开始采收上市。

2.品种选择

宜选用耐寒、高产的早熟或极早熟品种，如辽茄1号、辽茄5号、绿茄霸、柳条青等。

3.育苗

(1)种子处理 用55～60℃热水浸种，不断搅拌，直至水温下降到20～30℃，继续浸泡18～24 h。然后可采用变温催芽，置于25～30℃、16 h和18℃、8 h的变温条件。

(2)播种 为防止苗期病害，可进行床土消毒，用70%多菌灵或70%甲基托布津，按每1 m^2 苗床用药10 g，掺入细土10～15 kg配成药土，播种时2/3铺底，另1/3覆盖。

床土浇透，撒播已催芽的种子，均匀覆盖1 cm厚营养土，随后盖上地膜保温保湿。

(3)苗期管理 出苗期间白天25～30℃，夜间20～22℃，土温16～20℃。茄子在子叶出土至分苗前，白天气温25～28℃，夜间16～17℃，地温维持18～20℃。如果床土干旱，可浇1次透水，浇水后注意防止低温多湿引起猝倒病发作。茄子一般在2～3片真叶时分苗，株行距8 cm×8 cm，或用直径8～10 cm的营养钵。缓苗期间应把温度提高2～3℃，促进新根发生。缓苗后进入成苗期，苗床温度可比前期低些，主要是调节气温，白天22～25℃，夜间10～15℃，夜温随秧苗长大逐渐降低。土壤含水量保持20%～22%，相对空气湿度70%～80%。壮苗标准，在定植时应有8～9片真叶，叶大而厚，叶色较浓，子叶完好，苗高在20 cm左右，现大蕾，根系发达。

4.定植

(1)整地施肥 选用近3～5年未种植同科蔬菜的地块，在前茬收获后重施基肥，一般每亩施用有机肥5 000 kg。按60～70 cm行距起垄。

(2)定植 茄子定植期一般是在当地晚霜过后，日平均气温达到15℃左右，10 cm地温稳定在12℃以上为宜。株距35～40 cm，每亩定植2 500～3 000株。适度深栽，埋没土坨1 cm。

5.定植后管理

(1)水肥管理 一般在门茄坐果前要控制浇水，定植后的缓苗水要适当轻浇，浇后即行中耕，进行蹲苗，门茄瞪眼期结束蹲苗。以后气温上升，需水渐多，对茄和四门斗相继膨大时，一般4～5 d浇水1次，使土壤湿度保持70%左右。进入雨季后，应注意排水防涝。夏季暴雨后，注意用井水进行“涝浇园”。

茄子喜肥，门茄瞪眼时可每亩追施磷酸二铵20～30 kg，对茄长到鸡蛋大小时进行1次施肥，每亩施尿素20～30 kg，在四门斗茄子膨大期再进行1次施肥。结果后期除了适当追肥外，还应进行叶面喷肥，补充营养。

(2)中耕松土 定植缓苗后要及早中耕松土，田间土壤疏松，利于提高土温，促进根系生长，一般需中耕3次以上。

(3)植株调整 在门茄坐果前后，保留门茄节位的两条分枝，抹除主茎其余腋芽，以减少养分消耗。随着果实的采收，可将植株下部的老叶、黄叶、病叶摘除，有利于改善通风透光条件，减轻病害的发生。

(4)病虫害防治 露地茄子主要预防黄萎病、疫病、白粉病等病害，预防茶黄螨、红蜘蛛、粉虱等虫害。实时监控，病虫害发生初期及时选择高效低毒的药剂防治。

6.收获

在开花后20～25 d左右，近萼片处果皮色泽由亮变暗，白色环带由宽变窄，表明生长减慢，即可采摘。门茄提早采摘，防止坠秧。

自我检测

1. 判断题

(1)为了嫁接时茄子砧木(Crp)和接穗的大小与粗细一致，应先播种接穗种子。（　）

(2)茄子种子宜在 12～18 h、28～30℃和 12～6 h、16～18℃条件下变温催芽。（　）

(3)冬春茬茄子生长期短，适宜采用普通整枝方式。（　）

(4)日光温室秋茄子宜选择抗病耐热品种，如西安绿茄等。（　）

(5)茄子的“茄眼睛”(萼片下的一条浅色带)消失时采收，会影响产量。（　）

2. 简答题

(1)简述日光温室冬春茬茄子生产双干整枝要点。

(2)简述日光温室冬春茬茄子定植后温度、光照管理要点。

(3)简述春露地茄子定植后水肥管理要点。

课外拓展

露地茄子再生栽培技术

露地茄子再生约在 7 月下旬进行，此时露地茄子大量上市，市场价格一般很低。再生方法是在主干距地面 10～15 cm 处用镰刀割断，只留地面主干，待茎部发出新芽、形成新枝进行再生栽培。割后为了加速发出健壮新枝要及时追肥灌水，每亩追施尿素 10 kg。每株保留 1～2 个健壮的侧枝，及时摘除多余的枝杈。一般割后 15～20 d 开花，再过 10～15 d 果实达到商品成熟，可采收上市。

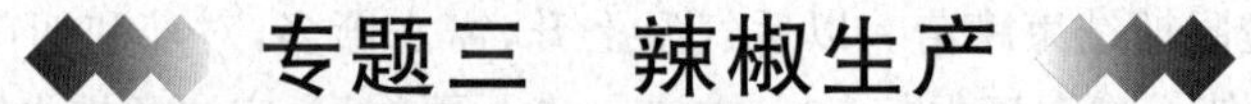

专题三　辣椒生产

学习目标

学习辣椒生长发育理论，懂得辣椒从选地、选品种、育苗到整地、定植和定植后田间管理技术。

素质目标

培养学生热爱农业的情怀，树立服务农业、农村、农民的志向。

一、理论基础

辣椒，别名番椒、海椒、秦椒、辣茄，茄科辣椒属，以嫩果或成熟果为食，可生食、炒食或干制、腌制和酱渍等。每 100 g 鲜果含水分 70～93 g、蛋白质 1.2～2.0 g、淀粉 4.2 g、维生素 73～342 mg；干辣椒富含维生素 A。辛辣气味是因含有辣味素，辣味素主要存在于胎座附近隔膜及表皮细胞中。

(一)起源与传播

辣椒原产于中南美洲热带地区,1493 年传入欧洲,1583—1598 年传入日本。传入中国的途径有两条:一经丝绸之路,在甘肃、陕西等地栽培;一经海路,在广东、广西、云南等地栽培。中国于 20 世纪 70 年代在云南西双版纳原始森林里发现野生型的“小米辣”。辣椒在世界各地普遍栽培,自北非经中亚至东南亚各国及我国西北、西南、中南、华南各省,形成了世界有名的“辣带”。

(二)生物学特性

1.植物学性状

辣椒主根不发达,根群分布在 30 cm 的耕层内,根系再生能力比番茄、茄子弱。茎直立,黄绿色,具深绿色纵纹,也有的呈紫色,基部木质化,较坚韧。一般为双叉状分枝,也有三叉状分枝。小果型品种分枝较多,植株高大。有较明显的节间,一般当主茎具 5～15 片叶时,顶端分化为花芽,形成第一朵花。其下的侧芽抽出分枝,侧枝顶芽又分化为花芽,形成第二朵花。以后每一分叉处着生一朵花。丛生花则在分叉处着生更多花。单叶互生,卵圆形、披针形或椭圆形全缘,先端尖,叶面光滑,微具光泽。完全花,较小,单生或丛生,花冠白或绿白色。花萼基部连成萼筒呈钟形,先端 5 齿,宿存。花冠基部合生,先端 5 裂,基部有蜜腺。雄蕊 5～6 枚,基部联合花药长圆形,纵裂。雌蕊 1 枚,子房 2 室,少数 3 或 4 室,属常异交作物,虫媒花。浆果,果皮肉质,于心皮的缝线处产生隔膜。果身直、弯曲或呈螺旋状,表面光滑,通常腹沟凹陷或横向皱褶。果形取决于心皮数,一般为两心皮,有锥形、牛角形、长形、圆柱形、棱柱形等。果顶有尖、钝尖、钝等形状。果实下垂,或向上,或介于两者之间。种子肾形,淡黄色,胚珠弯曲。千粒重 4.5～7.5 g。

2.生长发育与产品形成

辣椒的生育周期分为发芽期、幼苗期和开花结果期。①发芽期。从种子萌动到子叶展开,真叶显露。发芽期适温为 25～30℃,低于 15℃不易发芽。②幼苗期。从真叶显露到第一花现蕾。幼苗期适宜昼温 25～30℃,夜温 20～25℃,土壤温度为 20～22℃。当植株 2 片真叶展开、苗端分化 8～11 片叶时,生长点突起呈圆锥体,开始花芽分化。较短日照和较低的夜温能够促进辣椒花芽分化。③开花结果期。从第一花现蕾到第一果坐果为始花期,昼温 20～25℃、夜温 16～20℃有利于正常开花坐果,低于 15℃易落花;第一花开花时,应适当控制浇水,防止落花。以后进入结果期,应加强肥水管理和病虫害防治,保护好叶片,维持植株生长,协调生长和结果的矛盾。开花受精至果实膨大再至青熟需 25～30 d,为鲜食采收适期。继而转色成熟又需 20 d 以上。果皮由子房壁发育而成,往往与胎座组织分离,胎座和种子发育较缓慢。果实成熟过程中,叶绿素含量逐渐减少,果皮由绿变红;如果胡萝卜素增加,则果实渐变为橘黄色。结果期最适宜的温度为 25～28℃,35℃以上高温或 15℃以下低温不利于结果。光照不充足会延迟结果期并降低坐果率。高温、干旱、强光照射易发生果实日灼或落果。

(三)分类和品种

贝利(L. H. Bailey,1923)认为:林奈(Linnaeus,1773)所记载的两个种,即一年生椒及木本辣椒同是一个种,可分为 5 个变种。①樱桃椒类。叶中等大小,圆形、卵圆或椭圆形,果小如樱桃,圆形或扁圆形。呈红、黄或微紫色,辣味强。干制辣椒或供观赏。如四川成都扣子椒五色椒等。②圆锥椒类。植株矮,果实为圆锥形或圆筒形,多向上生长,味辣。如广东仓平的鸡心椒。③簇生椒。叶狭长,果实簇生、向上生长。果色深红,果肉薄,辣味强,油分高,多作干辣椒栽培。晚熟、耐热、抗病毒力强,如四川七星椒等。④长椒类。植株矮小至高大,分枝性强,叶片较小或中等,果实一般下垂,为长角形,先端尖,微弯曲,似牛角、羊角、线形。果肉薄或厚,肉薄、辛辣味浓的供干制、腌渍和沤制辣椒酱,如山西的大牛角;肉厚,辛辣味适中的供鲜食,如长沙牛角等。⑤甜柿椒类。果实灯笼形,又可分为麻辣和甜椒两种类型。

二、生产技术

(一)辽北辣椒塑料大棚全年一大茬生产

1.栽培时期

辽北塑料大棚全年一大茬辣椒栽培,可于1月上中旬播种,4月中旬定植,收获期在6月中旬至11月上中旬。

2.选择适宜的品种

辣椒的一大茬生产主要目的是争取早熟、丰产。一般选用抗病性强、株型紧凑、耐高温、产量高的早中熟品种。大果型品种可选用沈椒4号、辽椒11号、中椒2号、苏椒5号、甜杂2号、牟椒1号、朝研麻辣椒1号等。尖椒品种可选择福田39牛角椒、湘研1号、湘研3号、保加利亚尖椒、沈椒3号等。

3.培育壮苗

(1)配制营养土　用未种过茄科蔬菜的田土6份,腐熟有机肥4份,过筛后拌匀,每1 m^3营养土加入磷酸二氢钾0.5～1 kg,过磷酸钙2～4 kg。拌匀后铺入苗床,厚约10 cm。为防止苗期病害,可进行床土消毒,用70%多菌灵或70%甲基托布津,按每1 m^2苗床用药10 g,掺入细土10～15 kg配成药土,播种时2/3铺底,另1/3覆盖。

(2)种子处理　温汤浸种处理,处理后放在室温下浸泡10～12 h,然后用10%磷酸三钠浸泡20 min,捞出后用清水洗干净进行催芽。催芽温度为28～30℃,种子露白时即可播种。

(3)播种　日光温室内作畦育苗,播种时苗床浇足底水,水渗下后将经过催芽的种子直接撒在苗床上,覆土厚1 cm,然后覆盖地膜保温保湿。种植每亩辣椒用种量15 g左右。

(4)苗期管理　辣椒出苗期维持较高温度,白天气温28～30℃,土壤温度22～25℃。幼苗出土后白天25～28℃,土壤温度保持20℃。子叶出土后至真叶展开,要防止徒长和病害的发生,床土不干旱不浇水,浇水要选晴天的上午进行,浇水后要多放风。单株分苗。分苗后应保持较高温度,促进缓苗。白天气温保持25～30℃,夜间保持18～20℃。缓苗后要降温,防止幼苗徒长。白天气温保持20～25℃,夜间保持15～18℃。于定植前10～15 d加大放风量,夜间最低温度降到10℃左右,提高秧苗适应能力。

壮苗标准:具8～9片真叶,苗高15～20 cm,茎粗壮,节间较短,叶色深绿,根系发达,70%～80%的秧苗出现花蕾。

4.定植

(1)整地施肥　定植前20～25 d扣棚升温。每亩施用有益生物菌沤制的有机肥7 500 kg左右,磷酸二铵50 kg,或过磷酸钙100 kg,三元复合肥25 kg。深翻耙平,按大行距70 cm,小行距50 cm起垄。

(2)定植　当10 cm土温稳定在12℃以上,室内气温稳定通过5℃以上时方可定植。单株定植,在垄上按株距25 cm开穴,浇定植水,脱钵栽苗,深度以埋住土坨为宜。

5.定植后的管理

(1)温度管理　辣椒定植后5～6 d内密闭不通风,以维持棚温在30～35℃,夜间棚外四周用草苫覆盖保温防冻。新叶开始生长即已缓苗,白天温度保持25～30℃,夜间保持15～18℃。进入开花结果期,棚内白天气温20～25℃,夜间15～17℃。结果期的温度白天保持25～30℃,夜间不低于15℃。当外界气温稳定在15℃以上,夜间不关闭通风口,昼夜通风。进入7月份,可将棚膜完全卷起来通风,保留顶端棚膜,并在棚顶内部挂遮阳网,起到遮阳、降温、防雨的作用。8月下旬以后,撤掉遮阳网并清洗棚膜,并随着气温的下降逐渐减少通风量。9月中旬以后,夜间注意保温,白天加强通风。早霜来临后要加强防寒保温,尽量延长采收期。

(2)肥水管理　缓苗后可浇1次缓苗水,到坐果前不需浇水,进行蹲苗。"门椒"采收后,应经常保持土壤湿润。一般结果前期7 d左右浇1次水,结果盛期4～5 d浇1次水。浇水宜在晴天上午进行,最好采用滴灌或膜下暗灌方式。当门椒长到3 cm长时,可以结合浇水进行第1次追肥,每亩随水冲施尿素12.5 kg,硫酸钾10 kg。进入盛果期,根据植株长势和结果情况,可追施化肥或腐熟有机肥1～2次。

(3)植株调整　生长前期一般不进行整枝。在辣椒开花前后,保留"假二杈"齐头并进生长,下面苗茎萌蘖全部摘除,以免植株营养生长过旺而影响"门椒"及"对椒"正常开花结果。生长中后期要及时打去植株下部的老叶、黄叶和病叶,疏剪过于细弱的侧枝。

(4)保花保果　主要通过加强栽培管理措施保花保果,还可用植物生长调节剂处理。常用番茄灵(防落素),浓度30～50 mg/L蘸花或喷花。一般在"四母斗"以前使用。植物生长调节剂不可重复处理,可在药液中加入胭脂红或墨水做标记。

(5)越夏管理　大棚辣椒栽培进入高温雨季,要做好病虫害的防治和排水防涝。结果盛期正值高温季节,将过密的、坐果稀少的侧枝疏除,增加通风透光,减轻病虫害。雨季过后,进入第2次结果高峰,应追肥2～3次,每7～10 d浇1次水。结合防病治虫,叶面喷施0.2%磷酸二氢钾或3%过磷酸钙。

7月份以后因为高温或雨季的影响,生长处于缓慢状态,可将植株上部枝条进行重剪更新,促发新枝开花结果。修剪后要冲施速效氮肥,每亩施尿素20 kg左右,三元复合肥15 kg,连续灌水2～3次,促进植株生长。

(6)病虫害防治　塑料大棚辣椒主要预防病毒病、根腐病、炭疽病、灰霉病、白粉病、疫病等病害,预防蓟马、美洲斑潜蝇、粉虱、烟青虫、红蜘蛛等虫害,以及落花、落叶、落果、缺钙等生理病害。

生产管理中加强通风,及时进行植株调整,平衡施肥,及时摘除病残叶片并带出温室销毁。实时监控,病虫害发生初期选择高效低毒的药剂进行防治。

6.采收

当果面有光泽、手握有硬感时即可采收。应根据植株生长情况和市场行情适时采收。当后期外界气温过低,以致大棚内不能继续生长时,要及时采收,以防果实冻伤。

(二)彩椒日光温室秋冬茬生产技术要点

彩椒有紫色、红色、黄色、咖啡色等多种颜色,色泽艳丽、口感清脆、营养丰富,适合生食。利用日光温室生产,于元旦、春节上市作为高档礼品菜,或者农业观光园区作为特种蔬菜种植,具有较高的经济效益和观赏效果。

(1)品种选择　国内较优良的品种有先正达公司的新蒙德(红色)、方舟(红色)、黄欧宝(黄色)、橘西亚(橘黄色)、紫贵人(紫色)、白公主(蜡白色)、多米(翠绿色),以色列海泽拉公司的麦卡比(红色)、考曼奇(金黄色),荷兰瑞克斯旺公司的萨菲罗(红色)、曼迪(红色)、塔兰多(黄色)等。

(2)育苗　参照塑料大棚辣椒生产技术。

(3)定植　彩椒生长势强,适合稀植,单株定植,每亩保苗 2 000～2 300 株。

(4)田间管理

植株调整　整枝方式与塑料大棚生产略有区别:可以采用双干整枝或三干整枝方式,即保留"假二杈"分枝或三杈为结果枝。门椒花蕾和基部叶片生出的蘖芽及时摘除,以主枝结果为主,每株始终保持 2～3 条枝条向上生长。为防止倒伏多采用吊蔓方式,每条主枝用 1 根塑料绳固定,引导植株向上直立生长。

花果处理　单株同时结果不宜超过 6 个,以保证单果质量,多余的果实适当疏掉,整个生长期每株可坐果 20 个左右。在室内温度低于 20℃和高于 30℃时,可用番茄灵(防落素),浓度 30～50 mg/L 蘸花或喷花,防止落果。

其他管理　参照塑料大棚辣椒生产技术。

(5)采收　果实充分着色,果肉变厚时采收。采收时用剪刀或小刀从果柄与植株连接处剪切,不可生扭硬拽,以免损伤植株和感染病害。采收后及时用塑料保鲜膜包装,低温贮藏。

思政园地

辣椒定植有采用双株定植的。双株定植的在分苗时要把两株辣椒苗移植到一个塑料钵中。这两株辣椒苗高矮、粗细要相近,否则定植后生长会不和谐。

夫妻就像栽植在一起的两株辣椒苗,也需要和谐。家庭是人成长过程中最重要的环境,是人的成长背景。因此,不同的人在不同的家庭中,一般会形成不同的生活习惯、思想方式、思维习惯等,甚至影响"三观",即世界观、人生观和价值观的形成。恋爱双方应该互相考察"三观"是否匹配,而不是只注重对方家庭的经济条件等。"三观"差异大,出现不和谐的情况就会多,从而影响生活质量。

自我检测

1.判断题

(1)麻辣三道筋属于灯笼椒品种。　(　　)

(2)高温强光照条件下,辣椒容易发生日灼病。　(　　)

(3)露地辣椒生产田种植少量玉米等高棵作物,对防止辣椒病毒病有利。　(　　)

(4)设施辣椒植株缺钙时,会和番茄果实一样发生生理病害。　(　　)

(5)保加利亚羊角椒辣味浓厚,适合作为干辣椒生产。　(　　)

2.简答题

(1)简述辣椒"三落"发生的原因及防治措施。

(2)简述日光温室彩椒植株调整方法。

(3)简述塑料大棚辣椒定植后温度管理要点。

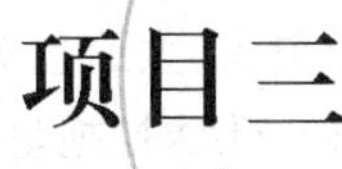

项目三

白菜类蔬菜专题

专题一　大白菜生产

学习目标

了解大白菜类型品种，掌握大白菜高产、绿色生产关键技术。

素质目标

培养学生勤劳、勇敢的传统美德和勇于开发新技术的潜质。

一、理论基础

大白菜又称黄芽菜、结球白菜，原产我国，栽培历史悠久。叶球硕大、柔嫩、耐贮，味道清鲜适口，营养丰富，是我国各地冬春季节供应的主要蔬菜。

我国的大白菜品种资源丰富，主要分为散叶、半结球、花心和结球 4 个变种。

(1)散叶变种　散叶变种属原始类型，叶片披张，不形成叶球，耐寒和耐热性较强。主要品种有北京仙鹤白、济南白菜等。

(2)半结球变种　植株高大直立，顶生叶抱合成叶球，但结球内部空虚不充实，呈半结球状态，耐寒性较强，生育期短，一般为 60～80 d。现在主要分布在东北、西北、河北和山西北部等寒冷地区。主要品种有辽宁大锉菜、山西大毛边等。

(3)花心变种　叶球较发达，但球顶不闭合，球尖向外翻卷，翻卷部分颜色较淡，形成所谓的花心，耐热性强，生育期一般为 60～80 d。主要分布在长江下游，北方多做秋季早熟栽培和春季栽培。主要品种有北京翻心白、翻心黄、丹东花心菜、济南小白心等。

(4)结球白菜　叶发达，形成坚实的叶球，是大白菜的高级变种，也是目前栽培的主要品种。根据叶球形态和对气候的适应性分为 3 个生态型：

①卵圆形　叶球褶抱呈卵圆形，球叶数目较多，球顶近于闭合。海洋性气候生态型，适合在气候温和，湿润的环境条件下生长。主要分布在山东半岛、辽东半岛和沿海等温和湿润地

区。主要品种有山东的福山包头、东北的旅大小根等。

②平头形　叶球叠抱呈倒圆锥形，球叶较大而且数目较少，球顶平坦，完全闭合。大陆气候生态型，适合阳光充足，昼夜温差大的地区。也能适应气候变化激烈、空气干燥的环境。主要品种有洛阳包头、太原包头、冠县包头等。

③直筒形　叶球拧抱呈细长圆筒形，近于闭合。交叉性气候生态型，适应性强，在大陆性气候和海洋性气候地区均能正常生长，分布地区较广。主要品种有天津青麻叶、河北的玉田包头、辽宁的河头白菜等。

三种结球白菜的叶球形态见图 3-3。

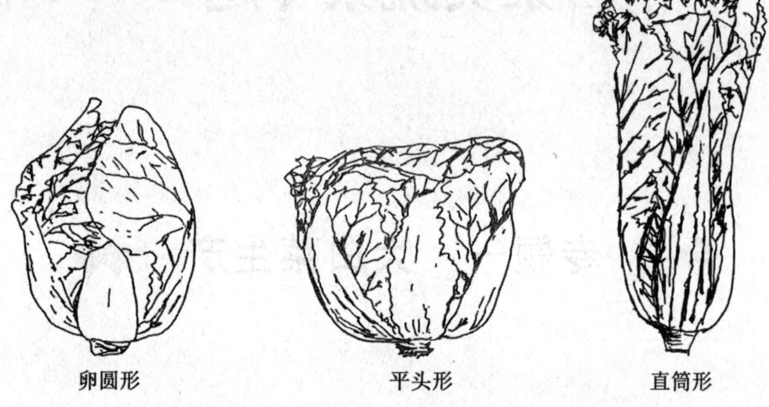

图 3-3　结球白菜的三种生态型的叶球形态

上面几种是我国大白菜的基本类型，它们互相杂交并进行人工选择，形成平头直筒、平头卵圆、圆筒、花心直筒、花心卵圆 5 个次生类型。这些变种、生态型和次极类型共同构成了我国大白菜的品种系统。

二、秋露地大白菜生产技术

(一)品种选择

选择适宜品种是大白菜获得高产稳产的关键。一要因地制宜，根据当地的气候条件，栽培季节，病虫害发生情况选择合适的品种；二要选择品质好，净菜率高，抗性强的品种。除此之外，还要考虑当地的消费情况及产、供、销的具体需求。如近几年在生产上表现比较好的有北京新 3 号、大连水师营 91-12、绿星 80 等。

(二)茬口设计

大白菜要求温和冷凉气候条件，因此全国各地以秋季栽培为主。提前播期容易感染病毒病，推迟播期又会因为缩短生长期造成包心松弛，影响产量和品质，所以大白菜的适播期较短，各地区都有比较确切的适宜播种期，如辽宁铁岭地区大白菜稳产播种期是 7 月 25—30 日。确定播种期还要考虑品种、栽培技术和当年的具体气候条件等因素。

(三)整地施肥

大白菜的根系浅，主要分布在 25 cm 的土层内，利用深层土壤的养分和水分能力较弱，所以要适当加深耕作层，促进根系向深层延伸。前茬作物收获后，结合施有机肥进行深耕。大白菜生长期长、产量高、需肥量大，每亩施腐熟的有机肥 5 000 kg，其中 2/3 结合前期深耕施入，剩下的 1/3 掺入 50 kg 过磷酸钙和 20 kg 硫酸钾，耙入浅土层中。秋季栽培白菜一般采用垄作，因为高垄可以防雨水过多导致的病害，一般垄高 12～15 cm，行距 50～60 cm，株距可以根据品种而定，中早熟品种 30～40 cm，晚熟品种 45～50 cm。

(四)播种

(1)播期确定　大白菜生长适宜温度为 10～22℃，播期太早，容易造成高温病害，但大白菜又不能长期忍受－2℃以下低温，所以必须在温度下降到－2℃之前收获，根据收获日期，向前推一个生长季，即可作为大白菜的播种期。

(2)播种方法　大白菜可采用条播和穴播两种方法。条播是在垄面中间开深约 1.5 cm 的沟，沿沟浇水，水渗后将种子均匀播在沟中，之后覆土镇压，每亩用种量大约 150g，条播播种量较多，但是省工。穴播是按株距在垄上做长 10～15 cm，深 1.5 cm 的穴，按穴浇水，水渗后每穴播种 4～6 粒种子后覆土平穴，每亩用种量 120 g 左右，穴播费工，但是比较省种。为确保出苗质量，可以采取以下措施：雨后或造墒播种，保持土壤湿润；沟穴底部保持平坦，深度一致，覆土松细，厚度均匀；播后可加盖覆盖物以防暴雨，同时能起到保墒作用。

(五)田间管理

大白菜的生长期包括幼苗期、莲座期、结球期 3 个阶段，由于这 3 个时期的水肥需求不同，所以在田间管理上也有差异。

1.苗期管理

(1)浇水　刚发芽时需水不多，但由于根系很小，也需要供水充足，若播种时墒情好，在发芽期间不用浇水，但若底墒不足或遇高温干旱，必须浇水降温。通常在干旱年份采取“三水齐苗，五水定棵”的措施。

(2)补苗、间苗、追肥　齐苗后及时检查苗情，如有缺苗，可在苗密的地方挖取壮苗补栽。同时进行第一次间苗，拔除出苗过迟，子叶畸形，生长拥挤弱小的幼苗，保持株距 5～7 cm。当幼苗长到 4 片真叶，开始拉大“十”字时，第二次间苗，将弱苗、病苗和杂苗淘汰，株距约 15 cm。当长到 5～6 片真叶形成第一个叶环时(俗称“团棵期”)，进行第三次间苗，选留大苗、壮苗，确定株距。在第一、二次间苗后结合浇水追施少量氮肥。

(3)中耕锄草　幼苗期正处高温多雨时节，杂草丛生，土面容易板结，需要及时中耕锄草。高垄初耕，一般浅锄垄背，大约 3 cm，以起到疏松土表和铲除杂草的作用；深锄垄沟，将少量松土培到幼苗根部，以防根部经水冲刷外露受损。定苗后，中耕深度可加深到 5～6 cm，促进根系向深处发展。

2.莲座期管理

为促使莲座期生长旺盛，定苗后追施“发棵肥”，每亩施入充分腐熟的粪肥 1 500 kg 或硫酸铵 15～20 kg 加磷、钾肥 10 kg。在高垄的一侧开沟，施入肥料后覆土平沟，也可以在植株 8～10 cm 处开穴施入。追肥后浇水，过 3～4 d 以后，再浇一次大水，之后勤浇水，保持地面“见干见湿”。莲座后期要适度控水蹲苗，蹲苗时间长短与品种、土质及气候等具体情况有关。一般当植株中心的幼叶也呈绿色时，蹲苗结束。

3.结球期管理

(1)浇水　蹲苗结束后，开始包心，需浇一次水，不宜过多，防止伤根，之后 2～3 d 再浅浇一次,以后每 5～6 d 浇一次水,保持地面湿润,直到收获前一周停止浇水,以免叶球含水量过多而不耐贮藏。

(2)施肥　结球期需肥量最多,占总需求量的 60％～70％,一般追肥 2～3 次。第一次在蹲苗结束后结合浇水重施一次“结球肥”,每亩施入充分腐熟的厩肥 1 000 kg,或硫酸铵 15～20 kg 加草木灰 100 kg 或硫酸钾 15 kg。结球中期,即包心后 15～20 d,追施“灌心肥”,每亩施入复合肥 15 kg 或硫酸钾 10 kg。结球后期,为使大白菜叶球充实不早衰,追施少量化肥,也可冲施稀粪。

(3)束叶　收获前一周,把莲座叶扶起,用草绳或者塑料绳将外叶合拢捆在一起,以保护叶球免受冻害,也便于收获和贮藏。

(六)收获

在－2℃的寒流来临之前收获。收菜可以采用砍收和拔收两种方式。砍收是齐地面将白菜根砍断,此种方式白菜伤口大,要晒菜使伤口干燥愈合后贮藏,以免贮藏时腐烂严重。拔收是将白菜连根拔起,伤口小,但根有泥土,需泥土晒干脱落后入窖贮藏。晾晒时,选晴天,将叶球向北,根部向南,排列于田间,两三天后翻面一次。如突遇寒潮降温天气,可就地堆砌两排,根向内,叶球向外,排间留空隙通风。上面也可以覆盖废弃叶片保温,待天气持续寒冷时入窖。

自我检测

1. 判断题

(1)大白菜对温度适应性较强,既耐寒,又耐热。　(　　)

(2)白菜为“种子春化感应型”,种子萌动后,经短期 15℃以下低温通过春化。　(　　)

(3)大白菜根系发达,能吸收利用土壤深层水分。　(　　)

(4)大白菜种子发芽能力很强,适合露地直播。　(　　)

(5)大白菜结球后期浇水过多,易发生“裂球”现象。　(　　)

2. 简答题

(1)简述秋露地大白菜播种期确定方法。

(2)简述秋露地大白菜结球期水肥管理要点。

思政园地

大白菜每穴只留 1 株苗,但露地栽培播种时每穴播种 8 粒左右种子,要适当多播些种子,待出苗后间苗。

为什么要适当多播些种子？因为小粒种子要靠集体力量才能出苗。如果播种数量不够,则保全苗就很困难。一粒种子的力量有限,但多粒种子的力量就大了。同样,我们很多工作都不是一人完成的,要靠数人甚至成百上千人的团结合作才能完成,所以我们要培养团结协作的精神。“人心齐,泰山移”“三个臭皮匠顶个诸葛亮”“一个篱笆三个桩,一个好汉三个帮”,都是说团结就是力量。

◈ 课外拓展

夏季大白菜栽培要点

因为夏季温度高、病虫害多发，环境条件不适合大白菜生长，栽培上应注意以下几点：

(1)选择早熟、耐热、抗病、高产、品质优良的品种，如沈阳快菜、夏阳 50、夏优 3 号、北京小杂 56、德优新等。

(2)播种时期，夏季大白菜播种时期要求并不严格，主要根据市场需求来定。可育苗，也可直播。采取育苗移栽方式，幼苗需要遮阳、降温和避雨条件。

(3)合理密植，如果选择早熟、株型较小的品种，应该适当密植，每亩种植密度在 3 000～4 000 株为宜。

(4)加强肥水供应，应勤浇水，来降低地表温度，大雨过后还要及时进行"涝浇园"。在施足底肥的基础上，要勤施速效氮肥，并适当增施磷、钾肥，不蹲苗，加大肥水，一促到底。

(5)及时采收，夏季高温，叶球容易腐烂，适时早收，及时上市。

专题二　甘蓝生产

学习目标

了解甘蓝类型品种，掌握甘蓝高产、绿色生产关键技术。

素质目标

培养学生实事求是、理论联系实际的工作作风。

一、理论基础

结球甘蓝，简称甘蓝，又名包心菜、卷心菜、大头菜、圆白菜等，原产于地中海沿岸，于 17 世纪传入我国。它以叶球为食用器官，质地脆嫩，营养丰富，适应性强，抗逆性好，产量高，容易栽培，耐贮运，目前在我国各地普遍栽培。

甘蓝按栽培季节可分为春甘蓝、夏甘蓝、秋甘蓝等。按成熟期可分为早熟甘蓝、中熟甘蓝、晚熟甘蓝。按叶片特征可分为普通甘蓝、紫甘蓝、皱叶甘蓝，其中紫甘蓝和皱叶甘蓝主要是作为特色蔬菜种植，我国大范围栽培的主要是普通甘蓝。普通甘蓝还可以根据叶球形状分为尖球形、圆球形和平头形(图 3-4)。

(1)尖头形　植株矮小，球顶部尖形，整个叶球呈心脏形，中肋粗，外叶较少，生育期短，一般为早熟或中熟品种，主要有鸡心、牛心等。

(2)圆头形　植株中等大小，叶球顶部圆形，结球紧实，整个叶球呈圆形，球叶脆嫩，品质好，但抗逆性能力较弱，成熟期集中，一般为早熟或中熟品种，主要有北京早熟，鲁甘蓝 2 号，中甘 9、11、12、15 号，津甘 8 号等。

(3)平头形　植株较大，叶球顶部较平，整个叶球呈扁圆形，直径大，结球紧实，品质好，耐贮运、抗病性强、适应性广，一般为中晚熟品种，主要有黑叶小平头、黄苗、秋蓝、京丰 1 号、东农 609 等。

尖头形　　圆头形　　平头形

图 3-4　结球甘蓝的三种球形

二、生产技术

(一)春甘蓝栽培技术

(1)品种选择　春季甘蓝栽培品种应选早熟品种,如中甘 11、12 号,鲁甘蓝 2 号,8398 等。

(2)茬口设计　春甘蓝一般采用温室育苗。苗龄 50～70d,可以根据定植期向前推算播种期。

(3)培育壮苗　一般当 5 cm 低温稳定在 5℃以上时可定植。每定植 1 亩需育苗床 8～10 m^2,播种量 50 g,播种前一周,施肥整地,耙平作床。苗床浇足底水,湿透 10 cm 土层为宜。之后撒一层细干土,然后均匀撒播干种子,覆土 0.5～1.0 cm,覆膜保湿。播种后,白天苗床温度控制在 20～25℃,夜间 10～15℃。出苗后通风降温,白天 18～20℃,夜间 8～10℃。3～4 叶期分苗,苗距 7～8 cm。分苗后白天床温 25℃,促进缓苗。缓苗后白天降温到 20℃,夜间 10℃,促根发育防徒长,但不能太低,因为甘蓝属于绿体春化型,幼苗经低温容易抽薹,影响结球质量。选晴天浇水,且不旱不浇,浇水后加强通风。定植前一周,适当低温炼苗。定植前 5 d 浇水,起苗、囤苗。壮苗的形态:幼苗有 6～8 片真叶,叶丛紧凑,色泽深,叶片厚,茎粗壮,未抽薹,根系发达。

(4)整地定植　定植前结合深耕每亩施腐熟的有机肥 5 000 kg,耙平做畦或垄。一般畦宽 1 m 左右,垄距 40 cm,垄高 15 cm,覆盖地膜。地温稳定在 5℃以上时,气温稳定在 8℃以上时可以开穴,浇水,定植。一般株距 25～30 cm,每亩定植 5 000～6 000 株。

(5)田间管理　定植后缓苗,如缺水可以浇一次缓苗水,水量不宜过大,并适当多中耕以提高地温。莲座期可结合浇水施速效肥,每亩施尿素或硫酸铵 10 kg。结球期不能缺水,一般每周浇一次水,到收获前浇水 5～6 次,后期控制浇水。雨后注意排水,防止积水烂根。结球初期和旺盛期各追肥一次,每亩追施硫酸铵和硫酸钾各 10 kg。同时也可叶面喷施 0.2%的硫酸二氢钾溶液 1～2 次。

(6)及时收获　叶球充实后及时收获,防裂球,早上市。

(二)秋甘蓝的栽培技术

秋季适合甘蓝生长结球,甘蓝产量较高,适宜贮藏,供应期长,所以秋季栽培甘蓝非常重要。

(1)品种选择　多选用耐热、抗病的中晚熟品种。如京丰 1 号、晚丰、庆丰、东农 609、中甘 8 号、秋蓝等。

(2)茬口设计　从6月份可播种育苗，苗龄一般大约30 d。

(3)培育壮苗、整地定植　育苗床应选择地势高，通风，凉爽，排灌方便的地块。前茬作物收获后，每亩施腐熟的优质圈肥5 000 kg，整地做畦。由于育苗期间正赶上高温多雨季节，而甘蓝喜凉，不耐高温，需搭棚或盖遮阳网，既遮阴挡雨，又防虫害。出苗前小水勤浇，防止板结。为防蝼蛄为害，畦面可喷1 200倍辛硫磷。当幼苗长到3～4片真叶时分苗，苗距10 cm见方，并遮阴3～4 d，浇缓苗水后中耕蹲苗，注意防治蚜虫。待苗长到6～7片叶时即可定植。

(4)适时定植　定植应选择阴天或下午进行，秋甘蓝植株生长旺盛，密度可稍小一些，每亩定植3 000～3 500株。

(5)肥水管理　定植后，间隔3～4 d再浇一次水，待土不黏时中耕一次。缓苗后，可结合浇水分别在莲座初期，结球初期和中期，追施一定量的速效氮肥，每亩施尿素10 kg，收获前10 d停止浇水。

(6)收获与贮藏　10—11月收获，既可供应市场，又可贮藏。一般晾晒3～4 d，寒流之前沟藏。

自我检测

1.判断题

(1)甘蓝是"绿体植物感应型"，出苗后即可接受低温通过春化阶段。　(　　)

(2)日光温室果菜套作甘蓝应该选择晚熟品种。　(　　)

(3)甘蓝与果菜类蔬菜温度管理相似，所以可进行套作。　(　　)

(4)甘蓝结球后期浇水过多，易发生"裂球"现象。　(　　)

(5)日光温室春茬甘蓝一般在叶球重2～3 kg时采收。　(　　)

2.简答题

(1)简述日光温室春茬甘蓝品种选择要点。

(2)简述日光温室春茬甘蓝苗期管理要点。

(3)简述日光温室春茬甘蓝结球期水肥管理要点。

专题三　花椰菜生产

学习目标

了解花椰菜类型品种，掌握花椰菜高产、绿色生产关键技术。

素质目标

培养学生养成安全生产意识和绿色生产理念。

一、理论基础

菜花，又名花椰菜、花菜或椰菜花，原产于地中海沿岸，19世纪中叶传入我国，以花球为食用器官，外形美观，风味清香，含纤维少，易消化，耐贮藏，较适于长途运输，很受广大菜农和消费者的欢迎，目前在我国各地都有栽培。品种类型如下：

(1)花椰菜　花球由洁白的畸形肥嫩花枝组成，花枝顶端呈绒球状，只有少数能形成正常的花，多数干瘪。根据生长期的长短，可以分为早熟类型、中熟类型和晚熟类型。

①早熟类型　定植后 50 d 左右即可收获。花球较小，冬性较弱，主要品种有京研 45 号、早熟 23 号、荷兰春早、秋玉、瑞士雪球、津雪 65 等。

②中熟类型　定植后 80 d 左右成熟。花球中等，冬性强，适应性广，主要品种有荷兰雪球、珍珠 80 天、福农 10 号、祁连白雪、日本雪山、津雪 80、津雪 88 等。

③晚熟类型　定植后 100 d 以上才能收获的品种。这个类型花椰菜植株和花球都较大，耐寒性和冬性都较强，主要品种有申花 5 号、福建 120 天、兰州大雪球、中白杂交种等。

(2)青花菜　青花菜又称绿菜花、西兰花，是野生甘蓝进化为花椰菜过程中的中间产物。花球绿色，由肉质花茎、小花梗和花蕾组成。叶腋的芽较活跃，顶端花球摘除后，下面叶腋便可抽生侧枝再生花蕾，所以可反复多次采摘。主要品种有中青 1 号、中青 2 号、绿宝青花菜及从日本引进的绿岭、里绿。

二、生产技术

(一)露地秋花椰菜生产

1.品种选择

选用抗逆性强、适应性广、商品性好的中早熟品种。如白峰、津雪 88、日本雪山、荷兰雪球等品种。

2.茬口设计

北方露地秋茬一般于 6 月份播种育苗，7 月份定植，10 月份收获。

3.培育壮苗

(1)床土准备　选 3 年未种过十字花科蔬菜的肥沃田土与充分腐熟过筛的有机肥按 2∶1 比例混合均匀，每立方米可再加入三元复合肥 1 kg。育苗地要选择地势高燥、排灌方便的地块，做长 8～15 m，宽 1～1.3 m 的畦，将床土铺入苗床内，厚度 10～12 cm。

(2)播种　定植每亩大田用种量 35 g 左右，需苗床面积 10 m^2，播前晒种 2～3 d。

播种时苗床先浇透水，然后用 50％的多菌灵可湿性粉剂与 50％的福美双可湿性粉剂按 1∶1 混合，按每平方米用药 8～10 g 与 4～5 kg 过筛细土混合，1/3 铺于浇透底水的床面上，随即将种子均匀播于床面，其余 2/3 药土覆盖在种子上，覆土厚度 0.5～1 cm。盖遮阳网，以降低苗床温度及防暴雨冲刷。

(3)苗期管理　播种后要保持苗床湿润，并防止雨拍和积水。幼苗出土后，适当控制浇水，如需浇水，应浇水后覆细土，以防幼苗根系外露与倒伏。

幼苗长出 3～4 片真叶，按大小棵分级分苗，株行距(8～10) cm×(10～12) cm，以扩大营养面积，培育壮苗。苗期应及时防病虫害，出苗后要及时喷药防猝倒病，每隔 5～7 d 喷 1 次。真叶出现时开始防治菜青虫，一般每周防治 1 次，同时拔除苗床内杂草。

4.整地定植

(1)整地施肥　选择土壤肥沃、排水条件好，前茬为非十字花科蔬菜的地块定植。结合整地，每亩施优质腐熟厩肥 5 000 kg，尿素 10 kg，过磷酸钙 50 kg，硫酸钾 10 kg。根据定植的品种不同，做成行距 55～60 cm 的垄或 1.1～1.2 m 畦，每畦定植 2 行。

(2)定植 当苗长至 5～6 片真叶时，选阴天或下午按株距 40～45 cm 定植，要带土坨定植以利成活。

5. 田间管理

定植后，气温较高，蒸发量大，要采取小水勤浇的措施，以保持土壤湿润，直到缓苗。缓苗后中耕 1 次，以后每次浇水后或雨后要及时中耕，以利根系生长。定植成活后要施促苗肥、莲座肥、花蕾肥。前期以氮肥为主，中后期以高钾复合肥为主，促进植株生长发育，增强抗逆能力。肥料用量为每亩硫酸铵 15～20 kg、尿素 20 kg、草木灰 100 kg 或复合肥 25 kg。上述肥料可交替选用，追肥要结合浇水进行。在临近结球时，还需喷 0.2%～0.5%的硼酸液进行根外追肥。多雨季节要注意排水防涝、防除杂草。

菜花定植后，在前期的生长中，早熟品种可以不蹲苗，对中晚熟品种要适当蹲苗，促进地下部发育，控制地上部的生长。

6. 适时采收

能否适时采收直接影响花球的产量和品质。一般秋菜花从 9 月中旬左右开始陆续收获，直到气温降到 0～1℃全部收完。采收的标准：花球已经充分肥大，质地致密，表面圆正，边缘尚未散开为采收适期，这时产量较高，品质也好。采收时砍下花球，每个花球带 4～6 片小叶，用于运输过程中保护花球免受损伤，以保持花球的新鲜柔嫩。

(二)青花菜生产要点

1. 品种选择

露地生产应选用抗逆性强、适应性广、商品性好的中早熟品种。如王冠、绿辉、里绿、碧玉(B53)、绿彗星等。设施栽培应选耐寒性较强的品种，如绿岭、哈依姿、绿峰、东京绿、阿波罗等。

2. 栽培时期

青花菜耐寒、耐热性都较强，北方露地春秋两季都可栽培，以秋茬栽培较多，一般于 6 月份播种育苗，7 月份定植，10 月份收获。设施栽培多在冬季育苗，早春定植，初夏收获。

3. 培育壮苗、整地定植及田间管理

青花菜培育壮苗、整地定植及田间管理与花椰菜基本相同，但由于青花菜生长期和采收期较长，特别是主、侧花球兼用的品种，需肥量大，除多施基肥外，生长过程中还应多次追肥，第一次追肥应在缓苗后 1～2 周进行，第二次追肥一般在开始现花蕾时进行，以后可根据植株长势进行追肥。顶、侧花球兼用品种，侧枝抽生较多时，应选择 3～4 个生长健壮的保留，其余生长细弱的侧枝及时摘除，以免消耗植株的养分。顶球采收后，通常应在每次采摘侧花球后施肥 1 次，以收获较大的花球和延长采收期，增加产量。每次追肥后应及时浇水。

另外青花菜与花椰菜不同的是结球期一般不用束叶，以免影响色泽和品质。

4. 采收

青花菜在花蕾充分长大，花蕾颗粒整齐，不开花、不散球时及时采收，青花菜的适宜采收期很短，延迟数天不采，容易开花，使花球松散，降低品质，甚至失去食用价值。采收时要将花球下部带 10 cm 左右花茎，并带 2～3 片叶一起割下，及时销售。

自我检测

1.判断题

(1)青花菜以花蕾和肥大的花枝为主要产品。 ( )

(2)花椰菜种子萌动后接受5～20℃的温度就可以通过春化。 ( )

(3)花椰菜花球形成期忌强光直射。 ( )

(4)日光温室春茬青花菜应该选择晚熟、抗病性强的品种种植。 ( )

(5)青花菜适宜高温贮藏运输。 ( )

2.简答题

(1)简述秋露地花椰菜苗期管理要点。

(2)简述秋露地花椰菜定植后水肥管理要点。

思政园地

大白菜、结球甘蓝营养积累不够,会抱心不实,长成半心。青年人要积累知识、能力和经验,才能厚积薄发,才能成材。

"不积跬步,无以至千里;不积小流,无以成江海。"只有不断积累,积少成多,学深做实,才能不断地充实和完善自己。

项目四

葱蒜类蔬菜专题

专题一　大葱生产

学习目标

掌握露地大葱生产理论基础和关键技术。

素质目标

培养学生具有勤劳朴实、科学严谨的意志品质。

一、理论基础

大葱，百合科葱属二年生草本植物，原产于我国的西北高原地区及相邻的中亚、西亚地区。大葱适应性强，抗寒耐热，全国普遍栽培。幼嫩时可食用嫩叶，长大后食假茎即葱白。大葱营养丰富，生食辛辣芳香，熟食也可，还具有杀菌作用和医疗价值。

(一)生物学特性

1. 形态特征

(1)根　白色，弦线状，侧根少而短。根的数量、长度和粗度，随植株的总叶数的增加而不断增长。大葱发棵生长旺期，根数可达 100 多条。

(2)茎　极度短缩呈球状或扁球状，单生或簇生，粗 1～2 cm，外皮白色，膜质，不破裂。上部着生多层管状叶鞘，下部密生须根。花茎粗壮，中空不分枝，长 30～50 cm。

(3)叶　由叶身和叶鞘组成，叶身呈长圆锥形，中空，绿色或深绿色。单个叶鞘为圆筒状。多层套生的叶鞘和其内部包裹的 4～6 个尚未出鞘的幼叶，构成棍棒状假茎。

(4)花　着生于花茎顶端，开花前，正在发育的伞形花序藏于总苞内。营养器官充分生长的葱株，一个花序有花 400～500 朵，多者可达 800 朵以上。两性花，异花授粉。每朵花有花被 6 片，雄蕊 6 枚。雌蕊成熟时，花柱长 1 cm。子房上位，3 室，每室 2 粒种子。

2. 种植历史

关于大葱原始品种的引进，可追溯到战国时期名著《管子》中的记载："桓公五年，北伐山戎，得冬葱与戎椒，布之天下"。公元前 681 年，这个时间也就是章丘地区大葱开始种植的时间。可以推算出，在章丘地区大葱种植已经有近 3 000 年的历史，最早是由西北少数民族地区引进的。《章丘县志》中也有关于大葱种植的记载。

二、秋播大葱露地生产技术

(一)栽培时期

大葱对温度适应性强，幼苗到抽薹前的成株均可食用，随时可以收获，因此可以分期播种，多茬栽培，周年供应。北方地区一般于露地秋播育苗，第二年夏季定植，秋末冬初收获。为了使幼苗能安全越冬，越冬前需 40～50 d 的生长期，幼苗能长成 10 cm 左右高，具有 2～3 片真叶，茎粗 0.4 cm 以下为宜。辽宁地区 9 月上旬播种，第二年 6 月中旬定植，10 月中下旬收获。

(二)播种育苗

1. 苗床准备

选择地势平坦的沙壤土，在前茬收获后及时翻耕整地，每亩苗床施腐熟的有机肥 2 500 kg，过磷酸钙 30 kg，做成宽 1 m、长 7～10 m 的畦，苗床面积为栽植田面积的 1/4 或 1/6。

2. 播种

撒播，先在畦面上浇足底水，水渗后撒播种子，覆 1 cm 厚细土。沟播，行距 15 cm，开深 2 cm 的沟，然后将种子撒在沟内，搂平畦面，踩实后浇明水。每亩大葱的用种量为 3～4 kg。

3. 苗期管理

冬前控制肥水，一般浇水 1～2 次即可，注意中耕除草，土壤封冻前浇透冻水。翌年春当日平均气温高于 13℃时灌返青水，水量不要大，每亩追施尿素 8～10 kg。地面见干后，结合中耕除草间苗，苗距 2～3 cm，苗高 20 cm 时再间 1 次苗，苗距 5～7 cm，之后蹲苗 10～15 d，此后逐渐增加灌水次数，并结合灌水追施尿素 2～3 次，每亩施用 8 kg，当幼苗株高长到 50 cm，具有 6～8 片叶时控水炼苗，准备定植。

(三)定植

1. 整地施肥

前茬收获后，尽早整地开沟，沟距因品种不同而不同，长葱白的品种宜采用宽行深沟，沟距 70～80 cm，沟深 40～50 cm。短葱白的品种宜用窄行浅沟，沟距 50～55 cm，沟深 8～10 cm；在沟底施基肥，每亩施用腐熟的有机肥 5 000 kg，过磷酸钙 25 kg，深刨沟底，使肥土混合均匀，楼平沟底后定植。

2. 定植

起苗前 2～3 d 苗床灌水，以利起苗。起苗时，抖净泥土，按大、中、小分级，同时淘汰病、弱、残及有薹苗。直立株型适于密植，每亩栽植短葱白品种 2 万～3 万株，栽植长葱白品种 1.2 万～1.5 万株，如秧苗较小，还可以适当加大密度。大葱定植可采用插葱法和摆葱法。插葱法，即用葱叉将葱苗垂直插入沟底松土内，深约 20 cm 左右，插葱时，叶片的分杈方向要与沟的方向平行，便于田间管理，最后浇水。摆葱法是将葱叶扇面紧靠沟壁一侧摆匀，如果是东西沟要摆在沟的南侧，南北沟则摆在西侧，以减少烈日暴晒，有利缓苗。摆完一沟后用沟帮土埋住根部，土厚 7～10 cm，之后立即灌水稳苗，水量要小，防止冲倒秧苗。灌后稍微覆土保墒，防止龟裂。待 3～5 d 后，再灌 1 次缓苗水，然后中耕、蹲苗。此种方法栽植快，用工少，但葱白易弯。

(四)田间管理

1.浇水追肥

定植后正值盛夏高温季节，一般不浇水，雨后要排水防涝。注意中耕除草，松土保墒。立秋过后，气温降低，大葱进入生长盛期，应及时浇水追肥。8 月上中旬，浇 2～3 次水，结合浇水追肥 1 次，每亩施尿素 15～20 kg。下旬以后每 4～5 d 浇水 1 次，8 月底和 9 月中旬各追 1 次肥。每亩追施氮、磷、钾复合肥 15～20 kg，将肥撒到沟两边土上，培土浇水。9 月下旬，大葱进入假茎充实期，植株需水少，只要保持土壤湿润就好。收获前一周停止浇水。

2.培土软化

培土使叶鞘软化，可以增加葱白的长度。大葱进入旺盛生长期，要随叶鞘生长及时中耕培土，使原垄沟和垄台互换，培土高度在叶鞘和叶身分界处，勿埋叶身。到收获前，需培土 3～4 次。

(五)病虫害防治

大葱的病害主要有病毒病、霜霉病、紫斑病、细菌性软腐病等，虫害主要有蓟马、地蛆等，生产上宜采取轮作、增施有机肥、高垄定植等措施，加强田间管理，在病虫害发生初期及时选择高效低毒的农药进行防治，保证大葱产品绿色安全。

(六)收获

可根据市场需求随时收获，鲜葱一般 9—10 月上市。贮藏的大葱，则要在晚霜以后，辽宁一般 10 月中下旬收获。用长条镐从葱垄的一侧深刨至须根处，把土摊向外侧，露出基部，用手拔出，抖净泥土，晾晒 2～3 d 后，去枯叶，10 kg 左右捆成一捆，自然条件下 1～3℃贮藏。

自我检测

1.判断题

(1)北方地区大葱多采用露地春播育苗。　(　　)

(2)大葱主要采用撒播的播种方式。　(　　)

(3)大葱培土的目的是防止倒伏。　(　　)

(4)插葱时，叶片的分杈方向要与沟向平行。　(　　)

(5)长葱白的品种宜采用窄行深沟。　(　　)

2.简答题

(1)如何进行葱的播种育苗？

(2)简述葱的定植方法。

(3)葱栽培过程中如何培土？

(4)在生产过程中，如何给葱施肥？

(5)大葱如何采收和贮藏？

思政园地

蔬菜生产上的农事活动都要顺应节气，如“头伏萝卜二伏菜”，是告诉我们萝卜、白菜的播种期，“八月葱九月空”，是告诉我们大葱的收获时期。大葱、大蒜、越冬菠菜的播种期要求都是比较严格的。作物生产要顺时，我们的生活也要顺时才行。顺时起居，天人合一。科学饮食、规律作息，养成文明健康生活方式。

课外深化

大葱的保存方法

(1)架藏法　在露天或棚、室内，搭贮藏架。将采收晾干的大葱成捆地依次堆放在架上，中间留出空隙通风透气。露天架藏，应用塑料薄膜覆盖防雨雪。贮藏期间定期检查，及时剔除发热变质的植株。

(2)地面贮藏法　在背风处的平地上，铺 4 cm 厚的沙子，把晾干捆好的大葱码在沙上，根朝下，码好后在大葱根部培 15 cm 高的沙土。

(3)沟藏法　在阴凉通风处挖宽 50～70 cm、深 20～30 cm 的沟。沟内灌足水后，把选好、晾干的大葱一捆一捆栽入沟内，用土埋严葱白部分，四周用玉米秸围住，以利通风散热。气温降低前，加盖草帘或玉米秸。

(4)窖藏法　采收后晾晒几日，把大葱捆成捆，直立排放于干燥、有阳光避雨的地方晾晒。当气温降到 0℃以下时，入窖贮存。窖内保持 0℃，注意防热防潮。

(5)冷库贮藏法　将无病虫害、无伤残的大葱捆成捆，装入筐中，放入冷藏库堆码贮藏。库内保持温度 0～1℃，相对湿度 80%～85%。贮藏期间要定期检查，及时剔除腐烂的大葱。

(6)微冻贮藏法　在东西向墙的北侧挖宽 1～2 m、深 10～20 cm 的沟。将晾晒过的大葱捆成捆，竖排存放于沟内。贮藏初期将大葱捆上部敞开，每周翻动 1 次，使大葱叶全部干燥。天气寒冷，葱白微冻时培土，顶部用草帘盖住。

专题二　洋葱生产

学习目标

掌握洋葱的栽培理论基础和生产关键技术。

素质目标

培养学生科学严谨、开拓创新的工作作风。

一、理论基础

洋葱又称圆葱，百合科、葱属二年生草本植物，它以肉质鳞片和鳞芽构成的鳞茎为产品，原产于地中海沿岸及中亚，大约20世纪初传入我国，南北各地普遍栽培。

（一）生物学特性

1. 形态特征

洋葱为弦状须根，着生于短缩茎盘的基部，根系主要分布在20 cm的表土层内，故耐旱能力不强，吸收水肥能力较弱。叶鞘肥厚呈鳞片状，密集于短缩茎的周围，形成鳞茎（俗称葱头），浓绿色圆筒形的中空叶子，表面有蜡质。伞状花序，白色小花。蒴果，黑色。

2. 生长环境

（1）温度　洋葱对温度的适应性较强。种子和鳞茎在3～5℃下即可缓慢发芽，12℃开始加速，生长适宜温度幼苗为12～20℃，叶片为18～20℃，鳞茎为20～26℃，鳞茎15℃以下不能膨大，温度过高也会生长衰弱，进入休眠。

（2）光照　洋葱属于长日照植物，在鳞茎膨大期和抽薹开花期需要14 h以上的长日照条件。洋葱适宜的光照强度为20 000～40 000 lx。

（3）水分　洋葱在发芽期、幼苗生长盛期和鳞茎膨大期应供应充足的水分。在定植前和收获前要控制水分。洋葱具有耐旱的叶身，适于60%～70%的土壤相对湿度，空气湿度过高易发生病害。

（4）土壤和营养　洋葱对土壤的适应性较强，以肥沃疏松、通气性好的中性壤土为宜。生产每1 000 kg葱头需要从土壤中吸收氮2 kg、磷0.8 kg、钾2.2 kg，此外，增施铜、硼、硫等微肥有显著的增产作用。

二、露地洋葱生产技术

（一）栽培时期

东北地区多采用秋播，囤苗越冬，第二年春重新栽植，夏季收获。辽宁地区播种期一般为8月上旬，翌年3月下旬至4月下旬定植。

辽北地区一般利用日光温室育苗，4月中下旬移栽于露地上。

（二）品种选择

目前种植的主要品种有陕西红皮、上海红皮、连云港84-1、DK黄、OP黄、大宝、熊岳洋葱、顶秀洋葱、玛西迪及富士-95等。

（三）播种育苗

根据当地气候条件和品种的本身特性，以防止洋葱先期抽薹为目的确定播期。为降低抽薹率，越冬前要保证幼苗高18～24 cm，假茎粗不超过0.6 cm，具3～4片真叶。

育苗要选择疏松、肥沃、保水性强，两年内未种过葱蒜类蔬菜的地块。前茬作物收获后，结合整地施足基肥，做平畦，苗床面积为栽植种面积的1/8～1/6。选用当年收获的新种子，多采用干籽撒播，每亩苗床的播种量为4～5 kg，播种后可覆盖芦苇或秫秸等保湿。播种后2～3 d补水1次，促进出苗，幼苗大约需要10 d左右出土，出苗后每隔10 d浇1次水，中耕除草2～3次。如果苗弱，可随水每亩追施尿素10～15 kg。冬季囤放贮藏，即在土地封冻前将幼苗从畦中挖出，囤放在阴凉的地方越冬。

(四)定植

1. 定植前准备

选择疏松肥沃的壤土,忌连作。前茬作物收获后,结合深耕施足基肥,耙平做平畦,畦宽1.5～1.7 cm。

2. 定植方法

定植时应严格进行选苗分级,去除病、弱苗,按大小苗分畦栽植,分别管理。一般定植密度为行距 15～17 cm,株距 13～15 cm,大苗可适当稀栽。定植深度以能埋住小鳞茎,浇水不倒为宜。

(五)定植后管理

定植后植株生长缓慢,要轻浇水,勤中耕,以利缓苗。一般定植后浇 1 次水,隔 5～6 d 后再浇 1 次水,并及时中耕除草,增温保墒。缓苗后,植株开始旺盛生长,要加大浇水量,并随水追肥 1～2 次。

当小鳞茎长到 3 cm 大小时,每亩追施腐熟有机肥 1 000 kg 或硫酸铵 15～20 kg,2～3 d 浇 1 次水。10～15 d 后,鳞茎直径达 4～5 cm 时,每亩随水冲施饼肥 50 kg 或复合肥 15～25 kg,每 3～4 d 浇水 1 次,保持地面湿润。收获前一周停水,利于贮藏。

(六)收获

当植株基部有 1～2 片叶枯黄,假茎失水松软,地上部倒伏,鳞茎停止膨大,外层鳞片革质化时,适合收获。收获时,将植株连根拔起,晾晒 3～4 d,叶片变软时,每 25～30 头编成一条辫子。当辫子由绿变黄时,即可贮藏。

自我检测

1. 判断题

(1)洋葱原产我国。 ( )

(2)洋葱主要采用撒播的播种方式。 ( )

(3)洋葱一般春播秋收。 ( )

(4)洋葱定植深度以能埋住小鳞茎为宜。 ( )

(5)洋葱辫子由绿变黄时,即可贮藏。 ( )

2. 简答题

(1)如何进行洋葱的播种育苗?

(2)洋葱如何定植?

(3)洋葱定植后如何管理?

(4)在生产过程中,如何给洋葱施肥?

(5)如何采收洋葱?

◈ 课外深化

洋葱的种类

普通洋葱 每株通常只形成一个鳞茎。少数品种在特殊环境下花序上会形成气生鳞茎。利用种子繁殖。

分蘖洋葱 能够分蘖,每一分蘖基部能形成鳞茎,用分蘖的小鳞茎繁殖,通常不结种子。

顶生洋葱 在花序上着生许多气生鳞茎,可以用来繁殖,不结种子。

红皮洋葱 葱头外表紫红色,鳞片肉质,稍带红色,扁球形或圆球形,直径 8~10 cm。耐贮运,休眠期短,萌芽早,表现为早熟至中熟,5 月下旬至 6 月上旬收获。代表品种有上海红皮等。

黄皮洋葱 葱头黄铜色至淡黄色,鳞片肉质,微黄,辣味较浓。扁圆形,直径 6~8 cm。较耐贮运,早熟至中熟。产量比红皮低,但品质较好,可作脱水加工用。代表品种有连云港 84-1、DK 黄、OP 黄、大宝等。

白皮洋葱 葱头白色,鳞片肉质,多为扁圆形,有的为高圆形和纺锤形,直径 5~6 cm。品质优良,适于作脱水加工的原料和罐头食品的配料。产量较低,抗病性差。代表品种有哈密白皮等。

专题三 大蒜生产

学习目标

学习大蒜的栽培理论和管理技术。

素质目标

培养学生具有生产无公害农产品,保障食品安全的责任意识。

一、理论基础

大蒜,又称蒜、胡蒜,百合科葱属,一、二年生草本植物。原产于亚洲西部的高原地区,汉代传入我国。大蒜食用部位较多,蒜头、蒜薹、幼苗都可为产品,含有多种维生素,尤其富含大蒜素,有很强的抑菌、杀菌作用。

(一)生物学特性

1. 形态特征

一个成龄的大蒜植株,由根、假茎、叶、花薹、鳞茎等组成。大蒜为弦线状浅根性根系,无主根,主要根群分布在 5~25 cm 内的土层中,横展直径为 30 cm。鳞茎呈扁圆球形,粗大,分为 6~10 个肉质、瓣状小鳞茎,少数不分瓣。

大蒜的叶包括叶身和叶鞘。叶鞘呈管状,在茎盘上呈环状着生。多层叶鞘相互抱合形成假茎,具有机械支撑和向鳞茎输送营养物质的作用。

大蒜的花薹由花轴和总苞两部分组成。总苞中着生花和气生鳞茎,但多数品种只抽薹不开花或虽可开花但花器官发育不完全，不能形成种子。一般品种在总苞能形成数个或几十个气生鳞茎，气生鳞茎可用于繁殖大蒜植株，当年一般形成独头蒜，用于独头蒜的农业生产。再利用独头蒜播种即可获得分瓣均匀、个头大且营养品质优良的鳞茎，通过这种有性繁殖方式来生产大蒜，既可消除大蒜长期生产积累的毒素，又可提高大蒜种性和蒜种活力，实现蒜种的复壮，从而增加产量，提高品质。

大蒜的鳞芽又叫蒜瓣，在植物学上是短缩茎盘的侧芽，是大蒜的营养贮藏器官和繁殖器官。鳞芽是由两层鳞片和一个幼芽组成的。鳞芽着生在短缩茎上，大瓣品种多集中于靠近蒜薹的1～2片叶腋间，一般每个叶腋发生2～3个鳞芽，中间为主芽，两旁为副芽，主、副芽均可形成产品器官鳞茎；小瓣品种主要在1～4个叶腋形成鳞芽，每一叶腋形成3～5个鳞芽，形成的蒜瓣数多且个体较小，外层鳞芽大于内层鳞芽。

2.生长发育周期

大蒜的生育周期的长短，因播种期不同而存在很大的差异。春季播种的大蒜生育期较短，一般为90～110 d；秋季播种的大蒜要经过一定天数的低温春化，生育期一般长达220～280 d。大蒜一般以鳞茎作为繁殖材料，其生育过程可分为6个时期，即发芽期、幼苗期、鳞芽及花芽分化期、花茎伸长期、鳞茎膨大期和休眠期。此外，用气生鳞茎繁殖时，地下鳞茎成熟后还有一个气生鳞茎膨大生长期。

从播种至基生叶长出土面为止的时期为萌芽期，一般大蒜播种10～15 d后全部发芽，萌芽期的根部主要进行纵向生长，有的根长超过1 cm，发根数多达30余条。从第一片真叶展开至花芽及鳞芽分化开始的时期为幼苗期，春播大蒜需25 d度过幼苗期，秋播大蒜包括越冬期，要经过长达5～6个月的营养生长，为鳞芽和花芽分化奠定物质基础。鳞芽及花芽分化期植株营养体充分生长，根系生长增强，株高和叶面积增长加速，营养物质积累增加，为蒜薹和鳞茎的生长奠定物质基础。花芽分化结束后，蒜薹迅速生长，鳞芽也开始膨大，叶面积和植株生长量达到最大值，营养生长与生殖生长并进，这一时期是产品器官形成发育的关键时期，要保证充足的肥水。蒜薹采收后，大量的营养物质向鳞茎转移，鳞茎迅速膨大。鳞茎发育成熟后，进入长达2个多月的生理休眠期。

3.对条件要求

大蒜喜好冷凉，较耐低温。要求较高日照和高温促进花芽及鳞芽分化。此外，大蒜生长喜沙质壤土，在沙土中生长的大蒜辣味浓，但质地松，不耐储藏。大蒜根浅，根毛多，根系吸水、肥能力较弱，所以不耐旱，在不同的生育期，大蒜对土壤湿度的要求各不相同。萌芽期要求较高的土壤湿度，促进发根发芽；幼苗期水分不能过多，防止幼苗徒长，促进根系的纵向生长；“退母”后、鳞芽及花芽分化期要求较高的土壤湿度；鳞茎膨大期，应降低土壤湿度，避免鳞茎外皮腐烂变黑。

4.分类

大蒜按照蒜瓣大小分类法可分为大瓣蒜和小瓣蒜；按照大蒜鳞茎外皮颜色分类法可分为紫皮蒜和白皮蒜；按照大蒜鳞茎解剖分类法可分为单层蒜衣变种和双层蒜衣变种；按照生态适应性分类法可分为低温敏感型、低温中间型、低温迟钝型。

二、露地大蒜生产技术

(一)栽培时期

大蒜的栽培季节与当地所处的纬度密切相关。我国北纬 35°以南,冬季不太寒冷,以秋播为主;东北三省等北纬 38°以北地区,以春播为主;而在北纬 35°～38°的地区,春秋两季均可播种。春播大蒜尽量早播,北方地区一般 3 月下旬,土壤化冻后即可播种。

(二)品种选择

生产中采用较优良的品种有海城大蒜、辽宁开原大蒜、陕西蔡家坡紫皮蒜、山东苍山大蒜、阿城大蒜以及河北永年大蒜等。

(三)整地做畦

选择 2～3 年内没有种过葱蒜类蔬菜的地块。春播大蒜一般于入冬前,在前茬作物收获后,结合深耕施足基肥,第二年春天土壤解冻后将地面整平耙细。栽培大蒜可采用畦作,畦宽 1.0～1.2 m,也可采用垄作,垄宽 35～40 cm,高 8～10 cm,每垄种 2 行。

(四)蒜种选择

选择无病斑、无损伤、肥大、洁白、顶芽粗壮、基部可见根突起的蒜瓣。剔除发黄、发软、虫蛀、顶芽受伤、茎盘变黄、霉烂的蒜瓣。将蒜瓣按大、中、小分级,分别播种,分别管理。选瓣的同时还需去踵、剥皮,促进萌发。

(五)播种

按行距 18～20 cm,深度 3 cm 左右开浅沟,按株距 10～14 cm 在沟里按蒜瓣,蒜瓣的腹背连线要与行向平行,覆土 3～4 cm,搂平,浇明水。每亩用种量 100～150 kg,保苗 2.5 万～3.5 万株。

(六)田间管理

播种后保持土壤湿润,7～10 d 可出土。春播大蒜出苗后要少灌水,当苗长到二叶一心和四叶一心时分别中耕一次,“退母”前结合浇水每亩施尿素 15 kg。秋播大蒜出苗后应适当控制水分,以保墒为主,促进大蒜根系向地下深层伸展,防止幼苗徒长或提前“退母”。土壤封冻前要浇冻水,寒冷地区还需加盖稻草防冻,以保护幼苗安全越冬。第二年春幼苗返青后及时清除覆草,并进行中耕松土,结合浇返青水,追施一次氮肥。蒜薹生长期间,每 4～6 d 浇一次水,两水一肥,每亩施复合肥 10～15 kg,采薹前 3～4 d 停水,以免蒜薹脆嫩折断。采薹后每亩追施复合肥 20 kg,以后 4～5 d 浇水一次,收获前一周停水,以防散瓣。

(七)收获

1. 蒜薹收获

当蒜薹顶部打弯呈大秤钩形,即可采收。选晴天中午或下午,一手抓住总苞,一手抓薹梗上变黄色的部位,均匀用力,猛力上抽。注意保护蒜叶,防止损伤植株。每亩可收获蒜薹 200～300 kg。

2. 蒜头收获

采薹后 20～30 d,叶片枯黄,假茎松软,可收获蒜头。用蒜叉挖蒜头周围的土壤,将蒜头提起,抖净泥土后晾晒,轻拿轻放,避免损伤蒜头。当假茎变软后编成蒜辫,放在通风处挂藏。每亩可收获蒜头 800～1 000 kg。

自我检测

1.判断题

(1)大蒜原产我国。（ ）

(2)春播大蒜尽量早播，土壤化冻后顶凌播种。（ ）

(3)大蒜选瓣时应去踵、剥皮。（ ）

(4)大蒜播种时，蒜瓣的腹背连线与行向垂直。（ ）

(5)当蒜薹顶部打弯呈大秤钩形时，为采收适期。（ ）

2.简答题

(1)生产上如何选择蒜种？

(2)大蒜如何播种？

(3)大蒜生产上如何浇水？

(4)在生产上，如何给大蒜施肥？

(5)如何采收蒜头？

课外深化

蒜苗栽培技术

蒜苗以鲜嫩的蒜叶和假茎为产品，除炎热季节，可随时播种。

(1)选种及处理　选择蒜瓣多的早熟品种，如山东苍山大蒜、新民白皮蒜、陕西蔡家坡紫皮蒜等。蒜头均匀一致，无损伤、虫害，不发软、发黄。用冷水浸泡12～24 h，剔除老根盘及老蒜薹梗。

(2)囤蒜　在温室内，每亩施入细碎腐熟农家肥1 000 kg，翻地20～25 cm，粪土混合均匀，耙平后作1～1.5 m宽的低畦，浇透底水，把蒜头并排挨近摆栽到畦上，空隙处用散蒜瓣挤满，1 m^2 可以囤栽15 kg蒜头。

(3)栽后管理　出苗前温度稍高，白天28～30℃，夜间16～18℃，出苗后覆盖2 cm细沙，沙表面用喷壶淋湿，保持沙面湿润，用黑色薄膜扣小拱棚。将白天温度控制在20℃，夜间控制在15℃左右，后期还要适当放风控水。栽后30 d，蒜苗高35～40 cm时，收割第一刀，留茬1 cm，割后2～3 d浇水，25 d收割第二刀，20 d收割第三刀。

专题四　韭菜生产

学习目标

掌握韭菜栽培理论和生产关键技术。

素质目标

培养学生踏实肯干、任劳任怨的工作态度，团结协作、开拓创新的工作作风。

一、理论基础

韭菜，别名韭、草钟乳、起阳草，百合科葱属，多年生宿根蔬菜，原产于我国，各地普遍栽培，适合露地和设施多个茬口生产。

(一)形态特征

(1)根　为弦线根的须根系，没有主侧根。主要分布于30 cm耕作层，根数多，有40根左右，分为吸收根、半贮藏根和贮藏根3种。

(2)茎　茎分为营养茎和花茎，一、二年生营养茎短缩变态成盘状，称为鳞茎盘，由于分蘖和跳根，短缩茎逐渐向地表延伸生长，平均每年伸长1.0～2.0 cm，鳞茎盘下方形成葫芦状的根状茎，根状茎为贮藏养分的重要器官。

(3)叶　叶片簇生在短缩茎上，叶片扁平带状，表面有蜡粉，可分为宽叶和窄叶。

(4)花　锥型总苞包被的伞形花序，内有小花20～30朵。小花为两性花，花冠白色，花被片6片，雄蕊6枚。子房上位，异花授粉。

(5)果实种子　果实为蒴果，子房3室，每室内有胚珠2枚。成熟种子黑色，盾形，千粒重为4～6 g。

(二)生长习性

韭菜属于百合科多年生宿根蔬菜，适应性强，抗寒耐热，中国各地到处都有栽培。南方不少地区可常年生产，北方冬季韭菜地上部分枯死，地下部分进入休眠，春天表土解冻后韭菜会继续萌发生长。

(1)温度　韭菜性喜冷凉，耐寒也耐热，种子发芽适温为12℃以上，生长温度15～25℃，地下部分能耐较低温度。

(2)光照　中等光照强度，耐阴性强。但光照过弱，光合产物积累少，分蘖少而细弱，产量低，易早衰；光照过强，温度过高，纤维多，品质差。

(3)水分　适宜的空气相对湿度60％～70％，土壤湿度为田间最大持水量的80％～90％。

(4)土壤营养　对土壤质地适应性强，适宜pH为5.5～6.5。需肥量大，耐肥能力强。

(三)主要类型

1.食用分类

中国韭菜品种资源十分丰富，按食用部分可分为根韭、叶韭、花韭、叶花兼用韭四种类型。

根韭　主要分布在中国云南、贵州、四川、西藏等地，又名苤韭、宽叶韭、大叶韭、山韭菜、鸡脚韭菜等，主要食用根和花薹。根系粗壮，肉质化，有辛香味，可加工腌渍或煮食。花薹肥嫩，可炒食，嫩叶也可食用。根韭以无性繁殖为主，分蘖力强，生长势旺，易栽培，以秋季收刨为主。

叶韭　叶片宽厚、柔嫩，抽薹率低，虽然在生殖生长阶段也能抽薹供食，但主要以叶片、叶鞘供食用。

花韭　专以收获韭菜花薹部分供食。它的叶片短小，质地粗硬，分蘖力强，抽薹率高。花薹高且粗，品质脆嫩，形似蒜薹，风味独特。花韭在我国甘肃省兰州市栽培较多，山东等地也有引种栽培。

叶花兼用韭　叶花兼用韭的叶片、花薹发育良好，均可食用。目前国内栽培的韭菜品种多数为这一类型。该类型也可用于软化栽培。

2. 生产分类

在生产中，按韭菜叶片的宽度可分为宽叶韭和窄叶韭两类。

宽叶韭　叶片宽厚，叶鞘粗壮，品质柔嫩，香味稍淡，易倒伏，适于露地栽培或软化栽培。

窄叶韭　叶片窄长，叶色较深，叶鞘细高，纤维含量稍多，直立性强，不易倒伏，适于露地栽培。

二、生产技术

(一)露地韭菜栽培技术

1. 繁殖方式

韭菜有两种繁殖方式：分株繁殖和种子繁殖。但分株繁殖易产生种性退化现象，生产上多用种子繁殖。种子繁殖可采用直播和育苗两种方式，直播操作简单，但苗期管理比较复杂；育苗移栽费工，但节省土地，便于管理，利于壮苗。

2. 育苗和直播

(1)播种时期　韭菜种子萌发的适温为15～18℃，植株在冷凉气候条件下生长良好，地上部分能耐－5℃低温，地下茎在气温－40℃时不会发生冻害，所以宜在春秋两季播种，但如育苗移栽，北方秋季不能定植，故多春播。东北地区宜在3月下旬到5月进行春播，秋播要在9月末之前，尽量早一些，使幼苗冬前有60 d以上的生长期，长出3～4叶，以保证安全过冬。

(2)直播地和苗床准备　直播选择表土深厚、肥沃、保水力强的地块。育苗床应选择排灌方便的高燥地块，沙壤土最好，起苗时伤根少。育苗床每亩施入腐熟的有机肥4 000～5 000 kg，直播地块可多施，每亩施入5 000～10 000 kg，还可增施过磷酸钙50～75 kg、尿素10～15 kg，施肥后及时深翻、耙平、整地做畦，要求土肥均匀、土壤细碎，多采用平畦，畦宽1.0～1.7 m。

3. 播种方法

①直播

湿播　多采用条播，按30 cm间距开沟，沟宽15 cm，深5～7 cm，顺沟浇水，水渗后播种，覆土1.5 cm。每亩用种量为3～4 kg。

干播　按行距10～12 cm，深2 cm开沟，播种后用扫帚轻轻地将沟扫平、压实，浇1次水，2～3 d后再浇1次水。种子出土前后，一直保持土壤湿润状态。

②育苗　平整畦面，浇足底水，水渗后撒播，覆土1.5 cm，每亩用种量为7.5～10 kg，可定植10倍的面积。

4. 苗期管理

出苗后畦面保持湿润，株高5 cm和10 cm时，分次结合浇水追肥，每次每亩施硫酸铵8～10 kg。株高15 cm时，适当控水蹲苗，地表见干见湿即可。人工拔除或使用除草剂除去杂草。

(二)定植

韭菜适应性广，除严寒酷夏均可定植。具体定植时间依幼苗大小而定，一般苗高15～20 cm，具有4～6片真叶时定植。定植时，将苗连根刨起，剪短须根(留2～3 cm)，剪短叶尖(叶长10 cm)，将已分蘖的植株掰开。南北方向按行距30 cm开沟，沟深16～20 cm，顺沟浇水，水渗后按株距1～2 cm栽苗，或8～10株为一丛，丛距15～20 cm。若穴栽，采用行距15～

20 cm，穴距 10～15 cm，每穴 7～10 株。分蘖力强的品种，宜稍稀一些，分蘖力弱的可稍密，露地栽培比设施稀一些。栽后覆土按实，栽植深度以不超过叶鞘为宜。

(三)田间管理

1. 当年的管理

定植后连浇 2～3 次缓苗水，之后中耕保墒，保持土壤见干见湿。夏季雨后排水防涝，清除杂草，9 月中旬之后要加强肥水管理，重施一次肥，每亩施腐熟有机肥 100～150 kg 或尿素 10～15 kg，并喷药防韭蛆，随即浇 1 次大水，以后每 7～10 d 浇 1 次水，保持地面湿润。10 月中下旬停水停肥。当年不收割，为安全越冬和以后的生长、高产和稳产打好基础。

2. 第二年管理

第二年以后的韭菜，一般称为老根韭菜，可多次收割。

(1)春季管理 春季气温回升，韭菜开始返青，要及时清除枯枝残叶，土壤化冻后，松土保墒提温，促进生长，当新芽出现时追一次粪稀水，中耕松土，第一次收割前一般不浇水，如缺水，可在苗高 15 cm 左右时浇 1 次水，以后每次收割后 3～4 d 浇水，保持地面湿润，并结合浇水进行追肥，以氮肥为主，配合磷钾肥。

(2)夏季管理 夏季温度升高，韭菜生长减弱，高温强光导致叶片纤维增多，品质变劣，不宜食用，所以以养苗为主，及时清除杂草，雨后排涝，适量追肥，为秋季生长做准备。花薹要在幼嫩时采收，以节约营养。

(3)秋季管理 秋季是韭菜积累养分的主要时期，要加强肥水管理，减少收割次数，防治根蛆。立秋后，约 7～10 d 浇水 1 次，保持地面湿润，结合浇水追肥 2～3 次。10 月中旬停肥、停水，准备越冬。

(4)越冬期管理 由于第二年以后的韭菜有“跳根”现象(分蘖的根状茎在原根状茎的上部)，多在冬季进行培土，一般于植株地上部已经干枯，进入休眠后，铺施土杂肥或盖一层土。

3. 采收

韭菜叶部再生能力强，一年可多次收割，但收割茬次过多，收割间隔时间缩短，根茎中贮藏养分不足，影响产量。一般定植当年不收割，第二年春天韭菜生长迅速，品质优良，可收三刀。返青后 40 d 左右收第一刀，以后每隔 25～30 d 收第二刀和第三刀。收割以晴天清晨为好，株高 30 cm 为宜，第一刀在鳞茎上 3～4 cm 的叶鞘处，以后每刀应比前一刀高 1 cm，边割边捆，每把重量 0.25～0.5 kg，收割后的韭菜避免直射，尽快装箱、盖严，以免失水萎蔫。

(二)日光温室春茬韭菜生产技术

1. 确定播种时期

春播多于 3 月下旬至 4 月中上旬进行播种。

2. 品种选择

选用深休眠的品种，如汉中冬韭、北京大弯红、山西环韭、海韭 1 号等。选用浅休眠韭菜品种，如杭州雪韭、平韭 4 号、河南 791、犀浦韭菜、嘉选 1 号等。

3. 露地养根

(1)整地施肥做畦 韭菜播前需施足基肥，一般每亩撒施腐熟的有机肥 7 500～10 000 kg，过磷酸钙 100～150 kg，腐熟饼肥 100～200 kg，施肥后翻地 15～20 cm，耙平做畦，畦宽 1～

1.2 m。

(2)播种　韭菜播种多为干籽直播,每亩用种量4～5 kg,行距30 cm,播后覆土1 cm,之后立即浇水。然后喷除草剂,一般每亩用33%除草通100～150g,兑水50 kg喷洒地面。出苗前3～4 d浇1次水,浇3次水即可出苗。

(3)出苗后管理　韭菜出苗后要先促后控,开始7～8 d浇1次水,保持土壤湿润,随水追施,每亩追尿素10～15 kg,以促进生长。苗高15 cm以后,要适当控水,防止徒长。

(4)夏秋管理　雨季要及时排水,热雨后要及时灌溉降低地温。韭菜在夏秋季节容易发生大面积倒伏,如果是夏初倒伏的,可以割掉叶片上部的1/3～1/2,以减轻上部重量,增加株间光照,促使韭菜恢复正立性。如果是秋季,可用手捋掉老化叶,也可搭架扶持,将倒伏叶挑向一侧,晾晒一侧垄沟及韭菜根部,隔5～6 d后再将韭菜挑向另一侧,如此交替进行。

秋季适合韭菜生长,应适时浇水追肥,促进茎叶生长。对于浅休眠韭菜,秋季养根时,水分管理要保证供应,从而保持韭菜茎叶鲜嫩。深休眠的韭菜10月份以后停止施肥,适当控水,防止植株贪青而迟迟不休眠。当年播种的韭菜到秋季会有少量抽薹,为减少养分消耗,应在花薹刚刚抽出时掐掉花薹。

4.扣膜前准备

浅休眠品种,扣棚前一周收一刀,日平均10℃时可扣棚。深休眠品种,一定要等到地上部分干枯后才能扣膜,一般当地日均气温达到1℃时进行。封冻前15～20 d浇冻水,之后划锄保墒,清除地上枯叶,扒土5～8 cm,晾晒7 d左右,鳞茎变成淡紫色,灌杀虫剂填土搂平。清茬后,撒施一层腐熟的"蒙头肥"。

5.扣膜后管理

浅休眠品种扣棚初期,加强通风,温度白天控制在20℃,夜间10℃。深休眠品种扣膜较晚,气温尽量高些,以提高地温。韭菜叶片不喜湿,相对湿度低于80%为宜。第一刀韭菜生长期间,日温控制在17～23℃,夜温10～15℃,韭菜长到10 cm左右,在行间取土培根3～4 cm,随长随培,最后成10 cm小高垄。收割前一周浇一次"增产水",收割后4～5 d待伤口愈合,长出新叶时,追一次肥,每亩施尿素10 kg或硫酸铵15～20 kg。以后每刀管理同上,温度可比前茬高2～3℃。

6.主要病虫害防治

韭菜容易受韭蛆为害,另外设施韭菜还容易发生灰霉病,生产上宜采用土壤高温消毒、加强田间管理等方法进行预防,发病初期及时选择低毒、低残留的化学药剂进行防治。

7.收获

浅休眠韭菜,扣膜前收割一刀。第二刀、第三刀韭菜的生长期是在扣膜之后,处在温度和光照条件对韭菜生长有利的季节,第四刀韭菜生长期处在日照短、光照弱、温度偏低的条件下,很大程度上靠鳞茎根茎积累的养分。因此,每次收割都应适当浅下刀,最好在鳞茎上5 cm处。

深休眠韭菜,当年播种当年扣膜生产时,扣膜前不能收割,二年生的韭根准备冬季生产时,也应严格控制收割次数,以便使其茎叶制造更多的养分贮藏在根部,以供扣膜后生长需要。第一刀韭菜在扣膜后40 d左右,植株长到4～5片叶收割,两刀之间20 d左右为宜,收割高度在鳞茎以上3～4 cm处。

自我检测

1.填空题

(1)葱蒜类的蔬菜主要有__________、__________、__________和__________。

(2)韭菜的繁殖方式有__________、__________。

(3)东北地区露地韭菜春播宜在__________。

(4)韭菜的品种类型主要有__________、__________。

(5)韭菜的副产品有__________、__________。

2.简答题

(1)葱蒜类蔬菜的共性有哪些?

(2)简述韭菜的播种方法。

(3)韭菜休眠品种和深休眠品种在生产上有什么不同?

(4)设施生产韭菜扣棚膜前要做哪些准备?

课外深化

食用韭菜的好处

增进食欲 韭菜中含有植物性芳香挥发油,有增进食欲的作用,老人、儿童、孕妇等适当吃些春韭,有益于身体健康。

健胃消食 韭菜有保暖、健胃的作用,其所含的粗纤维还可促进肠蠕动,帮助人体消化,可预防习惯性便秘和肠癌。

散瘀活血 韭菜有活血、散瘀、解毒的作用,防治高血脂、冠心病、贫血、动脉硬化。

杀菌消炎 韭菜所含的硫化合物有杀菌消炎的作用,可抑制绿脓杆菌、痢疾、伤寒、大肠杆菌和金黄色葡萄球菌等病菌。

护肤明目 韭菜富含维生素A,多吃可以美容护肤、明目润肺。

调经散寒 韭菜性温热,女性常吃可以调经散寒,治疗痛经,哺乳期妇女禁用。

购买韭菜时的挑选方式

(1)根部截口处较齐,抓住根部叶片能挺立,说明很新鲜;根部截口处长出一节,则不新鲜。

(2)韭菜有宽、细叶之分,宽叶韭菜叶色较淡,纤维少;细叶韭菜叶片修长,叶色较深,纤维多,香味浓。韭黄则是在温室栽培的,叶淡黄,较软嫩但不如韭菜清香。

项目五

菜豆、芹菜、马铃薯、萝卜专题

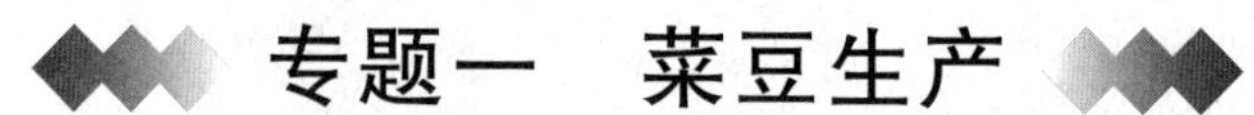

专题一　菜豆生产

学习目标

学习菜豆生长发育理论，掌握菜豆高产高效的理论基础和管理关键技术。

素质目标

培养学生坚持绿色环保生产理念和可持续发展观。

一、理论基础

菜豆，别名四季豆、玉豆、芸豆、豆角等，豆科菜豆属，一年生缠绕性草本植物。食用嫩荚或种子。每 100 g 嫩荚含水分 88～94 g，碳水化合物 2.3～6.5 g，蛋白质 1.1～3.2 g，以及各种矿物质、维生素和氨基酸。每 100 g 干种子含水量 11.2～12.3 g、蛋白质 17.3～23.1 g。世界各地（特别是欧洲、美洲一些国家或地区）大多用来速冻和制罐头。

（一）起源与分布

菜豆起源于美洲中部和南部。据考古证实，公元前 7 000 多年墨西哥和秘鲁已经驯化了菜豆，并广泛栽培。16 世纪初传入欧洲，由西班牙人和葡萄牙人把它带到非洲、印度和中国。明代医学家李时珍撰写的《本草纲目》对菜豆已有记载。

（二）生物学特性

1. 植物学性状

根系较发达，主根深达 80 cm 以上，侧根分布直径为 60～70 cm，有根瘤。茎矮生、半蔓生和蔓生。子叶出土，初生真叶为单叶，对生，其后真叶为三出复叶，互生，具长叶柄，基部着生一对托叶，小叶片近心脏形，全缘，叶绿色，叶面与叶柄具茸毛。总状花序，腋生，具长花柄，花冠蝶形，有白、黄和紫色。龙骨瓣呈螺旋状卷曲，是菜豆属的重要特征。荚果条形，直或弯曲，长

10～20 cm。嫩荚呈绿、淡绿、紫红等色或有紫红色花斑，成熟时呈黄白或黄褐色，每荚含种子4～15粒。种子肾形或卵形，呈红、白、黄、褐、黑等色。千粒质量300～700 g。

2.生长发育与豆荚形成

菜豆自播种至嫩豆荚或豆粒成熟的生育过程分为发芽、幼苗、抽蔓和开花结荚等4个时期：

①发芽期　种子萌发开始至出现第一对真叶。发芽始温8℃，适温20～25℃，35℃以上发芽受阻。种子吸胀后，在适温1～2 d出现幼根，5～7 d出现第一对真叶。

②幼苗期　第一对真叶出现至第4～5个复叶展开。幼苗生长适温18～20℃，短时间2～3℃下失绿，0℃时受冻。13℃以下的地温不利其发根。第一对真叶健存可以促进幼苗初生根群和顶芽生长。幼苗期开始花芽分化。

③抽蔓期　从第4～5片复叶展开至植株现蕾。茎叶迅速生长，花芽不断分化发育。

④开花结荚期　矮生种一般播种后30～40 d便进入开花结荚期，历时20～30 d；蔓生种一般播种后50～70 d进入开花结荚期。

3.花芽分化

矮生菜豆在播种后20～25 d，幼苗具有4～5片叶时茎顶端开始分化花芽，以后各节叶腋发生侧枝或花序，侧枝的顶端也分化花芽。蔓生种，茎的顶芽为叶芽，在播种后20 d具有4～5片复叶后，叶腋发生花芽或侧枝。花芽分化适温为20～25℃，高于27℃或低于15℃容易出现不完全花，9℃以下不能分化花芽。

花芽开始分化至各器官形成，发育很缓慢，但花器形成后至开花则很迅速。从肉眼可见花蕾至开花需5 d左右，开花前3 d雌花便有受精能力，至开花当天受精率不断提高。花粉发芽率在开药前10 h至开花时最高，开花后5～6 h丧失发芽能力。菜豆雌蕊受精和花粉发芽的适温为15～25℃。花粉在空气中相对湿度75%以下虽能发芽，但发芽率低；空气相对湿度94%以上时，发芽率较高。低温低湿花粉发芽仍较好，高温低湿发芽率低。花期雨水多影响花粉发芽和授粉，常引起落花。

菜豆虽属短日性植物，但因类型不同花芽分化会有差异。短日型品种在短日照条件下，花芽分化早；在长日照条件下，茎叶生长旺盛，花芽分化少，延迟开花，结荚率低。多数品种属中间型，对日照长短要求不严格。

4.豆荚发育

在正常情况下，开花后5～15 d豆荚迅速伸长，开花后20 d荚重开始降低。种子在开花后10 d内发育缓慢，以后迅速发育，开花后25～30 d成熟。以主蔓结荚为主，一般第10节左右发生第一花序，以后连续发生花序。气候因素和植株营养状况会影响结荚率。

(三)类型品种

菜豆按食用要求不同分为荚用类型和豆粒用类型。按照生长习性可分为矮生、蔓生和半蔓生类型。

二、生产技术

(一)日光温室春茬菜豆生产

1.栽培时期

日光温室春茬菜豆生产中，由于日光温室的具体条件不同，播种期也有差异，一般当

10 cm 地温稳定在 10℃以上时可以定植，苗龄 25～30 d。因此，在辽北地区春茬一般 12 月份播种育苗，1 月份定植，3 月初开始收获。

2.品种选择

日光温室早春菜豆生产一般选择蔓生型品种，如芸丰、特嫩 1 号、日本花皮豆、碧丰、双季豆、泰国架豆王等。每亩用种量为 3～5 kg。

3.培育壮苗

(1)苗床准备　在采光好、保温性强的育苗温室内设置苗床，最好设置电热温床，选大田土加少量腐熟有机肥，土肥比 8∶2，过筛后将育苗土装在 10 cm×10 cm 的营养钵中，整齐地摆在设置好的苗床上。

(2)种子消毒处理　播种前先将种子晾晒 1～2 d，再用福尔马林 200 倍液浸种 30 min 后，用清水冲洗干净。或用 50%多菌灵可湿性粉剂拌种，用量是种子质量的 0.2%～0.3%。

(3)播种　将装好营养土的营养钵浇透底水，水渗下后播种，每个营养钵播种 2 粒，播后覆土 2～3 cm。播种后覆盖地膜以增温保湿，促进萌发。

(4)苗期管理

①播种后出苗前室内温度保持在 25℃左右，拱土后撤膜，出苗后，把日温降至 15～20℃，夜间降至 10～15℃。第 1 片真叶期日温 20～25℃，夜温 15～18℃，以促进根、叶生长和花芽分化。定植前一周降温炼苗，控制日温在 15～20℃，夜温 10℃左右，以适应移栽后的环境。

②菜豆喜光，苗期尽量保持良好的光照条件，如光照不足，会导致秧苗徒长。

③菜豆幼苗较耐旱，尽量控制浇水，苗期也不用施肥。幼苗 3～4 片真叶时即可定植。

4.整地定植

(1)整地施肥　每亩施入充分腐熟的有机肥 4 000～5 000 kg，三元复合肥 50 kg 作基肥，将肥料均匀撒施地面后，深耕 30 cm，使肥料混入整个耕层土壤中，耙平后，按大行距 80 cm，小行距 60 cm，高 15 cm 起垄，小行两垄盒盖 1 幅地膜。

(2)定植　设施内 10 cm 地温稳定在 10℃以上，选晴天上午定植。株距 25 cm 开穴，浇定植水，摆苗、覆土，将地膜封严。每亩密度为 3 000～3 500 穴(双株)。

5.定植后管理

(1)温度管理　定植后温室密闭升温，以促进缓苗，日温保持在 25～30℃，夜温 20℃左右。缓苗后降温，白天 20～25℃，夜间不低于 13℃。开花期日温保持在 22～25℃，夜间 15～18℃，有利于结荚。当外界最低温度达 15℃以上时昼夜通风。

(2)水肥管理　浇足定植水后，开花结荚前不特别干旱不浇水，遇干旱需浇小水。浇水原则是“浇荚，不浇花”，开花结荚前，控水蹲苗，豆荚开始伸长时，开始浇水，以后保持地面半干半湿，浇水后注意通风排湿。苗期根瘤少，可在缓苗后每亩追施尿素 15 kg，有利于根系生长和叶面积扩大。豆荚开始伸长时，每亩随浇水追施复合肥，15～20 kg，以后每采收 2 次随水施 1 次肥，以钾肥为主，如复合硫酸钾等。

(3)植株调整　蔓生种如泰国架豆王，蔓长到 30 cm 以上时，及时吊绳引蔓。一般不需要打杈，保留基部侧枝结荚。结荚盛期叶片生长过密时，摘除部分大而黑的叶片，结荚后期，及时剪掉老叶、病叶，有利通风透光。落荚严重时，可用 5～25 mg/L 的萘乙酸喷花，保花保果。

主蔓生长超过棚顶钢丝时，及时落蔓。方法是将主蔓生长点经过棚顶钢丝后，轻轻向下弯曲夹入茎蔓与吊绳之间，使茎蔓环状生长结荚，防治植株郁闭，便于采收。

(4)病虫害防治　日光温室菜豆主要预防菜豆炭疽病、根结线虫病、灰霉病、白粉病等病害,预防蓟马、美洲斑潜蝇、粉虱、豆荚螟、叶螨等虫害,以及落花落荚、荚果空腔、荚果种粒凸显等生理病害。

生产管理中加强通风,增加光照,及时进行植株调整,平衡施肥,及时摘除病残叶片及徒长叶片并带出温室销毁。实时监控,病虫害发生初期选择高效低毒的药剂进行防治。慎重使用叶片喷施肥料,防治叶片肥烧。

6.采收

菜豆开花后10～15 d可采收。商品成熟的形态特征:豆荚由细变粗,大而嫩,豆粒略显。结荚盛期,每2～3 d可采收1次,采收时要保护好花序和幼果。

采收期3月下旬至6月下旬,每亩高产可达3 500 kg。

(二)露地春茬菜豆地膜覆盖生产

1.栽培时期

露地春茬菜豆地膜覆盖生产,在东北一般4月下旬至5月中旬播种,6月下旬至7月上旬开始收获。

2.品种选择

选用抗病、优质、丰产、商品性好、适应市场销售需要的品种。

蔓生类型:优良的品种有泰国架豆王、九粒白、双季豆、芸丰、日本花皮豆、特嫩1号、白大架等。每亩用种量为5～6 kg。

矮生类型:优良的品种有法国地芸豆、新西兰3号等。

3.整地施肥、做畦

(1)整地施肥　菜豆忌连作,重茬种植病害严重,应实行2～3年的轮作。选耕作层深厚、土质肥沃、排水良好的地块,冬前秋耕晾晒,春天开化后结合整地,每亩施入用有益生物菌沤制的有机肥3 000 kg,复合肥50 kg,撒施后深耕30 cm与土壤混匀,精细平整土地。

(2)做畦　一般采用垄作,行距约60 cm,垄台高10～15 cm。

4.播种

(1)播种方式　选用粒大、饱满、无病虫的种子,播种前日晒1～2 d。如土壤墒情不好,可提前2～3 d造墒,播种时按深3～5 cm、穴距35 cm左右开穴,每穴点播3～4粒种子,覆土厚2 cm,适当镇压后覆盖无色透明地膜。

(2)播种要求　开穴深浅一致,播种均匀一致,覆土薄厚一致,确保全苗、齐苗。

5.田间管理

(1)引苗出土　幼苗刚拱土时,及时划破地膜将幼苗引出,之后把地膜封严。

(2)浇水　幼苗期需水较少,此期宜小水轻浇,通常在出苗后浇1次水。抽蔓后,适当控制浇水蹲苗,防止茎叶徒长推迟开花坐果。在水分管理上掌握“浇荚不浇花”的原则,在墒情适宜情况下,一般当豆荚长至3～4 cm时,开始浇水,并经常保持地面湿润,促进幼荚膨大。

(3)追肥　播种后约25 d,菜豆花芽开始分化时,每亩追施磷酸二铵10 kg,并加入硫酸钾和过磷酸钙各4～5 kg;坐荚后,结合浇水追肥,每亩施复合肥10～15 kg,促进荚果迅速生长;以后根据植株长势情况,如果出现衰退迹象可酌情追肥,每次每亩可追施尿素10～15 kg,或硫酸钾8～10 kg,或磷酸二铵15 kg,施肥后浇水。后期叶面喷施磷酸二氢钾等叶面肥,防止叶片早衰。

(4)植株调整　蔓生菜豆抽蔓时,及时插架,防止株间相互缠绕。一般采用花架、四角锥形架等,架高 2 m 左右。菜豆爬满架后摘心,利用侧枝结荚。

6. 采收

菜豆开花后 10～15 d,荚果已充分长大,种子略显,豆荚大而嫩时为采收适期。采收时保护好花序和嫩果。每亩产量可达 1 000～1 500 kg。

自我检测

1. 判断题

(1)豆类蔬菜对日照长短要求不严格。（　）

(2)菜豆的根系容易木栓化,再生能力差,宜采用营养钵护根育苗。（　）

(3)老熟菜豆中含蛋白“凝集素”,生食菜豆会使人中毒。（　）

(4)菜豆主蔓、侧蔓均可开花结荚。（　）

(5)菜豆开花后 10～15 d 即可采收嫩荚。（　）

2. 简答题

(1)简述菜豆对环境需求特点。

(2)菜豆落花落荚原因有哪些？如何防止？

(3)简述日光温室春茬菜豆定植后植株调整要点。

(4)简述日光温室春茬菜豆结荚期水肥管理要点。

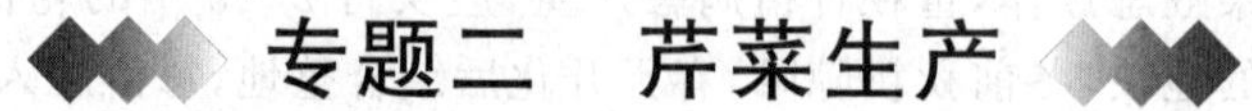

专题二　芹菜生产

学习目标

掌握芹菜栽培理论和生产关键技术。

素质目标

培养学生爱岗敬业、认真负责的工作态度。

一、理论基础

芹菜,别名芹、旱芹、药芹,伞形花科芹属中形成肥嫩叶柄的二年生草本植物,原产于地中海沿岸的沼泽地带。我国栽培芹菜历史悠久,南北各地都有栽培。

(一)生物学特性

1. 形态特征

根　芹菜的根系为浅根系,一般分布在深度为 7～36 cm 的土层内,但多数根群分布在 7～10 cm 的表土层。由于根系分布浅,芹菜不耐旱。直播的芹菜主根系较发达,经移植的芹菜由于主根被切断而促进侧根发达,因而芹菜适宜育苗移栽或无土栽培。

茎　茎在营养生长期为短缩状,生殖生长期伸长成花薹,并可产生一、二级侧枝。茎的横切面呈近圆形、半圆形或扇形。

叶　叶着生在短缩茎的基部，边缘锯齿状。叶柄较发达，为主要食用部分。叶柄横截面直径 1～4 cm 不等。叶柄中各个维管束的外层为厚壁组织，并突起形成纵棱，故使叶柄能直立生长。厚壁组织的发达程度与品种和栽培条件有密切关系，在高温、干旱和氮肥不足的情况下，厚壁组织和维管束发达。若厚壁组织过于发达，则纤维多、品质差。

花　芹菜为二年生蔬菜，第二年开花。花为复伞形花序，花小、白色，花冠 5 个，离瓣。芹菜花属虫媒花，通常为异花授粉，但自交也能结实。

果实　果实为双悬果，圆球形，果实中含挥发性芳香油脂，有香味。成熟时沿中线裂为两半，但并不完全开裂。种子呈褐色，内含一粒种子，种子粒小，椭圆形，表面有纵纹，透水性能差。种子有休眠期，发芽慢，收获时不易发芽，高温下发芽更慢，有光条件比黑暗条件容易发芽。种子千粒质量 0.4 g 左右。生产上播种用的种子实际上是植物学上的果实。

2. 对环境条件要求

温度　芹菜属于耐寒性蔬菜，要求较冷凉、湿润的环境条件，在高温干旱的条件下生长不良。芹菜在不同的生长发育时期对温度条件的要求是不同的 。

发芽期最适温度为 15～20℃，低于 15℃或高于 25℃则会延迟发芽或降低发芽率。适温条件下，7～10 d 就可发芽。幼苗期对温度的适应能力较强，能耐－5～－4℃的低温。

幼苗在 2～5℃的低温条件下，经过 10～20 d 可完成春化。幼苗生长的最适温度为 15～23℃。芹菜在幼苗期生长缓慢，从播种到长出一个叶环大约要 60 d。因此，芹菜多采用育苗移栽的方式栽培。

从定植至收获前这个时期是芹菜营养生长旺盛时期，此期生长的最适宜温度为 15～20℃。温度超过 20℃则生长不良，品质下降，容易发病。芹菜成株能耐－10～－7℃的低温。秋芹菜之所以能高产优质，就是因为秋季气温最适合芹菜的营养生长。

土壤　芹菜对土壤的要求较严格，需要肥沃、疏松、通气性良好、保水保肥力强的壤土或黏壤土。沙土及沙壤土易缺水缺肥，使芹菜叶柄发生空心。

养分　芹菜要求较完全的肥料，在肥料的养分组成中，由于芹菜以食用营养器官为主，对氮元素的需求量较大。在任何时期缺乏氮、磷、钾，都会影响芹菜的生长发育，而初期和后期影响更大，其中缺氮影响最大。苗期和后期需肥较多。

水分　芹菜属于浅根系蔬菜，吸水能力弱，耐旱力弱，蒸发量大，对水分要求较严格。播种后床土要保持湿润，以利于幼苗出土。营养生长期间土壤和空气要保持湿润状态，否则叶柄中的厚壁组织加厚，纤维增多，植株易空心老化，使产量及品质都降低。在栽培中，要根据土壤和天气情况供应水分。

光照　芹菜耐阴，出苗前需要覆盖遮阳网，营养生长盛期喜中等强度光照，后期需要充足的光照。长日照可以促进芹菜苗期花芽分化，促进抽薹开花；短日照可以延迟成花过程，促进营养生长。因此，芹菜适期播种、保持适宜的温度和短日照处理，是防止抽薹的重要措施。

(二)类型品种

根据叶柄的形态芹菜可分为本芹（即中国类型）和洋芹（即西芹、欧洲类型）两个类型。本芹叶柄细长，高 100 cm 左右，按其叶柄颜色又可分为青芹和白芹 。

洋芹　株高 60～80 cm，叶柄肥厚而宽扁，多为实心，味淡，脆嫩，不耐热。单株质量 1～

2 kg。洋芹为本芹的一个变种,从国外引进,有青柄和黄柄两个类型。

青芹　植株高大,叶片较大,叶柄较粗,横径 15 cm 左右,味浓,产量高,软化后品质较好。按其叶柄充实与否又可分为实心和空心两种,实心芹菜叶柄髓腔很小,腹沟窄而深,品质较好,春季栽培不易抽薹,产量高,耐贮藏;空心芹菜叶柄髓腔较大,腹沟宽而浅,品质较差,春季易抽薹,但抗热性较强,宜夏季栽培。

白芹　植株矮小,叶较细小,色浅绿,叶柄较细,横径 1.2 cm 左右,黄白色或白色,香味浓,品质好,易软化。

二、生产技术

(一)露地春茬芹菜生产

1.栽培时期

春茬芹菜可露地直播或育苗移栽。育苗移栽于 1 月上旬至 2 月中旬在日光温室中育苗;露地直播于 3 月下旬至 4 月中旬进行。

2.品种选择

春播芹菜苗期温度低,易花芽分化,遇长日照条件易发生先期抽薹。本芹可选择抽薹较晚的北京棒儿春芹菜、天津白庙芹菜、津南实芹、菊花大叶等品种,西芹可选用意大利冬芹、佛罗里达 638、文图拉等品种。

3.播种

芹菜播种前需浸种催芽,先用 48℃的热水浸泡种子 30 min,然后用凉水浸泡 12～24 h,捞起后用手反复搓揉,搓破蜡质外皮,置于 15～20℃的地方,每天洒水保湿并翻动 2 次,待 50%种子露白即可播种。播种时打足底水,然后将种子均匀撒播在床面上,覆土 0.5 cm 左右,覆盖薄膜保持土壤湿润。

4.苗期管理

出苗 50%时撤地膜,苗期保持湿润,见干即浇水,及时间苗,除草。白天超过 20℃时及时放风,夜间保持 8～10℃。定植前低温炼苗。

5.定植

选择保水保肥力强的壤土,每亩施用有益生物菌沤制的农家肥 5 000 kg,耙细搂平。定植前整地做畦,畦宽 1 m。选择寒尾暖头的晴天上午定植,西芹单株栽植,行距 30 cm,株距 30 cm,本芹行穴距各 10～13 cm,每穴 3～4 株。边栽边浇水,栽植不能太深,以土不埋住心叶为宜。

6.田间管理

定植初期适当浇水,中耕保墒,提高地温。缓苗后浇缓苗水,不要蹲苗,灌水后适时松土。植株高 30 cm 时,肥水齐攻,每亩施硫酸铵 25 kg 或尿素 15 kg 左右。追肥后立即灌水,以后保持土壤湿润,隔 3～5 d 浇 1 水,两次后改为 2 d 浇 1 水,保持畦面湿润,也可适当再追 1～2 次肥。

7.收获

本芹一般一次性收获,也可在叶柄高 50～60 cm 时擗收,每次收获 1～3 片叶。西芹在植株高达 70 cm 左右，单株重 1 kg 以上时一次性收获。

(二)日光温室秋芹菜生产

1. 栽培时期

日光温室秋冬茬栽培，一般于 6 月下旬至 7 月下旬播种育苗，8 月中旬至 9 月上旬开始定植，早霜到来时扣膜，10 月中旬至 11 月下旬开始收获。

2. 品种选择

本芹可选用白庙芹菜、岚芹、玻璃脆、棒儿芹、铁杆芹等；西芹可选用高犹它 52～70R、文图拉等品种。

3. 育苗

(1)苗床准备　应选排灌方便，土质疏松，土壤肥沃的壤土或沙壤土建苗床。一般苗床宽 1.0～1.2 m，苗床面积应为定植面积的 1/10。每平方米苗床施用优质过筛的农家肥 5 kg，磷酸二氢钾 50 g，翻耙后搂平踩实。夏季播种，高温多雨，所以苗床应有遮光、防雨设备。

(2)种子处理　常采用低温处理的方法，先用 48℃的热水浸泡种子 30 min，然后用凉水浸泡 12～24 h，捞起后用手反复搓揉，搓破蜡质外皮，置于 15～20℃的地方，每天洒水保湿并翻动 2 次，待 50％种子露白即可播种。

(3)播种　选阴天早上或下午 4 时以后播种。种子用 5 mg/L 的赤霉素或 1 000 mg/L 硫脲浸种 12 h 后掺沙撒播。播前苗床打足底水，播后上盖 1 cm 厚细沙或 0.5 cm 的细土，并搭上拱棚，保持土壤湿润。每平方米播干种子 2 g 左右，每亩用种量 60～80 g。可条播或撒播。

(4)苗期管理　出苗前应保持畦面湿润，可每天傍晚浇 1 次小水，保持地面湿润，直到出苗。出苗后至幼苗长出 2～3 片真叶前，因根系数量还很少，故每隔 2～3 d 应浇 1 次水，使畦面经常保持见干见湿状态，浇水时间以早晚为宜。其间小苗长有 1～2 片叶时覆 1 次细土并逐渐撤除遮阴物。在幼苗 1～2 片真叶时，进行 1～2 次间苗或分苗，苗距 8 cm 见方，然后浇 1 次水，以扩大营养面积，保证秧苗健壮生长，并结合间苗或分苗进行除草。芹菜苗期一般不追肥，如发现缺肥长势弱时，在 3～4 片真叶时可随水追硫酸铵，每亩施用 10 kg，苗高 10 cm 时再随水追 1 次氮肥。一般本芹苗龄 50 d 左右，西芹的苗龄为 60～70 d，幼苗长至 10～12 cm 时，即可定植。

4. 整地定植

定植前一天将苗床浇透水，连根起苗，主根留 4 cm 剪断，以促发侧根。并将大小苗分区定植，随起苗随栽随浇水，小水稳苗，全畦栽后浇大水渗透畦土。栽芹菜苗时要深浅适宜，以“浅不露根，深不淤心”为度。栽苗时，本芹按 10 cm×10 cm 开沟或挖穴，每穴栽 1～2 株苗。西芹株行距以 30 cm 见方为宜，多为单株栽植。

5. 定植后管理

(1)缓苗前管理　在定植后 2～3 d，应再浇 1 次缓苗水，同时把土淤住的苗扒出扶起，促进缓苗和新根发生。当芹菜心叶发绿时，表明缓苗已经结束，新根生出时要中耕松土保墒，促进根系发育，防止外叶徒长影响质量。土壤要保持见干见湿，可 4～6 d 浇 1 次水，防止湿度过大感病，灌水后要及时松土保墒。

(2)缓苗后管理

①温度管理　芹菜敞棚定植,当外界最低气温降至10℃以下时及时扣膜。扣膜初期,光照充足,气温较高,要注意及时通风,日温控制在18～22℃,夜温13～15℃,促进地上部及地下部同时迅速生长;降早霜时夜间要放下底脚膜;当温室内最低温度降至10℃以下时,夜间关闭放风口。白天当室内温度升至25℃时开始放风,午后室温降至15～18℃时关闭风口。当室内最低温度降至8℃以下时,夜间覆盖草苫防寒保温。严寒冬季2～3 d通一次风,夜间温度要保持在5℃以上,确保芹菜不受冻。

②水肥管理　应小水勤浇,保持土壤湿润。根据整地施底肥的数量、土壤肥力、长势情况,一般可结合浇水追肥2次,每亩每次追磷酸二铵15～20 kg或硫铵20～25 kg,并结合施用二氧化碳气肥和叶面喷肥。

6.收获

温室芹菜定植后50～60 d开始采收。收获前30 d禁止施用速效氮肥,以免叶柄中硝酸盐含量超标。本芹可分次擗收,一般每隔1个月擗收1次。擗收后5～7 d内不浇水,以免造成伤口感染引起腐烂。每次收获1～3片,留2～3片,如果一株上摘掉的叶片太多,则复原慢,影响生长。整个冬季,一般每株可连续收3～5次,采收期达100 d左右。西芹达本品种株高时一次性采收。

自我检测

1.判断题

(1)芹菜原产于地中海沿岸的沼泽地区,所以生产上要求冷凉湿润气候。　　(　　)

(2)芹菜主要包括本芹和西芹两种类型。　　(　　)

(3)芹菜属喜温性蔬菜。　　(　　)

(4)芹菜的食用部位为叶柄。　　(　　)

(5)栽芹菜时要深浅适宜,要“浅不露根,深不淤心”。　　(　　)

2.简答题

(1)春茬芹菜怎样培育壮苗?

(2)日光温室秋芹菜育苗时应注意哪些问题?

专题三　马铃薯生产

学习目标

了解马铃薯特性,掌握马铃薯栽培理论和生产关键技术。

素质目标

培养学生的岗位责任意识和环境的适应能力。

一、理论基础

马铃薯,又称土豆、地蛋、洋芋、山药蛋等,是茄科中能形成地下块茎的一年生草本植物。马铃薯生长期短,能与玉米、棉花等作物间套作,被誉为“不占地的庄稼”。

(一)生物学特性

马铃薯根系包括初生根和匍匐根,初生根为主要吸收根系,随着芽的伸长,在芽的叶节上,还可产生匍匐根。茎分为主茎、匍匐茎和块茎。马铃薯主茎包括地上和地下两部分,地上主茎直立或半直立,各节叶腋抽生分枝。块茎上有芽眼,顶端密集,有顶端优势,切块播种时要纵切。初生叶为单叶,心脏形或倒心脏形,全缘,色浓绿,以后发生的叶为奇数羽状复叶,互生。聚伞花序,少数能开花结实。浆果,球形或椭圆形,种子小,肾形。马铃薯休眠期长短因品种、成熟度及贮藏温度的不同而不同。

马铃薯喜冷凉气候,不耐霜冻。发芽期适温为 12～18℃,低于 7℃或高于 30℃茎叶停止生长。块茎膨大适温为 15～20℃,超过 21℃块茎生长缓慢,高于 29℃块茎停止生长。马铃薯喜光,短日照有利于块茎的形成。马铃薯有一定的耐旱能力,不耐涝。结薯期需水量最大,必须有充足而均衡的水分供应。喜土层深厚、富含有机质、结构疏松、排水良好的土壤。

马铃薯对氮、磷、钾需求量以发棵到结薯期最大,前期以氮肥为主,整个生育期吸收钾肥最多,其次为氮肥,磷最少,还需要适量的硼、铜等微肥。

(二)品种类型

马铃薯品种很多,按薯块形状分为圆形、扁圆形、卵圆形和椭圆形等品种;按皮色分为白皮、黄皮、红皮和紫皮等品种。在栽培上常按块茎成熟期分早熟、中熟和晚熟三类品种。

早熟品种　从出苗到块茎成熟需 50～70 d,植株低矮,产量低,淀粉含量中等,不耐贮存,芽眼较浅。优良品种有丰收白、白头翁、克新 4 号、克新 5 号、郑薯 2 号等。

中熟品种　从出苗到块茎成熟需 80～90 d,植株较高,产量中等,淀粉含量偏高。优良品种有克新 1 号、晋薯 1 号、中薯 2 号、协作 33 等。

晚熟品种　从出苗到块茎成熟需 100 d 以上,植物高大,产量高,淀粉含量高,较耐贮存,芽眼较深。优良品种有高原 7 号、沙杂 15、晋薯 2 号、乌盟 621 等。

二、春露地马铃薯生产技术

(一)栽培时期

根据结薯最适宜的温度条件,即土温 17～19℃、白天气温 24～28℃和夜间气温 16～18℃。春薯应以土温稳定在 5～7℃或以当地断霜之日为准,向前推 30～40 d 作为播种适期标志。

(二)品种选择

北方一季作区应选用具有较强抗逆性的品种。用于鲜食的品种应选中早熟丰产的优良品种,如克新系列、东农 303、高原系列等。用作加工淀粉的,应选白皮白肉,淀粉含量高的中晚熟品种。在中原二季作区和西南单双季混作区以及海拔较低的二季作区,需要选择对日照长短要求不严格的中早熟品种,并且要求块茎休眠期短或易于解除休眠,有较强的抗病性,如东农 303、克新 4 号、鲁薯 1 号等。

(三)整地施肥

种植马铃薯要选择3年内没有种过马铃薯和其他茄科作物的地块。前茬作物收获后及时犁耕灭茬，翻土晒垡。马铃薯的栽植方式有3种，即垄作、畦作和平作。垄作适用于生育期内雨量较多或是需要灌溉的地区，如东北、华北地区；畦作主要在华南和西南地区采用，且多是高畦；平作多在气温较高，但降雨少，干旱而又缺乏灌溉的地区采用，如内蒙古、甘肃等地。

马铃薯生长过程中需要的营养物质较多，肥料三要素中，以钾的需要量最多，氮次之，磷最少。基肥要占总用肥量的3/5或2/3，基肥以用有益生物菌沤制的有机肥为主，配合磷、钾肥，每亩施入用有益生物菌沤制的有机肥5 000 kg，过磷酸钙15～25 kg，硫酸钾15 kg。

(四)种薯处理

在播种前20～30 d，将种薯放在20℃避光环境中催芽10～15 d，当芽长0.5～1 cm时，将种薯放在15℃有光环境中晒芽，使芽绿化粗壮。在播种前2～3 d开始切芽块，每个芽块至少有一个芽，芽块重量在20 g左右，每千克种薯约切50个芽块。切芽时要靠近芽眼边缘，将种薯切成三角块，不能切成片(图3-5-1)。切好的芽块放在阴凉处晾干，同时拌些草木灰。切刀要用高锰酸钾溶液消毒。切开种薯后如发现有黄圈或变黑，要将整个种薯淘汰。采用小薯整薯播种，整薯营养多，生命力旺盛，有利于机械化播种。

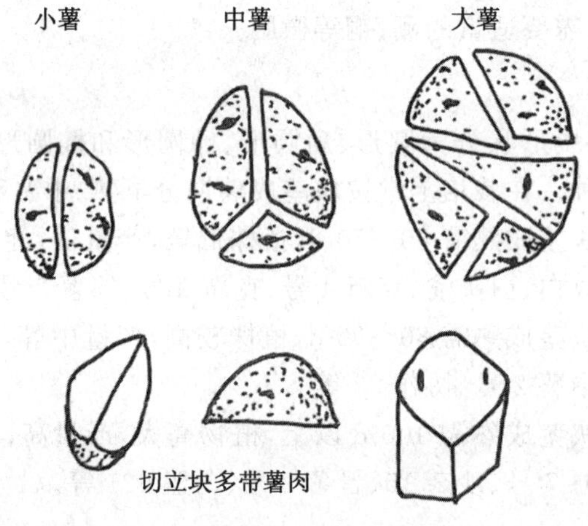

图3-5-1　种薯切块

(五)播种

东北和华北地区，马铃薯多采用垄作，按60～80 cm行距开沟，沟深10 cm，株距15～25 cm，播后覆土。每亩栽植5 000株左右。如土壤墒情不足，应浇水造墒播种。

(六)田间管理

马铃薯播种后必须抓好一系列管理技术措施。春薯管理的重点在于促进早出苗、早发棵、早结薯。马铃薯播种后25～30 d出苗，如发现墒情不足，应该补水，但要及时松土，还要进行中耕除草。在发棵初期施肥，以后适当控制肥水，不旱不浇水，多次浅中耕保墒，防止植株生长过旺而延迟结薯。植株封垄前，进行大培土，以不埋没主茎的功能叶为度。若发棵期出现徒长现象，可用1～6 mg/L的矮壮素进行叶面喷施。初花期灌1次大水，以后保持土壤湿润疏松，避免土壤干旱。结薯前期每亩追施复合肥 15～20 kg,同时辅以根外追肥。收前 5～7 d 停止浇水,促薯皮老化,以利贮藏。

(七)收获

当大部分茎叶发黄时,选土壤适当干爽、天气晴朗的日子收获,收获的马铃薯适当晾晒,待皮干爽后装袋。在收获中碰伤的薯块在阴凉环境中晾晒 2 d 后装袋,贮藏期间应放在阴凉通风处,不见光。

自我检测

1.填空题

(1)马铃薯繁殖材料属于__________茎,姜属于__________茎,芋头属于__________茎。

(2)马铃薯用当年的新种薯需用______________浸种打破休眠。

(3)马铃薯利用种薯进行繁殖,切块应呈__________。

2.简答题

马铃薯播种前种薯需进行哪些处理?

专题四　萝卜生产

学习目标

了解萝卜特性,学会萝卜田间管理技术。

素质目标

培养学生吃苦耐劳,克服困难的勇气和决心。

一、理论基础

萝卜,别名莱菔、芦菔,十字花科萝卜属的二年或一年生草本植物。萝卜具有下气、消食、除疾润肺、解毒生津、利尿通便的功效。“冬吃萝卜夏吃姜,不用大夫开药方”。我国栽培萝卜历史悠久,种植广泛,南北各地普遍栽培。

生物学特性

(1)萝卜起源于温带,耐寒或半耐寒,在低温下通过春化阶段,长日照和较高温度下抽薹开花。萝卜为种子春化型植物,从种子萌动开始到幼苗生长、肉质根膨大及贮藏时期,都可能完成春化阶段。

(2)萝卜肉质根是由根部连同胚轴发育膨大而成的。从外部形态上观察,它们的肉质根可区分为根头、根颈和真根三个部分。根头为短缩茎,由幼苗子叶的上胚轴发育而成,节间极短,着生多数叶片和芽。根颈由幼苗子叶以下的下胚轴发育而成,其上部着生叶和侧根。真根由胚根发育而成,能分生许多侧根。根头、根颈和真根三个部分,在功能上构成一个统一体,成为贮藏养分的器官。肉质根的形状、大小、颜色，以及三个部分的比例，在种和品种间多有不同。肉质根露出地面和入土部分的比例，主要决定于种和品种的特性，也与土壤性质及栽培管理技术有关。

(3)萝卜为深根性植物，适宜在土层深厚、肥沃疏松、排水良好的沙壤土栽培。

(4)萝卜根系损伤后易出现畸形根，因此宜采用直播方式，一般不移植。

(5)萝卜是异花授粉植物，采种时注意隔离。

(6)萝卜易栽培，病虫害较少，产量高，在蔬菜周年供应中占重要地位。

二、秋大萝卜生产技术

(一)栽培时期

我国北方一般在7月播种，10月收获。

(二)品种选择

根据当地食用习惯、产品用途、当地气候条件选用秋萝卜品种，还要兼顾丰产性、抗病性和耐贮性。北方一季栽培宜选用潍县萝卜、翘头青、露八分、大青皮、大红袍、灯笼红、沈阳红丰1号、沈阳红丰2号等。

(三)整地、施肥与做畦

萝卜要选择在土层深厚的中性或微酸性的沙壤土中栽培。萝卜地要早耕多翻，打碎耙平，施足基肥。耕地的深度根据品种而定，长根型(或大根型)要求耕深30 cm以上；短根种(或小型种)可耕浅些。萝卜根系发达，需肥量大，农民施肥的经验："基肥为主，追肥为辅，盖籽粪长苗，追肥长叶，基肥长头"。施肥量因土壤肥力和萝卜品种而异，一般每亩需用有益生物菌沤制的有机肥3 000～5 000 kg，并加入过磷酸钙10～15 kg，草木灰50 kg。做畦的方式，中小型品种用平畦，大型品种用高畦或垄。切勿使用未腐熟的有机肥，以免叉根。

(四)播种

萝卜播前应做好种子质量的检验，选用纯度高粒大饱满的新种子。由于萝卜黑斑病、白锈病、炭疽病、黑腐病等病菌可在种子上越冬，所以在播种前应进行种子消毒，可用50℃温水浸种20 min后移入冷水中冷却，晾干后播种，也可用种子重量0.4%的50%的福美双可湿性粉剂，或40%灭菌丹可湿性粉剂，或75%百菌清可湿性粉剂，或35%甲霜灵拌种剂拌种。每亩播种量：大型品种穴播的需0.3～0.5 kg，每穴点播6～7粒；中型品种条播的需0.6～1.2 kg；小型品种撒播需1.8～2.0 kg。播种时还要做到稀密适宜，一般行株距应为大型品种行距50～60 cm，株距25～40 cm，中型品种行距40～50 cm，株距15～25 cm，小型品种株距为10～15 cm。播种深度为1.5～2.0 cm。如果土壤干旱，可造墒播种。播种覆土后稍加镇压，使种子与土壤充分接触，以利吸水出苗。

(五)田间管理

1. 间苗和定苗

幼苗出土后生长迅速，要及时间苗，否则易引起徒长。第1次间苗在子叶充分展开时；第2次间苗在长出3～4片真叶时；在4～5片真叶时("破肚")定苗，选留具有本品种特征的单株，苗距依品种而定。

2.合理浇水

发芽期和幼苗期正处在高温季节，应保持畦面湿润，既可促进生长，又可降低地表温度，防止病毒病发生。叶片生长盛期需水较多，但为了预防徒长，浇水以地面见湿见干为原则。根部生长盛期，需充分均匀地供水，以满足高产优质的需要。收获前5～7 d停止浇水，以提高肉质根的品质和耐贮藏性能。在多雨季节，应注意排水。浇水宜在早晨和午后，忌中午浇水。

3.追肥

秋萝卜生长期较长，产量高，除施足基肥外，追肥一般进行2～3次。幼苗具2～3片真叶时追施1次提苗肥，结合灌水，每亩施尿素10 kg。肉质根生长盛期，追第2次肥，每亩施尿素15～20 kg，硫酸钾15 kg。追肥需结合浇水冲施，切忌浓度过大或离根部过近，以免烧根。

4.中耕除草与培土

秋萝卜的幼苗正处于高温多雨季节，杂草丛生，应及时清除杂草。在幼苗期应做到有草必锄、雨后必锄、浇水必锄，防止土壤板结。定苗后结合中耕进行培土，防止肉质根外露或植株倒斜，影响正常生长。肉质根生长前期要进行蹲苗。中耕不宜深，只松表土即可，并在封垄前进行，封垄后杂草长势减弱，为避免伤根断叶，应停止中耕。结合中耕，要进行培土护根，以免肉质根变形弯曲。

5.收获

秋萝卜在肉质根充分膨大，基部已"圆腚"，地上部叶片变为黄绿色时，为采收适宜期。需贮藏或延期供应的应稍迟收获，即在霜冻前收获。

自我检测

1.判断题

(1)萝卜根系发达。（　　）

(2)大萝卜属十字花科二年生蔬菜。（　　）

(3)萝卜生长过程中"破肚"是幼苗期结束的标志。（　　）

(4)施用有机肥过多易引起萝卜叉根。（　　）

(5)埋藏时土壤过干易引起萝卜糠心。（　　）

2.简答题

(1)简述萝卜栽培特性。

(2)萝卜在栽培过程中肉质根易出现哪些质量问题？

单元四

蔬菜生产项目

项目一　辽北地区日光温室冬春茬黄瓜加温生产

项目二　日光温室春茬礼品西瓜绿色高效生产

项目三　塑料大棚春茬薄皮甜瓜绿色高效生产

项目四　口感型番茄日光温室春秋两季生产

项目五　葫芦科蔬菜病虫害防治

项目六　番茄嫁接生产应用

项目一

辽北地区日光温室冬春茬黄瓜加温生产

知识目标

了解黄瓜特性，掌握辽北地区日光温室冬春茬黄瓜加温生产关键技术。

技能目标

能够独立或小组合作完成辽北地区日光温室冬春茬黄瓜加温生产项目，学会撰写生产总结报告。

素质目标

培养学生吃苦耐劳、勤奋好学的良好习惯和节约资源、爱护环境、安全生产的意识。

项目描述

在寒冷的辽北地区冬季室外气温经常达到－20℃以下，日光温室冬春茬黄瓜生产难度很大，在应用加强保温、嫁接抗寒等措施基础上，日光温室内设置加温设备进行黄瓜加温生产实践，保证冬春日光温室黄瓜的生产。我们现总结出一套节能、环保、绿色、高效、安全的日光温室冬春茬黄瓜加温生产实用技术模式。

一、黄瓜低温障碍表现及科学的综合预防措施

（一）黄瓜低温障碍表现

黄瓜喜温热气候，不耐寒冷，宜在温暖季节栽培。结果期适宜的气温白天25～30℃，夜间12～19℃。前半夜适宜气温15～19℃，前半夜高温管理目的是促进叶片制造的营养向果实运输。冬春季节温室晴天白天温度容易满足，夜晚温度下降迅速，在连续阴雪天气，夜晚温度偏低时，黄瓜植株生长发育受阻，严重时会发生叶柄下垂、叶片过度肥厚、叶面凸凹不平、节间极度短缩、聚龙头、化瓜一系列不良症状，造成不同程度的减产。

(二)科学的综合预防措施

1.选择耐低温黄瓜品种和南瓜砧木,通过嫁接加强黄瓜耐寒性

①津优316　天津科润黄瓜研究所最新选育的保护地黄瓜良种,主蔓以结瓜为主,植株长势强,中小叶片,节间短,叶色绿,瓜码密,瓜条生成速度快,龙头旺,不易早衰。瓜长度35 cm,皮色深绿,光泽度好,表面无棱,刺密,果肉淡绿,商品性佳。耐低温弱光,连续坐果能力强,产量均衡,前期产量稳定,中后期产量突出。

②日本2号　适合东北早春茬黄瓜品种,瓜长度30 cm左右,商品瓜150 g左右,表皮呈墨绿色,果肉呈浅绿色,食用品质优。耐低温,抗病性强,抗霜霉病、角斑病。每亩产量高达10 000 kg以上。

③超级二绿8号　沈阳顺天农业开发有限公司经销的强雌性早黄瓜新品种,植株生长势强,耐低温弱光,高抗黄瓜三大病害,高温不易徒长,瓜条油绿有光泽,白刺,长16～18 cm,短尾圆头,商品性佳,管理得当每亩可达20 000 kg,适合设施越冬栽培。

④日本青秀(砧木)　由日本引进的黄瓜嫁接专用砧木一代杂种。该品种具有极高的嫁接亲和力和共生亲和性,嫁接后成活率高,无排异现象。抗枯萎病,根系庞大,能有效防止土传病害,耐低温、抗高温,瓜顺直,脱蜡粉,提高了接穗商品性。

⑤无霜(砧木)　北京市农园蔬菜种子有限公司研制的黄瓜嫁接专用砧木一代杂种。黄籽南瓜种子,纯度高,籽粒饱满,发芽整齐,茎粗,方便嫁接,亲和力高,容易成活,根系发达,耐低温性好,活力持久,可避免黄瓜后期早衰减产,瓜条顺直,油亮无蜡粉,商品性极佳。

2.合理安排生产

日光温室黄瓜生产主要有秋冬茬、早春茬、冬春茬、越冬茬几个重要茬口,其中冬春茬、越冬茬生产中,最易出现低温障碍,各地应根据地理纬度和设施标准,合理安排生产,避免低温障碍。

3.应用生物秸秆反应堆技术

即在土壤耕作层下铺设玉米秸秆,并在秸秆上施用腐生生物菌(有效活菌数≥2×10^{10}CFU/g),使秸秆在通O_2的条件下分解产生热量、CO_2及释放速效养分。在冬春温室内20 cm地温提高4～6℃,气温提高2～3℃,显著改善黄瓜生长环境,有效地保护黄瓜正常生长,采收期提前10～15d。

4.采用膜下滴灌技术

做高畦定植,畦的高度最好在15 cm左右,畦面宽70～80 cm,高畦晴天白天升温快。按照定植行铺设滴灌带,然后覆盖有利于增温的白色地膜或者黑色地膜。采用膜下滴灌技术,即可实现水肥一体化,又可控制灌水量,有利于地温的保持。

5.加强温室保温性能

在辽宁的西部地区选用半地下式日光温室进行冬春黄瓜生产,温室内地面低于室外地面50 cm左右,保温效果明显增强。此外,温室前底脚处设置防寒沟,棉被外再围上一层窄小的底脚草帘,室内张挂保温幕,行间过道铺垫10 cm厚的废稻壳等措施,都能起到较好保温效果。

6.加强温度调控

①变温管理　定植后不通风,气温白天28～30℃,夜间15～18℃,地温15℃以上,促进缓苗。缓苗后可适当通风降温。进入结瓜期,为了促进光合产物的运输,抑制养分消耗,增加产量,在温度管理上应适当加大昼夜温差,实行四段变温管理,即晴天上午26～28℃,下午逐渐降到20～22℃,前半夜再降至15～17℃,后半夜降至10～12℃。白天超过30℃从顶部放风,

午后降到 20℃闭风。进入盛果期后仍可实行变温管理，光照由弱转强，室温可适当提高，上午保持 28～30℃，下午 22～24℃，前半夜 17～19℃，后半夜 12～14℃。

②辽北地区以保温为主的冬春温室揭盖棉被管理流程 一是早晨阳光照到棉被上面，一般上午 8 时后揭开棉被；二是温度上升到 30℃，开始通风排湿；三是保持温度在 25～30℃，下午 1 时逐渐缩小通风口；四是下午 3 时前关闭通风口保温；五是下午 4 时左右盖棉被防寒。

注意事项：一是揭盖棉被过程中，不许同时做其他事情，保证机器运转安全；二是阴雪天白天要揭开棉被；三是阴雪天夜间盖棉被，上面加盖塑料防雪。

7. 简易加温措施

①简易热风炉加温 在辽北地区，为了保障冬春茬黄瓜成功生产，采用简易热风炉(每台价值约 1 000 元)加温方式，即是在温室内放置中小型煤炉，燃烧块煤或者煤泥块，利用排风机，将燃烧热量通过特制管带传送到温室空间内，有效提升冬春温室内温度。此种方式加温，成本低，效果显著。在辽北某绿色蔬菜专业合作社 2012—2013 年冬春温室黄瓜生产每亩加温成本投入 1 万元，产值可达 5 万～6 万元。

②耗电热风炉加温 辽宁职业学院 2017—2018 年采用电加温热风炉(最大功率：10 kW)进行冬春黄瓜生产试验成功。此种加温方式优点：温度可控，节约人工，环境清洁。缺点：需要配置大容量动力电源，60 m 长温室需要安装电加温热风炉两台(每台价值约 2 000 元)，耗电量大，运行成本偏高。

二、黄瓜水肥管理不当的表现及有效的解决办法

(一)肥烧危害症状、起因及有效的解决办法

(1)症状 通常为烧根，表现叶片颜色黄化变小，根系受伤，植株长势弱，严重时叶片萎蔫、甚至植株枯死。此外叶面喷施肥料或者喷施农药不当，也会造成叶烧，严重时可致使功能叶片干枯。

(2)烧根发生原因 施肥不当是造成烧根的主要原因。如施用未经腐熟的有机肥做基肥，或者施基肥超量；追肥过量，或者追肥距离黄瓜根系过近。

(3)预防措施

①施用的农家肥要充分腐熟，同时根据土壤肥力情况，作为基肥的农家肥每亩施用量 4 000～5 000 kg 为宜。

②合理追肥 黄瓜结果期追肥以高钾含量的复合肥为主，穴施时离根部 10 cm 距离，追肥后要浇水。

③采用配方施肥技术 根据黄瓜喜肥根系又不耐肥特点，应该选择少量勤施的方式。在增施有机肥的基础上，结果期每亩分期随水冲施美国钾宝(N-P-K 为 10-6-20)10 kg，满足黄瓜营养供应的同时，防止黄瓜偏施氮肥，影响其他元素的吸收，造成缺素症。

(4)有效的解决办法 一旦发生烧根现象，可根据受害程度，采取相应措施：①及时浇水，降低土壤肥料浓度；②用生根壮苗剂稀释后根部浇灌处理，促进根系再生；③叶面喷施肥料绿野神($N+P_2O_5+K_2O \geqslant 500$ g/L，B：3～30 g/L)200 倍液，尽快恢复黄瓜长势。

(二)低温期大水漫灌危害及预防措施

(1)低温期大水漫灌为害 低温大水漫灌致使地温偏低，根系发育不好，常常伴随黄瓜叶脉黄化褐变症状，导致化瓜，造成严重减产。

(2)预防措施 将低温期大水漫灌方式改为膜下滴灌方式，控制灌水量，安排晴天上午或

中午进行黄瓜灌水。

(3)有效解决办法　主要解决土温过低问题，采用前面提到的保温增温措施，温度提升后，黄瓜受害症状会慢慢缓解。

项目实施

1.田间管理任务　每次任务完成时间单位为2学时。

项目名称：辽北地区日光温室冬春茬黄瓜加温生产　　　　学时：________

定植前准备	定植	温度管理	植株调整	灌水施肥	病虫害绿色防治
品种选择；嫁接育苗；整地施基肥；做畦	定植时间、密度、深度、方法	结果期四段变温管理，冬春温室揭盖棉被管理流程	吊蔓、引蔓、落蔓、打底叶等技术要点	灌水时机和灌水量(合理灌水的依据)；施肥种类和时机(合理施肥的依据)	常见病虫害早期诊断与预防；病虫害绿色防控讨论与实践

2.田间管理记录

项目名称：辽北地区日光温室冬春茬黄瓜加温生产　　　　面积(m^2)：________

日期	栽培管理	施肥情况	用药情况	采收/kg	负责人

◈ 考核评价

过程考核+课业考核

项目名称：辽北地区日光温室冬春茬黄瓜加温生产

学时数：________　姓名：________　得分：________

出勤情况(10%)	田间管理任务完成效果(50%)	田间管理记录(5%)	生产总结(35%)
每缺席1次扣0.5～1分	①每次任务完成效果分为优秀、良好、及格三个等级。每次任务完成时间为2学时。 ②每次完成任务得分优秀为50分÷任务次数(n)；良好为50分÷任务次数(n)×80%；及格为50分÷任务次数(n)×60%。 ③缺席或者未能完成任务的，单次任务成绩为0，弥补任务后，单次任务评为及格。 ④每次完成任务佐证材料为相关照片或者视频。	①记录完整、准确、及时。(满分5分) ②记录相对完整、准确、及时。(3～4分)	①独立完成，总结完整、语言精炼，语法通顺，突出关键技术，字数1 500～3 000之间。(满分35分) ②独立或者合作完成，总结较为完整，少数语法错误，关键技术突出，字数1 500～3 000之间。(28～34分) ③合作完成，总结不够完整，或者语法错误较多，或者关键技术不突出，或者字数不足1 500。(21～28分)

项目二

日光温室春茬礼品西瓜绿色高效生产

知识目标

了解西瓜特性,掌握日光温室春茬礼品西瓜绿色高效生产关键技术。

技能目标

学会设计西瓜生产方案,能够独立或小组合作完成日光温室春茬礼品西瓜绿色高效生产项目,能够撰写生产总结报告。

素质目标

培养学生生态环保和农业可持续发展的理念,培养认真钻研、及时记录总结的良好习惯及实事求是的工作作风。

项目描述

选择小兰、早春红玉等优良小型西瓜品种,采用日光温室吊蔓栽培使西瓜着色均匀,再通过引进蜜蜂授粉技术和病虫害绿色防控技术,既可以保证头茬瓜优质高产,又能延续二茬瓜生产,抢在早春水果淡季上市,经济效益显著。

日光温室礼品西瓜绿色高效生产实用技术

随着人们生活水平的提高,对冬春新鲜果蔬质量要求也不断提高。辽宁职业学院在2014—2017年利用日光温室进行礼品西瓜吊蔓生产,尝试在蜜蜂授粉条件下,进行西瓜病虫害的绿色防控生产实践。头茬瓜每亩产量高达2 000 kg,创20元/ kg的最高当地零售价,在此基础上延续二茬瓜生产,产量成倍增加,带动周边温室礼品西瓜生产的积极性,创造了较好的经济效益、生态效益和社会效益。现将经验总结如下,该技术适用于休闲农业、生态采摘园。

一、选择早熟品种

日光温室礼品西瓜一般选择成熟早、品质好、果实小的品种,生产上方便吊蔓,上市早,销售好。优质的小型西瓜,方便保鲜,是馈赠亲友的极佳礼品。

(一)小兰(台湾农友公司经销品种)

黄肉,早熟性好,耐低温,糖度约13%,薄皮沙瓤,品质佳,单果质量约2 kg左右。

(二)小兰(合肥庞氏农产品有限公司经销品种)

极早熟,优质小型礼品西瓜。抗病、易坐果。果实发育期24 d左右。果实圆形,花皮覆有清晰绿色条带,瓜瓤黄色,肉质细嫩,入口即化,中心含糖度13%～14%,口感好,风味极佳,单果质量2 kg左右。瓜皮薄而有韧性,耐贮运。耐低温、弱光,适合日光温室早熟栽培。

(三)早春红玉

早春红玉是由日本米可多协和种苗株式会社育成,我国引进并推广的早熟品种。早春结果的开花后35～38 d成熟,中后期结果的开花后28～30 d成熟。果实呈长椭圆形,纵径20 cm,单果质量1.5～1.8 kg。果皮呈深绿色,覆有细齿条花纹,果皮极薄,皮厚0.3 cm,皮韧而不易裂果,较耐运输。深红瓤,纤维少,果实中心糖含量13%左右,口感风味佳。植株生长势强,在低温弱光条件下,雌花分化与坐果较好,适于温室春季早熟栽培。

注意:采用蜜蜂授粉时,同一温室内不可安排2种以上类型西瓜,如黄皮与绿皮西瓜花期相互传粉,会导致瓜皮变色而不纯。

二、生产安排

采收期安排在4—6月为宜,主要是考虑避开夏秋各种水果上市旺季,填补应季水果空白,提高商品价值。据统计2014—2017年,辽宁职业学院实训园区生产的礼品西瓜小兰零售价格4—5月16元/kg左右,6月(二茬瓜)10元/kg左右,7月(二茬瓜)6元/kg左右。此外,夏秋高温季节温室西瓜容易发生白粉病、蚜虫等病虫害,较其他水果价格优势不明显。为此,辽宁日光温室早春茬礼品西瓜一般12月中旬播种,2月上旬定植,以实现4月中旬开始采收上市。

三、培育壮苗

(一)种子处理

西瓜种子一般进行热水烫种,即将充分干燥的种子放于75～85℃的热水中,时间3～5 s,然后迅速降温,转入温汤浸种,水温55～60℃,保持15 min,室温浸泡6 h。目的是加速种子吸水,并起到灭菌消毒的作用。然后在恒温箱内30℃条件下催芽24～30 h,芽长0.5 cm时准备播种。

(二)基质准备

可选用济南峰园农业技术有限公司经销的育苗基质,该产品主要成分为草炭、珍珠岩、蛭石,含有机质、腐殖酸及植物纤维60%以上,富含幼苗生长所需营养元素。应先将基质加入适量的水均匀闷湿,标准是“手握成团不滴水,松手即散”,装入穴盘后刮平备用。

(三)播种

用小木棍在穴盘内基质中间扎深度为1.5 cm的小孔,将西瓜种子平放于基质表面,幼芽朝下,紧贴孔壁,轻轻按压种子播种于基质内,深度约1 cm,然后用蛭石覆盖种子,与基质面持平即可,覆盖厚度约1 cm,喷水至基质湿透为宜。注意播种时和后期管理过程中洒水量不宜过大,以防基质养分随水流失。

(四)苗期管理

发芽期苗床内温度保持在白天 25～32℃,夜间 18～23℃,最低不低于 14℃。出苗至出现真叶期,苗床内温度控制白天 20～22℃,夜间 15～17℃,避免下胚轴过分伸长,形成徒长苗。2～3 片真叶期,苗床内温度保持在白天 20～28℃,夜间 12～18℃。当中午苗床内大部分幼苗出现萎蔫现象时,可选择晴暖天气的上午浇水。定植前 5～7 d 进行炼苗,逐渐加大通风量和通风时间,以适应定植后的环境条件。幼苗具有 3～4 片真叶定植。

四、重施有机肥

基肥主要选择充分腐熟的农家肥,如鸡粪、猪粪、牛粪等,也可两种以上混合施用,建议每亩施 4 000 kg。结合翻地,每亩增施腐熟豆饼 200 kg、硫酸钾型复合肥(N-P-K 为 14-16-15)40 kg。

做畦,高度 10 cm 为宜,防止田间积水。两行合盖一幅地膜,地膜下方铺设两条滴灌带,滴水孔朝上。过道宽 80 cm 左右,方便游客采摘,同时又有利于通风、透光。

五、适宜的定植密度

在地膜上打孔,孔深同穴盘高度,向定植孔内灌满水,不等水渗入土壤即栽苗。浅定植,埋没基质块即可,3 d 后浇 1 次缓苗水,水渗透后封严定植穴,防止低温沤根。每亩温室内定植 1 600 株为宜。

六、基于坐果的特色管理

(一)植株调整

1. 双蔓整枝

保留主蔓,及主蔓基部第 4～6 节的 1 条健壮子蔓,其余侧枝及时摘除,保持 2 条瓜蔓齐头并进生长,以主蔓第 2 雌花坐瓜为主,瓜前端保留 6～8 片真叶摘心,子蔓为营养枝,瓜蔓高度与主蔓持平时摘心。2 条瓜蔓上共保留 44～48 片功能叶,以保证制造充足的营养。及时摘除植株基部的病残叶片和后期基部萌蘖,以利通风透光,减少养分消耗。

2. 吊蔓

将尼龙绳上端系在横向架设的细钢丝上,用专用塑料夹卡住瓜蔓,结合瓜蔓长度,临时固定悬挂在尼龙绳的适宜位置。

3. 引蔓

结合打杈,每隔 4～6 d,瓜蔓再次伸长 40～60 cm 时,及时向上移动塑料夹,并卡住瓜蔓适宜茎节,使瓜蔓沿着尼龙绳向上生长,调整植株生长状态,以利光合作用。

(二)授粉留瓜

1. 蜜蜂授粉

西瓜开花期,1 栋温室内引进 1 箱健康蜜蜂授粉。蜜蜂授粉的优点:节约人工、授粉及时、绿色环保,可使西瓜多籽增甜。与利用坐瓜灵(氯吡脲)喷花和人工授粉相比,日光温室西瓜生产应用蜜蜂授粉技术具有较高的经济效益和生态效益。

一箱蜜蜂售价 300 元左右,也可以向当地蜂农进行短期租用。选择健康蜜蜂授粉工作效率高。健康蜜蜂的蜂箱环境清洁，无拉稀现象。授粉期间由于有蜂王存在，不断繁殖幼蜂，不必在意逃跑的少数蜜蜂，一般不需要在温室通风口专设防虫网。为提高蜜蜂活力，需要定期为蜜蜂提供适量白糖水(白糖、水的比例为 1∶1)或者蜂蜜水饮用。注意授粉期间不要喷洒对蜜蜂有害的杀虫剂，温室内使用农药时，需要对蜜蜂进行隔离保护。

2. 药剂辅助保果

春季如遇连续阴天低温天气，西瓜花粉量少，花粉活力低，坐瓜受到影响时，可用 0.1%的坐瓜灵(氯吡脲)20 mL/支 250 倍液，均匀喷洒在开放的雌花子房上。利用该方法，虽然果实膨大快，但西瓜成熟种子数量少，影响品质，当温度适宜时不宜采用。

3. 留瓜、授粉标记和兜瓜

实践证明，早熟品种西瓜宜选择主蔓第 16 节左右的雌花授粉留瓜，其在产量和早熟性两方面较为理想。幼瓜长到鸡蛋大小时开始进入膨大期，每株选择 1 个果形端正的西瓜培养，及时疏掉其他幼瓜和雌花，防止养分消耗。雌花授粉后挂上标签，标注好授粉日期，可为西瓜成熟鉴定提供参考。坐瓜后，及时用网兜兜住，防止较大的西瓜坠落。定个后单果质量不超 1 kg 的西瓜，也可以用塑料夹子同时夹住果柄和主蔓，并固定在吊绳的合适位置代替兜瓜。

(三)严格的温度管理

定植后 5～7 d 内不通风，以提高温度，促进缓苗，同时注意防寒。缓苗后，当棚内温度高于 30℃时，逐渐通风换气，日温保持 22～25℃，夜温 15℃左右。当茎蔓开始伸长时，日温 25～30℃，夜间 15℃左右。伸长到一定程度，可加大通风，使日温降低到 25℃，促进坐瓜。进入结果期，可保持白天 30℃左右，夜间 15～20℃，昼夜温差 10～15℃，以促进糖分的积累，增加果实甜度。

(四)科学的肥水管理

定植后 3～4 d，可浇 1 次缓苗水，促进幼苗生长，但浇水量宜小。进入伸蔓期后，结合追肥适量灌水，每亩可随水冲施美国钾宝(N-P-K 为 10-6-20)5 kg，以后灌水以土壤见干见湿为原则。雌花开放到幼果坐住时应控制浇水，抑制营养生长，促进生殖生长，进行“蹲瓜”。幼瓜“退毛”后，需浇 1 次催瓜水、追 1 次催瓜肥，每亩可随水冲施潍坊农邦富肥业有限公司生产的海藻甲壳素 20 kg，7 d 后冲施美国钾宝(N-P-K 为 10-6-20)10 kg。以后可根据植株长势和土壤墒情均匀供水。果实“定个”后，不再追肥，管理上主要是保护叶片，维持同化面积，防止植株早衰。此时根系吸收能力减弱，可进行叶面喷施绿野神($N+P_2O_5+K_2O \geq 500$ g/L B:3～30 g/L)200 倍液补充营养，促进生长。坐瓜期叶面喷施 2 次白糖水(白糖、水的比例是 1∶200)，能够有效增加西瓜甜度。为提高西瓜的品质，在采收前 10 d 控制浇水，出现叶片萎蔫时，少量浇水。

(五)绿色病虫害防控

北方日光温室春茬西瓜生产中应重点预防蚜虫、害螨、白粉病、枯萎病等病虫害。依据“预防为主，综合防治”的方针，加强田间管理，保持通风干燥，清洁室内卫生环境，减少病虫害滋生。实时监控，精确诊断发生的病虫害，在病虫害发生初期及时用药防治。选择高效、低毒、低残留的药剂防治，做到对症用药，保证西瓜符合绿色农产品质量要求。

1. 农业措施

可利用瓠瓜等作砧木嫁接换根，或合理轮作预防西瓜枯萎病；通过增施有机肥，提高植株抗病能力;合理密植;及时进行植株调整,以利通风透光;科学灌水,加强通风管理,合理通风排湿,防止病虫害的滋生。

2.温室消毒和熏蒸杀虫

一是温室消毒,结合翻地,每 100 m^2 温室可用硫黄粉 250 g、锯末 500 g 分置几处点燃,并密闭温室熏蒸 15 h;二是西瓜定植前清除温室内杂草和植株病残体,每亩可用 15%异丙威烟剂 400 g 熏蒸杀虫。

3.蚜虫点发期防控

冬春季节温室蚜虫最初为点发,局部叶片或单株发生,多为无翅蚜,靠蚂蚁放养扩散,点发期为防治的关键时期。一是找到蚂蚁窝,及时用 10%吡虫啉可湿性粉剂 2 000~3 000 倍液灌药杀死蚂蚁,因为蚂蚁不仅会放养蚜虫,还会破坏蚂蚁窝附近西瓜幼苗的根茎部皮肉组织,造成西瓜死秧,同时会在蜂箱外面与蜜蜂争食白糖水;二是实时监控,发现点发蚜虫,用手碾(杀)干净,连续数日重复操作,或用洗尿合剂(洗衣粉、尿素、水的配制比例为 1∶4∶100)喷洒蚜虫。

4.利用捕食螨防治害螨

玉米秸秆粉碎后未经发酵处理,整地时直接施入土壤,加之温室内高温、高湿、光照不足,为害螨的发生提供了有利条件。害螨对多种杀虫剂会产生极强抗药性,所以药剂防治往往效果不佳。试验表明:胡瓜钝绥螨生态适应性广,可作为良好的天敌应用在蔬菜园以控制害螨的为害。

5.药剂防治

二茬瓜开花授粉前期,随着气温升高,蚜虫点发有扩散趋势时,可用 10%吡虫啉可湿性粉剂 4 000~6 000 倍液进行全田喷洒,每亩结合 15%异丙威烟剂 400 g 熏蒸温室,注意隔离蜜蜂 7 d 以上。白粉病可用 25%三唑酮(粉锈宁)可湿性粉剂 1 500 倍液喷雾预防;白粉病发病初期可用 25%腈菌唑乳油 2 000 倍液,每隔 6~7 d 喷施 1 次,连续喷 2 次,使药液均匀覆盖病斑表面。

(六)防止生理性裂瓜

一般西瓜开裂分 2 个时间段。一是幼瓜纵向或者横向开裂,露出未发育的种子,导致错过最佳时机留瓜。高温高湿、温室内环境变化剧烈、植株生长过旺等因素是造成幼瓜开裂的主要原因。解决方法:根据西瓜对水肥需求特点,在满足西瓜肥水供应的同时,不可过量灌水施肥;做到细致通风管理,室内温度、湿度满足西瓜生长发育需求的同时,不会发生剧烈变化。

二是西瓜成熟期横向开裂,裂开的果肉很快形成愈伤,表面干爽不影响食用。导致成熟西瓜开裂原因是棚膜局部漏雨或成熟期局部灌水过量。解决方法:成熟期控水要适度,灌水量要少而且不同缺水程度的植株要区别对待,同时防止雨水进入棚内。

七、成熟度鉴定

一是日期判断法。果实发育至成熟需要一定的积温,雌花开放后若天气正常,则开花到果实成熟的天数是基本固定的。一般早熟品种需要 25~30 d。二是形态特征观察。成熟西瓜的果皮发亮、坚硬、光滑,并有一定光泽,呈现出本品种固有的老熟皮色,底色和花纹色泽对比明显,花纹色深清晰,边缘明显;果实脐部和果蒂向里略收缩和凹陷;西瓜果实近节的卷须、叶片枯萎,果柄茸毛大部分消失。三是听声音鉴别。用手指弹成熟的西瓜会发出“嘭嘭”的浊音,而未成熟的瓜则是“噔噔”的清音，如果声音为“叶叶”时，则表明已过熟。四是手感法鉴别。一手托瓜，另一手轻拍，成熟瓜则手心有颤动的感觉；用手指轻压瓜的脐部，有弹性的为成熟瓜；用手托瓜，相近大小的瓜，手托感觉质量轻的为成熟瓜，重的为生瓜。上述方法初步确定了瓜的成熟度，剖瓜验证与实际成熟度一致时方可开始采收。

八、采收

采摘时间要根据销售和运输情况来决定。如果进行生态采摘，需要达到十分成熟。销往外地的，需在八九成熟时采收。采收西瓜时要带果柄剪下，可延长贮存时间及通过果柄鉴别新鲜度。采收最好在早晚进行，避免中午高温时采收。采收和搬运过程中应轻拿轻放，防止破裂受损。头茬瓜产量每亩可达 1 500～2 000 kg，经济效益较高。

九、二茬瓜管理

头茬瓜采收后，及时浇水施肥，促进侧枝再生萌发。选择生长健壮的再生侧枝上的雌花授粉，每株仍然选留 1 个幼瓜培养，疏掉过多的萌蘖，保证通风透光，再生侧枝上的幼瓜前方仍保留 6～8 片真叶摘心。不留瓜的再生侧枝只保留 3～4 片真叶摘心。其他管理措施参照头茬瓜进行。若管理措施得当，二茬瓜与头茬瓜产量相近，可成倍提高西瓜总产量。上市时间间隔 40 d 左右，价格稍微下降，但经济效益依然显著。

项目实施

1. 制定日光温室春茬礼品西瓜绿色高效生产方案

(1)生产安排

茬口	播种期	定植期	采收期	备注

(2)生产准备(种子、肥料、农药等)

序号	材料名称	规格型号	数量	资金/元

(3)培育壮苗

种子处理方法	营养土，或者基质配制方法	播种方法	苗期(自根或者嫁接苗)管理要点

(4)整地、施基肥、做畦。

(5)定植。

(6)定植后管理。

温度	光照	水肥	植株调整	保花保果	病虫害绿色防治

(7)采收(测产)。

2. 生产记录

(1)田间管理记录

项目名称:日光温室春茬礼品西瓜绿色高效生产 面积(m^2):________

日期	栽培管理	施肥情况	用药情况	采收/kg	负责人

(2)生产历和产量统计

项目名称:日光温室春茬礼品西瓜绿色高效生产 小组:________ 姓名:________

品种名称	播种期	出苗期	定植期	株距	行距	密度	始花期	坐果期	采收始期	采收终期	全生育期	面积	分期产量		总产量	亩产量	总收入
													头茬产量	二茬产量			

三、生产总结

(1)交流成功经验,总结需要改进的措施。

(2)撰写所完成项目日光温室春茬礼品西瓜绿色高效生产关键技术。

◈ 考核评价

过程考核+课业考核

项目名称:日光温室春茬礼品西瓜绿色高效生产

学时数:________ 姓名:________ 得分:________

出勤情况(10%)	田间管理任务完成效果(40%)	田间管理记录(5%)	制定生产方案(15%)	生产总结(30%)
每缺席1次扣0.5~1分	①每次任务完成效果分为优秀、良好、及格三个等级。每次任务完成时间为2学时。 ②每次完成任务得分优秀为40分÷任务次数(n);良好为40分÷任务次数(n)×80%;及格为40分÷任务次数(n)×60%。 ③缺席或者未能完成任务的,单次任务成绩为0,弥补任务后,单次任务评为及格。 ④每次完成任务佐证材料为相关照片或者视频。	①记录完整、准确、及时。(满分5分) ②记录相对完整、准确、及时。(3~4分)	①态度认真,方案细致,符合生产实际,实用性较高。(满分15分) ②态度认真,方案较细致,一般符合生产实际,实用性一般。(9~15分)	①独立完成,总结完整、语言精炼,语法通顺,突出关键技术,字数2 000~4 000。(满分30分) ②独立或者合作完成,总结较为完整,少数语法错误,关键技术突出,字数2 000~4 000。(25~29分) ③合作完成,总结不够完整,或者语法错误较多,或者关键技术不突出,或者字数不足2 000。(18~25分)

项目三

塑料大棚春茬薄皮甜瓜绿色高效生产

知识目标

了解甜瓜特性,掌握塑料大棚春茬薄皮甜瓜绿色高效生产关键技术。

技能目标

能够独立或小组合作完成塑料大棚春茬薄皮甜瓜绿色高效生产项目,学会撰写生产总结报告。

素质目标

培养学生善于动手、自主学习的良好习惯。

项目描述

塑料大棚春季薄皮甜瓜生产实现高产优质,要做好初期坐瓜、中期膨瓜和后期护叶环节的管理。坐瓜数量主要取决于整枝留瓜技术及开花前的土壤含水量,而瓜膨大期充足的肥水是其高产的关键,后期保证叶片功能正常和瓜转熟前叶片旺盛的光合作用是产品优质的关键。

春大棚薄皮甜瓜坐果期管理关键技术

一、初期坐瓜管理

主蔓第 4 片真叶刚露出时摘心,保留第 2～4 节位的 3 条子蔓。子蔓长出 3 片真叶(不包括主蔓上的真叶)后,仔细观察前 3 片叶的叶腋处是否有雌花,若有,则留 3 片叶摘心,留子蔓上的雌花结瓜。如果子蔓上前 3 片叶的叶腋处都没有雌花,则在子蔓基部第 1 片叶前摘心,改留子蔓第 1 片叶处的孙蔓上的雌花结瓜,孙蔓留 3 片叶摘心。

坐瓜子蔓上所生的孙蔓再留 2 片叶摘心。如果子蔓上的瓜没能坐住,则选择该子蔓上雌花最先开放的孙蔓留瓜,保留 3 片叶摘心,其余孙蔓均摘除。一般孙蔓摘心时子蔓未能坐住瓜的情况偶有发生,及时管理可以减少损失。

春大棚薄皮甜瓜一般每条子蔓留 1 个瓜,即每株留 3 个瓜。如果有的子蔓同时结了 2 个瓜,且大小相当,则每株可留 4 个瓜。不可留瓜过多,否则会影响早熟性。

薄皮甜瓜在开花前一定要浇足水分，以确保授粉后水分充足，细胞分裂正常，能坐住瓜；若水分不足，会导致细胞分裂停止，瓜胎不发育、不膨大，使幼瓜表面暗淡无光，变成僵瓜。

二、中期膨瓜管理

坐瓜后瓜胎长到鸡蛋黄大小时即进入膨大期，此时要给予充足的肥水。瓜膨大初期追施1次氮磷钾平衡肥（N-P-K 为 15-15-15）、甲壳素冲施肥，2 种肥每亩各施 5 kg；10 d 后每亩随水冲施高钾肥（N-P-K 为 16-6-22）8 kg、甲壳素冲施肥 5 kg；7 d 后再追施 1 次，2 种肥料每亩各施 5 kg。膨瓜期植株营养生长过旺会影响瓜正常膨大。孙蔓上的枝杈留 1 片叶摘心，以后长出的蔓要及时摘去，做好控旺管理。

三、后期护叶管理

春大棚薄皮甜瓜后期应做好喷施叶面肥和防虫工作。叶面可喷施甲壳素、海藻酸等，既可防早衰，又可促进光合作用和碳水化合物的积累，利于转熟增甜。春大棚薄皮甜瓜不易发生病害，但坐瓜后期（5 月下旬以后）易被蚜虫为害，主要是桃蚜和瓜蚜。因此在蚜虫初发期的点、片状态就应开始防治。田间管理时应留意甜瓜叶片，如果叶片向下卷曲或发现有蚂蚁爬行时，就要查看是否有蚜虫，及早发现，在蚜虫没有扩散时人工碾杀，或喷洗尿合剂控制。

（1）植物诱蚜法　在塑料大棚边缘不能栽薄皮甜瓜的地方，种植少量小白菜（油菜）等十字花科叶菜引诱蚜虫，然后将有蚜虫的菜拔除并运出棚外处理，可避免或减轻蚜虫为害薄皮甜瓜。

（2）人工碾杀法　蚜虫初发时，有蚜虫的植株较少，用手碾杀蚜虫即可。对中心株一定要逐个叶片找，然后给受害株做标记。蚜虫体型小，碾杀时会有遗漏，因此要连续碾杀 3 d。

（3）洗尿合剂防治法　洗衣粉、尿素、水的配比一般掌握在 1∶4∶100，配制时洗衣粉一定要充分溶解。蚜虫一般多集中在叶片背面和嫩尖处，洗尿合剂要喷洒均匀、彻底。最好用手握式喷雾器逐个叶片喷初发的中心株，使蚜虫都能被喷到，形成液膜，才能达到防治效果。

项目实施

1. 田间管理任务　每次任务完成时间单位为 2 学时。

项目名称：塑料大棚春茬薄皮甜瓜绿色高效生产　　学时：________

定植前准备	定植	温度管理	植株调整	保花保果	灌水施肥	病虫害绿色防治	采收
品种选择；培育壮苗；整地施基肥；做畦	定植时间、密度、深度、方法；定植操作不当的后果讨论与观察	不同时期温度需求与调节	分期进行；整枝的理论基础与实践操作；不同的整枝方式比较；遇到的问题及解决办法	蜜蜂授粉优点；“强力坐瓜灵”（吡效隆 2 号）喷花授粉要点；留瓜	灌水时机和灌水量（合理灌水的依据）；施肥种类和时机（合理施肥的依据）	常见病虫害早期诊断与预防；病虫害绿色防控讨论与实践	成熟度及品质鉴定

2.田间管理记录

项目名称:塑料大棚春茬薄皮甜瓜绿色高效生产　　面积(m^2):______

日期	栽培管理	施肥情况	用药情况	采收/kg	负责人

✧ 考核评价

过程考核+课业考核

项目名称:塑料大棚春茬薄皮甜瓜绿色高效生产

学时数:______　姓名:______　得分:______

出勤情况（10%）	田间管理任务完成效果（50%）	田间管理记录（5%）	生产总结（35%）
每缺席 1 次扣 0.5～1 分	①每次任务完成效果分为优秀、良好、及格三个等级。每次任务完成时间为 2 学时。 ②每次完成任务得分优秀 50 分÷任务次数(n);良好为 50 分÷任务次数(n)×80%;及格为 50 分÷任务次数(n)×60%。 ③缺席或者未能完成任务的,单次任务成绩为 0,弥补任务后,单次任务评为及格。 ④每次完成任务佐证材料为相关照片或者视频。	①记录完整、准确、及时。(满分 5 分) ②记录相对完整、准确、及时。(3～4 分)	①独立完成,总结完整、语言精炼,语法通顺,突出关键技术,字数 1 500～3 000。(满分 35 分) ②独立或者合作完成,总结较为完整,少数语法错误,关键技术突出,字数 1 500～3 000。(28～34 分) ③合作完成,总结不够完整,或者语法错误较多,或者关键技术不突出,或者字数不足 1 500。(21～28 分)

项目四

口感型番茄日光温室春秋两季生产

知识目标

了解番茄特性,掌握口感型番茄日光温室春秋两季生产关键技术。

技能目标

学会设计番茄生产方案,能够独立或小组合作完成口感型番茄日光温室春秋两季生产项目,能够撰写生产总结报告。

素质目标

培养学生生态环保和农业可持续发展的理念,培养踏实肯干、任劳任怨的工作态度及团结协作、开拓创新的工作作风。

项目描述

什么是口感型番茄?目前没有确切的定义,相对于目前市场上果肉厚、口感欠佳、贮藏期长的硬果番茄,它的主要特点是果实大小适中,风味浓郁,酸甜可口,适于鲜食,不耐贮运。生产口感型番茄成本较高,一是种子价格贵;二是产量相对较低;三是对栽培技术要求较高。因此,口感型番茄适于城市郊区、生态园区生产,主要通过礼品盒、超市、电商平台等形式销售,售价是普通番茄的数倍至十几倍。

口感型番茄设施生产实用技术模式

随着人们生活水平的提高,休闲农业、生态采摘园应时而起,但是在种植高效作物品种安排和管理水平上参差不齐。经过多年实践,辽宁职业学院通过选择适宜的大果型番茄品种,采用"控制"番茄生长的手段,生产出了果实口感风味俱佳、胜过时令水果的口感型番茄。

口感型番茄,区别于当前市场上果肉厚实、抗病高产、贮藏期长、不好吃的硬果番茄,也不是樱桃番茄。如采用真优美、粉太郎等,这些品种本身具备汁多、肉厚、果皮粉红色、果皮较薄等优良性状,再通过生产各个环节的精心控制,如控水、控温、控制施肥种类等,使番茄果实品质更加优良。口感型番茄生产填补了北方冬春应季水果的空白,特别是一些血糖高人群鲜食果蔬的优先选择。发展口感型番茄,具有较高的经济效益和社会效益,现将口感型番茄设施生产技术模式介绍如下，该模式适用于休闲农业、生态采摘园。

一、生产设施选择

口感型番茄生产可以选用建造标准较好的日光温室、塑料大棚等设施，必须采用避雨栽培，方便通风降温、排湿，以减少病虫害发生。选择沙壤土、地势高燥、不易积水、土壤有机质含量高的地块。

二、品种选择

生产上多采用真优美、粉太郎、京采6号等粉色大果品种。这些品种皮薄、沙瓤、味浓，适于鲜食，符合各地消费习惯，更有利于达到预期生产目标。

真优美　从日本引进，无限生长类型，果实深粉红色，耐寒性和抗病性较强，但不抗根结线虫病。全年占据辽宁铁岭城区番茄市场50%以上的份额，当地称其为"草莓柿子"，但是品质良莠不齐，管理好的酸甜可口，管理差的口感普通。

粉太郎　从日本引进，分为耐寒、耐热两种类型，皮薄、味儿甜、长势旺盛，深受广大市民喜爱。

京采6号　此品种为我国引进的草莓柿子新品种，无限生长类型，早熟，单果质量130～200 g，正圆形，未熟果有明显的条状绿肩，成熟果粉红色，口感细腻，酸甜可口，番茄味浓，糖度可达7波美度，适合作为水果鲜食。该品种长势稳健，综合抗性强，高抗番茄黄化曲叶病毒病，对根结线虫病及叶霉病抗性较强。

三、生产安排

采收期安排在11月至翌年7月为宜，目的是避开夏秋各种水果上市旺季，填补应季水果空白，提高商品价值。据统计，2008—2017年，辽宁职业学院实训园区生产的口感型番茄真优美零售价格1—4月10元/kg左右，5月8元/kg左右，6—7月、11—12月6元/kg左右。另外，高温多雨季节，番茄植株易徒长和发生裂果等生理病害，品质也不好控制。因此，在辽宁一般温室春茬11下旬播种，2月上旬定植，4月上旬开始采收上市；温室秋茬7月上旬播种，8月上旬定植，10月上旬开始采收上市。

四、播种育苗

播种前一定要进行种子消毒处理。常用温汤浸种，即用55～60℃温水不断搅拌浸泡15 min。可选用济南峰园农业技术有限公司经销的育苗基质，该基质主要由草炭、珍珠岩、蛭石混配而成，有机质、腐殖酸及植物纤维含量达60%以上，富含菜苗所需的营养元素，使用方法简单。装盘前应先将基质加入适量的水，闷湿，标准是"手握成团不滴水，松手即散"，装入穴盘后刮平后叠盘，均匀用力压出0.5～1 cm深小坑。将消毒处理过的种子点播在穴盘内，然后用内装小袋蛭石覆盖平整，再喷水基质湿透即可。注意播种时和管理过程中洒水量不宜过大，以防养分随水流失。出苗期适宜温度25～30℃，4～5 d出齐后及时揭去覆盖物。

苗龄不宜过长，高温季节30 d左右，低温季节45～60 d，育苗时间过长易诱发番茄病毒病。由于口感型番茄在整个生育期都要控制生长，如果定植后温湿度控制不好，加上温室内蓟马、粉虱等害虫传播病毒，会导致番茄病毒病的发生。幼苗具备5～7片真叶时即可定植。

五、整地施肥

基肥主要选择充分腐熟的农家肥，如鸡粪、猪粪、牛粪等，也可两种以上混合施用，建议每亩施用 5 000 kg。结合施用农家肥，采用秸秆生物反应堆技术，效果更佳。即在土壤耕作层下铺设玉米秸秆，并在秸秆上施用腐生生物菌(有效活菌数≥ 2×10^{10} CFU/g)，使秸秆在通氧的条件下分解产生热量、二氧化碳及释放速效养分。

做高畦，畦的高度最好在 20 cm 左右，畦面宽 70～80 cm，加强室内空气流动，还能方便控制田间积水。畦面上定植 2 行，合盖一幅地膜，过道宽 80 cm 左右，方便游客采摘，同时又有利于通风透光。

六、高架栽培

采用高架栽培，单干整枝，株高 2 m 以上，每株留果 6～8 穗，实践证明，越是靠近上层的果实，口感越好，如真优美 3 层以上果实在形状、色泽、口感上均优于下层果实。每亩定植 2 000 株左右为宜，不可过密，过密不利于通风，还会加重病虫害滋生，影响番茄品质。

七、标准株型判断

口感型番茄生产能否成功，关键是番茄口感能否达到预期风味，同时要兼顾产量要求和无公害生产要求。培养出合适的株型，才会出现理想的结果。如真优美番茄，出现理想的株型后，结出的果实表现绿果肩、纵向有清晰放射状条纹，酸甜适口、风味独特。理想的株型应具备：主茎不能太粗，基部茎粗 1 cm，距离地面 50 cm 处茎粗 1.0～1.2 cm，距离地面 100 cm 处茎粗 0.7 cm，上下匀称，茎节间长度 6 cm 左右，长势偏弱，但生长点生长不能停滞。叶片颜色浓绿，叶片厚实、较小，植株清秀。要达到理想株型，需要对番茄生长各环节进行综合控制。

八、田间管理

(一)定植后管理

定植 3 d 后，浇适量缓苗水。缓苗水控干 1～2 d 后，再封严定植穴，以预防番茄茎基腐病发生。此后控制浇水，控水时间主要根据番茄植株长势。晴天中午番茄叶片出现中度萎蔫时适量灌水。为使番茄长成理想株型，进行高温干旱管理，晴天白天温度控制在 28～30℃，夜间 10℃左右。

(二)结果期管理

(1)保花保果　口感型番茄主要采用两种方式防止落花落果：一是用防落素药液喷花，即在番茄花朵正在开放时，用 30～50 mg/L 的防落素药液对花托部分喷雾处理。优点是果实膨大快，但会导致果实种腔内籽少，甚至没有籽。二是利用熊蜂授粉，即在番茄开花坐果期释放熊蜂为番茄授粉。熊蜂授粉的优点是番茄果实种腔内籽多，汁多味美，风味独特，还节省人工费用。熊蜂购自科伯特(北京)农业有限公司，每箱 400 元，可在 500 m^2 温室内完成 60～70 d 番茄授粉任务，不需要喂食，温室内有熊蜂工作时，禁止使用杀虫剂。

作为水果食用的口感型番茄，商品果单果质量控制在 100～150 g 为宜，所以每穗留果个数要多些，4～6 个均可。疏掉畸形果和多余的果实，提高果实商品率。

(2)温度控制　采用三段变温管理模式。即晴天白天温度控制在25℃左右,上半夜14℃左右,下半夜10℃左右。后半夜温度不宜过高,否则植株易徒长,果实膨大慢,晚熟减产。

(3)水分控制　总体掌握番茄植株晴天中午轻度萎蔫,傍晚恢复正常,生长点细弱的特点,但是生长不能停滞,参照此指标进行适量浇水。另外每次追肥时,都要浇水。坐果后浇水要均衡,防止裂果。适当控水,增加番茄甜度;过度缺水,番茄果实表皮会增厚变硬,影响口感。

(4)追肥　追施的肥料宜选择高钾含量的复合肥、甲壳素肥料、腐熟的豆饼、氨基酸钙等,有利于提高番茄品质,切忌过量施用氮肥。可溶性肥料可随水冲施,饼肥需要地下埋施,钙肥一般结合其他商品叶面肥进行叶面喷施。

番茄植株第1穗坐果后,每亩可随水冲施美国阿尔法农化(青岛)有限公司生产的美国钾宝5 kg,第2穗番茄坐果后,每亩可随水冲施潍坊农邦富肥业有限公司生产的海藻甲壳素20 kg,轮换追施,每次施肥间隔10 d左右,整个生育期追肥5～6次。

(5)光照管理　番茄为喜光作物。为了保证温室内的光照时间和光照强度,宜采取以下措施:适宜的定植密度,高架栽培每亩不超2 000株;单干整枝,及时摘除植株基部叶片;选择聚乙烯长寿无滴膜覆盖温室;在保证温度的前提下,冬天清晨揭开保温被要早,傍晚盖上保温被延后;雾霾天气不通风。

(三)病虫害防治

设施番茄主要预防病毒病、灰霉病、晚疫病、叶霉病、白粉病、根腐病、根结线虫病等病害,预防温室粉虱、蓟马、棉铃虫、美洲斑潜蝇等害虫,预防果实脐腐病、畸形果、裂果等生理性病害。依据“预防为主,综合防治”的方针,加强田间管理,保持通风干燥,清洁室内卫生环境,以减少病虫害滋生。实时监控,在病虫害发生初期,及时用药防治。精确诊断发生的病虫害,选择高效、低毒、低残留的药剂防治,做到对症用药,保证番茄符合无公害农产品质量要求。

1. 番茄病毒病

病毒病是为害番茄的重要病害之一,近几年日光温室内发生的病毒病多见叶片褪绿黄化类型,从苗期到结果期均可发病,特别是在结果期,管理不当,造成交叉感染,叶片黄化,生长停止,成熟果实表面呈大块白斑,俗称“白癜风”,影响产量和品质。

防治措施:①做好种子播种前消毒处理,可采用温汤浸种法或药剂浸种法。②发现发病植株及时拔除,手套消毒后,再进行植株调整操作。③消灭温室内害虫,可用5%啶虫脒(虱无影A+B)乳剂1 000倍液喷雾,及时杀灭粉虱;蓟马发生初期,可用6%乙基多杀菌素乳剂1 500倍液喷雾防治,注意均匀喷洒全株及各个角落。发生严重时,每隔6～7 d喷1次,连续喷2次。④叶面喷施长春市宏丰肥料科技有限公司的大量元素水溶肥料绿野神($N+P_2O_5+K_2O \geqslant 500$ g/L,B:3～30 g/L)200倍液,保持番茄健康生长状态。

2. 棉铃虫

幼虫以蛀食花蕾、果、茎为主,也可咬食嫩叶。花蕾受害后,苞叶张开变成黄绿色,2～3 d后脱落。老熟幼虫,蛀食果实,排泄大量粪便。果实被蛀引起腐烂而大量落果,造成严重减产。茎秆被蛀,严重时可造成植株折断,上部叶片萎蔫,导致设施秋番茄病害严重。

防治措施:① 人工捕捉。每天早晚幼虫取食蔬菜叶片、果实,排泄大量新鲜虫粪,容易发现并捕捉。② 利用黑光灯诱杀成虫。③ 在发生初期,可用20亿多角体/mL棉铃虫核型多角体病毒悬浮液,每亩使用50～60 mL,稀释1 000倍液后喷雾防治。

九、采收分级上市

在辽宁铁岭地区，日光温室番茄生产一般设早春、秋冬两个茬口，若管理得当，口感型番茄每茬口每亩产量可达4 000～5 000 kg。果实表面稍红即可采收，酸甜口味，完熟后果实甜味增加。采收后贮藏几天别具风味。采摘后，根据果实大小、外形及绿果肩有无等特征进行分级装箱销售，以实现优质优价。

项目实施

1. 制定口感型番茄日光温室春秋两季生产方案

(1)生产安排

茬口	播种期	定植期	采收期	备注
春茬				
秋茬				

(2)生产准备(种子、肥料、农药等)

序号	材料名称	规格型号	数量	资金/元

(3)培育壮苗

种子处理方法	营养土，或者基质配制方法	播种方法	苗期管理要点

(4)整地、施基肥、做畦。

(5)定植。

(6)定植后管理。

温度	光照	水肥	植株调整	保花保果	病虫害综合防治

(7)采收(测产)。

2. 生产记录

(1)田间管理记录

项目名称：口感型番茄日光温室春秋两季生产　　　　面积(m^2)：________

日期	栽培管理	施肥情况	用药情况	采收/kg	负责人

(2)生产历和产量统计

项目名称：口感型番茄日光温室春秋两季生产　　小组：＿＿＿＿＿　　姓名：＿＿＿＿＿

品种名称	播种期	出苗期	定植期	株距	行距	密度	始花期	坐果期	采收始期	采收终期	全生育期	面积	分期产量			总产量	亩产量	总收入
													前期产量	中期产量	后期产量			

3. 生产总结

(1)交流成功经验，总结需要改进的措施。

(2)撰写所完成项目口感型番茄日光温室春秋两季生产关键技术。

◇ 考核评价

过程考核＋课业考核

项目名称：口感型番茄日光温室春秋两季生产

学时数：＿＿＿＿＿　姓名：＿＿＿＿＿　得分：＿＿＿＿＿

出勤情况（10%）	田间管理任务完成效果（40%）	田间管理记录（5%）	制定生产方案（15%）	生产总结（30%）
每缺席1次扣0.5～1分	①每次任务完成效果分为优秀、良好、及格三个等级。每次任务完成时间为2学时。 ②每次完成任务得分优秀为40分÷任务次数(n)；良好为40分÷任务次数(n)×80%；及格为40分÷任务次数(n)×60%。 ③缺席或者未能完成任务的，单次任务成绩为0，弥补任务后，单次任务评为及格。 ④每次完成任务佐证材料为相关照片或者视频。	①记录完整、准确、及时。(满分5分) ②记录相对完整、准确、及时。(3～4分)	①态度认真，方案细致，符合生产实际，实用性较高。(满分15分) ②态度认真，方案较细致，一般符合生产实际，实用性一般。(9～15分)	①独立完成，总结完整、语言精炼，语法通顺，突出关键技术，字数2 000～4 000。(满分30分) ②独立或者合作完成，总结较为完整，少数语法错误，关键技术突出，字数2 000～4 000。(25～29分) ③合作完成，总结不够完整，或者语法错误较多，或者关键技术不突出，或者字数不足2 000。(18～25分)

项目五

葫芦科蔬菜病虫害防治

知识目标

了解葫芦科蔬菜常见病虫害发病(发生)规律;掌握葫芦科蔬菜常见病虫害防治方法。

技能目标

能够正确识别诊断葫芦科蔬菜常见病虫害;学会制定葫芦科蔬菜病虫害防治方案;能够独立或小组合作完成葫芦科蔬菜绿色病虫害防治项目。

素质目标

培养学生善于观察细节、注重实际调查结果的良好工作作风;培养学生环保意识和可持续发展理念。

项目描述

常见葫芦科蔬菜,例如,黄瓜、西瓜、角瓜、甜瓜等,喜温,适合春秋露地和设施生产,占各类蔬菜生产面积首位。生产过程中极易发生各种病虫害,如瓜蚜、温室粉虱、美洲斑潜蝇、蓟马,黄瓜霜霉病、黄瓜细菌性角斑病、黄瓜灰霉病、瓜白粉病、瓜枯萎病、黄瓜根结线虫病、西葫芦病毒病、瓜炭疽病、黄瓜疫病、黄瓜黑星病等。正确识别诊断,并掌握其发生规律,做好“提前预防,对症治疗”,既是生产优质、高产葫芦科蔬菜的重要保障,又是生产绿色、无公害蔬菜的关键环节。

一、葫芦科蔬菜常见虫害诊断与防治

(一)瓜蚜

(1)形态特征　别名棉蚜,俗称腻虫。同翅目、蚜科。无翅胎生雌蚜体长 1.5～2 mm,体色在夏季为黄绿色,春秋两季多为绿色或蓝绿色,体表被薄蜡粉。有翅胎生雌蚜体长 1.2～1.9 mm,体黄色、浅绿色或深绿色,体表被薄蜡粉。若蚜黄绿色至黄色。

(2)田间为害状　以成虫及若虫在叶背和嫩心上吸食汁液,致使叶片卷缩,瓜苗萎蔫,甚至枯死,瓜蚜还是病毒病的传播媒介。

(3)发生规律　主要为害黄瓜、南瓜、西葫芦、西瓜等瓜类蔬菜。瓜蚜在北方 1 年发生 10 余代,以卵在一些植物的基部越冬,第 2 年春季,连续 5 d 平均气温达 6℃以上便开始孵化。在温室大棚中也能以成蚜和若蚜为害越冬。瓜蚜最适繁殖温度为 16～22℃,密度大时产生有翅蚜迁飞扩散。

(4)防治方法

物理防治　利用蚜虫的趋避性,黄板诱杀,将黄色防虫板挂于植株上诱杀有翅蚜虫;或覆盖银灰色膜或悬挂银灰色膜条,驱避防蚜。

药剂防治　常用药剂有 2.5%功夫乳油 4 000 倍液,70%灭蚜松可湿性粉剂 2 500 倍液,40%氰戊菊酯乳油 6 000 倍液,2.5%天王星乳油 3 000 倍液,20%灭扫利乳油 2 000 倍液,10%吡虫啉可湿性粉剂 4 000～6 000 倍液等喷雾防治。设施可用 15%异丙威烟剂 400 g/亩熏蒸温室杀虫。

(二)温室白粉虱和烟粉虱

(1)形态特征　①白粉虱又名小白蛾子,属同翅目粉虱科。成虫体长 1～1.4 mm,体淡黄色,翅面覆盖白色蜡粉,外观呈白色。卵长 0.2 mm,长椭圆形,有卵柄,初产时淡黄色,孵化前逐渐变为黑色。②烟粉虱,属于同翅目粉虱科。成虫体长 1 mm,白色,翅透明具白色细小粉状物。

(2)田间为害状　白粉虱与 B 型烟粉虱常常混合发生,混合为害。成虫、若虫群集在叶片背面、嫩茎上吸食汁液,进而诱发蔬菜褪绿病毒病"TCSV"发生,被害叶片褪绿变黄、萎蔫。若虫的分泌物还经常诱发植物(果实、叶片)霉污病。

(3)发生规律　寄主范围广,包括蔬菜、果树、花卉作物等,蔬菜中受害最严重的有黄瓜、番茄、茄子等。

白粉虱在温室内每年发生 10 代以上。以各种虫态在温室、大棚内越冬,第二年春天迁移,为害露地蔬菜。白粉虱繁殖适温为 18～21℃,卵多散产于嫩叶背面,若虫的抗寒能力较弱,成虫活动最适温度为 25～30℃。而烟粉虱耐高温能力强于白粉虱,气温达 21～33℃时,随着气温升高,产卵量增加。

(4)防治方法

清洁田园　收获后彻底清洁田园,将杂草和残株烧毁或深埋。

黄板诱杀　方法同防治瓜蚜。

生物防治　释放丽蚜小蜂,当粉虱成虫 0.5 头/株时释放,15 d 之后再释放一次,连放 3 次,当成蜂达到 15 头/株时,可有效控制为害。

药剂防治　喷洒生化药剂 25%噻嗪·异丙威(虱电)2 000 倍液,35 g/亩抑制成虫蜕皮,控制害虫数量,效果较好。

可采用药剂熏蒸,温室用 22%敌敌畏烟剂 200 g/亩,密闭温室,熏 12 h 可杀死大批成虫。

常用 25%灭螨猛乳油 1 000 倍液,2.5%功夫乳油 5 000 倍液,40%速扑杀 800 倍液,2.5% 天王星乳油 3 000 倍液,5%啶虫脒(虱无影 A+B)乳剂 1 000 倍液等交替喷雾,7～10 d 一次,连续 2～3 次。一般幼虫在早晨露水干后至上午 11 时在叶片背面的嫩茎上活动最为旺盛,此时是药剂防治的最佳时机。

(三)美洲斑潜蝇

(1)形态特征　美洲斑潜蝇属双翅目潜蝇科。成虫体长 1.3～2.3 mm,浅灰黑色,头黄色,复眼红色。幼虫蛆状,潜伏叶肉内。

(2)田间为害状　成虫(雌虫)刺伤叶片并取食,在叶片上形成不规则的白色斑点。幼虫蛀食叶肉,造成不规则弯曲白色蛀道,黑色虫粪交替排在蛀道内两侧,随着幼虫生长蛀道逐渐加宽,严重受害的叶片会干枯脱落。

(3)发生规律　美洲斑潜蝇在我国多数地区发生,在蔬菜中,主要为害豆类、茄果类、瓜类等。此害虫在北方露地条件下不能过冬,冬春季可在温室内繁殖为害。老熟幼虫在叶片表皮外或土壤表层化蛹,卵和幼虫在叶内生活,存活率高,种群增长速度快,成虫对黄色有较强的趋性。

(4)防治方法

植物检疫　严格对植物及植物产品进行检疫,在未发生斑潜蝇的地区设立保护区,疫区蔬菜最好就地销售。

农业防治　清洁田园,收获后彻底清除残株落叶、深埋或烧毁;深翻土壤;与非寄主蔬菜如葱、蒜类套种或轮作;合理安排种植密度,增强田间通透性。

诱杀成虫　可使用黄板诱杀成虫。

药剂防治　当每一叶片有虫 5 头时进行喷药防治,防治成虫一般在早晨露水未干前,防治幼虫也要在上午施药。可选用 1.8%爱福丁乳油 3 000 倍液,或 50%蝇蛆净乳油 2 000 倍液,或 25%杀虫双水剂 500 倍液,或 48%毒死蜱乳油 800 倍液等。

(四)蓟马

(1)形态特征　属缨翅目蓟马科。成虫体长约 1 mm,金黄色,头近方形,复眼稍突出,触角 7 节,体态细长,行动敏捷。若虫呈黄白色,3 龄,复眼呈红色。卵呈长椭圆形,白色透明。

(2)田间为害状　成虫和若虫为害花器,影响开花结实,也可为害幼苗、嫩叶。多数时间隐藏于花器或叶片背面,锉吸汁液,使被害组织坏死,严重受害叶片黄化干枯,提早拉秧。

(3)发生规律　为害黄瓜、菜豆、茄子等多种蔬菜。北方日光温室近几年发病严重,周年发生。成虫有趋花性。发育适宜温度 15～32℃。若虫怕光,聚集在叶背取食。

(4)防治方法　①彻底清除田间病残体。②避免黄瓜、菜豆、茄子间套作。采用地面覆盖生产,阻止害虫入土化蛹。③药剂防治　发现害虫初期,用 6%乙基多杀菌素乳剂 1 500 倍液喷雾防治,注意喷药质量,均匀喷洒全株及各个角落。发生严重时,每 6～7 d 喷 1 次,连续喷洒 2 次。

二、葫芦科蔬菜常见病害诊断与防治

(一)黄瓜霜霉病

(1)典型症状　黄瓜霜霉病又叫“跑马干”“火龙”“黑毛”等,是为害黄瓜的主要病害之一,还可侵染除西瓜外的其他瓜类蔬菜。

苗期和成株期均可发病,主要为害叶片。苗期发病,子叶褪绿黄化、干枯,并逐渐向真叶发展,严重时幼苗枯死。成株发病,初期叶背面出现水浸状、褪绿斑点,后病斑逐渐扩大,受叶脉限制,呈多角形。叶正面病斑初为黄色,后变黄褐色。湿度大时叶片背部病斑上长出灰黑色霉层。整株中部叶片开始发病,向上发展。严重时病斑连片,叶缘卷缩、叶片干枯,田间一片枯黄,形成尖嘴瓜,导致减产或提早拉秧。

(2)侵染循环　鞭毛菌亚门假霜霉属古巴假霜霉菌真菌，它是一种专性寄生菌。病菌孢子主要靠气流传播，露地黄瓜的初侵染源多来自设施黄瓜。病菌的越冬方式，初次侵染源尚不明确。

(3)发病规律　高湿是发病和流行的首要条件。研究表明：霜霉病形成孢子囊需要83%以上的相对湿度，低于70%则不能产生繁殖体。病菌在叶片的水滴或水膜中完成侵入，如果叶片始终保持干燥，则孢子不能萌发，2～3 d失去萌发能力。设施内通风、透气不良，灌水不当，造成叶面结露，容易发病。

病菌生长的适宜温度范围在15～25℃，条件适宜，病菌从侵入到发病只需3～5 d。平均气温达30℃以上时，即使处于雨季，病害发展也会受到抑制。气温低于15℃时，霜霉病也会受到限制。

设施内通风口，或者棚膜破裂处，易形成中心病株，继而向四周蔓延。日光温室春茬黄瓜生产，进入结果期，植株抗病能力降低时容易发病。

(4)防治方法

①选用抗病品种　如津优35号、36号，日本2号，荷兰绿箭，顺风8号等，晚熟品种比早熟品种抗病。

②加强生产管理

培育壮苗　选择优质农家肥，增施育苗肥料配制营养土。加强苗期管理，晴天白天保持25℃左右，夜间10～15℃，及时浇水，增加光照。

四段变温管理　日光温室越冬茬黄瓜进入结果期后，晴天上午25～32℃，高温促进光合作用，抑制霜霉病；晴天下午20～25℃，高温维持光合作用；前半夜17～20℃，高温促进营养从叶片向果实运输；后半夜12～17℃，低温抑制呼吸消耗，抑制黄瓜霜霉病发展。

加强通风　设施内采用最有效的通风方式，也可采取排风扇进行强制通风方法排湿。夜间气温稳定在10℃左右时，昼夜通风排湿。

植株调整　及时打杈、摘除病残叶片带出田外并深埋。及时引蔓，增加光照。设施内瓜秧顶棚后，及时落蔓，防止郁闭成荫，恢复植株长势。

控制灌水　采用膜下灌水或者滴灌等节水方式灌水，控制棚内湿度。

合理使用农药　选择晴天上午喷药，还可选择熏烟或喷粉尘方式用药防病防虫，提防增加棚内湿度。

增施叶面肥　可用1：1：200的白糖、尿素、水喷施叶片，每7～10 d喷1次，增加产量，提高植株抗病性，提高黄瓜品质。

加强施肥　底肥宜选择优质农家肥、磷钾肥及生物肥料。进入结果期，结合浇水冲施肥料，每7～10 d冲施1次，增加植株长势，提高植株抗病能力。

③药剂防治　发病前可选用45%百菌清烟剂300 g/亩，熏蒸预防，于傍晚开始熏烟并密闭棚室，翌日放风。发病初期选用70%安泰生可湿性粉剂700倍液，或25%甲霜灵可湿性粉剂500倍液，或40%乙膦铝可湿性粉剂250倍液，或64%杀毒矾可湿性粉剂400倍液，或48%瑞毒锰锌可湿性粉剂500倍液，或72.2%普力克水剂600～800倍液，或72%杜邦·克露(64%代森锰锌，8%霜菌脲)可湿性粉剂600倍液喷雾。

④高温闷棚　选择晴天中午，密闭棚室，使棚温上升至44～46℃，维持2 h，可杀死黄瓜霜霉病病菌。注意：闷棚前要灌水，接近棚膜的龙头要落下来，闷杀后加强管理，恢复瓜秧长势，

整个生育期内使用次数限制在 2 次以内。

(二)黄瓜细菌性角斑病

(1)典型症状　主要为害叶片，也可为害果实和茎蔓。叶片受害，初为油浸状褪绿小斑点，病斑边缘模糊不清，病斑扩展后呈多角形，在后期病斑干枯，易穿孔。湿度大时，病斑上会产生乳白色菌脓，干燥后形成乳白色菌痂。瓜条受害，初为水浸状小圆点，后变淡灰色，病斑扩展后，形成裂口或溃疡，并分泌乳白色菌脓。幼苗染病，子叶上初呈水浸状圆斑，稍凹陷，后变褐干枯，苗茎染病可导致幼苗猝倒。

(2)侵染循环　本病由假单胞属细菌侵染所致。病菌随种子或病残体在土壤中越冬。通过雨水、昆虫和农事操作进行传播。病菌一般从气孔和伤口侵入。

(3)发病规律　当温度在 22～24℃，相对湿度在 70%以上时，病害易发生和流行。一般地势低洼，连续阴雨天气后易发病。

(4)防治方法

①选用无病种子或种子消毒　温汤浸种，播种前用 55～60℃的热水浸种 15 min，能够杀死种子表面病菌。

②轮作　与茄科、百合科蔬菜进行轮作，效果较好。

③加强生产管理　营养土消毒，采用营养钵护根育苗方法，嫁接操作台、刀片等消毒。嫁接后高温管理，白天 26～28℃，夜间 16～18℃促进愈伤。定植后 1 周，高温管理，加快缓苗。晴天白天进行引蔓、打杈等农事操作，有利于伤口愈合。

④药剂防治　可用 5%霸螨灵悬浮剂＋抗菌剂 401 或 21%喹菌酮可湿性粉剂(1∶1)1 000 倍液等药剂，即混即喷。

(三)黄瓜灰霉病

(1)典型症状　整个生育期均可发病，灰霉病是设施黄瓜的重要病害。

幼苗叶片感病，从叶片边缘向内扩展，病斑呈“V”形腐烂，着生灰色霉状物。

成株期灰霉病为害幼瓜、叶片及茎蔓。病菌主要从开败的雌花处侵入，致花瓣呈水渍状腐烂，并长出灰褐色霉层。向幼瓜扩展，使小瓜条变软、萎缩以至腐烂，病斑初呈黄绿色，后长出淡灰色至灰褐色致密的霉层，是设施黄瓜化瓜原因之一。残花落在叶片上，则引起叶片发病，病斑初水渍状，后为淡灰色圆形或不规则的大枯斑，病斑上有灰色霉层。茎蔓发病出现腐烂，表面着生灰色霉层，严重时茎折断甚至整株枯死。发病较轻植株茎秆表皮粗糙木栓化。

(2)侵染循环　本病害由半知菌亚门，葡萄孢属真菌侵染所致。病菌以菌丝体、分生孢子随病残体在土壤中越冬，菌核也可以在土壤中越冬。分生孢子随气流、雨水及农事操作等传播。

(3)发病规律　最适宜温度为 23℃，相对湿度持续为 90%以上容易发病。连续阴天光照不足，棚室内湿度大、通风不良病害发展迅速，发病重。前茬番茄或者菜豆发病后，易造成黄瓜感病。

(4)防治方法

①棚室消毒　定植前，每亩棚室用 10%腐霉利烟雾剂 0.5 kg，密闭熏蒸一夜。

②加强生产管理　定植后要注意控制灌水，采用膜下滴灌方式浇水，并在晴天上午进行，之后加强通风排湿。打底叶时，在晴天进行，有利于伤口愈合。

③人工摘除病残器官　及时摘除病叶和病果，减少初侵染来源。摘除病残体时，轻轻用塑料袋包裹，并带出棚外销毁。

④药剂防治　发现茎蔓上病斑，可用刀片刮除，并用50%腐霉利(速克灵)可湿性粉剂涂抹伤口。发病初期可采用40%嘧霉胺(灰喜利)悬浮剂1 000倍液，或50%敌菌灵可湿性粉剂500倍液喷雾防治，或每亩用10%腐霉利烟剂400 g熏烟。注意轮换用药，防止病菌产生抗药性。

(四)瓜白粉病

(1)典型症状　瓜白粉病俗称“挂白灰”，是为害葫芦科蔬菜重要病害之一。特别是黄瓜、甜瓜、南瓜、西葫芦等发生较重。

此病菌主要为害叶片、叶柄和茎蔓。发病初期叶片正面产生白色近圆形小粉斑，后期病斑逐渐扩大、增多，连成一片，直至整个叶片布满白粉。风吹不掉，用手磨蹭可露出褪绿叶面，质脆，后期干枯，影响光合作用，严重时提早拉秧。

(2)侵染循环　瓜白粉病由子囊菌亚门单囊壳属真菌侵染所致。病菌以子囊壳随病残体在土壤中越冬，以分生孢子形式借气流传播。

(3)发病规律　病害流行最适温度为16～24℃，高温干旱与高温高湿条件交替出现时会导致病害大流行。此外施肥不足，植株长势细弱，种植过密，通风透光不良等均利于白粉病发生。

(4)防治方法

①选用抗病品种　抗黄瓜霜霉病的品种一般也抗白粉病。

②棚室消毒　在定植前每100 m^3温室，用硫黄粉250 g，锯末粉500 g，分置几处点燃，并密闭熏蒸15 h。

③加强生产管理　合理密植，加强通风，增施磷、钾肥，提高植物抗病力。

④药剂防治　每亩可用45%百菌清烟剂200 g熏烟，或25%粉锈宁(三唑酮)可湿性粉剂1 500倍液喷雾预防。发病初期也可用25%腈菌唑乳油(富泉)2 000倍液，或50%醚菌脂(翠贝)干悬乳剂3 000倍液喷雾治疗，每6～7 d喷施1次，连续喷2～3次。

(五)瓜枯萎病

(1)典型症状　瓜枯萎病又称萎蔫病、蔓割病，是瓜类蔬菜最重要的病害之一，为害多种葫芦科蔬菜，其中以黄瓜、西瓜、甜瓜受害较重。

植株整个生育期都能发病。苗期发病，茎蔓基部变褐缢缩，下部叶片逐渐变黄而枯死，幼茎维管束黄褐色。成株期发病，一般在进入结果期后表现异常。晴天中午，部分叶片出现缺水状萎蔫，傍晚或次日清晨恢复正常；随着病情发展，逐渐普及全株，叶片为永久性萎蔫，并逐渐枯死。拔起病株，主蔓茎基部外皮粗糙常伴有纵裂，湿度大时表面有一层黄白色至粉红色霉层。将病株茎基部剖开，可见到维管束变褐色。

(2)侵染循环　病原是半知菌亚门尖镰孢属尖镰孢菌真菌。主要在病残体和土壤中越冬，第二年春季温度回升，病菌通过根部的伤口或从根毛顶端的微孔中侵入寄主组织，随着根部液态养分的体内输送，进入维管束，产生有毒物质，堵塞导管，影响水分运输，引起植株萎蔫。病菌在土壤中有顽强的生命力，可存活6～7年及以上。

(3)发病规律　病菌适宜温度20～25℃。雨后田间积水，导致根系发育不良，发病明显加重。连作地块易发病。施用未腐熟的有机肥，在发酵时容易引起伤根，加重发病。葫芦科蔬菜中南瓜、瓠瓜抗病性强。

(4)防治方法

①采用嫁接法防治枯萎病　以黄瓜、香瓜苗为接穗，南瓜苗为砧木进行嫁接，或以西瓜苗为接穗，瓠瓜苗为砧木进行嫁接。可以有效防止瓜枯萎病发生。

②合理轮作　重病地块黄瓜、香瓜与非葫芦科蔬菜进行 4～5 年以上轮作，西瓜需要 6～7 年以上的轮作。

③加强生产管理　瓜田收获后应彻底清园，将残体带出田外晾干后烧毁；选择无菌的大田土育苗；避免施未腐熟的粪肥。

④药剂防治

床土消毒　苗床播种时可用 50%多菌灵，或 50%甲基托布津可湿性粉剂，按每平方米 8～10 g 兑成药土，2/3 铺底，1/3 盖籽。

灌根　定植时可用 50%多菌灵可湿性粉剂 500 倍液，或 70%百菌清可湿性粉剂 800 倍液灌根；发现中心病株及时拔除，并用 50%多菌灵可湿性粉剂 500 倍液，或 88%枯必治可湿性粉剂 1 500 倍液，或 20%萎锈灵乳油 2 500 倍液灌根，每株约 200 mL，连灌 1～2 次。

(六)黄瓜根结线虫病

(1)典型症状　黄瓜根结线虫病，近些年在北方地区日光温室内为害日趋普遍，严重威胁温室蔬菜生产。

染病植株在根系上产生初期乳白色，后期黄褐色大小不等的瘤状根结。发病严重植株，叶片黄化，逐渐枯黄，最后枯死。

(2)侵染循环　病原为南方根结线虫。北方地区主要是雌成虫在根结内排出的卵囊团随病残体在温室内越冬。温度回升，越冬卵孵化成幼虫，遇寄主便从幼根侵入，刺激寄主细胞分裂增生形成巨细胞，过度分裂形成瘤状根结。可通过病土、病苗、浇水和农具等传播。

(3)发病规律　土温 20～30℃，土壤湿度 40%～70%条件下线虫大量繁殖。一般地势高燥、重茬、土质疏松、缺水缺肥温室内发病严重。北方露地极少发生。

(4)防治方法

①选择无病床土育苗　旧的营养钵用 50%多菌灵可湿性粉剂 500 倍液浸泡消毒，育苗床用塑料棚膜铺盖阻隔线虫传播。

②轮作　与葱蒜类蔬菜、茼蒿等轮作，能够减轻病害。

③嫁接　南瓜抗病性较强，嫁接苗发病轻。

④加强生产管理　充分灌水，能够抑制根结线虫，缓解瓜秧因根系吸水不足发生萎蔫。

⑤药剂防治　定植前整地每亩施用 5%辛硫磷颗粒剂 2kg 对土壤进行消毒。定植后，用 1.8%阿维菌素乳油 500 倍液灌根，间隔 30 d 左右再灌根 1 次。

(七)西葫芦病毒病

(1)典型症状　西葫芦病毒病有花叶型和黄化皱缩型两种。花叶型特征：心叶最初表现为明脉及褪绿斑点，后变成花叶并逐渐扩展，使整个叶子褪绿黄化。果实表面呈绿色斑驳，小而质劣。黄化皱缩型特征：开始时心叶沿叶脉失绿，出现黄绿斑点，以后发展为整叶黄化并皱缩下卷，造成子叶坏死或全株枯死。结果后期染病，在果实上布满大小瘤或隆起皱缩。

(2)侵染循环　本病由黄瓜花叶病毒和甜瓜花叶病毒侵染所致。除西葫芦外,还可为害南瓜、黄瓜、甜瓜等。病毒一般在宿根性作物和杂草等寄主上越冬,春天通过蚜虫吸毒迁移传播,田间植株调整等农事操作也会造成接触传播。甜瓜花叶病毒种子还可能带菌。

(3)发病规律　在高温干旱的气候条件下,有利于蚜虫活动,易发生病毒病。缺水、缺肥、管理粗放、植株生长不良时发病严重。

(4)防治方法

①培育壮苗　采用营养钵护根育苗方式,配制优质育苗用营养土,加强苗期管理,增强植株抗病性。

②防治蚜虫　参照瓜蚜。

③药剂防治　发病初期可喷洒20%病毒A可湿性粉剂500倍液,或1.5%植病灵乳剂1 000倍液,或NS-83增抗剂100倍液。

(八)瓜炭疽病

(1)典型症状　瓜炭疽病是瓜类蔬菜上的重要病害。西瓜受害最重,然后是甜瓜、黄瓜、冬瓜、瓠瓜和苦瓜等。炭疽病除生长期间造成损失外,在贮藏运输期还继续引起瓜果腐烂。

此病在瓜类各生长期都可发生,中、后期发病较严重。苗期受害,子叶边缘出现黄褐色半圆形或圆形微凹陷斑点。近地面茎基部出现水渍状病斑,逐渐变褐、缢缩,幼苗易猝倒。成株期在不同寄主上,症状的表现有所差异。

西瓜叶片上病斑水渍状、近纺锤形或圆形,很快干枯变黑,外围有紫黑色晕圈。瓜蔓和叶柄受害,初为近圆形、稍凹陷水渍状的黄褐色病斑,以后变为黑色。果实被害,病斑初呈淡绿色水渍状小点,后扩大变成圆形、黑褐色凹陷、龟裂的病斑,上生许多小黑点,潮湿时其上溢出粉红色黏质物。

黄瓜和甜瓜叶部受害后,在叶片上初出现水渍状小斑点,逐渐扩大成近圆形红褐色病斑,外围晕圈黄色。在蔓或叶柄上,病斑长圆形,稍凹陷,初呈水渍状,淡黄色,后变为深褐色或灰色。黄瓜果实被害,初呈水渍状的斑点,淡绿色,但很快变为黑褐色,并逐渐扩大,凹陷,中部颜色较深,长有许多小黑点,果实常弯曲变形。甜瓜果上的病斑较大,显著凹陷和开裂,常生粉红色的黏质物。

(2)侵染循环　病原真菌为半知亚门炭疽菌属的刺盘孢菌。病菌随病残体在土壤中越冬,此外,也可在种皮上存活。种子带菌,在播种发芽后,可直接侵害子叶。病菌的传播主要依靠雨水和地面流水的冲溅,一般贴近地面的叶片首先发病,然后向上部扩展。

(3)发病规律　病菌生长的最适温度为24～25℃,湿度在95%以上,病害发生严重。湿度愈低,病害发生越慢。偏施氮肥,排水不良,通风不好,寄主生长衰弱,连作等容易发病。

(4)防治方法

①种子消毒　采用温汤浸种或药剂浸种。药剂可用50%多菌灵可湿性粉剂500倍液浸种30 min,捞出洗净后播种。

②加强生产管理　合理轮作,选择排水良好、土质肥沃的沙壤土栽植,避免在低洼、排水不良的地块种瓜。施足基肥、多施有机肥、增施磷钾肥,以增强植株的抗病性。

③药剂防治　发病初期应及时喷药防治,常用75%百菌清可湿性粉剂500倍液,或50%多菌灵可湿性粉剂,或50%炭疽福美可湿性粉剂400倍液,或70%的代森锰锌可湿性粉剂400倍液等交替喷施。

(九)黄瓜疫病

(1)典型症状　黄瓜疫病是黄瓜的主要病害之一,除为害黄瓜外,还能侵染西葫芦、南瓜、冬瓜、西瓜等瓜类蔬菜。

该病主要为害黄瓜茎蔓、叶及果实,在苗期和成株期均可染病。苗期染病,多从生长点处开始,病部初为水渍状,暗绿色,很快植株枯萎。成株期染病多从茎蔓基部及茎节叶柄处发病,病斑初为水渍状,呈暗绿色,病部以上萎蔫下垂。叶片染病,多从叶尖或叶缘开始发病,初为暗绿色水渍状的斑点,后扩大为圆形或不规则形,空气潮湿,病斑扩展快,全叶腐烂,干燥时病部青白色,易破裂。瓜条染病,初为水渍状凹陷斑,很快扩展至全果,病部皱缩呈暗绿色,软腐,表面长有灰白色稀疏霉状物,最后病果迅速腐烂。此病与枯萎病的区别为茎维管束不变褐色。

(2)侵染循环　病原为鞭毛菌亚门疫霉属真菌。病菌随病残体在土壤中越冬。第 2 年直接接触寄主或通过雨水、灌溉水传播到寄主上。植株发病后,适宜条件下可进行频繁的再侵染。

(3)发病规律　病菌发育的最适温度为 26～30℃,在适于发病的温度下,降雨持续时间长,雨量大,容易发病。此外瓜类连作、平畦栽培、田间潮湿的地块容易发病。

(4)防治方法

①选用抗病品种　可用温汤浸种方法对种子进行消毒处理。

②加强生产管理　合理轮作;清除病残体;高垄栽培,施用腐熟肥料,深耕,增施磷钾肥;合理浇水,雨后及时排水,降低湿度。

③药剂防治　发病前加强检查,一旦发现病株,摘除病叶,立即喷药,以后每隔 5～7 d 喷 1 次,连续喷 2～3 次。如喷药后遇上下雨,可雨后进行补喷。药剂可用 75%百菌清可湿性粉剂 500～700 倍液,或 25%甲霜灵可湿性粉剂 800 倍液,或 64%杀毒矾可湿性粉剂 500～700 倍液等。为了提高防效,除植株喷药外,还可用 25%甲霜灵可湿性粉剂 800 倍液与 40%福美双可湿性粉剂 800 倍液 1∶1 混合灌根,隔 7～10 d 灌 1 次,连续防治 3～4 次。

(十)黄瓜黑星病

(1)典型症状　黄瓜黑星病是黄瓜重要病害之一。全生育期均可发病,主要为害生长点、嫩叶、叶片及嫩瓜。生长点发病,多形成秃头苗。叶片染病,形成浅黄色近圆形或不规则形病斑,易破裂穿孔。嫩茎染病,产生梭形黄褐色凹陷病斑,易龟裂。幼瓜染病,在病部形成凹陷斑,瓜条易畸形,后期病部形成疮痂,病部常出现胶状物,后期呈琥珀色。

(2)侵染循环　病原属半知菌亚门,疮痂枝孢霉菌。病菌以菌丝体或分生孢子随病残体越冬。种子也可带菌。

(3)发病规律　病菌生长适宜温度 20～22℃,分生孢子借风雨、气流和昆虫在田间传播,形成再侵染。相对湿度高于 90%,植株叶面结露,发病严重。

(4)防治方法　①与非葫芦科蔬菜进行 2～3 年轮作。②选用无病种子及种子消毒　可用 50%多菌灵可湿性粉剂 500 倍液浸种 30 min,捞出洗净后播种。③加强生产管理　设施采用地膜下暗灌或滴灌技术,降低棚内湿度,结瓜期增施磷钾肥,提高植株抗病性。④棚室消毒　参照白粉病。⑤药剂防治　发病初期选用 50%多菌灵可湿性粉剂 500 倍液,或 40%福星乳油 6 000 倍液,或 47%加瑞农可湿性粉剂 500 倍液 75%多菌灵可湿性粉剂 600 倍液等喷雾防治。每 7～10 d 喷 1 次,连续防治 2～4 次。

项目实施

结合生产实际,实地调查、诊断、防治葫芦科蔬菜的病虫害。可参照下面2个案例制定葫芦科蔬菜病虫害防治方案。

案例 · 制订日光温室春茬黄瓜霜霉病防治方案

1.黄瓜霜霉病诊断

(1)典型症状观察　初期叶背面出现水浸状、褪绿斑点,后病斑逐渐扩大,受叶脉限制,呈多角形。叶正面病斑初为黄色,后变黄褐色。湿度大时叶片背部病斑上长出灰黑色霉层。

(2)室内镜检　取发病初期叶片,保湿培养,用挑针挑取病斑背面少量霉,制片镜检。注意观察孢子囊梗分枝特点及形状,孢子囊顶端乳状突起的有无。

2.黄瓜霜霉病田间调查

(1)田间取样　采用5点取样法,每点随机取100株,调查黄瓜霜霉病的发病株数,并按病株分级标准调查病株发病程度,最后计算发病株率和病情指数,填入病害调查记载表。

(2)黄瓜霜霉病分级标准　0级:健株;1级:病株10%以下的叶片发病;2级:病株10%～25%的叶片发病;3级:病株25%～50%的叶片发病;4级:病株50%以上的叶片发病。

黄瓜霜霉病调查记载表

调查日期	调查地点	品种	生育期	调查株数	发病株数	发病株率/%	各级发病株数					病情指数	备注
							0级	1级	2级	3级	4级		

3.确定防治措施

(1)加强通风　设施内采用最有效的通风方式,加强通风排湿。夜间气温稳定在10℃左右时,昼夜通风排湿。

(2)四段变温管理　晴天上午升至28～32℃,促进蔬菜光合作用,高温抑制霜霉病;下午温度降至20～25℃,维持光合作用;上半夜温度保持15～20℃,促进蔬菜光合产物运转;后半夜温度控制在10～13℃,抑制蔬菜呼吸消耗,低温抑制霜霉病。

(3)控制灌水　采用膜下暗灌方式灌水,晴天上午浇水。

(4)农药使用方法　选择晴天上午喷药,注意喷药质量,叶片正反面均匀喷洒。

(5)增施叶面肥　结合喷药防病配制1∶1∶200的白糖、尿素、水,每7～10 d喷施叶片1次。

(6)加强施肥　结合浇水冲施尿素、硫酸钾各5～10 kg/亩,每7～10 d冲施1次。

(7)药剂防治　选择25%甲霜灵可湿性粉剂500倍液,或64%杀毒矾可湿性粉剂400倍液,或48%瑞毒锰锌可湿性粉剂500倍液,或72.2%普力克水剂600～800倍液,或72%杜邦·克露可湿性粉剂600倍液喷雾,交替使用。

(8)高温闷棚　病害发生较重时,选择晴天中午,密闭棚室,使棚温上升至44～46℃,维持2 h。

4.决策

结合温室生产实际,教师指导配药、喷药、高温闷棚及通风等农事操作,确保安全使用化学农药。

5.防治效果观察

到温室内观察防治后的黄瓜叶片背面，若病斑上黑色霉层消失，说明达到了防治效果。

案例 · 制订日光温室越冬茬黄瓜病虫害综合防治方案

日光温室越冬茬黄瓜主要病虫害：黄瓜霜霉病、黄瓜细菌性角斑病、黄瓜灰霉病、瓜白粉病、瓜枯萎病、黄瓜根结线虫病、瓜炭疽病、黄瓜疫病、黄瓜黑星病、瓜蚜、温室白粉虱、美洲斑潜蝇、瓜蓟马等。贯彻“预防为主，综合防治”的防治方针，提倡生产无公害蔬菜，减少化学农药用量，保护好生态环境。

<table>
<tr><th>项目</th><th colspan="2">内容</th><th>技术要点</th><th>备注</th></tr>
<tr><td rowspan="10">日光温室越冬茬黄瓜病虫害防治</td><td colspan="2">选择抗病品种及种子消毒</td><td>(1)选择水黄瓜类型如津优35、36、307号、日本1、2号，旱黄瓜类型如绿岛3号、顺风8号等抗病、高产、耐低温、耐弱光且品质优良的品种。
(2)温汤浸种，播种前用55～60℃的热水浸种15 min，能够杀死种子表面病菌。</td><td></td></tr>
<tr><td colspan="2">培育壮苗</td><td>(1)选择优质农家肥，增施育苗肥料配制营养土。加强苗期管理，晴天白天保持25℃左右，夜间10～15℃，及时浇水，增加光照。
(2)选择白籽南瓜或黄籽南瓜砧木，采用顶插接法嫁接，嫁接苗长势更旺，成活率高，接点位置高。</td><td>黄瓜嫁接常用方法有靠接、插接、劈接等。</td></tr>
<tr><td colspan="2">轮作</td><td>最好与葫芦科蔬菜进行3年以上的轮作，防止土传病害发生。不与菜豆、菠菜等易感病虫害蔬菜间作、套作，防止交叉侵染。</td><td>枯萎病需要6～7年以上轮作。</td></tr>
<tr><td rowspan="7">加强田间管理</td><td>优化棚室结构</td><td>采用半地下式温室生产，保温效果提高。设计合理的采光角度，定期对温室设施进行维护。</td><td></td></tr>
<tr><td>选择多功能复合无滴膜覆盖</td><td>选择透光好、耐老化、防雾滴的多功能复合无滴膜覆盖，注意覆膜质量。发现漏洞，及时粘补。灰尘覆盖影响透光时，及时清理。</td><td></td></tr>
<tr><td>加强通风</td><td>采用最有效的通风方式(顶缝)，在温度能满足蔬菜生长发育要求前提下，加强通风排湿，尽力避免作物表面水滴附着。</td><td></td></tr>
<tr><td>调控温度</td><td>根据黄瓜喜温特性，晴天白天控温在25～32℃，夜间20～12℃。既有利于黄瓜生产，又抑制病虫害。</td><td></td></tr>
<tr><td>植株调整</td><td>(1)定植南北垄向，有利于田间通风透光。
(2)农事操作，选择晴天进行，有利于伤口愈合。
(3)调整植株(瓜蔓)高度，“南低北高”，防止遮阳。
(4)及时摘除老叶、病残叶片，摘叶时不残留叶柄。病叶、病果用塑料袋包好，带出棚外销毁。
(5)植株接近顶棚时，每株保留16片左右功能叶落蔓。</td><td></td></tr>
<tr><td>合理灌水</td><td>采用膜下灌溉，或滴灌等暗灌方式。防止大水漫灌，阴雨天气不浇水。</td><td></td></tr>
<tr><td>科学施肥</td><td>(1)增施叶面肥，可用1∶1∶200的白糖、尿素、水喷施叶片，每7～10 d喷1次，增加产量，提高植株抗病性，提高黄瓜品质。
(2)底肥宜选择优质农家肥、磷钾肥及生物肥料。进入结果期，结合浇水冲施肥料，每7～10 d冲施1次，增加植株长势，提高植株抗病能力。</td><td></td></tr>
</table>

续表

项目	内容		技术要点	备注
日光温室越冬茬黄瓜病虫害防治	药剂防治	熏烟	可选用45%百菌清烟剂400 g/亩,熏蒸防病。用22%敌敌畏烟剂300 g/亩于傍晚密闭棚室开始熏烟防虫,翌日放风。	二者不能同用,防止叶片烟害。
		喷粉	可用5%百菌清粉尘剂喷粉1 kg喷粉防治病害,防止增加棚内湿度。	
		喷雾	选择晴天上午进行。一些杀菌剂、杀虫剂、叶面肥可混配施用,提高工作效率。	
		灌根	可用作灌根防病防虫药剂很多,如50%多菌灵可湿性粉剂500倍液,或20%萎锈灵乳油2 500倍液,1.8%阿维菌素乳油500倍液等,防治土传病虫害。	
	高温闷棚		选择晴天中午,密闭棚室,使棚温上升至44~46℃,维持2 h,可防治黄瓜霜霉病。注意,闷棚前要灌水,接近棚膜的龙头要落下来,闷杀后加强管理,恢复瓜秧长势,整个生育期内使用次数限制在2次以内。	防治霜霉病、疫病。
	黄板诱杀		利用害虫的趋避性,将黄色杀虫板挂于植株之上。	

◈ 考核评价

过程考核+课业考核

项目名称:葫芦科蔬菜病虫害绿色防控

学时数:________ 姓名:________ 得分:________

出勤情况(10%)	病虫害绿色防控任务完成效果(40%)	病虫害绿色防控记录(5%)	制定病虫害绿色防控方案(15%)	病虫害绿色防控总结(30%)
每缺席1次扣0.5~1分	①每次任务完成效果分为优秀、良好、及格三个等级。每次任务完成时间为2学时。 ②每次完成任务得分优秀为40分÷任务次数(n);良好为40分÷任务次数(n)×80%;及格为40分÷任务次数(n)×60%。 ③缺席或者未能完成任务的,单次任务成绩为0,弥补任务后,单次任务评为及格。 ④每次完成任务佐证材料为相关照片或者视频。	①记录完整、准确、及时。(满分5分) ②记录相对完整、准确、及时。(3~4分)	①态度认真,方案细致,符合生产实际,实用性较高。(满分15分) ②态度认真,方案较细致,一般符合生产实际,实用性一般。(9~15分)	①独立完成,总结完整、语言精炼,语法通顺,突出关键技术,字数2 000~4 000。(满分30分) ②独立或者合作完成,总结较为完整,少数语法错误,关键技术突出,字数2 000~4 000。(25~29分) ③合作完成,总结不够完整,或者语法错误较多,或者关键技术不突出,或者字数不足2 000。(18~25分)

项目六

番茄嫁接生产应用

知识目标

进一步了解番茄特性，掌握番茄嫁接生产关键技术。

技能目标

学会设计番茄嫁接生产方案，能够独立或小组合作完成番茄嫁接生产项目，能够撰写番茄嫁接生产报告。

素质目标

培养学生勤于思考、善于观察的良好习惯和严谨的工作作风。

项目描述

口感型番茄真优美，以其独特的水果风味与口感，深受大众喜爱，缺点是不抗根结线虫病。本试验通过将嫁接技术应用于真优美口感型番茄生产中，寻求抗病、增加产量和提高品质有效的途径。

侧枝作接穗设施番茄优质高效生产实用技术

番茄嫁接苗根系发达，耐肥、耐低温，可防止根结线虫病等土传病害的发生，克服连作障碍，减轻土壤次生盐危害，保障番茄产量，提高品质，减少农药施用量，有利于实现无公害生产。目前韩国、日本番茄嫁接苗栽培面积分别达到其国家番茄总面积的25%和40%，我国番茄嫁接栽培也占有很大比例，且推广面积逐年增加。

2018年初步试验基础上，2019年辽宁职业学院继续引进专用番茄砧木，采集口感型番茄(真优美)和樱桃番茄(凤珠)生产田侧枝进行嫁接试验，应用生产实践表明：大维番茄砧木SX-Z-2号劈接法嫁接真优美侧枝和大维番茄砧木SX-Z-2号插接法嫁接凤珠(409)侧枝突出表现为高抗根结线虫病等土传病害，兼抗(耐)番茄斑萎病毒，开花坐果早，更有利于达成产量和品质一对矛盾的统一，从而实现番茄优质稳产，降低高端种苗成本，具有较高的经济效益和生态效益。现将关键技术总结如下，该技术模式适用于休闲农业、生态采摘园。

一、优良砧木的选择

试验选择青岛忠旭种业有限公司的青园番茄砧木、绿亨科技股份有限公司的番茄砧木、大维番茄砧木 YF-20、大维番茄砧木 SX-Z-2 号等专用番茄砧木,分别采用插接法和劈接法进行嫁接。各嫁接处理定植后均表现高抗根结线虫病。

番茄定植后开花期调查各处理番茄斑萎病毒病发病率在 2.5%～35%之间。其中大维番茄砧木 SX-Z-2 号劈接法嫁接真优美侧枝为 5%,大维番茄砧木 SX-Z-2 号插接法嫁接凤珠(409)侧枝为 2.5%,在众多处理中表现出抗(耐)番茄斑萎病毒效果比较突出。分析抗(耐)性好的原因:一是穗砧愈合牢固;二是穗砧同时抗(耐)番茄斑萎病毒。

大维番茄砧木 SX-Z-2 号:辽宁营口市老边区种子商行选育的杂交一代番茄专用砧木,千粒质量 2.8 g,无限生长型;植株生长势旺盛,根系发达;亲和性好,嫁接成活率高;抗青枯病、枯萎病、根结线虫病及镰刀菌冠状根腐(不死棵)和 TY 病毒。

二、严格的接穗培养

侧枝作为接穗,应注重以下几个环节:①接穗(侧枝,下同)选择口感型番茄如真优美,或者樱桃番茄金珠、凤珠(409)等高附加值品种;②加强温室番茄生产的病虫害防治,特别注重番茄病毒病预防,发现感病植株及时拔除并带出温室外销毁;③管理过程中,采取控旺措施,番茄植株长势中等偏弱,但是生长不能停滞;④番茄定植缓苗后到结果中期均可采集接穗,接穗要求发育健康,但生长较细弱,分化清晰可见花序;⑤接穗采摘后装入塑料袋保湿,及时嫁接。

三、嫁接育苗

采用劈接法或插接法进行番茄嫁接为宜。准备 0.1%的高锰酸钾溶液,用于嫁接工具消毒浸泡 10～15 min,防止番茄病毒病传播。嫁接前 1 d 砧木幼苗浇水。嫁接前用 75%的酒精对操作台、刀片、手进行消毒,风干后开始嫁接操作。

(一)劈接法

此法优点是操作简单,容易成活;砧木、接穗的表皮和髓部组织相对应接合,愈合更牢固;接穗较大,发育时间缩短,适合真优美等大果型番茄。

砧木培育 50～55 d,长到 5～6 片真叶时进行嫁接。采摘健康控旺植株上的侧枝作为接穗,接穗茎粗约 0.3 cm。具体步骤如下:①砧木切削。在砧木第 1 或第 2 片真叶位置用刀片横切,去掉苗茎顶端。②砧木劈口。用刀片于砧木苗茎切口中央劈开,纵向下切深 1～1.5 cm 的切口。③接穗切削。将接穗留 3～4 片叶,用刀片削成楔形,楔形的斜面长度与砧木切口深相当。④接穗、砧木接合。迅速将接穗插入砧木的切口中,用嫁接夹固定。

(二)插接法

此法优点是不需要嫁接夹子固定,操作简单,嫁接效率高,适合凤珠(409)等樱桃番茄。缺点是接穗偏小,发育时间延长。

砧木培育大约 50 d,长出 4～5 片真叶时为嫁接适期。采摘健康控旺植株上的侧枝作为接穗,接穗茎粗约 0.2 cm 为宜。具体步骤如下:①砧木切削。用刀片于第 1 或第 2 片真叶上方约 1 cm 处苗茎横切去掉苗茎顶端,将叶腋中的腋芽除去,需要保留 1 个完整的叶片。②砧木插孔。用左手食指和拇指适度捏紧砧木苗茎，右手持略粗于接穗的楔形（双斜面）竹签（长斜面长 0.7 cm，短斜面长 0.2 cm），竹签长斜面朝下，从叶柄的叶腋处开始，按约 45°角向下斜插，深度以竹签先端未破表皮为宜。③接穗切削。选用适宜的接穗，保留 2～3 片刚展开的真叶，下端适当位置横切后采用 2 刀法削成楔形。当接穗较粗时，亦可采用 3 刀法削成 3 面楔形（即在采用 2 刀法削成楔形基础上侧面增加 1 刀），方便接合。④接穗、砧木接合。右手持刀片藏入掌心，并将接穗用拇指和食指轻轻捏住，左手按住砧木苗茎，右手无名指和中指夹住竹签迅速拔出，接穗长斜面朝下，迅速（寸劲儿）插入接穗。保留的砧木叶片（或叶柄），用以支撑接穗，不再需要嫁接夹子固定。

（三）嫁接后的培养

嫁接苗覆盖严实黑色地膜遮阳、保温、保湿。嫁接后的 7～10 d 内，适宜温度白天为 25℃，夜间为 20℃，高温不超过 28℃，低温不低于 18℃。嫁接后 5～7 d 内空气湿度要保持在 95%以上。4～5 d 内不通风，5 d 以后选择温暖且空气湿度较高的傍晚或早晨通风，每天通风 1～2 次，7～8 d 后逐渐揭开薄膜，增加通风量与通风时间。约 10 d 后成活，撤除覆盖物通风、增加光照炼苗。

（四）注重预防番茄病毒病

育苗温室使用前清除所有作物和杂草，每亩可用 15%异丙威烟剂 400 g 熏蒸杀虫处理。

砧木培育、嫁接苗培养，乃至定植以后，严格防治蓟马、粉虱，预防番茄病毒病传播。蓟马发生初期，可用 6%乙基多杀菌素乳剂 1 500 倍液，或 0.6%烟碱·苦参碱乳油 1 000 倍液喷雾防治；粉虱发生初期，可用 5%的啶虫脒（A＋B 虱无影）乳剂 1 000 倍液喷雾防治。

冬春从播种番茄砧木开始历时约 70 d，嫁接苗成活充分以后，接穗具有 3～4 片充分展开的真叶时即可定植。

四、高畦定植

辽北地区春茬番茄，日光温室内 10 cm 地温稳定在 12℃以上，一般 1 月中旬至 2 月上旬定植。

结合整地，每亩混合施入充分腐熟的农家肥 5 000 kg、硫酸钾型复合肥（N-P-K 为 14-16-15）50 kg。做高畦，高度 20 cm，宽度 80～85 cm，过道宽 85～90 cm 为宜，两行合盖一幅地膜，地膜下方铺设 2 条滴灌带，滴水孔朝上。

在地膜上打孔两行栽苗，孔穴紧挨滴灌带，通过滴灌管带浇水定植，采用高架栽培方式（单干整枝，每株留果 6～8 穗），大果型番茄每亩温室内定植 2 400 株左右为宜。3 d 后通过滴灌管带浇 1 次缓苗水，水渗透后封严定植穴，防止番茄茎基腐病发生。

五、侧枝嫁接促进“控旺管理”提升番茄品质

番茄茎秆粗壮称为“旺”，有时理解为徒长，但绝不等于简单的徒长。番茄口感、风味与株型有关，偏弱株型结出的果实口感、风味好，“偏弱”要求一定程度的“细弱”。口感型番茄植株上下匀称，茎节间长度 6 cm 左右，长势偏弱，但生长点生长不能停滞；叶片颜色浓绿，叶片厚实、较小，植株清秀。培养偏弱株型，需要对定植缓苗后番茄生长发育环境条件进行综合控制。

（一）控制湿度

控制湿度是控旺的关键措施。定植后，及时浇水，促使其生长健壮。结果期总体掌握番茄

植株晴天中午轻度萎蔫,傍晚恢复正常,生长点细弱,但是生长不能停滞,参照此指标进行适量浇水。坐果后宜均衡供水,防止裂果。适当控水,增加番茄甜度;浇水过量,易造成植株徒长,降低产量和品质;过度缺水,番茄果实表皮会增厚变硬,也会影响口感。

加强通风降低室内空气相对湿度,会促使果实表皮光滑鲜亮、风味变佳,外在、内在品质均会提升。此措施效果曾经在番茄套袋处理时得到进一步验证,用塑料袋套番茄果穗处理,袋内密不透风,袋内空气湿度增加,导致番茄果实表皮粗糙、无光泽、味酸;而用套纸袋处理果穗的番茄,袋内通气良好,果实色泽鲜亮、味甜、表皮嫩薄。

(二)控制温度

控制温度是控旺的重要手段。依据番茄生长发育特性,结果期晴天白天 25～30℃,夜间 10～15℃为宜。晴天白天适宜高温有利于光合作用,增加产量;夜间适宜低温,降低呼吸消耗,防止植株徒长,提高品质。

(三)"源、库"平衡

番茄果实是"库",叶片是"源",促使"源"和"库"平衡,兼顾结果和植株健康生长,才能更好地化解产量和品质这一对矛盾,达到高产优质效果。首先定植后,要加强温度、湿度管理促进缓苗,促使植株生长健壮,即先"扩源",后"强库"。番茄嫁接苗开花早,第 3 片真叶上端即发生第 1 穗花序,今后每隔 3 片真叶相继发生 1 穗花序,当植株高 60 cm 左右,展开 10 片真叶时,嫁接苗第 1 穗、第 2 穗花序,相继开放后,及时释放熊蜂授粉,或者用 30～50 mg/L 的"防落素"喷花托处理进行保花保果。坐果后,"以果控秧"。

(四)平衡施肥

平衡施肥是控旺提升品质的保障。增施优质有机肥料基础上,嫁接番茄植株第 1、第 2 穗坐果后,每亩随水冲施高钾型复合肥美国钾宝(N-P-K 为 10-6-20)5 kg;第 3 穗番茄坐果后,每亩随水冲施海藻甲壳素(高钙型)水溶性肥 20 kg;以后轮换追施高钾型复合肥和海藻甲壳素水溶性肥料,保证平衡供应各种营养,结果期每次施肥间隔 10 d 左右,忌偏施氮素化肥如尿素等。

结合喷药防控番茄病虫害,叶面喷施绿野神($N+P_2O_5+K_2O \geqslant 500$ g/L,B:3～30 g/L)200 倍液,保持番茄叶片健康生长。

六、番茄侧枝嫁接应用效果

番茄侧枝嫁接育苗应用生产实践证明具有良好的效果:①有效预防番茄根结线虫病发生,兼抗(耐)番茄斑萎病毒,减少农药施用量;②番茄植株侧枝不断发生,植株调整时均被摘除废弃掉,利用番茄侧枝作接穗,节约大部分番茄种子成本;③嫁接后植株开花坐果提前,坐果后,"以果控秧",更有利于番茄控旺生产;④嫁接苗定植缓苗后采取控旺措施,果实口感、风味变佳;⑤土传病害发生严重地区,通过嫁接方式更容易达成产量和品质一对矛盾的统一,实现优质稳产高效。该技术模式适用于休闲农业、生态采摘园。

番茄侧枝嫁接育苗,能够有效降低高端种苗成本,对于育苗公司和种植户利好,应用于番茄工厂化育苗意义会更加深远。

项目实施

1. 番茄嫁接试验方案设计

(1)砧木选择　番茄砧木(绿亨科技集团股份有限公司)。

(2)接穗选择　处理 1(真优美幼苗),处理 2(真优美侧枝)。

(3)嫁接方法　劈接法。

(4)定植设计

处理	重复(各小区随机排列)	小区面积/m^2	小区株数	备注
处理 1	重复 1			
	重复 2			
	重复 3			
处理 2	重复 1			
	重复 2			
	重复 3			
对照(自根)	ck1			
	ck2			
	ck3			

(5)测量与观察记录

日期	处理	重复	株高茎粗	叶片颜色	病害记录	小区产量	品质
	处理 1	重复 1					
		重复 2					
		重复 3					
	处理 2	重复 1					
		重复 2					
		重复 3					
	对照(自根)	ck1					
		ck2					
		ck3					

2. 撰写生产报告

考核评价

过程考核+课业考核

项目名称:番茄嫁接生产　学时数:________　姓名:________　得分:________

出勤情况 (10%)	测量、观察记录与管理 (50%)	试验方案设计 (10%)	生产报告 (30%)
每缺席1次扣0.5～1分	①每次任务完成效果分为优秀、良好、及格三个等级。每次任务完成时间为2学时。 ②每次完成任务得分优秀为50分÷任务次数(n);良好为50分÷任务次数(n)×80%;及格为50分÷任务次数(n)×60%。 ③缺席或者未能完成任务的,单次任务成绩为0,弥补任务后,单次任务评为及格。 ④每次完成任务佐证材料为相关照片或者视频。	①态度认真,试验方案设计合理。(满分10分) ②态度认真,试验方案设计比较合理。(6～9分)	①独立完成,生产报告内容完整、语言精炼,语法通顺,重点突出,字数2 000～3 000之间。(满分30分) ②独立或者合作完成,生产报告内容较为完整,少数语法错误,重点突出,字数2 000～3 000之间。(25～29分) ③合作完成,生产报告内容不够完整,或者语法错误较多,或者重点不突出,或者字数不足2 000。(18～25分)

参考文献

[1] 李曙轩.中国农业百科全书·蔬菜卷.北京:农业出版社,1990.

[2] 李本鑫,周金梅.园林植物病虫害防治技术.大连:大连理工出版社,2012.

[3] 卢育华.蔬菜栽培学各论(北方本).北京:中国农业出版社,2000.

[4] 陈杏禹.蔬菜栽培.北京:高等教育出版社,2009.

[5] 张振贤.蔬菜栽培学.北京:中国农业大学出版社,2003.

[6] 山东农业大学.蔬菜栽培学总论.北京:中国农业出版社,2000.

[7] 焦自高,徐坤.蔬菜生产技术(北方本).北京:高等教育出版社,2002.

[8] 张福墁.设施园艺学.北京:中国农业大学出版社,2010.

[9] 梁金兰.蔬菜病虫实用原色图谱.郑州:河南科学技术出版社,1996.

[10] 李曙轩.植物生长调节剂与蔬菜生产.上海:上海科学技术出版社,1992.

[11] 李怀方,等.园艺植物病理学.北京:中国农业大学出版社,2001.

[12] 马凯,侯喜林.园艺通论.2版.北京:高等教育出版社,2006.

[13] 王连荣.园艺植物病理学.北京:中国农业出版社,2000.

[14] 张立今.棚室蔬菜果树生理障害及病虫害防治.北京:中国计量出版社,2000.

[15] 宗兆锋,康振生.植物病理学原理.2版.北京:中国农业出版社,2002.

[16] 费显伟.园艺植物病虫害防治.北京:高等教育出版社,2010.

[17] 金文元,金丹.15种山野菜丰产栽培彩色图谱.北京:中国农业出版社,2001.

[18] 张清华.蔬菜栽培(北方本).北京:中国农业出版社,2001.

[19] 韩世栋.蔬菜栽培.北京:中国农业出版社,2001.

[20] 吴会昌.园艺专业立德树人教育.中国农业出版社,2018.

[21] 陈杏禹,李立申.园艺设施.北京:化学工业出版社,2011.

[22] 李丽霞,吴会昌.蔬菜生产.北京:中国轻工业出版社,2011.

[23] 崔兰舫,张桂凡.蔬菜生产.北京:中国农业大学出版社,2014.

[24] 陈国元.园艺设施.北京:中国农业出版社,2018.

[25] 张桂凡,崔兰舫.口感型番茄设施生产实用技术模式.中国蔬菜,2018(7):92-94

[26] 崔兰舫,张桂凡.日光温室礼品西瓜绿色高效生产实用技术.中国蔬菜,2018(9):92-95

[27] 崔兰舫.辽北地区日光温室越冬番茄优质高效生产技术模式.中国蔬菜,2019(8):101-103.

[28] 崔兰舫.日光温室樱桃番茄优质高效生产实用技术.北方园艺,2019(16):174-176.

[29] 崔兰舫. 番茄斑萎病毒病(TSWV)在辽北发病症状及防治. 北方园艺,2019(18):175-176.

[30] 张桂凡. 辽北地区春露地礼品西瓜优质高效生产实用技术. 北方园艺,2019(12):172-174.

[31] 张桂凡. 鲜食番茄口感不佳原因及解决措施. 中国蔬菜,2020(9):103-105.